当代科学技术基础理论与前沿问题研究丛书

中国科学技术大学

校友文库

现代科学中的化学键能及其广泛应用

Chemical Bond Energies in Science Today and Applications

罗渝然 郭庆祥
俞书勤 张先满 著

中国科学技术大学出版社

内 容 简 介

化学键能是分子科学中的重要物理量。面对数据互相冲突的现实，如何选用可靠的键能数据来帮助分析和解决科学问题，目前许多科学家、工程师还并不熟悉，国内外也没有相应参考书。本书填补了这一空白。

本书全面地介绍了有关化学键能的各个方面，包括如何准确理解键能，测量化学键能，计算化学键能，使用化学键能数据库的技巧，以及简单估算化学键能的方法等。在第6章列举了约三十个实例，阐明了化学键能在现代科学中的重要性。在研究分子科学的种种问题时，借助于化学键能的概念及可靠数据，可帮助我们分析问题，更快地找到解决问题的途径。

此外，书末还提供了约3 500个化学键能的可靠数据。

本书可供化学、化工、物理、材料、表面、能源、生命、资源、环境、海洋、太空等学科的高年级本科生、研究生、教师、科学家、工程师及其他专业人员参考，也可作为研究生相应课程的教材。

图书在版编目(CIP)数据

现代科学中的化学键能及其广泛应用/罗渝然等著. —合肥：中国科学技术大学出版社，2008.10

(当代科学技术基础理论与前沿问题研究丛书：中国科学技术大学校友文库)

“十一五”国家重点图书

ISBN 978-7-312-02226-5

Ⅰ.现…　Ⅱ.罗…　Ⅲ.键能—研究　Ⅳ.O641.1

中国版本图书馆CIP数据核字(2008)第144335号

出版发行　中国科学技术大学出版社

地址　安徽省合肥市金寨路96号　邮编230026

网址　http://press.ustc.edu.cn

电话　编辑部0551-3606196　发行部0551-3602909

印　　刷　合肥晓星印刷有限责任公司

经　　销　全国新华书店

开　　本　710×1000　1/16

印　　张　18.25

字　　数　297千

版　　次　2008年10月第1版

印　　次　2008年10月第1次印刷

印　　数　1—3000册

定　　价　58.00元

前　言

我们的母校——中国科学技术大学——被誉为“科学家的摇篮”。我们四人都从不同地方到科大学习、任教、讲学或工作过。为了感谢母校的培养以及老师、同学、校友和朋友们的帮助，我们愿为科大“校友文库”贡献这份新著。

化学键能与化合物的化学稳定性高低、反应速度快慢、生成物的产率大小等紧密相关。20 世纪 80 年代以来，化学键能的实验测量与理论计算的研究，吸引了海外和国内许多科学家，包括科大校园里的张允武、俞书勤、盛六四、齐飞、郭庆祥和傅尧教授等，南开大学程津培和朱晓晴教授等，北京化学所朱启鹤与徐广智教授等，大连化学物理所楼南泉、王秀岩和杨学明教授等，南京大学陈慧兰和张叔仪教授等，清华大学莫宇翔教授等，上海有机化学所、北京大学、南京理工大学、四川大学、重庆大学、吉林大学、复旦大学、上海大学、浙江大学、华中科技大学、中山大学和厦门大学等许多研究梯队，以及台湾省、港澳地区的科学家。在本书的第 2 和第 3 章里，我们将尽量介绍海内外许多科学家的贡献。

作者之一（罗渝然），在旅美期间，建立了一个完整的化学键能数据库，填补了物理学、化学、生物化学和表面科学等领域的重要的“gap”（空白）。这是中国人有自主知识产权的第一个中型化学专业数据库。在第 4 章，我们将讲解该数据库的使用技巧与方法。

在收集、分类、评论化学键能实验数据以及编辑键能数据库期间，我们逐渐认识到了有机化合物中键能变化的某些规则。我们从一个物理模型出发，正在变成“事前诸葛亮”，预测成千上万的有机化合物的键能、化学稳定性、相对反应速度、生成物的相对产率等，推动有机化学的研究和教学更上一层楼。第5章中将介绍这些规则及其应用。

化学键能、化学稳定性与反应活性的研究，不仅对于物理学和化学自身的发展意义重大，而且对于化工、材料、生命、医药、营养、能源、环境、海洋、太空等领域的研究，也有很大的促进作用。在第6章，我们将介绍化学键能知识向其他学科成功“渗透”的二十几个重要实例。这些事实表明，化学键能知识是许多科学与工程领域研究者的“新朋友”、“好助手”。

五十年前，郭沫若校长在为科大撰写的校歌里写道：“科学的高峰在不断创造。”我们期待年轻科学家，在化学键能、分子化学稳定性与反应活性的研究方面，后来居上，开拓创新。“长江后浪推前浪，一代新人胜前人”。

在完成本书的过程中，许多旅美华裔科学家和国内朋友予以了大力帮助，在此表示深切感谢。

作 者[①]
2008.6

① 罗渝然 luo971@gmail.com 郭庆祥 qxguo@ustc.edu.cn
俞书勤 sqyu@ustc.edu.cn 张先满 xianmanzhang@yahoo.com

目　次

第1章 引 论

1.1 原子、分子和化学键

在学习和研究物理、化学、生命、材料、表面、能源、资源、环境、海洋、太空等自然学科的过程中，我们都面临一个共同的问题，即物质的化学结构与性质。虽然目前已知的化学元素只有100余种，但在美国化学会登记和确认了的无机和有机化合物的数目，却已经超过3 300万(2008CAS)，而且这数字每天都在增加。我们能否成为“事前诸葛亮”，来预测化合物、材料或物质的性质？答案是：能！

1803年，Dalton提出所有物质都是由原子构成的假设。但原子又是怎样形成分子及化合物的呢？早期，科学家假设原子和原子之间由一个神秘的钩相互钩住。这种设想一直延续到今天。现代的化学键的“键”字仍然保留着最原始“钩”的意思。现在，化学“钩”(键)的本质已经弄清楚了，原子或原子团之间的相互作用力就是化学键，通常用短线“ — ”表示，可分为共价键、离子键、配位键、金属键、氢键、静电相互作用、van der Waals力和表面键等。通过化学键，原子或原子团之间能够稳定地聚集在一起，形成各种各样的分子、“超分子”、络合物或簇合物(cluster)。当我们设计具有特定性质的化合物、材料或物质时，必须掌握有关化学键的基本知识。

这本书里，我们将探讨分子化学结构的稳定性高低、反应速度的快慢、生成物相对产率的大小等与化学键强弱密切相关的定量关系。

1.2 分子中化学键的强弱与分子的化学结构稳定性

空气中氧气和氮气各占20.95%和78.08%。在常温和常压下,我们能否利用这些氧气和氮气合成链状或环状的O_3,O_4,O_5,O_6和N_3,N_4,N_5,N_6等分子?

链状:

O—O—O, O—O—O—O,

O—O—O—O—O, O—O—O—O—O—O

N═N—N, N═N—N═N,

N═N—N═N—N, N═N—N═N—N═N

环状:

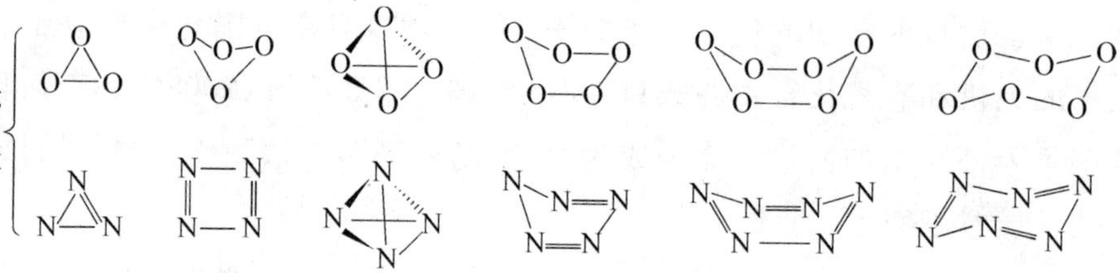

我们可以提前告诉你答案:除了链状O_3(臭氧)之外,其余化学结构物种在常温气相中都是不稳定的,寿命极短,是人们臆想的物种。在讨论化学键能数据之前,有一点要说明:本书正文与表格中(不包括来自原始文献的图表),能量单位既采用正在提倡的国际单位kJ,也并列使用传统的单位kcal(1 kcal = 4.184 kJ)。其他的能量单位,如质谱法测量使用的eV,光谱法测量使用的波数cm^{-1}与波长nm,物理学家使用的K(Kelvin),量子化学理论计算使用的Hartree (au, atomic unit)都被转换为kJ和kcal。美国国家标准和技术研究院的长期实践(1996NIST)与我们的三次实践(2002LUO, 2005LUO, 2007LUO)都证明,使用并列的能量单位或二元制,广受读者欢迎。本书末尾附有各种能量转换因子表

(附录 2)。

利用键能数据库(2007LUO)与化学动力学知识,我们可以推测上面那些化学结构物种的寿命:

D (O_2—O_2) = 0.2 kcal mol^{-1}(0.8 kJ mol^{-1}),van der Waals 络合物,寿命极短;

D (N_2—N_2) = 1.6 kcal mol^{-1}(6.6 kJ mol^{-1}),van der Waals 络合物,寿命极短;

D (链状O—O_2, 臭氧) = 25.5 kcal mol^{-1}(106.6 kJ mol^{-1}),自由基,相对稳定;

D (链状N—N_2) = 6.2 ± 1.8 kcal mol^{-1}(26.1 ± 7.7 kJ mol^{-1}),自由基,寿命短。

设想 H_2O 可以形成簇合物或氢键合物$(H_2O)_n$, n = 2, 3, 4, 5, 6, 7, 8, 9, 10, …。的确,液体水中含有大量这类氢键合物。中性 H_2O 二聚体之间的(氢)键能已经测得(2007LUO):

$$D(H_2O—H_2O) = 5.1 \pm 0.5 \text{ kcal mol}^{-1} (21.3 \pm 2.1 \text{ kJ mol}^{-1})$$

人们预测,氢键合物的寿命非常短,大约为 1～20 ps (皮秒, 10^{-12}秒)。这就是说,氢键合物的寿命比它们可能的转动周期(～100 ps)还短。在微观图像上,这些氢键合物还没有完成一次转动,就离解了。所以,这些氢键合物一定是在离解,聚集,再离解,再聚集,快速互相转化的、极其复杂的动态平衡之中(2001KEY/SAY, 2005MEN)。

我们认为(1981LUO),对于键能仅为 5 kcal mol^{-1}的气相物种,在室温条件下,是热力学不稳定的。分子中化学键的强弱可用来度量分子的化学稳定性的高低,这一观点得到热力学第二定律的强力支持。我们将在本章 1.3 节详细地讨论这一重要观点。

多原子分子中含有多个化学键,每个化学键的键能不一定相同,有强弱之分。对于单分子热反应,在通常条件下,分子中的弱键最易断裂,引发出一系列后续的化学反应,最后形成比较强的键,更稳定的分子。绝大部分化学反应,都包括"破"弱键、"立"强键的过程。所以,在判断化合物和材料的稳定性时,我们经常需要寻找分子中弱键和最弱键在什么位置。表 1.1 给出了一些常见化合物和材料内最弱键键能值变化范围。

表1.1 一些常见化合物和材料中的最弱键能值变化范围（1 kcal＝4.184 kJ）

最弱键能的范围 in kcal mol^{-1}	化学键强弱	例 子
<0，或负值		现实中不能稳定存在
2～10	氢 键	如蛋白质分子内
10～30	极弱键	催化、生化（如血液循环和新陈代谢）过程
30～55	次弱键	碘酒，双氧水，聚合物的引发剂，催化过程
50～70	弱 键	催化过程，不稳定的化合物（如炸药）
70～80	次强键	许多抗氧化剂（如维生素A、C、E）
80～95	中强键	燃料（如汽油、柴油），有机化工品
95～110	强 键	燃料（如汽油、柴油），有机化工品
110～130	高强键	耐热材料，如不粘锅的涂料
>130	超强键	耐高温高热材料，如太空飞船表面材料

现实存在的化合物中，化学键能总和一定是正值。它表示该化学键断裂时，需要外界提供能量。键能值越高，表示它们需要吸收越多的能量，才能断裂。反之，键能值越低，表示断裂该键所需要的能量就越少。严格讲，化学键能为负值的化合物，它们只能瞬间存在，寿命极短（纳秒、皮秒、飞秒或更短），很快转化成另外的分子，不能稳定存在。

1.3 化学键能的定义

分子中的化学键能是分子的热化学性质之一。热化学、热力学的标准条件是25℃（298.15 K），1个大气压（101.325 kPa）。化学键R—X均相离解的键能 D(R—X)被定义为1 mol理想气体RX中R—X键发生均相离解时的焓变：

$$\text{R—X} \longrightarrow \text{R} + \text{X} \tag{1.1}$$

$$D(\mathrm{R—X}) \equiv \mathrm{BDE}(\mathrm{R—X}) \equiv \mathrm{DH^o}(\mathrm{R—X})$$
$$= \Delta_f H^o(\mathrm{R}) + \Delta_f H^o(\mathrm{X}) - \Delta_f H^o(\mathrm{RX}) \quad (1.2)$$

这里，RX 是母体分子，R 和 X 是自由基或原子；$\Delta_f H^o(\mathrm{R})$，$\Delta_f H^o(\mathrm{X})$和$\Delta_f H^o(\mathrm{RX})$分别是 R，X 和 RX 为理想气体时，热力学的标准条件下的生成热（焓）。按 IUPAC（International Union of Pure and Applied Chemistry，国际理论与应用化学联合会）的约定，物理符号 *D* 和 *H* 要用斜体。

在气相化学动力学里，符号 $D(\mathrm{R—X})$被记为 BDE（R—X）或 DH°（R—X）。BDE 是英文 bond dissociation energy（enthalpy）的缩写。DH°中的 D 表示化学键离解（dissociation），H 强调 BDE 是属于热化学焓变（enthalpy），上标“°”指出它们是标准条件下热力学的数值。在本书里，采用了大众化的简称，把键离解能（焓）称为键能。

由于历史上的某些原因，化学键能曾被称为化学键强度（chemical bond strength）。bond strength 一词也被广泛用于牙医、玻璃、陶瓷、树脂、粘接剂、涂料等学科领域。作者曾倡议（2007LUO）在描述化学键离解时不再使用这术语，以便今后用网络检索化学键能文献时更有效。

科学文献里，广泛流行一种近似的观点，即键能值越高，表示分子的化学稳定性越高；键能值越低，表示分子的化学稳定性越差。在化学热力学里，严格描述分子化学稳定性的物理量应当是键离解反应的 Gibbs 自由能变化 ΔG，或该键离解反应的平衡常数 K：

$$\Delta G = \Delta H - T\Delta S = -RT\ln K \quad (1.3)$$

$$\log K = -\Delta G/2.303RT \quad (1.4)$$

科学家发现（1976BEN），键离解反应熵变 ΔS 的变化范围比较小，从 20 到 40 cal $\mathrm{K^{-1}\ mol^{-1}}$（84 到 167 J $\mathrm{K^{-1}\ mol^{-1}}$）之间。在 298.15 K 时，$T\Delta S$ 的贡献为 6 kcal $\mathrm{mol^{-1}}$到 12 kcal $\mathrm{mol^{-1}}$（25 到 50 kJ $\mathrm{mol^{-1}}$）之间。键离解反应的 ΔH（即键能）的变化范围很大，从 10 到 100 kcal $\mathrm{mol^{-1}}$（42 到 420 kJ $\mathrm{mol^{-1}}$）之间。换句话说，ΔH（即键能）的变化，基本上控制了键离解反应的 ΔG 的变化。所以，广泛流行的近似观点是可靠的。并且，化学键能值的高低，还基本上控制了许多反应速度的快慢，也确定了相应化学反应的机理。

式1.1定义了中性分子中化学键的均相离解。这样的定义可以推广到正离子和负离子中化学键的离解,如表1.2所示。

表1.2 中性分子、正离子和负离子中化学键的离解

键离解过程	例子
R—X ⟶ R + X (neutrals)	$CH_4 \longrightarrow CH_3 + H$ $Fe(CO)_5 \longrightarrow Fe(CO)_4 + CO$
R^+—X ⟶ R^+ + X (cations)	$(H_3O)^+(H_2O)_5 \longrightarrow (H_3O)^+(H_2O)_4 + H_2O$ $Fe^+(CO)_5 \longrightarrow Fe^+(CO)_4 + CO$
R^-—X ⟶ R^- + X (anions)	$(NO_2)^-(CO_2)_5 \longrightarrow (NO_2)^-(CO_2)_4 + CO_2$ $Fe^-(CO)_4 \longrightarrow Fe^-(CO)_3 + CO$

正离子和负离子中的化学键能可以通过中性分子的键能、电离能(IE)和电子亲合能(EA)推导出:

$$\begin{aligned} D(R^+—X) &= \Delta_f H^o(R^+) + \Delta_f H^o(X) - \Delta_f H^o(R^+X) \\ &= D(R—X) + IE(R) - IE(RX) \end{aligned} \tag{1.5}$$

$$\begin{aligned} D(R^-—X) &= \Delta_f H^o(R^-) + \Delta_f H^o(X) - \Delta_f H^o(R^-X) \\ &= D(R—X) - EA(R) + EA(RX) \end{aligned} \tag{1.6}$$

广义上讲,化学键的断裂包括了均裂、异裂等多种离解方式,如表1.3所示。这些键离解过程的能量都和中性分子的键能有关,可以借助于中性分子的键能和相应的电离能和电子亲合能求得。

表1.3 其他常见的化学键离解过程

键离解过程	例子(与键能 D 的关系)
$RH \longrightarrow R^- + H^+$	Gas-phase acidity, GPA = $\Delta_{acid}H(R—H) = D(R^-—H^+) = D(R—H) - EA(R) + IE(H)$
$RX \longrightarrow R^+ + X^-$	Heterolytic, $D(R^+—X^-) = D(R—X) - EA(X) + IE(R)$
$RH \longrightarrow R^+ + H^-$	Hydride affinity, HA = $D(R^+—H^-) = D(R—H) - EA(H) + IE(R)$
$RH^+ \longrightarrow R + H^+$	Proton affinity (Gas-phase basicity), PA = GPB = $D(R—H) + IE(H) - IE(RH)$

1.4 D, D_e 和 D_o 的相互关系

在阅读许多有关化学键能的文献时,我们经常遇到三个很类似的物理量:

(1) D_o,0 K 时的键离解能;

(2) D_e,势能曲线(面)上的极小电子能或势阱深度;

(3) D,298.15 K 时的键离解能。

这三者的关系,如图 1.1 所示。

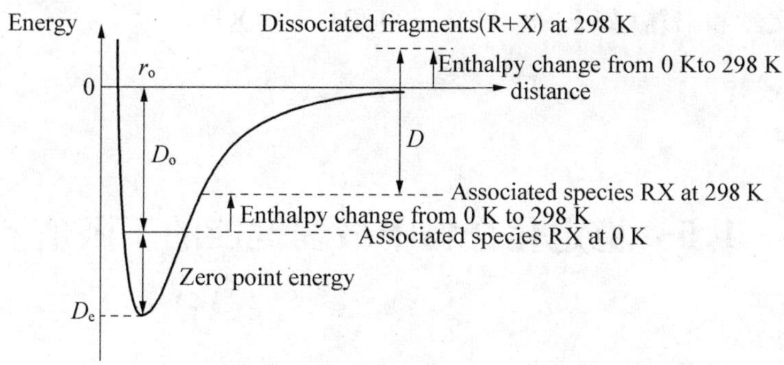

图 1.1 D, D_e 和 D_o 的相互关系

图 1.1 中,D_o 和 D_e通过零点能(zero point energy, ZPE)相关:

$$D_o = D_e - \Delta(\text{ZPE}) \tag{1.7}$$

对于双原子分子,这一相关很简单:

$$D_e \approx \frac{\omega_e^2}{4\omega_e x_e} \tag{1.8}$$

$$\Delta(\text{ZPE}) = \frac{\omega_e}{2} - \frac{\omega_e x_e}{4} \tag{1.9}$$

$$D_o \approx \frac{\omega_e^2}{4\omega_e x_e} - \frac{\omega_e}{2} + \frac{\omega_e x_e}{4} \approx D_e - \frac{1}{2}h\nu \tag{1.10}$$

这里，ω_e和 x_e 是光谱常数，h 和 ν 分别是 Planck 常数和振动频率。

根据热力学，键离解过程的焓变 ΔH 与内能 ΔE 的关系是

$$\Delta H = \Delta E + \Delta(PV) \tag{1.11}$$

这里 $\Delta(PV)$是摩尔功，1 mol 的理想气体在恒温条件下，摩尔功为 RT。对于双原子分子的离解，一个振动自由度变成了平动。因此，我们得到一个近似结果：

$$D \equiv \Delta H = \Delta E + RT \approx D_o + \frac{3}{2}RT \tag{1.12}$$

在 $T = 298.15$ K，我们得

$$D \approx D_o + 0.888\,64 \text{ kcal mol}^{-1} \approx D_o + 3.718\,05 \text{ kJ mol}^{-1} \tag{1.13}$$

对于多原子分子的离解，D 和 D_o的关系比较复杂，有兴趣的读者可参阅相关文献和书籍（如 1998CHA，2005RUS/BOG）。

1.5 稳定化合物中最弱键能的下限值

根据热化学和热力学的习惯，化学键能被定义为键离解反应的焓变。由热力学第二定律可知，如果一个化合物是热稳定的，那么在给定温度下，不会自发发生相应的化学键离解反应，即化合物中的最弱键的键能（ΔH 或 D）必须满足如下不等式：

$$\begin{aligned} &\Delta G > 0 \\ &(\Delta H - T\Delta S) > 0 \\ &(D - T\Delta S) > 0 \\ &D > T\Delta S \end{aligned} \tag{1.14}$$

式中 ΔG，ΔH 和 ΔS 分别是键离解反应的 Gibbs 自由能变、焓变和熵变。换句话说，如果一个化合物在给定温度下是稳定的，相应化学结构中的最弱

键的键能 D 必须大于键离解反应的熵变贡献($T\Delta S$)。利用不等式(1.14),可以透彻地理解化合物热稳定性与温度的定量关系。例如,为什么许多在低温下不能进行的化学反应,可以在较高的温度下进行。相反,许多在室温不稳定的化合物可以在较低温度条件下长期保存。

Benson 的研究表明(1976BEN),线型分子的离解熵变在一个比较小的范围:

$$\Delta S = 30 \sim 40 \text{ cal K}^{-1} \text{ mol}^{-1} (126 \sim 167 \text{ J K}^{-1} \text{ mol}^{-1})$$

环状分子的离解熵变多为

$$\Delta S = 20 \sim 30 \text{ cal K}^{-1} \text{ mol}^{-1} (84 \sim 126 \text{ J K}^{-1} \text{ mol}^{-1})$$

因此,我们可以用如下不等式判定气相分子在室温条件下的化学稳定性高低(1981LUO)。对于线型分子,分子中的最弱键的键能 D 必定是

$$D - E_s > 8 \sim 12 \text{ kcal mol}^{-1} (34 \sim 50 \text{ kJ mol}^{-1}) \tag{1.15a}$$

对环状分子中的最弱键的键能 D 必定是

$$D - E_s > 6 \sim 9 \text{ kcal mol}^{-1} (25 \sim 38 \text{ kJ mol}^{-1}) \tag{1.15b}$$

式中,E_s 是键离解反应前后释放的张力能。在化学键离解时,我们需要考虑分子中张力能的释放。这一概念,将在第 5 章的 5.5 节里讨论。

在本章 1.2 节,我们已列出了如下键能:

$D(O_2—O_2) = 0.2 \text{ kcal mol}^{-1} (0.8 \text{ kJ mol}^{-1})$,van der Waals 络合物,寿命极短;

$D(N_2—N_2) = 1.6 \text{ kcal mol}^{-1} (6.6 \text{ kJ mol}^{-1})$,van der Waals 络合物,寿命极短;

D(链状$O—O_2$,臭氧) = $25.5 \text{ kcal mol}^{-1} (106.6 \pm \text{ kJ mol}^{-1})$,自由基,相对稳定;

$D(N—N_2) = 6.2 \pm 1.8 \text{ kcal mol}^{-1} (26.1 \pm 7.7 \text{ kJ mol}^{-1})$,自由基,寿命短;

$D(H_2O—H_2O) = 5.1 \pm 0.5 \text{ kcal mol}^{-1} (21.3 \pm 2.1 \text{ kJ mol}^{-1})$,氢键合物,寿命极短。

利用式 1.14 可知,van der Waals 络合物$(O_2)_2$,$(N_2)_2$ 只能在 0 K 附

近存在；自由基 N_3 只能在低温条件下存在；氢键二聚体$(H_2O)_2$ 不能在室温条件下稳定存在，寿命极短(ps 级)。利用式 1.15 可知，臭氧分子(链状)可以在室温条件下存在，但不存在环状的 O_3 结构物种。

1.6 键能规则的适用范围——超快和选键化学

化学键能是属于化学热力学的一个概念。因此，对于满足热力学条件(或分子能量遵守 Boltzman 分布规律)的化学反应体系，化学键能的知识十分重要，化学键能的规则非常有用。但是，并非全部化学反应都能满足热力学条件，例如：

(1) 电子传递反应；

(2) 高能辐射或远紫外光解反应；

(3) 超快速化学反应，反应时间短于 0.1 ps，甚至 1 fs(飞秒，10^{-15}秒)；

(4) 态-态反应；

(5) 化学反应偏离 RRKM(Rice - Ramsperger - Kassel - Marcu)行为，或分子内的振动传能被阻，即振动传能速度不是足够快，或分子轨道对称性禁阻。

在这些情况下，运用化学键能知识去分析实验结果，就要非常小心。举个例子，Bersohn 等(1982LEE/BER)利用 258 nm (等价于110.8 kcal mol^{-1}，463.7 kJ mol^{-1}，见附录 2) 脉冲紫外激光对 CH_2BrI 进行光解，发现了两种不同的反应通道：

$$CH_2BrI \longrightarrow CH_2Br + I,\ D(CH_2Br—I) = 52.5\ \text{kcal mol}^{-1}，弱键断裂，86\%$$

$$CH_2BrI \longrightarrow CH_2I + Br,\ D(CH_2I—Br) = 65.6\ \text{kcal mol}^{-1}，强键断裂，14\%$$

这时，较弱的C—I键断裂是主要通道。不久之后，李远哲等(1986BUT/HIN)改用 210 nm(等价于 136.1 kcal mol^{-1}，569.6 kJ mol^{-1})脉冲激光对 CH_2BrI 进行光解，发现较强的C—Br 键断裂，而较弱的 C—I 键却不断裂。对这个选键光化学问题，李宗和与同事们(2005LIU/ZHA) 利用量子化学从头计算与对称性规则，作出了很好的解释。

飞秒脉冲技术（~80 fs，2002DAM/DIE）和强场激光脉冲技术（~10^{13} W cm^{-2}，2001LEV/MEN）也成功地观测到了如下的选键断裂反应：

$$CH_2ClBr \longrightarrow CH_2Cl + Br, D(CH_2Cl—Br) = 66.3\ kcal\ mol^{-1},$$

弱键断裂产物少

$$CH_2ClBr \longrightarrow CH_2Br + Cl, D(CH_2Br—Cl) = 79.5\ kcal\ mol^{-1},$$

强键断裂产物多

$$C_6H_5C(O)CH_3 \longrightarrow C_6H_5C(O) + CH_3, D(C—C) = 85\ kcal\ mol^{-1},$$

弱键断裂产物少

$$C_6H_5C(O)CH_3 \longrightarrow C_6H_5 + C(O)CH_3, D(C—C) = 97.2\ kcal\ mol^{-1},$$

强键断裂产物多

因此，在运用化学键能规则之前，首先需要判断研究体系是否满足热力学条件。对于所有的热化学反应体系，如果测量时间的数量级比秒长，我们就可以放心地运用化学键能的知识、数据及其相应的规则来解决问题。

第 2 章 测量键能的主要实验方法

精确测量不同分子、离子、自由基、络合物、超分子、氢键合物以及表面键合物中的化学键能是非常困难的研究工作。数千位科学家，包括几位诺贝尔化学奖获得者为此奋斗了七八十年，贡献了他们的青春年华。无论测量键能的方案还是手段都是当时最先进的，但实验结果却不尽如人意。为什么精确测量化学键能如此困难？原因是化学键离解以后的碎片大多数是寿命极短、浓度很低的反应活性中间体，如自由基等。要捕捉和检测这些活性碎片就已经很困难了，如果还要定量测定这些痕量碎片的浓度并研究相应键离解过程与温度的定量关系，则难上加难。但是，随着科学技术的不断进步，测量精度也随之提高，若干重要分子中键能的测量值终于开始进入化学精度范围（± 1 kcal mol^{-1}，或 ± 4.184 kJ mol^{-1}）。

例如，最简单的有机化合物——甲烷。20 世纪 30 年代以来，至少五十几个科研小组曾测量过CH_3—H键能。表 2.1 列出了某些有代表性的测量。结果表明，1987 年 Benson 等用极低压热解技术（VLPP）得到了CH_3—H键能的最佳实验值（黑体）。

表 2.1 由不同实验方法测得的甲烷CH_3—H键能值

键能 $D(CH_3—H)$		方法	时间	参考文献
kcal mol^{-1}	kJ mol^{-1}			
～98	～410	金属镜法	1933	1950SZW
101 ± 1	422.6 ± 4.2	光溴解	1942	1950SZW

（续表）

键能 $D(CH_3—H)$		方 法	时间	参考文献
kcal mol^{-1}	kJ mol^{-1}			
103±3	431.0±12.6	热 解	1949	1950SZW
103	431.0	CH_3I热解	1958	1966VED/GUR
103.9	434.7	光溴解	1961	1966VED/GUR
106.8	446.9	电子冲击	1965	1974GUR/KAR
104±1	435.1±4.2	数据分析	1976	1976BEN
105.0±0.1	**439.3±0.4**	VLPP	1987	2007LUO
105.3±0.7	440.6±2.9	PIMS检测	1988	2007LUO
104.8±0.2	438.5±0.8	光谱检测	1990	2007LUO
105.3±0.6	440.6±2.5	共振荧光检测	1991	2007LUO
104.99±0.03	439.28±0.13	呈现能法	1999	2007LUO

又如，最重要的和极其简单的无机分子——水。由光谱法测量的HO—H键能数据被无可非议地公认了好几十年。但进入21世纪后，杨学明小组用光离解方法，Ruscic小组用离子热化学循环技术，Golden小组用激波管技术，几乎同时得出结果：光谱法得到的HO—H键能数值偏高，新的标准应当向下调0.49 kcal mol^{-1}(2.05 kJ mol^{-1})，即更新后的D(HO—H)=118.81±0.07 kcal mol^{-1}(497.10±0.29 kJ mol^{-1}，2007LUO)。

不久前，我们对键能测量技术做过两次全面的小结(2002LUO，2007LUO)。有兴趣的读者可利用有关文献做深入研究。在本章，我们将介绍其中六种比较重要的实验测量方法。

2.1 反应动力学法

研究卤原子X(X=Cl，Br或I)与碳氢化合物RH之间的夺氢反应动力学是测量化学键能的好方法之一(1994BER/ELL)。我们仅需要精确地测量正反应与逆反应的速度常数 k 和平衡常数 K 与温度的关系，指前因子 A 与活化能 E，以及夺氢反应(2.1)的焓变 ΔH：

$$X + RH \underset{b}{\overset{f}{\rightleftharpoons}} HX + R \tag{2.1}$$

$$K = k_f / k_b \tag{2.2}$$

$$\ln \frac{K_2}{K_1} = \frac{\Delta H}{R}\left(\frac{1}{T_1} - \frac{1}{T_2}\right) \tag{2.3}$$

$$\Delta H_{\mathrm{T}} = E_{\mathrm{f}} - E_{\mathrm{b}} \tag{2.4}$$

估算反应物和产物分子的比热 C_{p}，把反应温度 T 的 ΔH_T 换算到 25℃下的 ΔH_{298}：

$$\Delta H_{298} = \Delta H_T + \langle \Delta C_{\mathrm{p}} \rangle (298.15 - T) \tag{2.5}$$

式中，T 是平均反应温度，$\langle \Delta C_{\mathrm{p}} \rangle$ 是反应前后平均比热变化。我们得到：

$$\Delta H_{298} = D(\mathrm{H{-}X}) - D(\mathrm{R{-}H}) \tag{2.6}$$

由于化学键H—X(X = Cl，Br，I)的键能已经有很高精度(2007LUO，或见本书附录 1)，我们可以获得有机分子 RH 中的键能 D (R—H)，以及自由基 R 的生成热 $\Delta_{\mathrm{f}} H^{\mathrm{o}}(\mathrm{R})$。这一方法需要借助于 van't Hoff 方程(2.3)，简称“第二定律法”。

“第三定律法”利用热力学关系：

$$\Delta G = - RT\ln K = \Delta H - T\Delta S \tag{2.7}$$

$$\Delta H = T\Delta S - RT\ln K \tag{2.8}$$

式中，ΔG，ΔH 和 ΔS 分别是反应前后的 Gibbs 自由能变、焓变和熵变。在设计夺氢反应(2.1)时，让实验在同一温度或很小的温度变化范围内(如 50 K)进行，精确地测量正反应与逆反应的速度常数 k 和平衡常数 K；然后利用统计力学配分函数计算反应物和产物分子的生成熵 S^{o}，并计算在该反应温度或平均反应温度下的熵变 ΔS。把实验平衡常数 K 代入式 2.8，推算出焓变 ΔH；最后，把 ΔH 换算到 25℃时的 ΔH_{298}，由式 2.6 得到 D(R—H)。这一过程的关键是利用统计力学配分函数计算反应物和产物分子的生成熵

S^o 以及熵变 ΔS。通常情况下，生成熵 S^o 和熵变 ΔS 的计算误差比较小，从而降低了逐级推算过程中的误差传递，故第三定律法能够提供比较可靠的键能数据。

Benson 等（1997DOS/BEN）用极低压反应器（VLPR，如图 2.1）在 228～368 K 范围内、μtorr（1 torr = 1 mm Hg = 133.322 Pa）的压力下，研究了如下反应(2.9)：

$$Br + C_2H_6 \underset{b}{\overset{f}{\rightleftharpoons}} HBr + C_2H_5 \tag{2.9}$$

利用统计力学得到 $S^o(C_2H_5) = 59.6 \pm 0.5$ cal mol^{-1}K^{-1}。HBr，Br 和 C_2H_6 的 $\Delta_f H^o$ 取自 NIST－JANAF 表（1998CHA）。这里，JANAF 是美国陆海空三军联合热化学专家小组的简称。Benson 等利用第三定律法，得到了目前最佳值：

$$\Delta_f H^o(C_2H_5) = 28.4 \pm 0.3 \text{ kcal mol}^{-1} (118.8 \pm 1.3 \text{ kJ mol}^{-1})$$

$$D(H—C_2H_5) = 100.5 \pm 0.3 \text{ kcal mol}^{-1} (420.5 \pm 1.3 \text{ kJ mol}^{-1})$$

对于气相化学反应动力学研究来说，极低压反应器有过非常重要的贡献。在图 2.1 中，卤素分子与载气共同进入，在微波作用下，卤素分子分解为卤素原子。反应分子 RH 从 A 或 B 引入，经过毛细管（直径 1～2 mm），进到 Knudsen 池反应器，与卤素原子发生反应(2.1)。反应器内的压力为 0.1～10 μtorr。在如此低的气压下，次级反应将明显减少。反应器壁用电加热，温度可控制在－60℃到 90℃之间。反应器壁涂有四氟乙烯等聚合物，减少了器壁效应。气体出口孔的直径为 2～10 mm。反应时间控制在0.01～2 s。排放的产物用四极质谱分析。

如果反应(2.1)的平衡常数 $\log K$ 范围是－2～2，极低压反应器可提供很高的测量精度。所以，我们选用 HCl，HBr 和 HI 分子分别用于测量键能接近～103，～88 和～71 kcal mol^{-1}（或～431，～366 和～298 kJ mol^{-1}）的不同R—H键能的化合物。

Slage 和 Dutman 等（1985SLA/GUT）用光电离质谱（PI－MS）研究反应(2.1)。将气体引入长 51 cm、直径 1.05 cm 的管状石英流动反应器，用未聚焦的 248 nm（等价于 115.3 kcal mol^{-1}，482.4 kJ mol^{-1}，见附录 2）

脉冲激光照射，引发自由原子或自由基，这些自由原子或自由基将参加取代反应(2.1)或加成反应(2.10)：

$$A + B \underset{b}{\overset{f}{\rightleftharpoons}} AB \tag{2.10}$$

反应器壁有一微针孔，引出反应产物，产物分子经过紫外光电离和聚焦，用四极质谱作分析。

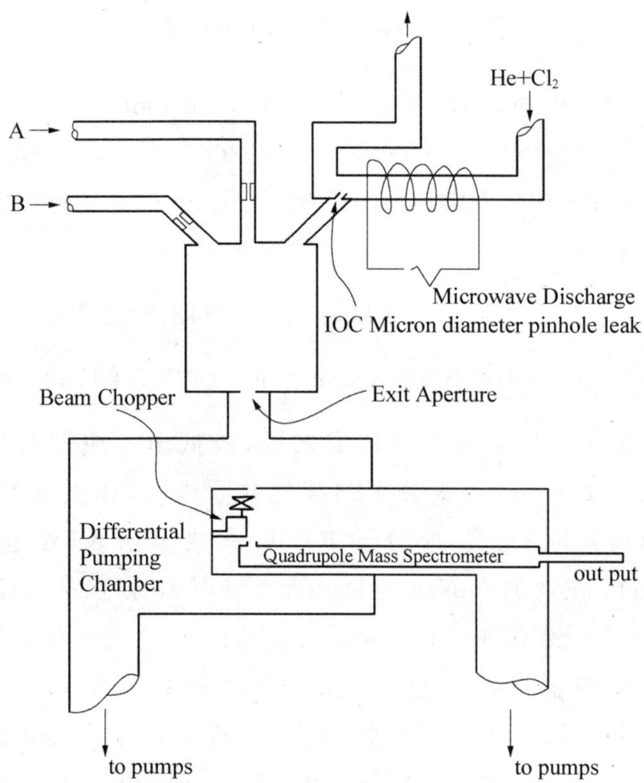

图 2.1 极低压反应器(VLPR)示意图(1981BEN)

Gutman 等(1994BER/ELL)用光电离质谱(图 2.2)监测反应(2.1)，发现了许多反应(2.1)的逆过程有负活化能。在 20 世纪 80 和 90 年代，这意外的报道引起了多次细致深入的学术争论。逆过程有负活化能的实验结果冲击了气相反应动力学的传统观点(假设逆过程的活化能为零，或接近于零)。那时，人们很难理解逆过程的负活化能低至～－1 到～－3 kcal mol^{-1}(～－4 到～－13 kJ mol^{-1})，因为反应(2.1)的逆过程看起来是简单的基元反应。后来，精确的分子轨道理论计算发现，逆过程的势能面上有低谷或势阱，导致了逆反应负活化能。从式 2.4 可见，逆过程的负活化能将使反应焓变 ΔH 升高，因而从前测量的许多 D(R—H)和 $\Delta_f H^o$(R)实验值需要修正，即上调 1～3 kcal mol^{-1}(4～13 kJ mol^{-1})。

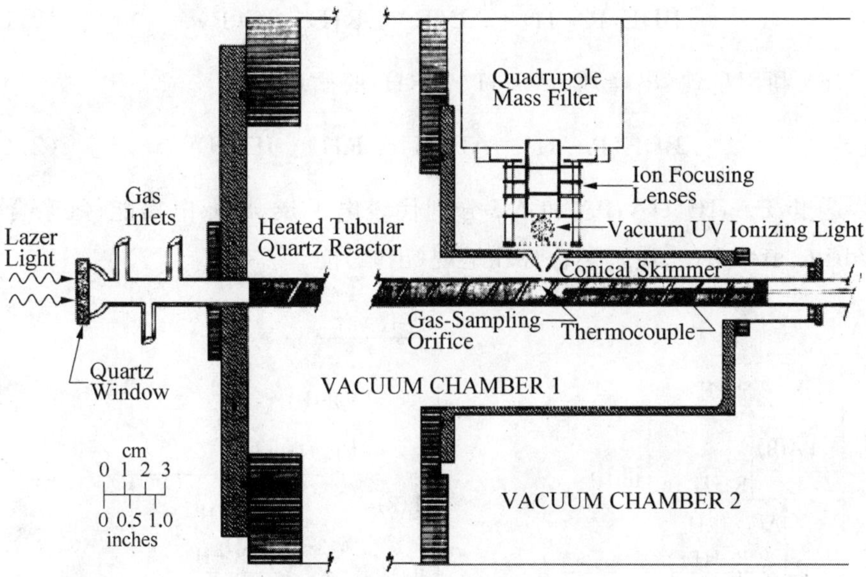

图 2.2 光电离质谱(PIMS)监测装置示意图(1985SLA/GUT)

2.2 气相离子的热化学循环和质谱法

利用气相离子的热化学循环来测量化学键能是常见的测量方法之一。由图 2.3 可见，至少有五种热化学循环与化学键离解相关。

(1) 利用气相酸度 ΔH_{acid}(RH)的循环

$$\text{BDE(R—H)} = \Delta H_{\text{acid}}(\text{RH}) + \text{EA(R)} - \text{IE(H)} \tag{2.11}$$

(2) 利用气相氢亲合势 HA(R)的循环

$$\text{BDE(R—H)} = \text{HA(R)} + \text{EA(H)} - \text{EA(RH)} \tag{2.12}$$

(3) 利用气相质子亲合势 PA(R)的循环

$$BDE(R—H) = PA(R) + IE(RH) - IE(H) \tag{2.13}$$

(4) 利用呈现(出峰)能 AE(R^+，RH)的循环

$$BDE(R—H) = AE(R^+, RH) - IE(R) \tag{2.14}$$

(5) 利用呈现(出峰)能 AE(H^+，RH)的循环

$$BDE(R—H) = AE(H^+, RH) - IE(H) \tag{2.15}$$

这里，EA，IE，HA，PA 和 AE 分别代表电子亲合势、电离能、氢亲合势(hydride affinity)、质子亲合势和呈现(出峰)能。

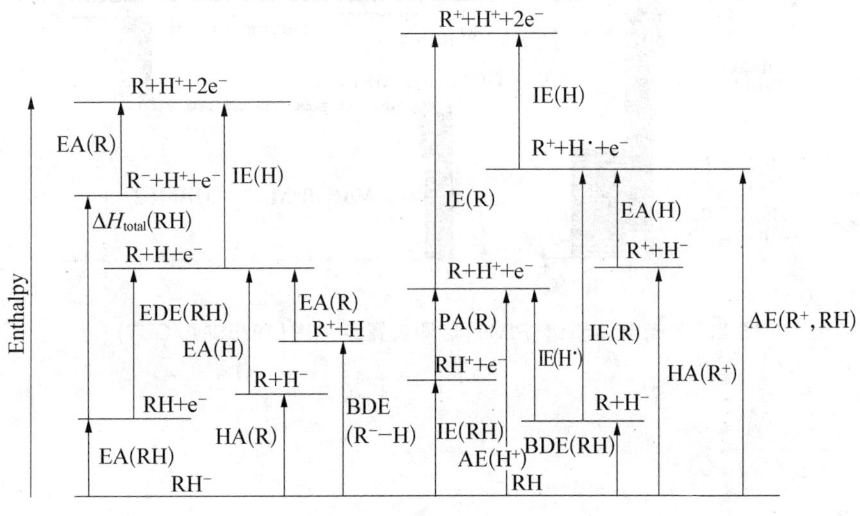

图 2.3　气相离子的热化学循环和化学键能(2006GOE/WEN)

由质谱仪方法测量的 EA，IE，HA，PA，AE，ΔH_{acid}(RH)和 BDE(R—H)都是 0 K 时的焓变。从理论上讲，它们需要换算到 298 K 下的焓变，即我们平常所说的键能 BDE(R—H)。因为离子和中性物的结构与振动频率很相似，所以这种热效应修正非常小。忽略这种修正造成的误差经常低于 1 kcal mol^{-1}(4.184 kJ mol^{-1})。另一方面，气相酸度，气相氢亲合势，气相质子亲合势，电子亲合势，电离能与呈现(出峰)能的数值都比相应的键能大得多，根据式 2.11，2.12，2.13，2.14 和 2.15，BDE(R—H)是这几个大数之间的代数差值。所以，这种代数差成为导出键能的主要误差来源。例如，气相酸度 $\Delta_{acid}H$ 为 200 ± 2 kcal mol^{-1}，2 kcal 才只是 1% 的误差，是

不错的结果。但它将导致的键能误差可能高于 2 kcal mol^{-1}(8 kJ mol^{-1}),这样就未必是好结果了。

有时候,式 2.11,2.12,2.13,2.14 和 2.15 被用于导出相对键能值。例如,何言鹏等(2007YAN/CHE)利用 CAD(碰撞活化离解)质谱,得到了二十多种氨基酸钠盐的 A_1Na^+-A_2 相对键能值。他们报道,钠盐中的相对键能与氨基酸 AH 的相对气相酸度之间有近似的线性关系,如图 2.4 所示。

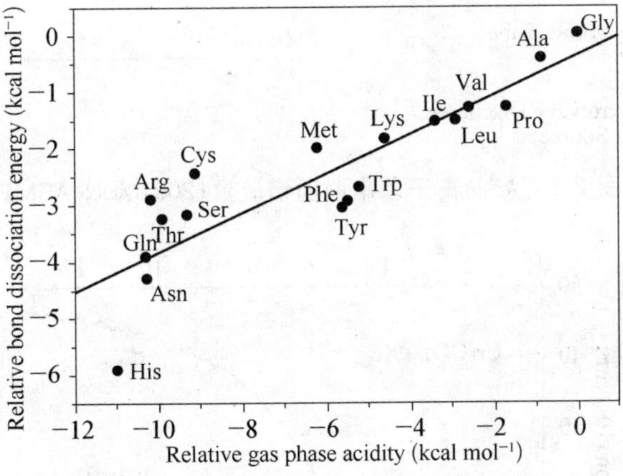

图 2.4 氨基酸的相对气相酸度和 Na^+ 盐中的相对键能(2007YAN/CHE)

Armentrout 等利用导向离子束串级质谱装置(GIB-MS)通过碰撞诱导离解(CID)测量了大量的金属有机化合物、簇合物中的化学键能。图 2.5是相应装置的示意图(2001MUN/ARM)。用电子轰击、微波放电或激光照射获得气相离子,以 He 为载气,让离子通过流动管。离子在60°扇形磁区聚焦,得到质量选择的离子束。用第一个八极杆使离子导向,进入低压的反应池,与中性分子或 Xe 原子碰撞,导致键离解反应或原子交换反应。再经过第二个八极杆,导向后的离子用四极质谱分析产物。两个串级的八极杆可以提高飞行时间测量的动能和质量分辨率。GIB-MS 装置还适合用来校正离解过程中由碎片内能增加而引起的动力学位移。在数据处理中,他们把得到的单个产物通道离子流转换成绝对积分截面,图 2.6是 $Cr(CO)_6$ 离解产物的碰撞能量与截面关系图。最后,从数据分析导出化学键能。

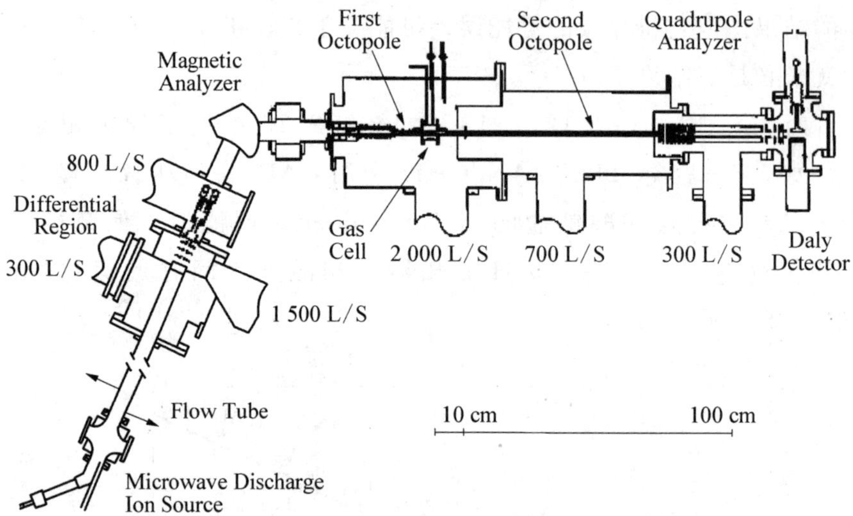

图 2.5 导向离子束串联质谱装置(2001MUN/ARM)

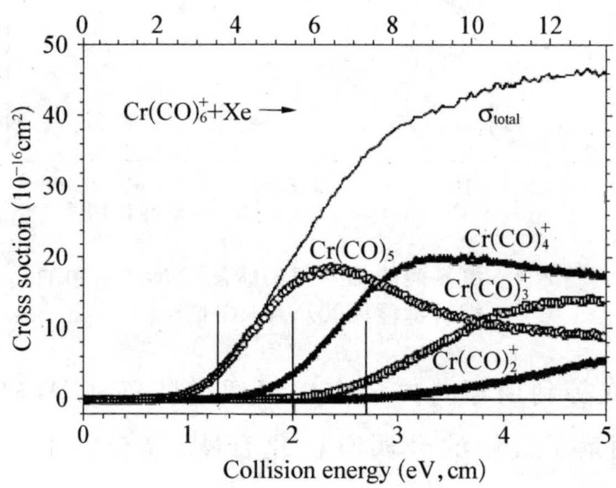

图 2.6 GIB-MS 得到的碰撞能与截面关系(2001MUN/ARM)

采用高压质谱(HP-MS)技术也得到了大量的簇合物中的化学键能。图 2.7 是改进了的高压质谱装置(1994WIN/MER),它增加了一个直径为 11.6 cm 的快速流动管。这更有利于研究离子簇合物的反应。

图 2.8 显示了用这高压质谱装置得到的气相水合质子簇合物的质谱图。我们看到,$n=6$ 时,呈现一最高峰,对应于气相簇合物$(H_3O)^+(H_2O)_5$。高压质谱法在测量平衡常数后,多用 van't Hoff 方程(第二定律法)推算出化学键能。

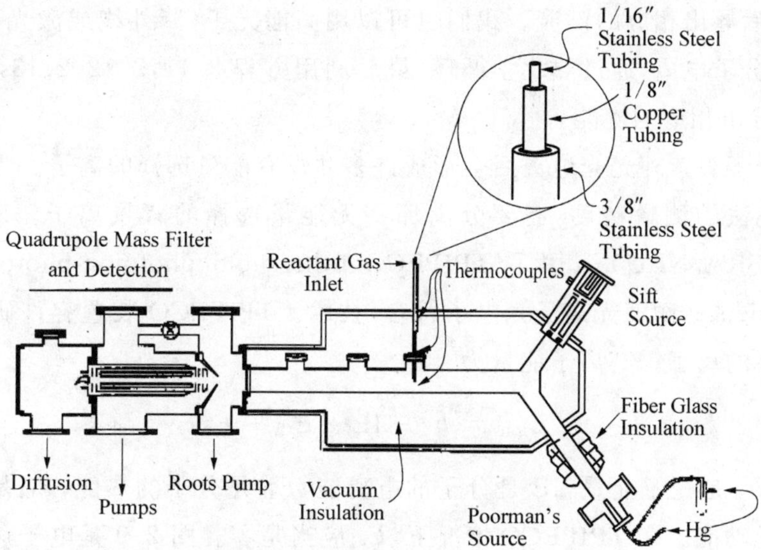

图 2.7 快速流动反应的高压质谱(1994WIN/MER)

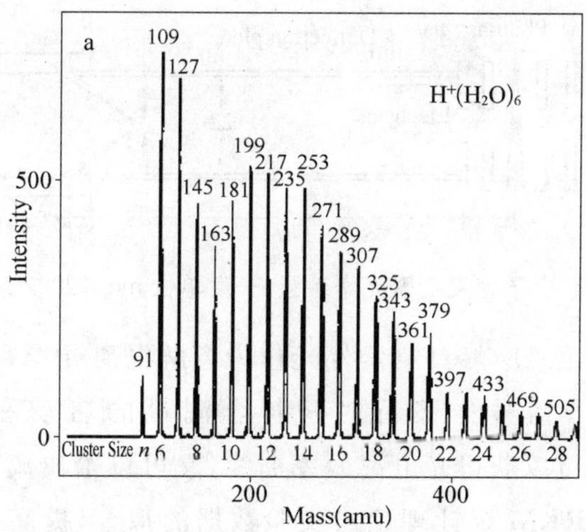

图 2.8 气相水合质子簇合物的质谱图(1994WIN/MER)

2.3 光电离法和零电子动能光谱

质谱法的特点是主要用高能电子撞击分子,产生离子,分析其热化学循环，然后导出相应的键能。我们也可以用高能光子（紫外线或激光）撞击分子，使分子电离，通过热化学循环，最后利用方程2.11，2.12，2.13，2.14或2.15导出相应的键能。

分子被紫外光光电离后会形成许多并没有能量选择的离子。为了提高光电离法的测量精度，需要分离那些无能量选择的背景离子。Braun等(2002BRA/NEU)采用了TPIPECO（threshold photoion-photoelectron coincidence，阈值光离子光电子符合）技术。TPIPECO装置容许研究能量被选择的离子。其离子能量为

$$E_{ion} = h\nu - IE + E_{th} - E_{el} \tag{2.16}$$

式中，$h\nu$是光子能量，IE是分子的电离能，E_{th}是分子的热能，E_{el}是飞离开的电子动能。在TPIPECO情况下，E_{el}应当是零。图2.9是电子速度汇聚光学装置示意图(2002BAE/LI)。

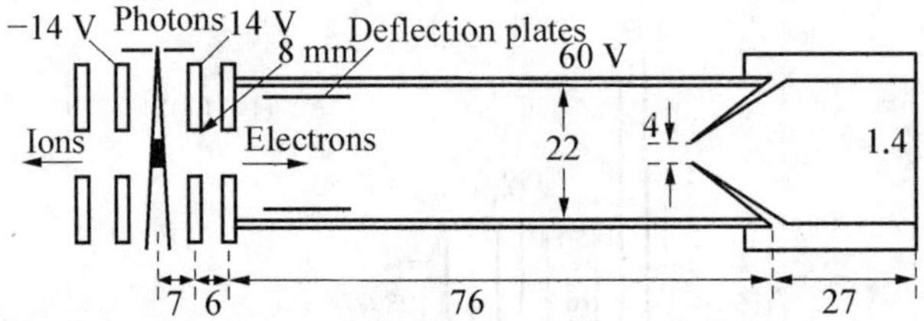

图2.9 电子速度汇聚光学装置，长度单位mm (2002BAE/LI)

Baer等用单色H_2灯真空紫外光作为离解电离光源，在同一事件中产生的电子和离子信号作飞行时间符合测量的启动和终止脉冲。由TPIPECO谱，既可以获得光电离效率曲线，又可以给出离子飞行时间的峰形分布。通过RRKM统计理论与实验数据的拟合，提高了键能数值的精度。TPIPECO-TOF-MS方法提供了许多精确的键能数据。图2.10是一个例子，它显示了有机锰化合物中的逐级键能(2006REV/PON)。这里，Cp代表C_5H_5基团。它清楚地显示了从S到Se时，相应键能的变化。

莫宇翔等(2004MO/YAN，2005YAN/HAO，2007LI/YAN)利用共振增强的四波混频法产生相干远紫外光(XUV)，分辨率很高，其波数小到0.1 cm^{-1}(对应于2.86×10^{-4}kcal mol^{-1}，或1.19×10^{-3}kJ mol^{-1})，再用这高分辨率的远紫外光撞击气相分子使其电离。例如，气体氟分子F_2在XUV光子撞击下，被电离，产生离子对：

$$F_2(X^1\Sigma_g^+) \xrightarrow{XUV} F^+ (^3P_{2,1,0}) + F^- (^1S_0) \tag{2.17}$$

如果调节 XUV 光子的能量，使产生离子对的能量非常接近离解阈区，则键能：

$$D_0(F—F) = E_{tripp} - IP(F) + EA(F) \tag{2.18}$$

式中，IP(F)和 EA(F)分别是氟原子的电离能和电子亲合能，两者都已经被精确测定(1996NIST)。因此，精确测得 F_2 的离子对的离解阈能 E_{tripp}，就可以精确导出在 0 K 时的键能 D_0(F—F)。莫宇翔等利用离子速度成像法(ion velocity mapping imaging)，记录到了离解阈能 E_{tripp}，并用转动分辨的零电子动能光谱方法(zero kinetic energy photoelectron spectroscopy)测量了 F_2 的电离能。最后，他们给出(2005YAN/HAO)：

$$D_0(F—F) = 1.606 \pm 0.001\ eV(37.034 \pm 0.023\ kcal\ mol^{-1},\ 154.952 \pm 0.096\ kJ\ mol^{-1})$$

$$D_0(F^+—F) = 3.334 \pm 0.001\ eV(76.882 \pm 0.023\ kcal\ mol^{-1},\ 321.674 \pm 0.096\ kJ\ mol^{-1})$$

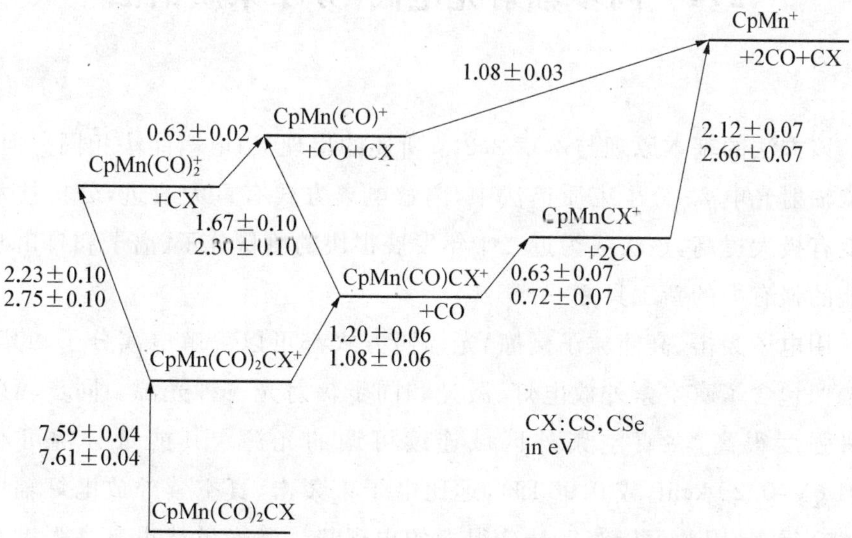

图 2.10 $CpMn(CO)_2CX$ (X=S, Se)体系的热化学(2006REV/PON)

利用同样的测量手段，他们导出了气体氯分子 Cl_2 在 0 K 时的键能(2007LI/HAO)：

$$D_0(\mathrm{Cl—Cl}) = 19\,990 \pm 8\ \mathrm{cm^{-1}}(57.154 \pm 0.023\ \mathrm{kcal\ mol^{-1}},\ 239.133 \pm 0.096\ \mathrm{kJ\ mol^{-1}})$$

$$D_0(\mathrm{Cl^{+}—Cl}) = 31\,935.1 \pm 8\ \mathrm{cm^{-1}}(91.307 \pm 0.023\ \mathrm{kcal\ mol^{-1}},\ 382.028 \pm 0.096\ \mathrm{kJ\ mol^{-1}})$$

利用非常相似的测量手段，莫宇翔等提供了 CH_2BrCl 在 0 K 时的键能（2007LI/YAN）：

$$D_0(\mathrm{ClH_2C—Br}) = 2.76 \pm 0.01\ \mathrm{eV}(63.65 \pm 0.23\ \mathrm{kcal\ mol^{-1}},\ 266.29 \pm 0.96\ \mathrm{kJ\ mol^{-1}})$$

$$D_0(\mathrm{ClH_2C^{+}—Br}) = 0.894 \pm 0.002\ \mathrm{eV}(20.615 \pm 0.046\ \mathrm{kcal\ mol^{-1}},\ 86.256 \pm 0.193\ \mathrm{kJ\ mol^{-1}})$$

2.4 同步辐射光电离-分子束质谱法

该方法的基本原理与本章 2.2 节所述的出现势/电离能法相同。但是，同步辐射光电离-分子束质谱法中，离解电离方式有重大改进，分析技术的精度有极大提高，该法成为近二十年发展很快的测量分子、离子和自由基中键能的强有力的新工具之一。

用电子轰击、高能粒子碰撞、光辐照方式都可以离解电离分子。其中，光辐照包含了真空紫外放电灯、激光和同步辐射光三种光源。同步辐射是一种强度很高，在真空紫外区域连续可调的光源。其能量分辨可小于 0.01 eV（0.23 kcal，或 0.96 kJ），远比电子束轰击、真空紫外放电灯辐照等方式高得多，因此可以获得精确得多的出现势。激光虽然也有高强度和小范围连续可调的特性，但在真空紫外区域尚没有足够强的合适光源，需要通过多光子过程来离解电离，与电子轰击一样会产生许多碎片，而同步辐射的单光子电离可有效抑制碎片的产生。因此在分子的离解电离方式上，同步辐射有明显的优点。

采用分子束取样技术，样品经超声膨胀后无任何碰撞，使分子和自由基等不稳定的反应中间物能有效地“冷冻”，大大有利于短寿命物种的测量，可以克服离子-分子反应和热带效应的影响。质谱检测方面，通常使用四极质谱仪和飞行时间质谱仪。新发展的反射式飞行时间质谱仪，可大大提高质量分辨率。

图 2.11 是中国科学技术大学的同步辐射-分子束质谱装置(Synchrotron Radiation - Molecular Beam Mass Spectrometry, SR - MBMS)的示意图。同步辐射光 SR 经环面镜 TM 和球面光栅 SG 获得高单色性的光进入反应室，样品经脉冲喷管 N 和漏勺 S 与 SR 垂直地进入反应区，产生的离子由垂直于光子束和分子束方向上的四极质谱仪 QM 检测。

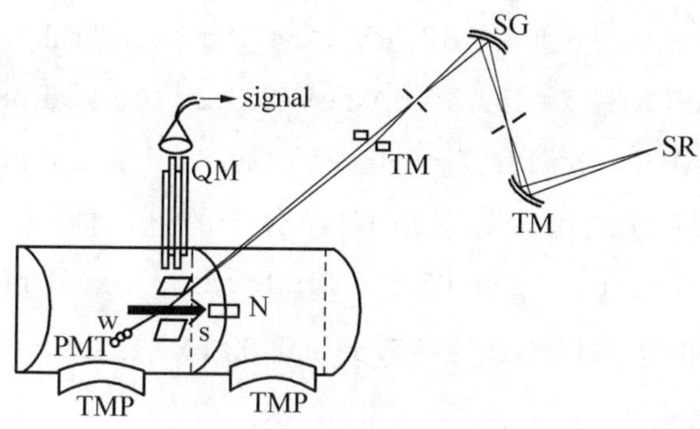

图 2.11　同步辐射分子束质谱装置示意图(1995SHE/QI)

李远哲等(1987SHI/ACH)最先用 SR - MBMS 方法测量了乙烯和乙炔分子的 H^+ 出现势，分别为 18.66 ± 0.05 eV(430.3 ± 1.2 kcal mol^{-1}, $1\,800.4 \pm 4.8$ kJ mol^{-1})和 19.35 ± 0.05 eV(446.2 ± 1.2 kcal mol^{-1}, $1\,866.9 \pm 4.8$ kJ mol^{-1})。利用 H 原子的电离能为 13.598 eV(313.570 kcal mol^{-1}, 1 311.976 kJ mol^{-1})，推出这两个分子的C—H键能分别为 $D_0(C_2H_3—H) = 5.06 \pm 0.05$ eV(116.7 ± 1.2 kcal mol^{-1}, 488.2 ± 4.8 kJ mol^{-1})和 $D_0(C_2H—H) = 5.75 \pm 0.05$ eV(132.6 ± 1.2 kcal mol^{-1}, 554.8 ± 4.8 kJ mol^{-1})。

20 世纪 90 年代，张允武、俞书勤、盛六四、李伟基等合作用 SR - MBMS 方法进行实验测量，并结合量子化学计算获得了 NH_3，AsH_3，卤代烃，过渡金属羰基化合物等一大批分子和离子的键离解能(1996LI/RAN,

1997SHE/QI，1997QI/YAN，1998RAN/SHU）。他们测量的离子键离解能通过图2.12所示的两个热化学循环方法获得。

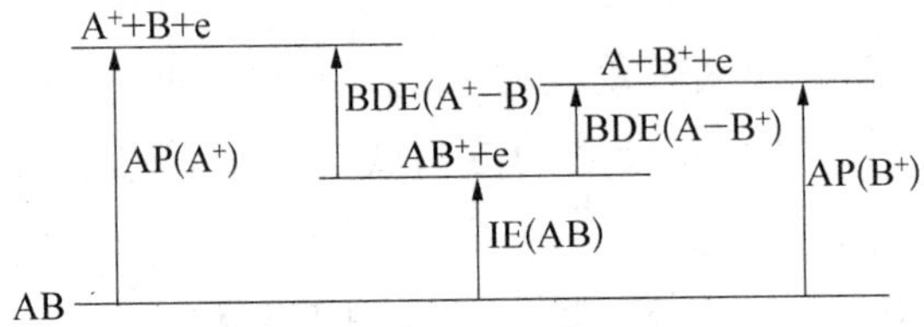

图2.12 两个热化学循环

$$BDE(A^+—B) = AP(A^+) - IE(AB) \tag{2.19}$$

$$BDE(A—B^+) = AP(B^+) - IE(AB) \tag{2.20}$$

利用以上两个公式，张允武和俞书勤等（1995QI/SHE）研究NH_3的同步辐射离解电离，测得NH_3^+，NH_2^+和H^+的光电离效率曲线，得到$AP(NH_3^+) = 10.16 \pm 0.02$ eV（234.3 ± 0.5 kcal mol^{-1}，980.3 ± 1.9 kJ mol^{-1}），$AP(NH_2^+) = 15.75 \pm 0.02$ eV（363.2 ± 0.5 kcal mol^{-1}，$1\,519.6 \pm 1.9$ kJ mol^{-1}），$AP(H^+) = 18.57 \pm 0.05$ eV（428.2 ± 1.2 kcal mol^{-1}，$1\,791.7 \pm 4.8$ kJ mol^{-1}）。NH_3^+的出现势就是NH_3分子的电离能$IE(NH_3)$，由此可知$D_0(H^+—NH_2) = 8.41 \pm 0.05$ eV（193.9 ± 1.2 kcal mol^{-1}，811.4 ± 4.8 kJ mol^{-1}）和$D_0(H—NH_2^+) = 5.59 \pm 0.02$ eV（128.9 ± 1.2 kcal mol^{-1}，539.3 ± 4.8 kJ mol^{-1}）。

由于同步辐射光电离有较高的能量分辨率，张允武和李伟基等（1995SHE/QI）根据光电离效率曲线上出现的多个阈值，结合量子化学计算获得很多同分异构体的键离解能。例如，他们用同步辐射电离C_2H_3Cl分子，观察到$C_2H_3^+$的光电离曲线有两个出现势，如图2.13所示。

这里两个出现势分别为$AP_1(C_2H_3^+) = 12.54 \pm 0.02$ eV（289.2 ± 0.5 kcal mol^{-1}，$1\,209.9 \pm 1.9$ kJ mol^{-1}）和$AP_2(C_2H_3^+) = 14.82 \pm 0.05$ eV（341.7 ± 0.5 kcal mol^{-1}，$1\,429.9 \pm 1.9$ kJ mol^{-1}），实验测得C_2H_3Cl电离能9.98 ± 0.02 eV（230.1 ± 0.5 kcal mol^{-1}，962.9 ± 1.9 kJ mol^{-1}）。因此$C_2H_3^+$—Cl的离解会有两个离解能：2.56 ± 0.02 eV（59.0 ± 0.5 kcal mol^{-1}，247.0 ± 1.9 kJ mol^{-1}）和4.84 ± 0.05 eV（111.6 ± 1.2 kcal mol^{-1}，467.0 ± 4.8 kJ mol^{-1}）。

量子化学计算表明 $C_2H_3^+$ 有三个同分异构体(a, b, c),并计算得到 $C_2H_3^+$—Cl离解成 a,b,c 三个 $C_2H_3^+$ 同分异构体的键能分别为 2.71,2.54 和 4.89 eV,如表 2.2 所示。由此可知,实验测得的离解能为 2.56 eV 和 4.84 eV的离解过程分别对应于生成 b 和 c 的同分异构体的反应。

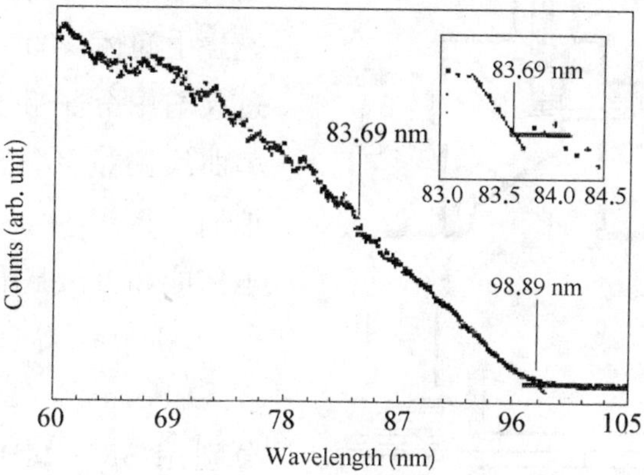

图 2.13 离子 $C_2H_3^+$ 的光电离效率曲线(1995SHE/QI)

表 2.2 $C_2H_3^+$ 的三个同分异构体及其计算与测量键能 $D(C_2H_3^+—Cl)$(测量值位于括号中)

$C_2H_3^+$ 同分异构体		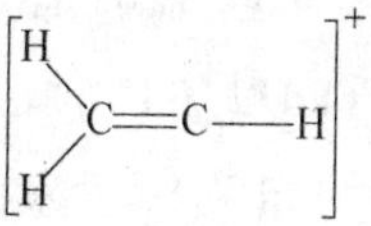 a	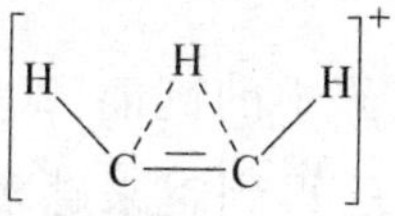 b	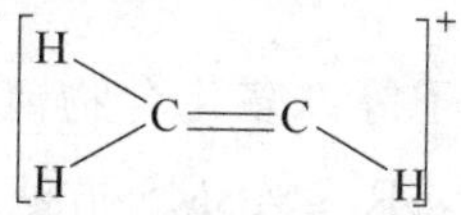 c
D_0 ($C_2H_3^+$—Cl)	eV	2.71	2.54 (2.56)	4.86 (4.84)
	kcal mol^{-1}	62.5	58.6 (59.0)	112.8 (111.6)
	kJ mol^{-1}	261.5	245.1 (249.0)	471.8 (467.0)

21 世纪初,多国科学家联合在美国加州伯克利同步辐射先进光源(Advanced Light Source, ALS)上建立了世界上第一台燃烧实验装置。中国科技大学的齐飞参与了该项研究。该装置利用同步辐射真空紫外光的单光子电离技术,结合分子束质谱,可以精确地探测燃烧过程中的各种中间体和产物。齐飞回国后,在合肥国家同步辐射实验室(Hefei National Synchrotron Radiation Laboratory, NSRL)建成了世界上第二个燃烧实验站。图 2.14 是该燃烧实验站的示意图(2006QI/YAN)。

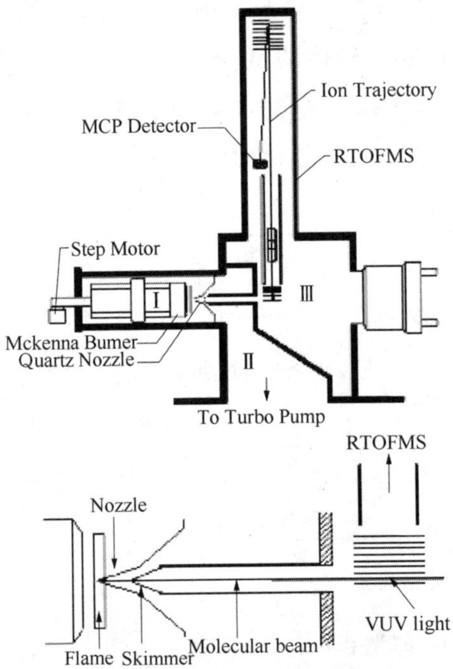

图 2.14 中国科学技术大学 NSRL 的燃烧实验站装置示意图(2006QI/YAN)

燃烧过程中会产生很多自由基,同步辐射燃烧实验站正是检测自由基中间体的最强有力的实验手段。齐飞等研究了约三十种不同火焰,首次发现了一系列烯醇类燃烧中间体(2005TAA/HAN)。通过火焰中分子和自由基光电离效率曲线测量,结合量子化学计算,他们获得了一批以往难以测量的电离能和自由基中的键能。

Alcaraz 等(2005SCH/ROT)和 Osborn 等(2006MEL/ZOU)分别用 SR - MBMS 方法研究了炔丙基和过氧烷基自由基的光离解电离,获得了离解通道、电离能和生成焓等信息。盛六四等用 SR - MBMS 方法,结合量化计算,给出了烯烃氧化物离子、氟利昂离子等许多化合物离子中的键能(2001LIU/LI(b), 2007WAN/HAO)。现在,SR - MBMS 方法已得到越来越多的相关科学家的重视和采用。

2.5 光声量热法

以上介绍的测量化学键能的方法是在气相中完成的。它们适合于气体分子,或者分子量不高的、挥发性较强的液态化合物。但是,大多数化合物,如金属有机化合物与生物分子,在常温下是液体和固体,蒸气压较低甚至非常低。在 20 世纪 80 年代,Griller 等(1986BUR/MAJ, 1989GRI/WAY, 1990WAY/GRI)开始把刚刚诞生的光声量热法(photoacoustic calorimetry，PAC)用于测量蒸气压比较低的液态分子中的键能。他们的实验设备比较简单，如图2.15所示。

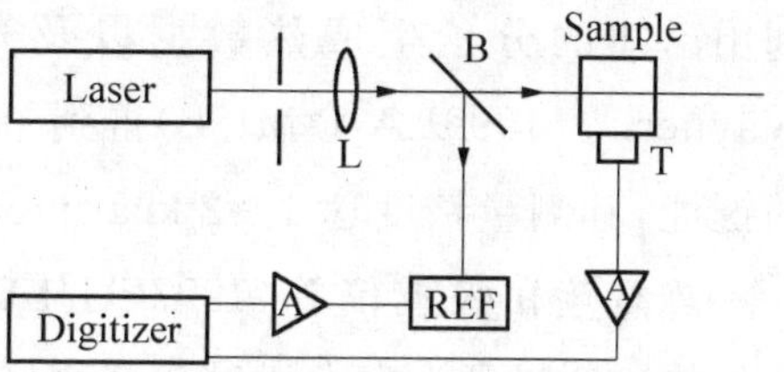

图 2.15 光声量热法的框图 (1989GRI/WAY)

氮激光器提供脉冲激光(波长 $\lambda = 337.1$ nm，脉冲宽度 10 ns，脉冲功率 10 mJ，脉冲重复频率 5 Hz)。该激光束通过透镜 L 聚焦，再经分束镜 B 得到两束光，一束光被参考监测器 REF 监测，经放大器 A，然后传输到数字显示器(digitizer)记录。另一束光进入样品池，引发在 CCl_4 液相中的如下反应：

$$\mathrm{tBuO{-}OtBu} \xrightarrow{\text{laser (84.8 kcal)}} \mathrm{2tBuO^{\cdot}} + \text{exoergic}$$

$$\mathrm{2tBuO^{\cdot} + 2RH} \longrightarrow \mathrm{2tBuOH + 2R^{\cdot}} + \text{exoergic}$$

$$\mathrm{tBuOOtBu + 2RH} \longrightarrow \mathrm{2tBuOH + 2R^{\cdot}} + \text{exoergic}$$

波长 337.1 nm 的激光等价于 84.8 kcal mol^{-1}(354.9 kJ mol^{-1}，见附录 2)。这样强的光能足以断裂过氧键(D(tBuO—OtBu) = 38.9 ± 0.5 kcal mol^{-1}，或 162.8 ± 2.1 mol^{-1})(2007LUO)，形成的烷氧自由基 $tBuO^{\cdot}$ 能夺取有机或金属有机化合物中的氢原子，释放出自由基 $R^{\cdot}$。后一个基元反应也是放热的，因为产物 tBuOH 中的O—H键能 D(tBuO—H) = 106.3 ± 0.7 kcal mol^{-1}，或 444.9 ± 2.8 mol^{-1}(2007LUO)，远高于许多有机或金属有机化合物中的R—H键能(如C—H，O—H，N—H，S—H，Si—H，Ge—H和Sn—H)。以上化学反应释放出的热量进入溶液，激发声波，以声速传到反应器壁，造成反应器壁振动。此振动可利用一个有微秒分辨率的高灵敏压电传感器 T 检测得到。

这两个基元反应释放出的总热量：

$$\Delta H_{1+2} = 2\Delta_f H(\mathrm{tBuOH}) + 2\Delta_f H(\mathrm{R^{\cdot}}) - 2\Delta_f H(\mathrm{RH}) - \Delta_f H(\mathrm{tBuOOtBu})$$

因此分子 RH 中的键能：

$$D(\mathrm{R{-}H}) = (\Delta H_{1+2})/2 - 2\Delta_f H(\mathrm{tBuOH}) + \Delta_f H(\mathrm{tBuOOtBu})/2 + \Delta_f H(\mathrm{H^{\cdot}}) \qquad (2.21)$$

利用已知的分子生成热数据以及光声量热法测得的总热量，Griller 与 Wayner 等(1999LAA/MUL)得到了许多有机化合物和金属有机化合物中的键能，其测量精度达 1～2 kcal mol^{-1}(4～8 kJ mol^{-1})。

陈慧兰和张叔仪等(1997FU/LUO，1998LI/LUO，2003CHE/LI)利用光声量热法测量了许多有机钴化合物(包括生物分子辅酶 B_{12})中的Co—C键能。他们的实验装置和反应流程如图 2.16 所示(2004ZHA)。

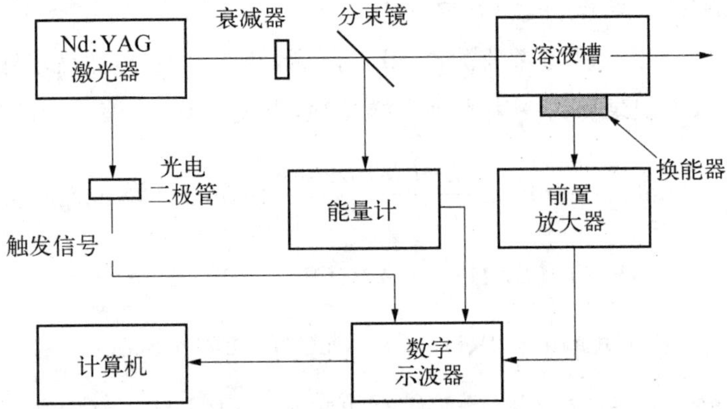

(a) 框图

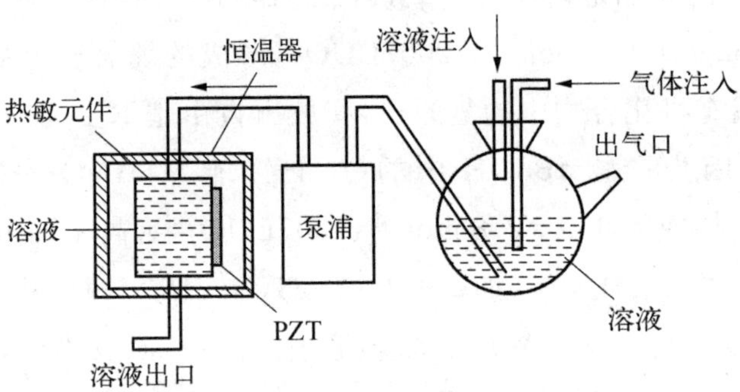

(b) 反应流程

图 2.16 南京大学光声量热法实验装置

他们使用 Nd:YAG 纳秒脉冲激光器(波长 $\lambda = 532$ nm，脉冲宽度 8 ns，脉冲重复频率 10 Hz，脉冲强度 8～20 μJ)。样品溶于水，置于流动的石英反应器中。波长 532 nm 的激光等价于 53.7 kcal mol^{-1}(或224.9 kJ mol^{-1})。这样强的光能足以断裂样品分子中的Co—C 键。在光束路上的样品分子吸收光能后，Co—C键断裂，发生化学反应，放出热量。产生的声压信号由压电陶瓷换能器转换成电信号，经放大后传输至数字示波器，最后由计算机进行数据处理。

图 2.17 描述了有机钴化合物(包括辅酶 B_{12})的光解机理(2003CHE/LI)。样品分子吸收光子被激发,在几皮秒之间,Co—C键均裂形成自由基对。溶液“笼”中的自由基对有可能重合,回到基态。这自由基对的双方也可能扩散进入溶液,分离,形成自由基。测量光量子产率、反应体积变化和反应焓变,最后得到Co—C键能。陈慧兰和张叔仪的科研小组提供了许多Co—C键能数据(2007LUO)。在第 6 章的 6.6 节,我们将介绍这些Co—C键能信息对研究辅酶 B_{12} 反应活性的重要价值。

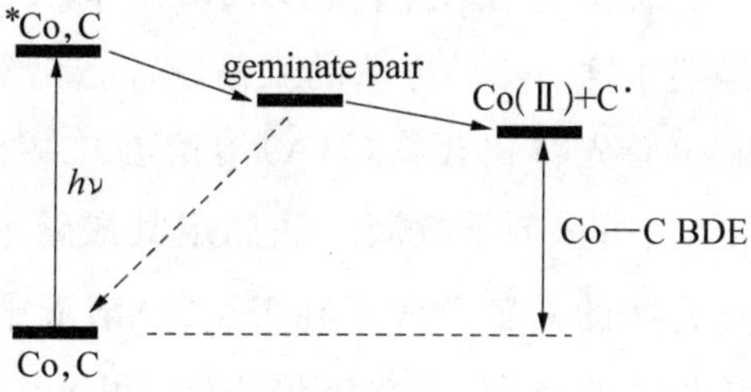

图 2.17 辅酶 B_{12} 的光解机理(2003CHE/LI)

光声量热法测量化学键能的技术正处于成长期,被比喻为“青少年技术”(teenager technique)。张叔仪和陈慧兰等(1998LI/CHE, 2004ZHA)全面地介绍了有关光声量热法的丰富多彩的信息。Simoes 等(1999SAN/LAG, 2004COR/NUN)全面地评价了光声量热法对化学键能测量的重要贡献。Grabowski (1998GRA)汇集了从光声量热法诞生的 1983 年到 1998 年的有关文献。读者从中可获得更多的知识。

2.6 电 化 学 法

从 20 世纪 80 年代中期开始,Bordwell 等(1986BOR/BAU, 1988BOR)发展了利用溶液中酸碱离解平衡常数和氧化还原电位测定化学键能的方法。Bordwell 方法有两大优点:(1) 能够测量许多蒸气压非常低的液相或固相分子,有机或有机金属分子,以及生化分子中的键能。相对于许多其他测量化学键能的实验方法,Bordwell 方法的优点非常显著,故该方法可用于研究许多生化反应(包括生命过程中的催化反应及开发新药物等)。(2) 测量设备非常简单,只需要一套能测定酸碱离解平衡常数的无水无氧操作系统,以及一台循环伏安仪(CV)。近二十年来,这一方法提供了大量的C—H，O—H，N—H和S—H等化学键能，远大于用其他实验测量方法得到的结果的数量。其中，来自程津培科研小组的长期贡献特别突出。

程津培、张先满和 Bordwell 等(1988BOR/CHE，1993BOR/ZHA)很好地描述了这一实验方法的工作原理。化学键离解包含在如下热力学循环中。

首先将化合物(HA)溶解在二甲基亚砜($CH_3S(O)CH_3$，DMSO)溶液中，用指示剂重叠滴定法测定其酸碱平衡常数 pK_{HA}，用循环伏安仪测量该化合物的共轭负离子在 DMSO 溶液中的氧化电位 $E_{ox}(A^-)$。因此这种方法也曾叫酸度-氧化电位法(acidity-oxidation potential，AOP)。

利用下面简单的热力学循环，可以很方便得到测定相对H—A键能的公式：

$$\text{H—A} \rightleftharpoons \text{H}^+ + \text{A}^- \quad pK_{HA}$$

$$\text{A}^- \rightleftharpoons \text{e}^- + \text{A}^\cdot \quad E_{ox}(\text{A}^-)$$

$$\text{H}^+ + \text{e}^- \rightleftharpoons \text{H}^\cdot \quad E_{rd}(\text{H}^+)$$

$$\text{H—A} \rightleftharpoons \text{H}^\cdot + \text{A}^\cdot \quad \text{BDE(H—A)}$$

$$\Delta\text{BDE(H—A)} = 1.37\,pK_{HA} + 23.06E_{ox}(\text{A}^-) \tag{2.22}$$

式中，因子 1.37 来源于不同能量单位的转换：

$$\Delta G = -\text{RTln}\,K_{HA} = 2.303\times1.987\times298.15/1\,000(-\log\ K_{HA})\approx1.37\,pK_{HA}$$

因子 23.06 来源于从电子伏特(eV)到 kcal mol^{-1}能量单位的转换(1 eV = 23.06 kcal mol^{-1}，见附录 2)。

在图 2.18 中，SHE(standard hydrogen electrode)是标准氢电极的自由能变化。$\Delta G^o tr(H^+)$是质子从水溶液传递到 DMSO 溶液的自由能变化。$\Delta_f G^o(H^\cdot)$是氢原子的生成自由能变化，取 48.6 kcal mol^{-1}(203.3 kJ mol^{-1})。$\Delta G^o_{sol}(H^\cdot)$的是氢原子溶剂化的自由能变化，为 −5.7 kcal mol^{-1}(−23.8 kJ mol^{-1})。从图 2.18 中的热力学循环，可以得到：

$$\text{BDE(H—A)} = 1.37\,pK_{HA^{+\cdot}} + 23.06E_{ox}(\text{HA}) + \Delta G^o\text{sol}$$

$$+\Delta_f G^{\circ}(H^{\cdot}, gas) - \Delta G^{\circ}tr(H^+) + T\Delta S^{\circ} \quad (2.23)$$

$$pK_{HA^{+\cdot}} = pK_{HA} + [E_{ox}(A^-) - E_{ox}(HA)](23.06/1.37) \quad (2.24)$$

式中,为了与气相中的键能相比,引入了反应的熵变化 $T\Delta S^{\circ}$。于是

$$BDE(H—A) = 1.37\,pK_{HA} + 23.06\,E_{ox}(A^-) + \Delta G^{\circ}sol + \Delta_f G^{\circ}(H^{\cdot}, gas) - \Delta G^{\circ}tr(H^+) \quad (2.25)$$

或

$$BDE(H—A) = 1.37\,pK_{HA} + 23.06\,E_{ox}(A^-) + C \quad (2.26)$$

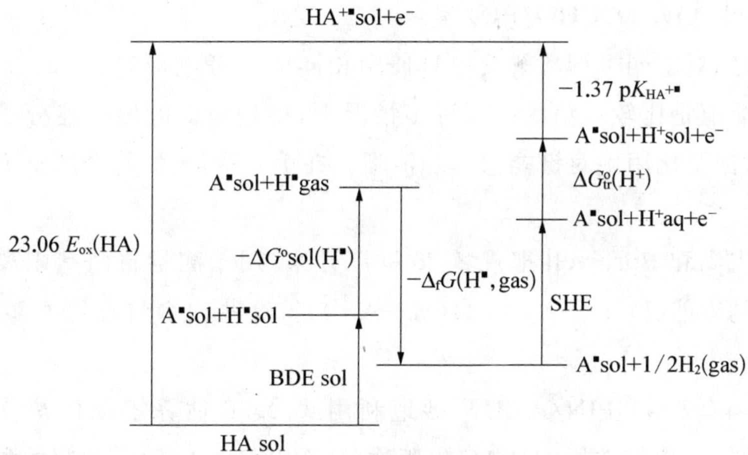

图 2.18 分子 HA 在溶液中的键离解热化学循环(1988BOR/CHE)

很明显,对于H—A键离解反应,当使用相同的参考电极和反应溶剂时,C 应当是一常数。目前,由于我们对有关溶液结构、溶剂化和电极过程机理所知有限,若想准确测定这些参数几乎是不可能的。所以过于细致地讨论常数 C,都只是假设,没有必要。当 $E_{ox}(A^-)$值是相对于水合标准氢电极(SHE_{aq})时,常数 $C = 56.0$ kcal mol^{-1}(1991BOR/CHE)。当$E_{ox}(A^-)$值是相对于内标二茂铁/二茂铁离子电极(Fc/Fc^+)时,常数 $C = 73.3$ kcal mol^{-1}(1993BOR/ZHA, 1998BOR/LIU)。两个 C 值间17.3 kcal的差距来源于不同参考电极电位修正。pK_{HA} 实验测量误差约为 ±0.1pK 单位(±0.15 kcal mol^{-1}),氧化还原电位 $E_{ox}(A^-)$测量误差一般小于 50 mV(±1 kcal mol^{-1}),考虑到常数 C 引入的误差,用 Bordwell 方程(2.26)估算

的键能值误差，可能在 2～3 kcal mol^{-1}（即 8～13 kJ mol^{-1}）之间(1991BOR/CHE，1998BOR/LIU)。

式 2.26 估算H—A键能的方法独特、简单、适用面广，既引起了科技界的极大兴趣，也引起许多讨论与评论。Parker 等(1991PAR/HAN)分析了式 2.26 的可能误差：如果考虑到溶剂化、不可逆电位等修正，式 2.26 估算的键能值很可能要上调 1～3 kcal mol^{-1}（即 4～13 kJ mol^{-1}）。郭庆祥与刘磊等(2006FU/LIU)用从头计算的H—A键能值评论了式 2.26 估算的键能值，认为不少测量值的偏差或许高达 5 kcal mol^{-1}（即 21 kJ mol^{-1}）。对于肟类中的 H—O 键能，测量或许偏高 3～10 kcal mol^{-1}（即 12～42 kJ mol^{-1}）(2007CHO/FU)。

但是，对于同类键离解反应且使用相同的参考电极时，式 2.22 提供的相对键能值是比较可信的。在许多情况下，用相对键能值描述分子中的结构效应，甚至比用绝对键能值更加清晰。在第 5 章，我们将介绍这方面的若干实例。

张先满和 Bordwell 把式 2.26 推广开来，用于测量自由基阳离子和负离子中的键能($D(H—A^{\cdot +})$，$D(H—A^{\cdot -})$)。这些内容将在第 6 章第 6.20 节介绍。

Lissi 等(2006PIN/ASP)巧妙地利用式 2.26 估算了取代萘分子中的 O—H键能。他们选用 IUPAC 出版物(1979SER/DEM)中介绍的酸碱离解平衡常数 pK_{HA}，仅测量样品分子在水溶液中的氧化还原电位 $E_{ox}(A^-)$。这一技巧，省去了许多工作量。无机和有机化合物在水溶液和非水溶液（如二甲亚砜，乙腈，四氢呋喃）中的酸碱离解平衡常数已被广泛研究，大约 2 000种左右化合物的酸碱离解平衡常数可在免费网站和 *CRC Handbook of Chemistry and Physics* 中查阅到。

巧妙地利用电化学测量，可以提供许多有机金属和生化分子的反应热化学和动力学的信息。下面举两个例子来说明。Mayer 等(2004MAY/RHI)

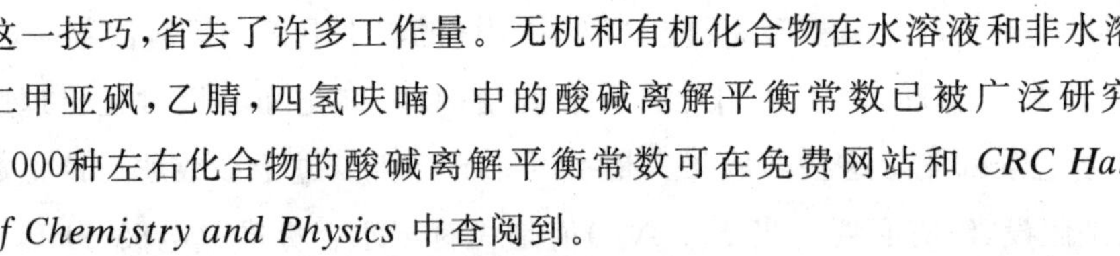

(Ⅰ)

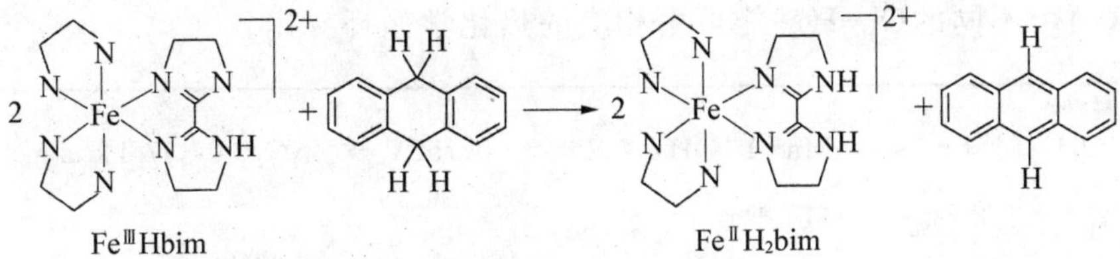

(Ⅱ)

为了研究如下质子耦合电子传递反应(Ⅰ)和(Ⅱ),他们测量了有关的N—H,O—H和C—H键能。

他们设计了相应的热化学循环,测量了反应物在CH_3CN溶液中的酸碱离解平衡常数pK_a与电子传递能E,最后导出相应的N—H,O—H和C—H键能。

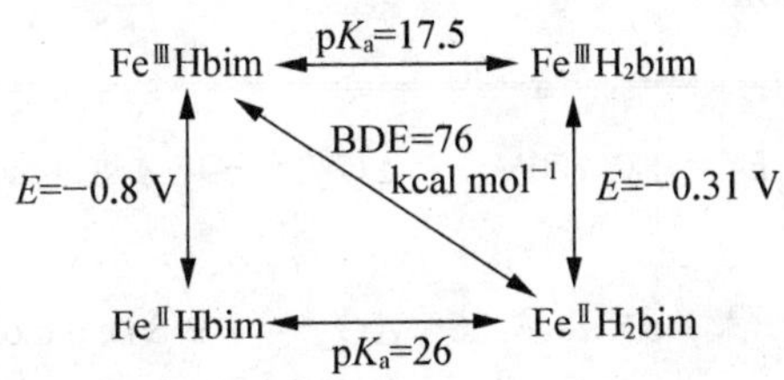

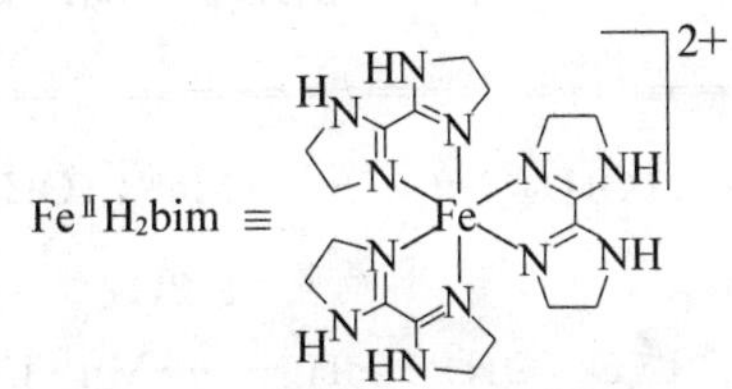

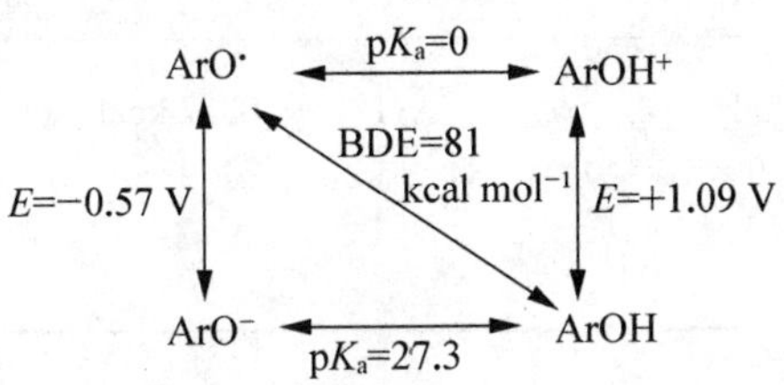

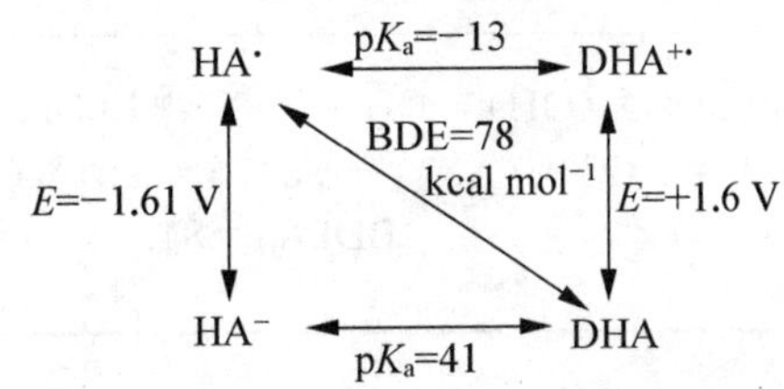

Busch 等(2007YIN/DAN)利用电化学法测得了如下有机锰化合物中的O—H键能(图 2.19)。

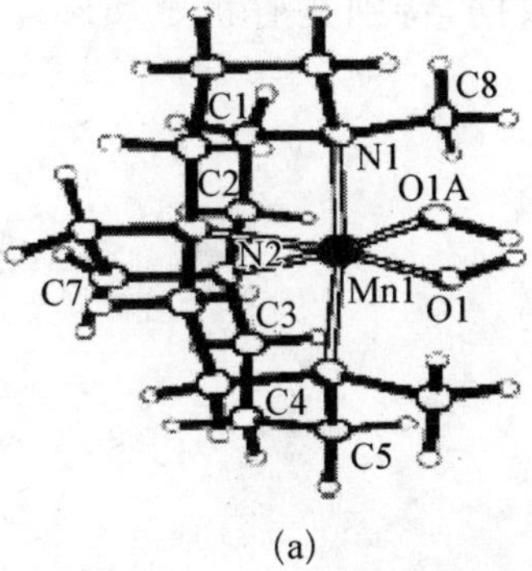

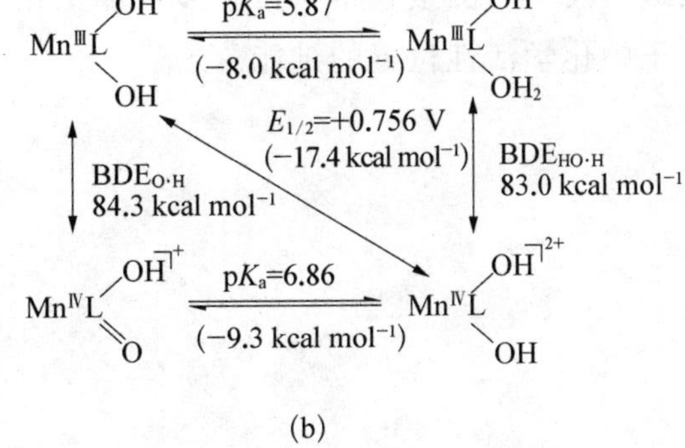

图 2.19 (a) 有机锰化合物的结构;(b) 有机锰化合物中两个不同的O—H键

这两个不同的O—H键能可由相应的热化学循环导出：

$$Mn^{IV}L(OH)_2^{2+} + e^- \longleftrightarrow Mn^{III}L(OH)_2^{+} \quad E^o = +0.756V \quad \Delta G_1{}^o = -17.4\ kcal\ mol^{-1}$$

$$1/2H_{2(g)} \longrightarrow H^+ + e^-$$

$$Mn^{III}L(OH)_2^{+} + H^+ \longleftrightarrow Mn^{III}L(H_2O)(OH)^{2+} \quad pK_a = 5.87 \quad \Delta G_2{}^o = -8.0\ kcal\ mol^{-1}$$

$$H^\bullet \longrightarrow 1/2H_{2(g)} \quad \Delta G_3{}^o = -57\ kcal\ mol^{-1}$$

$$Mn^{IV}L(OH)_2^{2+} + H^\bullet \longleftrightarrow Mn^{III}L(HO)(HO{-}H)^{2+} \quad \Delta G^o = -82.4\ kcal\ mol^{-1}$$

$$\Delta H^o = \Delta G^o + T\Delta S^o = -82.4 + (298)\times(-1.9\times10^{-3}) = -83.0\ kcal\ mol^{-1}$$

$$BDE_{OH} = 83.0\ kcal\ mol^{-1-1}$$

$$Mn^{IV}L(OH)_2^{2+} + e^- \longleftrightarrow Mn^{III}L(OH)_2^{+} \quad E^o = +0.756V \quad \Delta G_1{}^o = -17.4\ kcal\ mol^{-1}$$

$$1/2H_{2(g)} \longrightarrow H^+ + e^-$$

$$Mn^{IV}L(O)(OH)^{+} + H^+ \longleftrightarrow Mn^{IV}L(OH)_2^{2+} \quad pKa = 6.86 \quad \Delta G_2{}^o = -9.3\ kcal\ mol^{-1}$$

$$H^\bullet \longrightarrow 1/2H_{2(g)} \quad \Delta G_3{}^o = -57\ kcal\ mol^{-1}$$

$$Mn^{IV}L(O)(OH)^{+} + H^\bullet \longleftrightarrow Mn^{III}L(OH)(O{-}H)^{+} \quad \Delta G^o = -83.7\ kcal\ mol^{-1}$$

$$\Delta H^o = \Delta G^o + T\Delta S^o = -83.7 + (298)\times(-1.9\times10^{-3}) = -84.3\ kcal\ mol^{-1}$$

$$BDE_{OH} = 84.3\ kcal\ mol^{-1}$$

因为气相反应动力学、光谱、质谱和许多量热法不适合于蒸气压非常低的液相或固相分子，有机或有机金属分子以及生化分子，所以利用电化学来测量键能的 Bordwell 方法，享有很高的评价，值得深入研究。应当继续采用这类简单的测量技术获得更多可靠的键能数据，特别是有机金属和生化分子中化学活性位置的键能。

第 3 章　计算键能的主要理论方法

3.1 概　　述

近年来,随着量子理论不断发展,计算方法日臻完善,软件技术日新月异,量子化学研究被推向了一个新的高度。目前,量子化学不仅能精确预测小分子,而且也可以处理较大的分子(数十个重原子的分子)。如果将量子化学和分子力学(molecular mechanics, MM),或分子动力学(molecular dynamics, MD)相结合,还可以处理更大分子,甚至生物大分子(1999ZHU/JIA),预测这些大分子的化学结构和性质,包括化学键能。

在化学键能的研究中,常用的量子化学方法有:分子轨道从头(计)算法(*ab initio*),密度泛函方法(density functional theory, DFT),分层的ONIOM(our own *n*-layered integrated molecular orbital and molecular mechanics)方法,以及半经验方法等。下面将主要介绍这几种常见方法。如果读者想要进一步了解更多的计算方法及具体的细节,可参阅相应的专著,也可以在国内外量子化学网站上检索到相关信息。

3.1.1 分子轨道从头算法

分子轨道从头算法,又叫第一原理法,仅使用一些最基本的物理常数

(如光速、普朗克常数、电子和原子核的电荷与质量等)作为已知参数,而不引入任何经验性质的理化参数,完全利用数学工具来求解薛定谔方程。由于绝大多数化学体系的薛定谔方程没有严格的解析解,在求解的过程中,只能采用各种数学近似,使用数值解法得到结果。因此,从头算法并不是100%的从头算,给出的结果并不是薛定谔方程的严格解,这就是导致使用不同水平上的从头算法,所得到的结果精度也各不相同的原因(2000LEV)。

量子力学的一个基本问题就是求解薛定谔方程:

$$\left[-\frac{\hbar^2}{2m}\nabla^2 + V(\boldsymbol{r})\right]\psi(\boldsymbol{r}) = E\psi(\boldsymbol{r})$$

式中 $\psi(\boldsymbol{r})$是体系的状态函数,称为波函数;方括号中的第一项是体系的动能项;$V(\boldsymbol{r})$是势能项;E 是体系的能量。

为了解决多电子体系薛定谔方程近似求解的问题,Hartree 在 1928 年提出了一个假设:将每个电子看成是在其他所有电子构成的平均势场中运动的粒子,同时提出了迭代法的思路。根据这个假设,将体系电子哈密顿算子分解为若干个单电子哈密顿算子的简单加和,每个单电子哈密顿算子中只包含一个电子的坐标,因而体系多电子波函数可以表示为单电子波函数的简单乘积,这就是 Hartree 方程。由于 Hartree 没有考虑电子波函数的反对称因素,Hartree 方程实际上是不成功的。20 世纪 30 年代,Hartree 的学生 Fock 和 Slater 分别提出了考虑泡利原理的自洽场迭代方程和单行列式多电子体系波函数,即 Hartree - Fock(HF)方程。在 Born - Oppenheimer 近似、非相对论近似和单电子近似的基础上,把分子轨道用原子轨道的线性组合(LCAO)来表示,薛定谔方程演变为如下 Hartree - Fock - Roothaan (HFR)形式:

$$\hat{F}\Psi_i = \varepsilon_i\Psi_i$$

式中 $\hat{F} = \hat{H} + \sum[\hat{J}_i - \hat{K}_i]$, $\hat{J}_i$ 为库仑积分项, $\hat{K}_i$ 为交换积分项。

求解 Hartree - Fock 方程,通常采用自洽场方法(self-consistent field, SCF)。先猜一组初始轨道,代入方程,求解得一组新的 ε_i 和 ψ_i,然后再用这组新的轨道代入方程,得到一组更新的 ε_i'和 ψ_i',重复这个过程,直到得到的一组 ε_i^{n+1}和前一次得到的ε_i^n 能量相差很小,达到某个阈值(很小的值,如 10^{-6}),这时称迭代收敛。此时的能量 ε_i^n 和相应的那组 ψ_i^n 就是该 Hartree - Fock 方程的解,即对应体系的能量和轨道。

Hartree - Fock 方法没有很好的处理电子之间的相互作用,这样得到体系的能量往往是不准确的,与实际值有一个偏差,即电子相关能,Löwdin 定义准确表述其为: $\hat{H}$的精确解与 Hartree - Fock 方法的极限值之差。

$$E_{\mathrm{corr}} = \varepsilon_{\mathrm{o}} - \mathrm{HF}_{\mathrm{limit}}$$

组态相互作用(configuration interaction, CI)是处理相关能的最常见的方法。它的基本思路是在波函数中考虑激发组态的影响,变分处理时只对组态空间进行变分。激发态有很多,这样就需要采用近似:若只考虑单激发态和双激发态(singly and doubly excited configuration),就有了 SDCI (又称 CISD 或 CI - SD)方法;若部分地考虑三激发态的影响,就产生了 CISD(T)方法;若同时变分轨道空间和组态空间,就衍生出 MCSCF 方法(multiple configuration sCF, MCSCF),其中最常用的是 CAS 法(complete activation space),但计算非常费时。

总之,*ab intio* 方法包含了多种近似理论,如 Hartree - Fock 方程(HF), Moller - Plesset 微扰法 (MP2, MP4),多组态自洽场方法(MCSCF),组态相互作用(CI),多组态相互作用(MRCI),耦合簇理论(Coupled Cluster),以及二次组态相互作用(quadratic configuration interaction,QCI)。

Irikura (2002IRI)采用了六种不同方案力图改善计算。通常情况下,用完全基组(CBS)能得到比较好的计算值(2007ROD/ARM),用高水平的混合方法可得到好结果(2007MEN/WOO)。但是,严格的 *ab intio* 方法的主要缺点是运算量太巨大,需要大量的计算时间、内存和磁盘空间。有人评论道,假如我们用上目前世界上的所有计算机,即使运算一千年、一万年,都不太可能精确地解出薛定谔方程。所以我们需要发展适应不同层次,不同用途,不同科学研究对象的近似计算方法。关于这一论题,有兴趣的读者可参阅美国 NIST 的计算化学网站(http://srdata.nist.gov/cccbdb/)。

现在,*ab intio* 方法常用于一些较小的体系,或者在使用 ONIOM 分层方法(见 3.1.3 节)时用于内层能量的计算。

对于一个体系,在保持一定精度的前提下,如何才能快速地进行计算呢? 密度泛函方法比较好地满足了这个要求。

3.1.2 密度泛函法

密度泛函方法(2005LI/HE)也要求解薛定谔方程,但是与从头算方法和半经验方法不同的是,密度泛函方法不是使用波函数,而是使用电子的空间分布(即电子密度函数)。在通常情况下,密度泛函方法在计算速度上优于从头算方法,在精度上也可以与较高级别的从头算方法相媲美。但是对化学键能的计算,所得到的数据往往偏低。

自20世纪90年代以来,DFT方法发展迅速,已经在理论计算的很多方面,如计算化学键的键能、预测化合物结构和反应机理等,取得了巨大成功。它的突出优点就是运算速度快,同时能很好地处理电子相关问题。需要指出的是,DFT完全不同于Hartree-Fock的方法。这个方法的理论基础是由Kohn, Hohenberg和Sham等人提出的。1964年,Kohn和Hohenberg提出了Hohenberg-Kohn第一定理:非简并基态分子的性质的惟一决定因素是体系的电子密度ρ,即

$$E^{\mathrm{o}} = E^{\mathrm{o}}[\rho]$$

之后,又提出了Hohenberg-Kohn第二定理:体系的能量是由外部势场决定的,即

$$E^{\mathrm{o}} = E_v[\rho_{\mathrm{o}}] \leqslant E_v[\rho_{\mathrm{tr}}]$$

式中v是外部势场,ρ_{o}是体系真实密度函数,ρ_{tr}是试探密度函数。它是由变分原理推导出来的。1965年,Kohn和Sham提出了Kohn-Sham方法,为DFT方法的应用奠定了基础。根据Kohn和Sham的理论,首先寻找一个虚构的参考体系S,该体系和真实体系的ρ相同,但该体系的电子无相互作用。由此得到Kohn-Sham方程:

$$\left[-\frac{\hbar^2}{2m}\nabla_i^2-\sum_a\frac{Z_a e^2}{r_{a_1}}+\int\frac{\rho(r_2)e^2}{r_{12}}\mathrm{d}r_2+V_{xc}(1)\right]\theta_i^{\mathrm{KS}} = \varepsilon_i^{\mathrm{KS}}\theta_i^{\mathrm{KS}}$$

式中,θ_i^{KS}称为KS轨道,$\varepsilon_i^{\mathrm{KS}}$为相应能量,$V_{\mathrm{XC}} = \dfrac{\delta E_{\mathrm{XC}}[\rho]}{\delta\rho}$是交换相关势(exchange-correlation potential),包含了交换能和相关能两个部分。可见

该方程的解与交换相关势有关。目前已经发展出许多交换相关势，主要可分为两类：一类分别给出纯的交换势和相关势的函数，这类 DFT 方法称为纯的 DFT 方法；另一类给出几个交换势的线性组合形式（其中一个是 Hartree - Fock 交换势）以及相关的势函数，称为杂化的 DFT 方法。前者如 BLYP 方法，后者如经典的 B3LYP 方法。B3LYP 法运用三个交换势（Hartree - Fock 交换势、Slater 交换势以及 Becke88 交换势）的线性组合作为交换势，用 LYP 相关势（Lee，Yang，Parr 三个人的姓的首字母缩写）作为相关势。由于 Kohn 建立密度泛函理论而 Pople 系统地发展了多种波函数方法（程序），他们共同分享了 1998 年的 Nobel 化学奖。

DFT 方法是基于第一性原理，其中包含了交换能和相关能的近似方法，它较好地处理了相关能，并使计算速度加快。换言之，该法在计算精度和计算速度之间有可能找到了一个平衡点。李永旺和同事们（2003YAO/HOU）利用 5 种 DFT 方法测试计算了C—H和C—C等键能。他们报道，只有 MPW1P86 和（RO）B3P86 能提供比较好的结果。为了获得更好的结果，Gilbert 等（2005CHE/GIL）建议使用多重 DFT 处理和微扰计算。Merz 等（2007RIL/HOL）对比了 37 种 DFT 方法后发现，复杂的杂化方案可能提供比较好的结果。Lynch 和 Truhlar（2003LYN/TRU）用了 80 种不同的方法（包括 HF，微扰，DFT，杂化，偶合等）处理小分子体系，他们认为，大基组能提供比较好的计算结果。

3.1.3 ONIOM 法

ONIOM 方法是把研究对象分成 n 个不同的层次，分别用 n 种不同的算法处理。比如，把分子划分为三个不同的部分，每个部分可以使用 QM/QM，QM/MM，或 MM/MM 联用的计算方法。其中，整个分子（三层相加）称为真实模型，第一、二层相加称为中等模拟模型，第一层称为最小模拟模型。

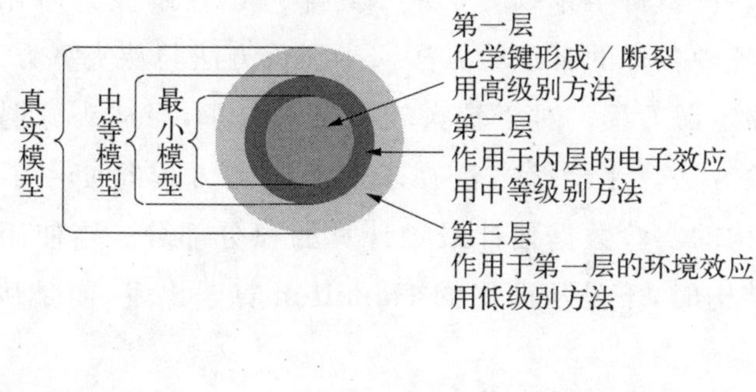

这种方法的特点是不必使用参数表示各个区域间的相互作用,减少了计算难度;其系统误差也随着中心区避免低等级计算结果而消除;由于区域间无系统效应,一个区域的几何构型将影响另一个区域的构型。如果设定一个转换参数,则可避免区域间的非键相互作用的计算。在将体系划分成不同的计算层时,有两种情况:第一种是将一个分子从周围的环境中划分出来,即没有将共价键分开;另一种是将共价键相连的两个原子划分到不同的层。将共价键划分开,就涉及连接原子的问题。

在计算中,连接原子和修正因子可以自行设定。关于连接原子的选择,有人提出连接原子应该与被取代的基团有相近的前线轨道结构。目前多使用氢原子作为连接原子。从头算、密度泛函与半经验量子化学方法联合使用的研究发现,内层计算方法的选择比连接原子的选择对计算结果精度的影响要大。对连接原子的修正因子的取值所做的研究表明:当内层计算所选用的方法确定以后,除非连接原子的距离特别不合理,否则 ONIOM 计算得出的能量和几何优化的结果不会受到连接原子的距离的明显影响。也就是说修正因子对体系能量计算和几何构型优化的影响不大。分层的一般原则是:键的形成与断裂都放在内层区域,用高级别方法计算;含杂化变化的片段也放在内层区内计算;体系中共轭大 π 键的部分在同一区内计算;第二、第三原子效应放在同一区内计算;QM/MM 方法不允许体系中不同区域间的电荷转移,即区域划分中不应有电荷的分离。

ONIOM 理论近年来已被应用于化学键能的研究。在这些研究中,使用高精度的方法进行内层的几何优化和性质计算,得到了令人满意的结果。本章 3.3 节,将介绍 ONIOM 方法预测键能的例子。

3.1.4 半经验法

长期以来,许多科学家致力于量子化学理论在解决具体化学问题中的应用,发展出各种各样的半经验方法。半经验方法与从头算方法一样,都要求解体系的薛定谔方程。对于较大较复杂的分子,当从头算遇到困难时可以采用半经验方法。半经验方法在求解薛定谔方程时使用了一些经验参数,用电子结构的实验数据估计最难计算的积分部分。当使用模型法计算分子的电子结构时,不是从严格的 Hamilton 算子出发,而是从简单的模型

Hamilton 算子出发。这种算法只粗略地考虑分子中的电子相互作用，通常包含一些待定的参数。显然，参数选取方法的不同导致了不同的半经验方法。

半经验方法的创立和发展可以追溯到 20 世纪 30 年代，Hückel 提出了 Hückel 分子轨道理论(Hückel molecular orbital，HMO)。应用 HMO 成功地实现了对共轭烯烃的量子化学计算。Hückel 理论忽略了电子间的排斥力，用该方法虽然可以预测芳香烃的最大吸收波长，但是不能预测芳香烃完整的电子光谱。为了解决这个问题，Pariser，Porr 和 Pople 于 1953 年提出了一个考虑电子间排斥作用的半经验 π-电子理论，这就是 Pariser - Porr - Pople(PPP)理论。Hückel 理论是单电子 MO 理论，PPP 理论是二电子 MO 理论。这两种理论都只能用于平面共轭分子，处理 π-电子体系。为了解决非平面分子的理论计算和处理价电子的问题，1963 年 Hückel 将 HMO 发展成了扩展的 Hückel 分子轨道方法(EHMO)。1965 年，Pople，Santry 和 Segal 提出了 CNDO (The Complete Neglect of Differential Overlap)方法，接着 1967 年 Pople，Beveridge 和 Dobosh 又提出了 INDO (The Intermediate Neglect of Differential Overlap) 方法。CNDO 和 INDO 方法都能够很好地处理价电子问题，能够给出相当好的键长、键角数据，但对分子偶极和化学键能的计算很不理想。此后，Dewar 等人在 INDO 的基础上发展出 MINDO (Modified INDO)方法。MINDO/3 方法应用于有机化合物的物理性质的计算，平均绝对误差为：生成热 11 kcal · mol^{-1}，键长 0.022 Å，键角 5.6°，偶极距 0.49 D，电离能 0.7 eV。由于 MINDO 的计算精度不够，尤其是生成热不能满足要求，Dewar 等又发展出 MNDO (Modified Neglect of Diatomic Overlap)方法。MNDO 的计算比 MINDO/3 有了很大进步。处理相同结构分子，MNDO 计算结果的平均绝对误差为：生成热 6.3 kcal mol^{-1}，键长 0.014 Å，键角 2.8°，偶极距0.30 D，电离能 0.5 eV。1985 年，Dewar 等进一步完善 MNDO 理论，并将其发展成为 AM1(Austin Method 1)。1989 年，Stewart 将 AM1 重新参数化，发展出第三代参数化方法 PM3 (Parametric Method 3，第一代是 MNDO，第二代是 AM1)。1993 年，Dewar 和他的合作者将 AM1 发展成所谓半从头算方法 SAM1 (Semi-*ab initio* Model 1)。1996 年，Thiel 和 Voityuk 扩充了 MNDO 方法，使其能够处理 d 轨道，该方法被命名为 MNDO/d。为满足广大研究者,尤其是非量子化学专业人士对半经验方法的需要,Gaussian 程序和 SPARTAN 程序中均包含上述方法。

与从头算方法相比,半经验方法极大地减少了计算工作量,并有可能计算一些较为复杂的分子体系。经验参数的使用使得计算结果带有定性和半定量的特点。如果把半经验方法用于合适的化学体系,计算结果的精度通常能够保证研究的需要。近年来,由于计算机硬件和软件技术的快速发展,计算资源不断扩大,计算任务与计算机时的矛盾日渐缓和,高级别的理论方法用得越来越多,半经验方法用得越来越少。

3.1.5 常见计算方法的简单评估

现今,键能的理论研究主要集中在两个方面:一是计算方法的研究,对那些具有普遍意义的简单分子体系,用各种不同的计算方法和不同的基组进行计算,比较各种方法的计算耗时、结果可靠性和系统误差等,以期对不同体系、不同目的提出最合理的计算方法。事实上,对键能的量子化学研究都是在准确度和耗时度两个尺度下综合权衡的;二是从物理有机化学的角度出发,研究化合物的结构-性能关系,预测含有特殊结构或特殊基团的分子的特定化学键的键能,理解分子之间的相互作用(如溶剂效应,见 2003SON/LIU, 2007SAN/CAB)。这些课题的深入研究,对化学、生命、材料、能源、环境等领域有重要的实际意义。

目前,化学键能的计算经常使用的是从头算法,组合从头算法,密度泛函法,ONIOM 法,半经验方法 AM1 和 PM3 等。这些方法各有优缺点,适合于不同的用途。

(1) Hartree - Fock 方法计算速度快,但由于没有很好的考虑电子相关,有时得到的优化结果和能量值非常不合理。

(2) 从计算的精度看,高级别的从头算法——组合从头算法可以给出精确的键能,但是需要大量计算资源,也就是说,代价比较昂贵。

(3) 密度泛函方法具有不存在自旋污染、计算速度快等优点,但计算得到的键能一般比实验值低。虽然绝对键能的计算结果不理想,但是相对键能的计算结果很好。因此,密度泛函方法在计算同系物的相对键能,研究键能的变化规律方面,是非常有用的理论工具。

(4) ONIOM 方法十分有趣，它把研究对象按照重要程度巧妙地划分开来，把发生化学键均裂的部分(一般包含 5～7 个非氢原子)放在核心层，用高级别组合从头算方法进行计算，而把相对次要的部分放在外层，用较低级别的方法进行计算。这样既保证了计算精度，又节约了计算资源，使"鱼与熊掌"可以兼得。

(5) 半经验方法 AM1 和 PM3 作为计算键能的常用方法，优点是使用方便、计算速度快，缺点是计算精度低。但是，如果选取的研究对象、拟解决的问题、期望的精度和具体方法得当，也可以得到预期的结果。计算结果对于解释实验现象，建立化学结构参数与实验结果之间的关系，对深入理解相关的物理化学过程具有重要意义。

Irikura 和 Frurip (1998IRI/FRU)曾经评估过计算分子生成热的许多理论方法。结果表明，在使用范围、成本以及可靠性等方面，我们有很大的选择空间，见表 3.1。

表 3.1　预测分子生成热的各种计算方法的评估(1998IRI/FRU)

方法	使用范围		成本			可靠性	
	化合物类型	尺寸	软件	计算机	人工	准确性	精确度
经验（如 Benson 法）	常见有机物	任意多原子	可有可无	可有可无	$	A−	B+
分子力学(MM3)	常见有机物	十万个原子	$	PC	$$	A−	B
半经验(如 MNDO/d)	有机，无机	500 个原子	$	$	$$	C+	C−
密度泛函(如 B3LYP)	所有化合物	50 个原子	$$$	$$	$$$	B−	C+
CBS-4（MO 理论）	所有化合物	20 个原子	$$$	$$$	$$$	B	B−
BAC-MP4（MO 理论）	有机，无机	20 个原子	$$$	$$$	$$$$	B+	B
PCI-80（MO 理论）	所有化合物	20 个原子	$$$	$$$	$$$$	B+	B−
G2（MO 理论）	所有化合物	6 个重原子	$$$	$$$$	$$$	A−	B
CCSD(T)（MO 理论）	所有化合物	3 个重原子	$$$	$$$$$	$$$$	A	A−

美国 NIST 网站(http://srdata.nist.gov/cccbdb/)对比了不同计算方法需用的计算时间(s)，见表 3.2 和图 3.1。这里，样板分子为 CH_3OH，软件包是 Gaussian 98 (IBM-RS6000-G98RevA.4)，计算机为 IBM RS6000/397 (AIX Version 4.2.1)，1GB 内存。

表 3.2 在相同软件包和计算机条件下,不同方法计算 CH_3OH 单点能量需用的时间(s)

Level	6-31G*	6-311 +G**	cc-pVDZ	aug-cc-pVDZ	cc-pVTZ	aug-cc-pVTZ
HF	12	16	14	26	277	1 335
BLYP	26	55	36	82	283	1 189
B3LYP	27	54	35	83	325	1 402
B3PW91	28	55	36	86	316	1 404
MP2FC	14	23	19	42	340	1 717
MP2FU	14	23	18	43	346	1 750
MP4FC	23	104	41	209	946	5 278
CID	15	49	24	101	843	6 222
CISD	17	57	27	119	876	6 458
CCD	18	60	28	118	871	2 816
QCISD	23	82	38	153	1 130	12 087
CCSD	29	113	47	221	1 298	13 147
QCISD(T)	31	158	57	307	1 653	15 168
CCSD(T)	36	191	67	380	1 912	16 073
basis functions	*38*	*68*	*48*	*82*	*116*	*184*

Level	Time
AM1	3
PM3	6
G2	840

表 3.2 叙述的事实,可用图 3.1 直观地描述。

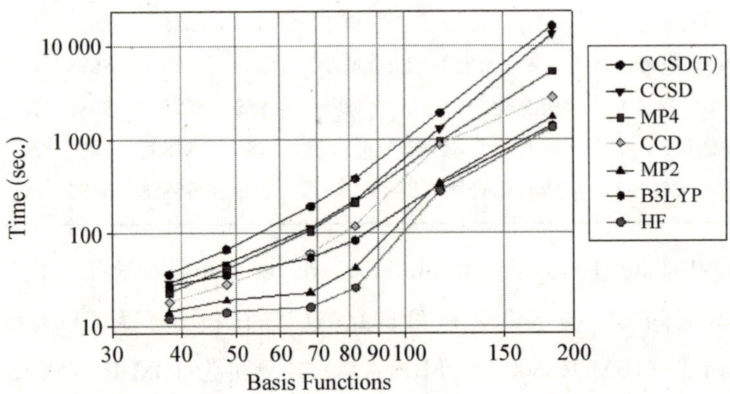

图 3.1 不同方法计算 CH_3OH 单点能量需用的时间(s)

比较各种不同的计算方法之间的长处与短处，可以帮助不同的用户根据自身的工作条件和科学问题的要求，做出适当的决策。

3.2 从头算法和密度泛函法预测键能的例子

3.2.1 例 1：胺分子 XNH_2 中的N—H键能

从头算法和密度泛函法已经广泛应用于预测化学键能。计算可以在 Gaussian 98 以及以后发行的软件程序包中进行，分子的几何构型在没有任何限制的条件下进行完全优化。每一个最优构型都经过频率计算确认不存在任何虚频，是势能面上的极小点。这里，我们介绍一个实际例子，运用多种量子化学方法计算分子 XNH_2 中N—H的键能，比较各种方法的可靠程度，并分析取代基对氮自由基稳定性的影响。

几何构型的完全优化使用在同一基组 6-31+G* 下的 UHF，ROHF，UB3LYP，ROB3LYP，UMP2，ROMP2 和 UQCISD(T)量子化学计算方法。计算单点能使用的方法包括 UHF，ROHF，UB3LYP，ROB3LYP，UMP2，ROMP2，UMP4 和 UCCSD(T)方法，基组包括 6-31+G*，6-311++G(2df,p)和 6-311++G(2d,2p)。所涉及的零点能和热力学校正都采用 B3LYP/6-31+G* 方法的频率分析。同时还使用组合的 *ab initio* 方法 G3（1998CUR/RAG，2000CUR/RED），CBS-4M（1995OCH/PET，1996OCH/PET），CBS-Q（1995OCH/PET，1996OCH/PET）来计算键能。表 3.3 列出了由十三种不同量子化学方法计算的XNH—H键能值与实验值。

从表 3.3 可见，这十三种不同方法的计算结果差异非常大。对比计算值和表 3.3 的最后一行实验值(2007LUO)，我们认识到：

(1) 非限制性的 UHF(方法 1)，UMP2(方法 6)和 UMP4(方法 8)等，由于严重的自旋污染使得计算结果不可靠。

(2) 限制性的 ROHF(方法 2)，ROB3LYP(方法 5)和 ROMP2(方法 7)

表 3.3 用 13 种不同的计算方法预测的XNH—H的键能和实验值的对比(kcal · mol^{-1}, 1 kcal = 4.184 kJ)

X \ 方法	1	2	3	4	5	6	7	8	9	10	11	12	13	Exp.
CH_3	66.2	69.3	93.1	95.5	94.2	89.3	89.2	87.6	86.8	93.7	98.1	101.3	98.6	101.6±2
Cl	62.3	65.8	86.4	88.1	87.4	83.2	82.8	76.6	80.0	87.3	90.1	93.7	90.6	
CN	63.7	80.2	88.0	90.2	90.6	97.7	86.3	90.7	84.1	91.2	93.5	92.9	92.7	99±3
$COCH_3$	79.2	111.5	105.5	108.2	107.3	110.1	123.4	105.3	98.9	106.3	111.2	128.8	111.7	107.5
COOH	83.3	86.8	107.9	110.3	109.2	105.9	105.6	103.0	101.6	108.3	112.4	114.1	113.2	
F	58.5	61.9	84.7	87.1	85.8	80.0	79.8	78.9	78.3	85.4	88.6	91.3	88.6	
H	72.1	74.9	101.9	104.3	102.8	95.9	95.9	94.3	93.7	100.5	105.3	107.7	106.1	107.57±0.06
NH_2	51.9	55.8	73.4	74.9	74.5	70.4	69.8	70.1	69.1	75.9	78.4	81.1	78.3	80.8
NO_2	74.0	80.2	100.7	102.7	101.9	118.9	98.1	111.7	95.3	101.8	104.3	123	104.8	
OCH_3	50.7	54.3	73.9	77.2	75.0	70.0	69.7	68.8	67.7	76.4	79.1	82.7	79.2	
OH	49.8	53.4	73.1	76.8	74.2	68.8	68.5	67.6	66.8	76.1	78.7	82.1	78.8	81－82
$CONH_2$	77.1	123.3	101.2	104.2	102.6	99.8	115.7	97.4	95.7	103.1	106.9	107.2	107.2	111
CHO	106.1	88.5	108.1	113.6	110.2	128.4	105.8	122.9	116.0	125.6	113.5	116.3	114.1	108.5
CF_3	75.7	125.5	103.5	106.0	147.2	99.9	145.3	82.4	97.2	—	108.1	105.0	108.8	

1, UHF/6-31+G*; 2, ROHF/6-31+G*; 3, UB3LYP/6-31+G*; 4, UB3LYP/6-311++G(2df,p); 5, ROB3LYP/6-31+g*; 6, UMP2/6-31+G*; 7, ROMP2/6-31+G*; 8, UMP4/6-31+G*; 9, UCCSD(T)/6-31+G*; 10, UCCSD(T)/6-311++G(2d,2p); 11, G3; 12, CBS-4M; 13, CBS-Q.

等，由于对少数分子自由基中心位置的定位不准确，在计算时需要十分谨慎。

（3）比较可靠的中等级别方法是UB3LYP（方法3和4）等，基组效应对它的影响不是很大。

（4）使用UCSSD方法（方法9），计算结果偏低，但有明显的基组效应。当基组由6-31+G* 换成6-311++G(2d,2p)时（方法10），计算结果有所改善。

（5）组合的 *ab inito* 方法G3（方法11）、CBS-4M（方法12）和CBS-Q（方法13）等的结果，比较接近于实验值，其他的方法的结果都不理想。

郭庆祥等（2003FEN/LIU）利用G3和CBS-Q计算了上千个常见化学键能。图3.2显示了计算值和测量值之间很好地吻合。

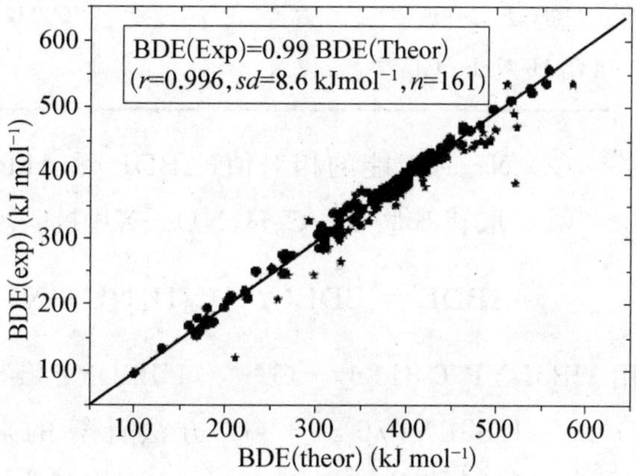

图3.2　预测的键能和测量的比较(2003FEN/LIU)

3.2.2　例2：对位取代苯胺分子中的N—X键能

对位取代的苯胺Y—C_6H_4NUX中的N—X键均裂的焓变（图3.3），就是N—X 键能。

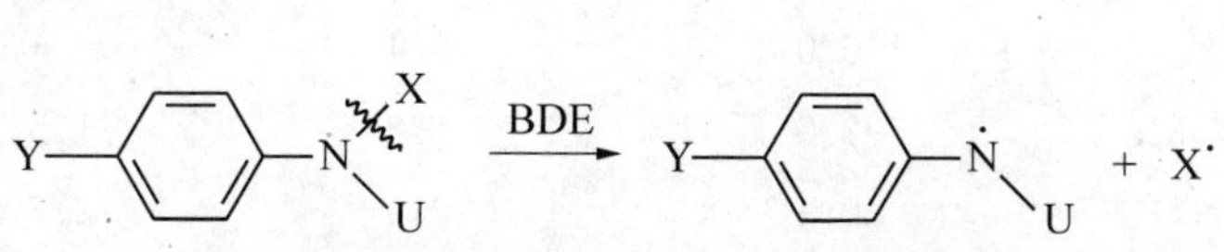

图3.3　对位取代苯胺中N—X键的均裂反应

用量子化学方法计算这类键能，可以研究Y基团（或原子）的远程取代基效应，Y的存在对X离去基团性质的影响，以及U基团（或原子）的α取代基效应。

（1）G3法的N—X键能计算值

在表3.4中，我们列举了G3方法的键能计算值，并与实验值(2007LUO)对比。由此可见，G3方法的计算精度可达到1～2 kcal mol^{-1}。

表3.4 G3方法计算的苯胺衍生物中不同N—X的键能（kcal mol^{-1}）

C_6H_5NH—X	计算值	实验值	C_6H_5NH—X	计算值	实验值
C_6H_5NH—H	91.4	89.7	C_6H_5NH—Li	67.6	
C_6H_5NH—CH_3	71.8	71.4±2	$C_6H_5NCH_3$—H	89.1	89.3
C_6H_5NH—F	56.9		C_6H_5NF—H	76.8	
C_6H_5NH—Cl	47.4				

(2) N—X键能的相对值(ΔBDE)和Hammett反应常数

对位取代苯胺Y—C_6H_4NU—X中N—X键的相对键能(ΔBDE)定义为

$$\Delta BDE = BDE(Y—C_6H_4NU—X) - BDE(C_6H_5NU—X)$$

用UB3LYP/6-311++G**//UB3LYP/6-31+G*和ROMP2/6-311++G**//UB3LYP/6-31+G*方法计算的对位取代苯胺的N—H键能差(ΔBDE)和实验值列于表3.5。从表中看出，计算值和实验值吻合得较好。

表3.5 对位取代苯胺中N—H键能的相对计算值和相对实验值（kcal mol^{-1}）

p-C_6H_4NH—X	ΔBDE (UB3LYP)	ΔBDE (ROMP2)	ΔBDE (exp.)
H	0.0	0.0	0.0
F	−1.2	−0.9	−0.9
Cl	−0.5	0.0	0.1
NH_2	−6.0	−4.4	−3.1
COMe	2.0	1.8	1.5, 1.9
CN	2.4	2.4	2.7, 2.9
CH_3	−0.5	−1.0	−0, −0.3, −2.2
OCH_3	−3.9	−3.2	−1, −1.9
NO_2	4.1	2.6	4.4

若用ΔBDE对取代基常数σ_p^+(1991HAN/LEO)进行Hammett线性拟合，可得斜率，即Hammett反应常数ρ^+。UB3LYP法和ROMP2法得

到的斜率分别是 4.5 和 3.5,它们都非常接近于按实验数据拟合得到的 Hammett 反应常数 3.5。

3.3 ONIOM 方法预测键能的例子

3.3.1 例 1:芳香族有机化合物

在常用的量子化学方法中,HF 方法没有考虑自旋污染问题,存在理论缺陷。QCISD 和 CCSD 较为可靠,但需要计算机时多,不能处理较大分子体系。作为计算键能的常用方法,密度泛函和 MP2 方法虽经济方便,但是计算结果不能令人满意。很多研究小组都报道 DFT 法在计算键能时有较大误差(1999DIL/PRA, 2000DIL/PRA, 1997KOR/SIC, 1998WIE/POL,1999JUR, 2005CHE/GIL, 2006WOD/COR, 2007WOD/COR, 2007MEN/WOO),通常低估键能,达 5～10 kcal mol^{-1},或更多。研究还发现对于各种 DFT 方法,基组的增大对结果改善并不明显(2004FEN/LIU, 2004SON/LIU)。从头算组合方法 G3B3 和 CBS 是公认的比较准确的理论方法,可以获得比较精确的化学键能,精确度可能高达到 1～2 kcal mol^{-1},但对分子结构的大小要求苛刻,通常不能用于研究非氢原子数超过 8 的分子体系(2004SON)。

Morokoma 发展出的 ONIOM 的分层方法,可以很好地解决这个问题(见 3.1.3 节)。以 ONIOM 三层模型为例,反应核心层即反应部位使用高级别的理论方法,中间层考虑其电子效应对核心层的影响,采用较高级别的理论方法,而外层对核心层影响很小,只考虑环境效应,只要采用低级别理论方法即可计算得到准确的结果。结合 Morokoma 等人提出的 ONIOM 分层理论(1999FRO/MOR, 1999FRO/MOR(b), 1999VRE/MOR, 2002VRE/MOR),郭庆祥等发展出了可用于精确计算较大分子体系键能的理论方法,即两层的 ONIOM 分层方法——ONIOM-G3B3 方法(2005LI/LIU)。并对 179 个芳香族有机化合物(1999DEN/DEN, 2002LUO)组成验证集合，通过理论预测值与实验值的比较，系统评估了 ONIOM-G3B3 和 DFT 方法计算C—H，N—H和O—H键能的准确性。所选择的化学键的键型包括 53 个C—H，21 个N—H和 105 个O—H化学键。

在我们的这一研究工作中，所有量子化学计算都是在 Gaussian 03 量化软件程序包中完成，分子构型是在没有任何限制条件下进行的完全优化，并且每一个最优构型都经过频率计算确认不存在虚频，是势能面上的极小点。其中自由基是作为开壳层进行计算的。对于 DFT 方法的计算，几何构型的完全优化、频率分析和单点能的计算在 B3LYP/6-31G(d)水平上完成。分层组合从头算方法 ONIOM-G3B3 的计算过程主要利用 ONIOM 分层方法，G3B3 和 B3LYP/6-31G(d)分别是内层和外层所使用的方法，几何优化和频率分析均在 B3LYP/6-31G(d)水平上进行。

ONIOM-G3B3 分层遵循以下原则：① 化学键发生均裂的部分放在内层；② 内层重原子数目范围为 5～7；③ 结合前两条规则，内层首先考虑 α 取代基的效应，然后是 β 及 γ 或更远取代基的效应；④ 双键和三键的两个原子必须在同一层。

郭庆祥等用 ONIOM-G3B3 和 DFT 方法计算了这 179 个有机化合物结构和键能，系统地分析了这两类方法的准确程度。对所有验证集合的化学键能的理论值和实验值进行线性拟合，发现 B3LYP/6-31G(d)方法不能准确预测不同键型的化学键能。全部数据总体拟合后可以看到，该方法计算的键能低估实验值达到 8.6 kcal mol^{-1}，相关系数仅为 0.835，标准方差为 9.1(3.3)，如图 3.4 所示。

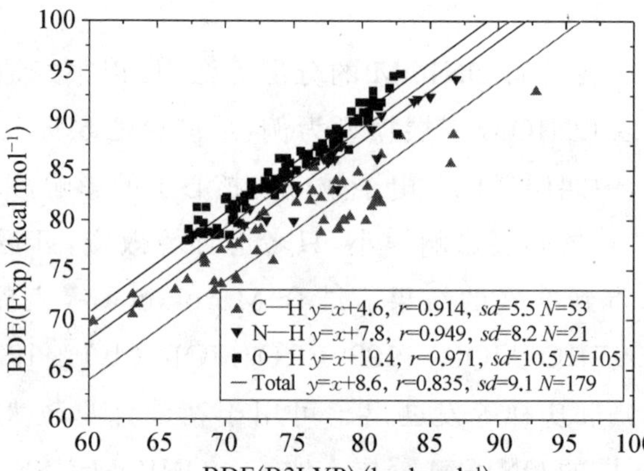

图 3.4 实验和 B3LYP/6-31G(d)方法计算的键能的线性拟合

ONIOM-G3B3 计算的C—H，N—H和O—H键能和实验值线性拟合见图 3.5。通过比较发现 ONIOM-G3B3 方法计算的键能和实验值吻合得很好。该方法计算的键能高估实验值仅 0.8 kcal mol^{-1}，线性拟合的相关系数为 0.974，标准偏差为 1.4，结果表明 ONIOM-G3B3 可以准确预测不同类型的相对和绝对键能。对于相同键型的相对和绝对键能，ONIOM-G3B3 表现得更为出色。C—H，N—H和O—H理论键能分别高估实验值1.8，0.7 和 0.3 kcal mol^{-1}，拟合相关系数分别为 0.965，0.972 和 0.990，标准偏差分别为 2.3，1.4 和 0.7(图 3.5)。

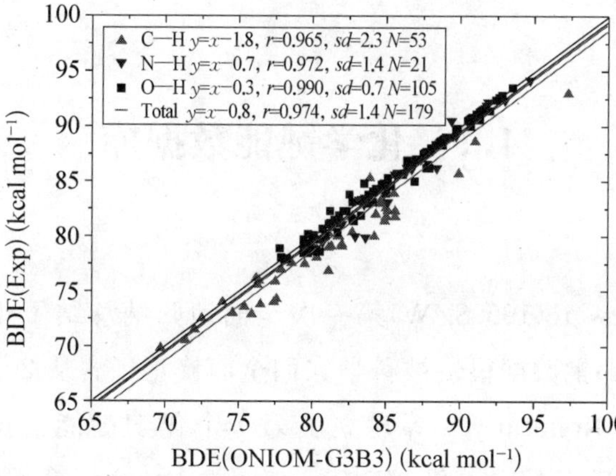

图 3.5 实验值和 ONIOM-G3B3 方法计算的键能值的线性拟合

总之，ONIOM-G3B3 方法是较 DFT 方法更准确的可靠的计算化合物键能的方法，该方法为准确预测较大分子体系甚至生物体系重要化合物的化学键能提供了可能性。

3.3.2 例 2：生物抗氧化剂

化学键的键能数据在生物抗氧化剂研究中具有重要意义。郭庆祥等用 ONIOM-G3B3 方法计算了十类抗氧化剂：辅酶 Q、异黄酮、姜黄素、橄榄油、吩噻嗪类、吲哚类、依达拉奉、可以用作食物添加剂的酚类化合物、维生素 E 和茶多酚类化合物的 O(C，N)—H的键能(2007LI，2007LI/FU)。许多有趣的结果将在第 6 章 6.11 节中介绍。

第 4 章 使用化学键能数据库的技巧

4.1 化学键能数据库

1950 年，Szwarc(1950SZW)第一次全面地归纳总结了化学键能测量数据。但是，他的那批数据很快被科学家们全面修正了。从 20 世纪 60 年代以来，苏联 V. N. Kondrat'yev 等建立了第一个化学键能数据库(1966VED/GUR, 1974GUR/KAR)。70 年代，美国 Benson 等(1970ONE/BEN, 1976BEN, 1978BEN)更全面地收集和评价了化学键能数据。

从 20 世纪 80 年代以来，化学键能的测量数据急剧增加，测量精度也大大地提高，若干重要化合物的测量值开始进入化学精度(± 1 kcal mol^{-1}，或± 4.184 kJ mol^{-1})。1996 年，美国国家技术和标准研究院(NIST)提供了第一个免费网站(1996NIST)，其中收入了许多化学键能测量数据。在 20 世纪 90 年代 NIST 的几个出版物里面，50 至 80 年代所使用的那些化学键能数据基本上被全面校正了。此外，IUPAC 和美国 NASA 联合提供了一个免费网站(2001IUPAC)，介绍了与大气化学有关的许多自由基生成热和化学键能的测量数据。

在 20 世纪 90 年代以前，物理学家和化学家若要查找可靠的化学键能数据，犹如大海捞针。进入 90 年代，化学键能的实验数据急剧增加了，但许多数据不一致或互相矛盾，科学家们为此经常争论。对于希望使用键能数据的大量用户(非专业人员)来说，很难弄清哪个键能数据比较可靠。在那个年代，我们也深有同感，因而下决心从1990年起，开始收集、分类、评选化学键能实验数据，力图填补物理学、化学、生物化学和表面科学中的这一空白。

2002年，罗渝然出版了第一本有机化合物中化学键能数据库(2002LUO)专著。这本书收集、评选和推荐了2 400个有机物中2 700个化学键能的实验数据。两三年后，我们扩大了化学键能数据库，增加至3 700种化合物中4 300个化学键能的实验值(2005LUO)。2007年，我们出版了最完整的化学键能数据手册(2007LUO)。这些键能数据库来自5 500多份文献，其中包括102种元素，各种不同类型的化合物中的19 500多个化学键。其中包括双原子与多原子分子，有机、无机和元素有机化合物，无机生物化合物，生化分子，自由基，离子，簇合物，超分子，氢键合物，表面键合物，van der Waals键合物等。

此数据库采用了新的编辑方法。对每个断裂键，尽量介绍五个实验数据，并推荐一个最可靠的数据给读者。如果用户不赞同作者的推荐值，或者希望知道更多的实验方法和测量数据，可进一步查看手册里列举的参考文献。

在2007年的新书里(2007LUO)，化学键能数据的排列方式也是新的。我们按周期表分类方法安置键能数据，并提供了一个数据库使用指南。根据这一使用指南，读者能在很短的时间内，有效地查阅所需的信息。

4.2 使用键能数据库的基本技巧

查阅2007年的化学键能数据库时，首先要利用那本书封里的使用指南(如下)。这里，阿拉伯数字代表所在的章。

C—H, see Ch. 3	O—X, see Ch. 6	Si—, Ge—, Sn—, Pb—X, see Ch. 9
C—C, see Ch. 4	N—X, see Ch. 7	P—, As—, Sb—, Bi—X, see Ch. 10
C—halogen, see Ch. 5	S—, Se—, Te—, Po—X, see Ch. 8	

H 11																	He 28
Li 11	Be 12											B 23	C 24	N 25	O 26	F 27	Ne 28
Na 11	Mg 12											Al 23	Si 24	P 25	S 26	Cl 27	Ar 28
K 11	Ca 12	Sc 13	Ti 14	V 15	Cr 16	Mn 17	Fe 18	Co 19	Ni 20	Cu 21	Zn 22	Ga 23	Ge 24	As 25	Se 26	Br 27	Kr 28
Rb 11	Sr 12	Y 13	Zr 14	Nb 15	Mo 16	Tc 17	Ru 18	Rh 19	Pd 20	Ag 21	Cd 22	In 23	Sn 24	Sb 25	Te 26	I 27	Xe 28
Cs 11	Ba 12	La 13	Hf 14	Ta 15	W 16	Re 17	Os 18	Ir 19	Pt 20	Au 21	Hg 22	Tl 23	Pb 24	Bi 25	Po 26	At 27	Rn 28
Fr 11	Ra 12	Ac 13															

使用指南表明：

(1) 从第 3 章到第 10 章，分别列出了C—，O—，N—，S—，Si—，Ge—，Sn—，Pb，P—，As—，Sb—，Bi—，Se—和Te—X的键能。

(2) 从第 11 章到第 24 章，分别列出了双原子与多原子分子，无机和元素有机化合物，无机生物化合物，生化分子，自由基，离子，簇合物，超分子，氢键合物，表面键合物，van der Waals 键合物等中的键能。

(3) C，Si，Sn，Pb，N，P，As，Sb，Bi，O，S，Se，Te，卤素和稀有气体原子的簇合物，氢键合物，表面键合物，van der Waals 键合物等中的键能，被分别安排在第 25 章到第 28 章。

从第 11 章到第 28 章，中性化合物、正离子、负离子、氢键合物、表面键合物、van der Waals 键合物的数据，按周期表排列。此外，气相中原子、无机和有机自由基、单原子正离子和负离子的生成热，总结在第 29 章。

从 2005 年起，我们受邀参加了著名大型工具书 *CRC Handbook of Chemistry and Physics* 的编辑，负责更新最常见的化学键能数据。这本广受科学家和工程师们长期欢迎的工具书，每年都会增添新内容。因此我们建议读者把 2007 的书(2007LUO)与每年新版的 CRC 手册交叉使用，以获得最新最全面的数据。

本书的附录 1 转载了罗渝然主笔的 *CRC Handbook of Chemistry and Physics* 2008 年版(第 89 版)中的四个表格：

(1) Bond Dissociation Energies in Diatomic Molecules

(2) Bond Dissociation Energies in Polyatomic Molecules

(3) Bond Dissociation Energies in Diatomic Cations

(4) Bond Dissociation Energies in Polyatomic Cations

在我们的数据库里(2002LUO, 2005LUO, 2007LUO),采用了与上述表格相同的表示方法。以甲烷中的C—H键为例:

The broken bonds (**boldface** = dissociated atom) $\Delta_f H^o$(R), kcal mol^{-1}(kJ mol^{-1})	BDEs (**boldface** = recommended data) kcal mol^{-1}	kJ mol^{-1}
methane CH_3—**H** $\Delta_f H^o$(R) = 35.06 ± 0.1 (146.7 ± 0.3)	(1) **105.0 ± 0.1** (2) 105.3 ± 0.7 (3) 104.8 ± 0.2 (4) 105.3 ± 0.6 (5) 104.99 ± 0.03	**439.3 ± 0.4** 440.6 ± 2.9 438.5 ± 0.8 440.6 ± 2.5 439.28 ± 0.13

The broken bonds (**boldface** = dissociated atom) $\Delta_f H^o$(R), kcal mol^{-1}(kJ mol^{-1})	Methods	References
methane CH_3—**H** $\Delta_f H^o$(R) = 35.06 ± 0.1 (146.7 ± 0.3)	(1) VLPP (2) PIMS detect. (3) Spectro. detect. (4) RF detect. (5) AE, revised	(1) 1987DOB/BEN (2) 1988RUS/SEE(b) (3) 1990SEE/RUS (4) 1991NIC/DIJ (5) 1999RUS/LIT

这类表格介绍了四类信息:

(1) 分子和断裂的化学键,被放在第 1 列。黑体表示离解的原子或原子团。自由基的生成热 $\Delta_f H^o$(R)列于下方。

(2) 该断裂键的键能,被放在第 2 列,键能单位并用二元单位(kcal 与 kJ),这几乎满足了全部读者的需求。

(3) 测量方法在第 3 列。

(4) 参考文献在最后一列。在本书和我们的数据库里,参考文献的编码由两部分构成:参考文献发表的年代和作者姓氏的缩写。书末的参考文献,按照年代和拉丁字母的顺序先后排列。

这里我们要提醒读者,在阅读 20 世纪 60 年代到 2000 年出版的物理、化学、化工、材料、生命、医药、营养、能源、环境、海洋、太空等领域的文献时,如果要选用其中的键能数据,一定要谨慎,任何粗心大意都可能会影响到研究工作的正常进行以及论文等出版物的质量与寿命。

第5章 有机化合物中键能的简单估计

在收集、分类、评论化学键能实验数据时，以及编辑数据库期间，我们逐渐认识到，有机化合物中键能变化是很有规律的。从一个简单的物理模型出发，可以预测成千上万的有机化合物中的键能、化学稳定性、相对反应速度、生成物的相对产率等。熟悉和运用这些简单规则，既利于有机化学的科学研究，也利于教学实践，有很高的应用价值。用户(例如大学生、化工工程师)借助于几个方程、一个小计算器、一支笔和几张辅助表格，就能很快地估计键能数值，得到的结果与第3章介绍的量子化学方法的估算值相近。本章将介绍这些简单规则。可以预见，如果未来化学键能数据库得到充分利用，科学家一定能总结出更加细致、全面、准确的化学结构-能量-反应活性的定量规律。

5.1 碳氢化合物中的C—H键能

5.1.1 链状烷烃

表5.1中的第二列，列出了一些典型的链状烷烃中的C—H键能。它们均取自数据库(2007LUO)。从表中可见，C—H键能的大小与C—H键的化

学位置或化学环境有关。甲烷分子是链状饱和碳氢化合物的母体，其C—H键能最高。在目前化学测量精度范围内（± 1 kcal mol^{-1}，或 ± 4.184 kJ mol^{-1}），链状烷烃中一级C—H键能几乎相同，二级C—H键能差不多相等，三级C—H键能基本上不变。远距离的取代基对离解反应中心的影响很微弱。这些有趣的事实吸引我们去探索其物理本质。表5.1中的第三和第四列，分别是对应的估计值和解释。具体细节将在后面介绍。

表5.1 链状饱和碳氢化合物中的C—H键能（1 kcal = 4.184 kJ）

C—H Bonds	D(R—H), kcal mol^{-1}		
	exp.	est.	explanation
CH_3—H	105.0 ± 0.1		estimate by eq. (5.7)
primary C—H BDEs			
CH_3CH_2—H	100.5 ± 0.3	100.5 ± 1.0	
$CH_3CH_2CH_2$—H	100.9 ± 0.5		
$CH_3CH_2CH_2CH_2$—H	100.7		
$(CH_3)_2CHCH_2$—H	100.2 ± 1		
$(CH_3)_3CCH_2$—H	100.3 ± 1		
n-C_5H_{11}—H	100.2		
n-C_6H_{13}—H	99.0		
secondary C—H BDEs			
$CH_3CH_2CH_3$	98.1 ± 0.7	98.1 ± 1.0	
$CH_3CH_2CH_2CH_3$	98.3 ± 0.5		
$CH_3CH_2(CH_2)_2CH_3$	99.2		
$CH_3CH_2(CH_2)_3CH_3$	98.0		
$CH_3CH_2(CH_2)_4CH_3$	98.0		
tertiary C—H BDEs			
$(CH_3)_3C$—H	95.7 ± 0.7	95.7 ± 1.0	
$(CH_3CH_2)CH(CH_3)_2$	95.8		
$(n\text{-}C_3H_7)CH(CH_3)_2$	94.7 ± 2		
$CH_3CH(CH_3)CH(CH_3)_2$	95.4 ± 3.1		

5.1.2 链状烯烃

表 5.2 中的第二列，列出了一些典型的链状烯烃中的C—H键能，它们也取自数据库(2007LUO)。我们看到，其C—H键能大小也是与C—H键的化学位置或化学环境有关。在目前的化学测量精度内，链状烯烃中一级C—H键能几乎相同，二级C—H键能差不多相等，三级C—H键能基本上不变。远距离上的取代基对离解反应中心的影响很弱。这些有趣的事实再次推动我们去探索其物理本质。表 5.2 中的第三和第四列，分别是对应的估计值和解释。具体细节将在后面介绍。

表 5.2 烯烃中的C—H键能(1 kcal = 4.184 kJ)

C—H Bonds	D(R—H), kcal mol^{-1}		
	exp.	est.	explanation
Monoenes			(1) estimate by eq. (5.11a) (2) p-π resonance energy, see Table 5.6 (3) steric compression relief
$H_2C{=}CH{-}H$	110.9 ± 0.6	110.9 ± 2.0	
$CH_3CH{=}CH{-}H$	111.1		
primary C—H BDEs			
$CH_2{=}CH{-}CH_2{-}H$	88.2 ± 0.7	87.3 ± 2.0	
(E)-$CH_3CH{=}CH{-}CH_2{-}H$	85.3		
$CH_2{=}C(CH_3){-}CH_2{-}H$	86.7 ± 0.6 89.1		
$CH_2{=}C(CH_3CH_2){-}CH_2{-}H$	85.1 ± 2		
(Z)-$CH_3CH{=}CH{-}CH_2{-}H$	89.7 85.0	86.3 ± 2.0	
$CH_3CH{=}C(CH_3)CH_2{-}H$	84.3		
$(CH_3)_2C{=}C(CH_3){-}CH_2{-}H$	84.7	84.3 ± 2.0	
$CH_2{=}CH{-}CH_2{-}CH_2{-}H$	98.1	100.5 ± 2.0	
secondary C—H BDEs			
$CH_2{=}CH{-}CH_2{-}CH_3$	85.6	84.9 ± 2.0	

(续表)

C—H Bonds	D(R—H), kcal mol^{-1} exp.	est.	explanation
secondary C—H BDEs			
$CH_2{=}CH{-}CH_2{-}CH_2CH_3$	82.5±2 83.4		
$CH_2{=}C(CH_3){-}CH_2CH_3$	83.0		
(E)-$CH_3CH{=}CHCH_2CH_3$	82.6		
$CH_2{=}CHCH_2(CH_2)_4CH_3$	83.4		
$CH_2{=}CHCH_2(CH_2)_4CH{=}CH_2$	83.6		
$CH_2{=}CHCH_2(CH_2)_{12}CH_3$	83.4		
(Z)-$CH_3CH{=}CHCH_2(CH_2)_3CH_3$	81.9	83.9±2.5	
$(CH_3)_2C{=}CHCH_2CH_3$	79.3		
Z, Z-$CH_3CH{=}CH(CH_2)_4CH{=}CHCH_3$	81.6		(1) estimate by eq. (5.11a) (2) p-π resonance energy, see Table 5.6 (3) steric compression relief
tertiary C—H BDEs			
$CH_2{=}CHCH(CH_2)_2CH_3$	83.4	82.5±2.0	
$CH_2{=}CH{-}CH(CH_3)_2$	79.5±1.7 83.1		
$CH_2{=}C(CH_3){-}CH(CH_3)_2$	76.3±1.0 83.9		
(Z)-$(CH_3)_2CHCH{=}CHCH_3$	79.8	81.5±2.5	
(Z)-$(CH_3)_2CHCH{=}CHCH(CH_3)_2$	80.3		
Dienes			
$CH_2{=}C{=}CH{-}$**H**	88.7±3	87.3±2.0	
$CH_2CHCH{=}CH{-}$**H**	114.4	110.9±2.0	
primary C—H			
$CH_2{=}C{=}CHCH_2{-}$**H**	89.9	87.3±2.0	

(续表)

C—H Bonds	D(R—H), kcal mol^{-1}		
	exp.	est.	explanation
primary C—H			(1) estimate by eq. (5.11a) (2) p-π resonance energy, see Table 5.6 (3) steric compression relief
$CH_3CH{=}C{=}CHCH_2$—H $CH_2{=}C(CH_3)C(CH_3){=}CH_2$ $CH_2{=}CHCH{=}CHCH_2$—H	87.3 89.6±3.1 83±3	87.3±2.0 87.3±2.0 83.0±3.0	
secondary C—H			
$(CH_2{=}CH)_2CH_2$ $CH_2{=}CHCH{=}CHCH_2(CH_2)_2CH_3$	76.6±1.0 79.3	77.1±1.5 78.2±2.0	
tertiary C—H			
$(CH_2{=}CH)_2C(CH_3)$—H	77	74.7±2.0	

5.1.3 链状炔烃

表5.3中的第二列,列出了一些典型的链状炔烃中的C—H键能,它们也取自数据库(2007LUO)。我们看到,其C—H键能的大小也是与C—H键的化学位置或化学环境有关。在目前的化学测量精度内,链状炔烃中一级C—H键能几乎相同,二级C—H键能差不多相等,三级C—H键能基本上不变。远距离上的取代基对离解反应中心的影响很小。这一变化倾向与链状烷烃和烯烃完全一致。这些有趣的事实,再一次激起我们去探索其物理本质。表5.3中的第三和第四列,分别是对应的估计值和解释。具体细节将在后面介绍。

表5.3 炔烃中的C—H键能(1 kcal=4.184 kJ)

C—H Bonds	D(R—H), kcal mol^{-1}		
	exp.	est.	explanation
HC≡C—H CH_3—C≡C—H	133.3±0.1 130.2±3, at 0 K	133.3±2.5	(1) estimate by eq. (5.11a) (2) p-π resonance energy, see Table 5.6

（续表）

C—H Bonds	D(R—H), kcal mol^{-1} exp.	est.	explanation
HC≡C—C≡C—H	128.8±3, at 0 K		
X—C≡C—H			
X = Ph	133±5		
C(O)OCH_3	132±5		
CC(O)N$(CH_3)_2$	132±5		
BF_3^-	130.8		
HCCC	~129.8±3		
primary C—H BDEs			
CH≡C—CH_2—H	91.8±1.0	91.8±3.0	(1) estimate by eq. (5.11a) (2) p-π resonance energy, see Table 5.6
CH_3C≡C—CH_2—H	90.7		
CH_2═CH—C≡C—CH_2—H	86.8	87.5±3.0	
secondary C—H BDEs			
HC≡C—CH_2—CH_3	89.1	89.3±3.0	
CH_3C≡C—CH_2—CH_3	87.3±2.3		
HC≡C—$CH_2CH_2CH_3$	83.6±2		
$CH_3(CH_2)_3$C≡C$CH_2(CH_2)_2CH_3$	83.2		
tertiary C—H BDEs			
HC≡C—CH$(CH_3)_2$	82.5±2	87.4±3.0	
CH_3C≡C—CH$(CH_3)_2$	82.3±2.7		

5.1.4 芳烃

表5.4中的第二列，列出了一些典型的芳烃中的C—H键能，它们也取自数据库(2007LUO)。我们看到，其C—H键能的大小也是与C—H键的化学位置或化学环境有关。在目前的化学测量精度内，芳烃中一级C—H键能

几乎相同，二级C—H键能差不多相等，三级C—H键能基本上不变。我们还看到，对于芳烃中的C—H键能，远程取代基的影响比较小。这些许多有趣的事实一而再，再而三激起我们去探索其物理本质。表 5.4 中的第三和第四列，分别是对应的估计值和解释。具体细节将在后面介绍。

表 5.4　芳烃中的C—H键能(1 kcal = 4.184 kJ)

C—H Bonds	D(R—H), kcal mol^{-1}		
	exp.	est.	explanation
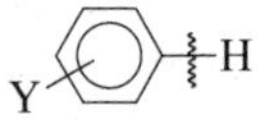			
Y = H	112.9 ± 0.5		
2-C(O)O$^-$	113.9		
3-C(O)O$^-$	110.4		
4-C(O)O$^-$	112.3	112.9 ± 1.5	remote effect is small
2-C(O)OH	114.5		
3-C(O)OH	114.0		
4-C(O)OH	113.8		
primary C—H $C_6H_5C(CH_3)_2CH_2$—H	98.6	100.5 ± 2.0	estimate by eq. (5.7), p-π resonance is blocked by "inserted" C atom
primary C—H bonds			
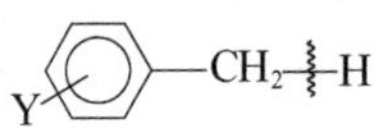			
Y = H	88.5 ± 1.5 89.7 ± 1.2		
3-F	88.8 ± 2.1		(1) estimate by eq. (5.11b)
4-F	87.6 ± 2.1		(2) p-π resonance energy, see Table 5.6
2-Cl	89.0 ± 3.1	88.6 ± 2.0	(3) remote effect is small
3-Cl	89.8 ± 2.1		(4) steric compression relief
4-Cl	87.5 ± 2.1		
2-Br	90.2 ± 3.1		
3-Br	90.1 ± 3.1		
4-Br	88.5 ± 3.1		
2-CH_3	87.3		

(续表)

C—H Bonds	D(R—H), kcal mol^{-1}		
	exp.	est.	explanation
primary C—H bonds			
3-CH_3	87.8		
4-CH_3	87.7		
4-Et	87.0		
2-*iso*-Pr	87.6		
3-*iso*-Pr	86.8		
4-Pr	87.0		
4-*tert*-Bu	89.3		
3-CN	88.7		(1) estimate by eq. (5.11b) (2) p-π resonance energy, see Table 5.6 (3) remote effect is small (4) steric compression relief
4-CN	88.0		
3-NO_2	89.6		
4-NO_2	86.5		
4-$PhSO_2$	88		
4-CH_2OCH_3	85.4		
3-MeO	90.5		
4-MeO	86.6		
3-EtOC(O)	89.1		
4-EtOC(O)	89.4		
2,4-Cl_2	88.6		
3-CH_2·	90.7±2.9		
3,5-(CH_2·)	88.2±5.0		
secondary C—H bonds			
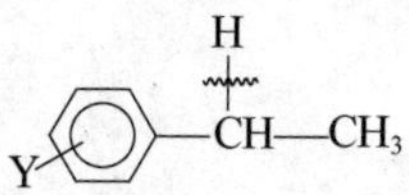			
Y = H	85.4±1.5		
p-C_2H_5	86.5	86.1±2.0	
p-Br	87.1		
p-*tert*-Bu	86.5		
p-MeOC(O)	87.0		

(续表)

C—H Bonds	D(R—H), kcal mol^{-1}		
	exp.	est.	explanation
secondary C—H bonds			
$PhCH_2C_2H_5$	86.1		
Ph_2CH_2	84.5±0.5		
$PhCH_2CH_2Ph$	87.0		
tertiary C—H bonds	83.2±1	83.8±2.0	
$PhCH(CH_3)_2$			
$Ph_2C(CH_3)CH$	82.8		
$Ph_3C—H$	81±2		
$Ph_2C═CHC(Ph)_2—H$	77	82.5±3.0	
$Ph_2C═CHCH(Ph)CH═CPh_2$	75.1	74.7±2.0	

5.2 分子中原子相互作用的物理模型

让我们来考虑常见有机物中的X—R(或X—C)键。它的键能大小主要决定于分子内的两大类相互作用：电子和位阻效应。我们首先讨论电子效应。如下图所示，X—C键离解能将取决于四种电子效应。

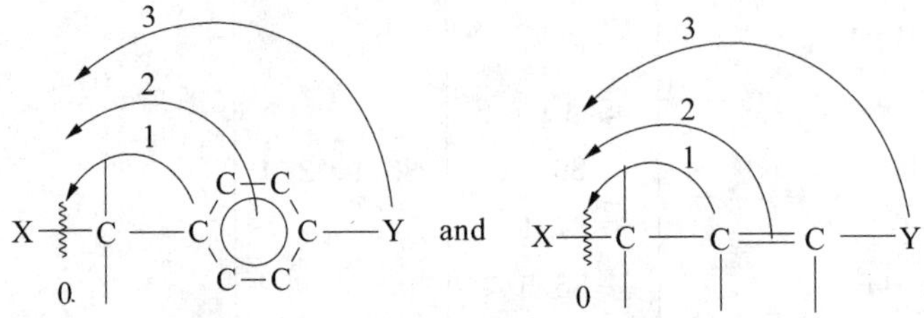

图5.1 分子中原子相互作用的物理模型

图中，0，标准参考点，或成键原子 X 和 C 之间的直接相互作用；1，次邻近相互作用；2，p-π 共轭稳定作用；3，取代基 Y 和反应中心（断裂键X—C）之间的远程共轭。

我们假设，键能 D(X—R)可能等于一个标准参考点或支撑点（anchor）加上某些修正。通常，$D(X—CH_3)$被选为标准参考点或支撑点。这是最佳的选择，因为许多 $D(X—CH_3)$的实验数据非常可靠。我们可以写出：

$$D(X—R) = D(X—CH_3)_{exp} + 某些修正 \tag{5.1}$$

这些修正值包括独立的三类函数：

(1) $f(V_x, m)$，描述次邻近相互作用的一个未知函数；

(2) E_s，描述共轭自由基中 p-π 共轭稳定作用的一个未知函数；

(3) E_{sr}，描述取代基 Y 和反应中心（断裂键X—C）之间远程共轭的一个未知函数。

这三类未知函数应当是彼此独立，每项都有清晰的物理意义，可以相互加和。因此，我们提议用如下方程预测 D(X—R)：

$$D(X—R) = D(X—CH_3)_{exp} + f(V_x, m) + E_s + E_{sr} \tag{5.2}$$

如果在位阻效应不能忽略时，则假定式 5.2 变为

$$D(X—R) = D(X—CH_3)_{exp} + f(V_x, m) + E_s + E_{sr} + \Delta V_{nb} \tag{5.3}$$

式中，ΔV_{nb} 代表化学键断裂前后（非键）位阻压缩能的释放（1993LUO/HOL，1993LUO/PAC）。从广义上讲，式 5.3 可以简单地表示为

$$复杂分子中的键能 = 简单的、类似的模型分子中的键能 + 某些结构修正 \tag{5.4}$$

式 5.3 中的 E_s 和 ΔV_{nb}是负值，但一般说来，$f(V_x, m)$和 E_{sr}既可以是负值，也可以是正值。负值使X—C键离解能减少或化学键变弱，这是去稳定作用。正值表明引入取代基使X—C键离解能增加或化学键增强，这是稳定作用。下面我们将简单介绍如何描述 $f(V_x, m)$，E_s，E_{sr} 和 ΔV_{nb}。

5.3 次邻近相互作用

实际上,次邻近相互作用是次邻近非氢原子之间的一种静电效应。它可以用电负性和原子团 R 中甲基取代度表示(1988LUO/BEN, 1989LUO/BEN, 1989LUO/BEN(b), 1992LUO/BEN, 1993LUO/PAC,2007LUO(b)):

$$f(V_x, m) = -m\frac{6.33 + 0.36m - V_x}{0.67 + 0.21m} + (m - 1) \tag{5.5}$$

式中,能量单位用 kcal mol^{-1}(1 kcal = 4.184 kJ), V_x 是共价势(covalent potential),或一个新电负性标。为什么不用 Pauling 电负性标?为什么叫共价势?为什么冠以"新"?这里有一个故事。

既然,次邻近相互作用是次邻近非氢原子之间的一种静电效应,我们就可以用电负性来描述它。在 20 世纪 90 年代,文献中能够查阅到五十多个不同的电负性标。哪一个电负性标能最好地描述键能的变化?在逐一检查和对比之后正确的结论才能得出。Pauling 电负性标自然是首选,因为 Pauling 是在研究双原子和简单分子的生成热或键能的实验数据基础上,发展了他的电负性标。Pauling 电负性标有最高的声望,并且已被广泛使用。如采用 Pauling 电负性标,很少会有人质疑。但是,罗渝然和 Benson 却发现,Pauling 电负性标不能满意地描述有机多原子分子的生成热和键离解能。另外几乎当时所有理论的、半经验的和经验的电负性标都表现不理想,真像是"山穷水尽疑无路"。在详细分析了袁汉杰的工作之后,我们看到了一线新的希望。袁汉杰定义 n/r 为原子势(1964YUA),并利用原子势计算原子团电负性(1965YUA)。如果把他的原子团电负性用来相关有机多原子分子的生成热和键离解能,结果总是令人失望。从理论上说,有机多原子分子中,原子团的数量远远大于有机物的数量,我们不得不引入并确定无数多的原子团的电负性。按照这种思路走下去,问题更混乱,前途渺茫。事实上,他的工作长期没有被人采纳和应用。我们决定抛弃原子团电负性概念,

仅仅接受 n/r 的数值,并重新定义为

$$V_x = n_x/r_x \tag{5.6}$$

n_x是 X 中成键原子的价电子数,r_x(单位 Å)是它的共价半径。n_x/r_x 表示了在原子核之外,共价半径这一点的未屏蔽的原子势(量纲为能量/距离,即力的量纲),简称共价势,又叫新电负性标。这里的"新",表示它既不同于人所共知的 Pauling 电负性标(量纲为(能量)$^{1/2}$),也不同于袁汉杰的理解或解释。从表面上看,n_x 和 r_x 这两个参数,非常简单。但是,新电负性标的概念得到 Parr 和 Pearson 绝对电负性理论的支持(1991LUO/PAY, 1995CHA/CED)。在力图相关有机多原子分子能量时,新电负性标经常比其他电负性标(包括 Pauling 电负性标)给出更好的预测结果,例如生成热,匀相和异相键离解能,电离势,Lewis 酸强度,二价态稳定能,静电势,以及 Hammett 斜率。这好像我们找到了一把有用的"钥匙",使用这把"钥匙",可以相关许多有关分子能量的性质。从目前的研究看来,共价势的确是处理有机多原子分子能量性质方面最简单的,也是最好的电负性标(1989LUO/BEN(e), 1992LUO/BEN, 2006LI/XUE)。从袁汉杰的原子势到我们的共价势的变迁,给"中为洋用"增加了一个新例子。共价势是否也可以满意地处理有机多原子分子的非能量性质?我们还没有尝试和外推。

让我们回到式 5.5。当我们抛弃原子团电负性概念之后,相应的问题就简化了。例如,我们认为,所有 C 中心原子团(例如 Me, Et, Pr, *i*-Pr, *n*-Bu, *i*-Bu, *s*-Bu, *t*-Bu, C_3H_3, C_3H_5, C_6H_5, Ph_3C, RCO 等)的共价势是相同的,$V_x(C) = 5.19$;所有 N 中心原子团(例如 NH_2, NHMe, NMe_2, NHPh, NPh_2 等)的共价势也是相同的,$V_x(N) = 6.67$;所有 O 中心原子团(例如 OH, OMe, OPh 等)的共价势也是相同的,$V_x(O) = 8.11$,以此类推。为了方便更多人使用,主族元素的 V_x 数值已经列表(1992LUO/BEN)。

式 5.4 中,对于一级、二级或三级碳原子团,甲基取代度 m 分别等于 1,2,或 3。于是,饱和碳氢化合物中的键离解能可以被估算:

$$D(X—C(CH_3)_m H_{3-m})_{est} = D(X—CH_3)_{exp} - m\frac{6.33 + 0.36m - V_x}{0.67 + 0.21m} + (m - 1) \tag{5.7}$$

当 X = H 时,$D(H—CH_3)_{exp} = 105.0 \pm 0.1$ kcal mol^{-1} (439.3 ±

0.4 kJ mol^{-1})。因此,我们可估算一级、二级和三级碳原子团 R 与 H 原子的R—H键能分别是 100.5±1.0,98.1±1.0 和 95.7±1.0 kcal mol^{-1}(420.5±4.2, 410.5±4.2 和 400.4±4.2 kJ mol^{-1})。这样就可以成功地解释表 5.1 中的实验结果。

对于 X=F, OH, Cl, NH_2, Br, SH, I 和 CH_3,式 5.7 也显示了很强的预测能力。表 5.5 列出了许多典型的化学键离解能,并按照 V_x 降低的方向排列。利用式 5.7 估算得到的数值,列在圆括号内。对比表明,估算的化学键离解能,能与实验数值很好地吻合。

利用表 5.5,我们发现,从参考点X—Me到X—Et(一级碳原子团),X—i-Pr(二级碳原子团)及X—t-Bu(到三级碳原子团),其键能有三种变化次序:

(1) 正向或常见的次序。如果 X 有较低的电负性,如 X=H,CH_3,I 或 SH,最大的键离解能是 D(X—Me),即

$$D(\text{X—Me})>D(\text{X—Et})>D(\text{X—}i\text{-Pr})>D(\text{X—}t\text{-Bu})$$

(2) 逆向的次序。如果 X 有很高的电负性,如 X=F 或 O,最大的键离解能是 D(X—t-Bu),即

$$D(\text{X—Me})<D(\text{X—Et})<D(\text{X—}i\text{-Pr})<D(\text{X—}t\text{-Bu})$$

(3) 无规则的次序。如果 X 的电负性不高也不低,如 X=Br,Cl 或 NH_2,最大的键离解能可能是 D(X—i-Pr)。

这三种不同的变化规则可用如图 5.2 的键能差异表示。

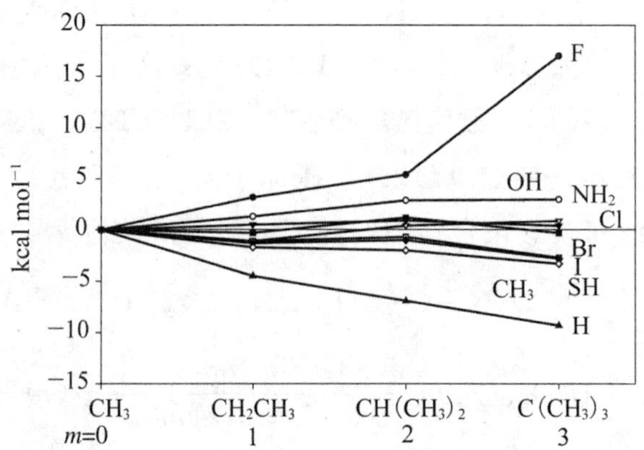

图 5.2 不同 X 时的键能差异

$$\Delta D = D(X—CH_3) - D(X—C(CH_3)_m H_{3-m}) \tag{5.8}$$

利用表 5.5 中的实验数值,我们还看到:

(1) 对一级碳原子团,D(X—Et)≈D(X—n-Pr)≈D(X—n-Bu)≈D(X—i-Bu);

(2) 对二级碳原子团,D(X—i-Pr)≈D(X—s-Bu)。

这一事实表明,在当前的实验误差范围内(大约 ±1 kcal mol^{-1}),一级X—C键能差不多为一常数,链状饱和碳氢化合物中的远程相互作用可以忽略不计。如果位阻效应也很小的话,这一假设也适合于二级和三级X—C键能。换句话说,Benson(1976BEN)的原子团加和法可推广到碳氢自由基。文献 2007LUO 给出了许多有机自由基的原子团加和参数(group additivity values,GAV)。

5.4 次邻近 π 键的 p-π 共轭效应

对于常见的不饱和有机化合物,我们必须考虑共轭自由基中 p 轨道和 π 轨道之间的 p-π 共轭稳定能(ESR)。通常利用键能差值来定义 p-π 共轭稳定能。在文献中,主要有两种方案,第一种由 Ingold 等(2000ING/WRI)定义:

$$E_s^{Me} = D(X—R) - D(X—methyl) \tag{5.9}$$

另一方案由 Benson(1976BEN)推荐:

$$E_s = D(X—R) - D(X—ethyl) \tag{5.10}$$

我们赞同后一种方案。罗渝然和 Holmes(1994LUO/HOL)发现,按照式 5.10所确定的 E_s 是一个可以传递的常数,它和原子或原子团的性质,以及甲基取代度 m 等都无关。对于烯丙基(CH_2CHCH_2)和苯甲基($C_6H_5CH_2$),E_s 分别等于 -13.2±1.0 和 -11.9±1.5 kcal mol^{-1}。因此,烯丙基和苯甲基化合物中X—C键离解能可以分别预测(1994LUO/HOL),如表 5.5

表 5.5 典型的化学键X—C离解能(2007LUO, 1 kcal=4.184 kJ) [a]

X	V_x [b]	CH_3	C_2H_5	i-C_3H_7	n-C_3H_7	t-C_4H_9	s-C_4H_9	i-C_4H_9	n-C_4H_9	$C_2H_3CH_2$	$C_6H_5CH_2$
F	9.915	110.0±2.0	111.7±2.0 (113.7)	115.5±2.0 (116.3)	113.5±2.0 (113.7)	118.5±2.0 (117.8)	(116.3)	(113.7)	(113.7)	(100.5)	97.7±4 (101.8)
OH	8.11	92.0±0.2	93.5±0.7 (93.6)	95.1±1.0 (94.9)	93.7±0.7 (93.6)	95.2±1.0 (95.6)	94.7±1.0 (94.9)	94.2±1.0 (93.6)	93.2±1.0 (93.6)	79.5±1 (80.4)	79.9±0.6 (81.7)
Cl	7.04	83.7±0.4	84.2±0.8 (84.1)	84.6±1.5 (84.7)	84.3±1.0 (84.1)	84.1±1.5 (84.8)	83.7±1.5 (84.7)	83.8±1.5 (84.1)	84.5±1.0 (84.1)	71.3±1.2 (70.9)	71.7±1.1 (72.2)
NH_2	6.67	85.1±0.5	84.2±1.5 (85.1)	85.5±0.9 (85.4)	85.1±0.7 (85.1)	85.0±1.5 (85.4)	85.8±0.7 (85.4)	84.8±1.2 (85.1)	85.1±0.7 (85.1)	(71.9)	73.3±1.5 (73.2)
Br	6.13	70.3±0.5	70.0±1.0 (69.7)	71.5±1.5 (69.6)	71.3±1.0 (69.7)	70.0±1.5 (69.3)	71.7±1.0 (69.6)	(69.7)	70.9±1.0 (69.7)	56.7±1.2 (56.5)	57.2±1.5 (57.8)
SH	5.77	74.7±1.0	73.6±0.5 (73.7)	73.4±0.9 (73.4)	74.2±0.7 (73.7)	72.0±0.9 (72.9)	73.5±0.7 (73.4)	74.1±1.1 (73.7)	73.9±0.7 (73.7)	(60.5)	61.7±1.5 (61.8)
I	5.25	57.1±0.5	55.8±1.5 (55.5)	56.1±1.5 (54.8)	56.6±1.0 (55.5)	54.3±1.5 (54.1)	56.9 (54.8)	57.3 (55.5)	56.2 (55.5)	44.4±1.5 (42.3)	44.9±1.1 (43.6)
CH_3	5.19	90.2±0.2	88.5±0.5 (88.5)	88.2±0.9 (87.8)	88.9±0.7 (88.5)	86.9±0.7 (87.1)	88.0±0.7 (87.8)	88.5±1.1 (88.5)	88.8±0.7 (88.5)	75.9±0.9 (75.3)	77.7±1.0 (76.6)
H	2.70	105.0±0.1	100.5±0.3 (100.5)	98.1±0.7 (98.0)	100.9±0.5 (100.5)	95.7±0.7 (96.1)	98.3±0.5 (98.0)	100.2±1.0 (100.5)	100.7±1.0 (100.5)	88.2±0.7 (87.3)	88.5±1.5 (88.6)

a. 按照式 5.7 估算的数值,列入圆括号内;b. V_x 数值,取自文献 1992LUO/BEN。

所示，这样估算的键离解能与实验数据吻合得很好。

$$D(X—CH_2CHCH_2)_{est} = D(X—C_2H_5) - 13.2(\pm 1.5)\ \text{kcal mol}^{-1} \quad (5.11a)$$

$$D(X—CH_2C_6H_5)_{est} = D(X—C_2H_5) - 11.9(\pm 1.5)\ \text{kcal mol}^{-1} \quad (5.11b)$$

如果接受式5.9的方案，E_s^{Me} 就不是一个常数，它取决于原子或原子团的性质以及甲苯基的取代度 m。这在理论上很不方便，容易混淆。我们发现 E_s 有可传递性这一特性，很有理论和实际应用价值。我们提出估算共轭多烯自由基（$^{\bullet}C—(C═C)_n$，$n = 1,2,3,4,5,\cdots$）的 E_s 的方法，并进一步预测了维生素A分子内所有σ-键的键能（1994LUO/HOL(b)，2000LUO）。类似的方法将帮助理解许多重要的生物化学过程，例如脂肪酸或食用油脂不饱和度的生化效应。常见的p-π共轭稳定能 E_s 已列在表5.6中。

表5.6 常见的p-π共轭稳定能（E_s），in kcal mol^{-1}（1 kcal = 4.184 kJ）

Resonant radicals	Resonance energy E_s
C═C—C$^{\bullet}$	-13.2 ± 1.0
C═C—C═C—C$^{\bullet}$	-17.5 ± 3.0
C═C—C$^{\bullet}$—C═C	-21.0 ± 1.0
C═C—C$^{\bullet}$—C═C—C═C	-23.0 ± 2.0
C═C—C═C—C$^{\bullet}$—C═C—C═C	-25.0 ± 2.0
C≡C—C$^{\bullet}$	-8.7 ± 3.0
Ph—C$^{\bullet}$	-11.9 ± 1.5

表5.7显示了一个例子。对 X = OO，我们选择参考点，$D(OO—CH_3)_{exp} = 32.7 \pm 0.9$ kcal mol^{-1}（137.0 ± 3.8 kJ mol^{-1}，2007LUO），共价势 $V_x(O) = 8.11$（1992LUO/BEN）。因此，式5.2变为

$$\begin{aligned} D(OO—R)_{est} &= D(OO—CH_3) + f(V_x, m) + E_s \\ &= 32.7(\pm 0.9) - m\frac{6.33 + 0.36m - 8.11}{0.67 + 0.21m} \\ &\quad + (m - 1) + E_s \end{aligned} \quad (5.12)$$

我们看到，估计值与测量值相当吻合，仅有 $R = CH_3CHCHCH_2$ 一个例外，

这一实验值很可能过低。

表 5.7 OO—R键能，in kcal mol^{-1}(1 kcal＝4.184 kJ)

R	D(OO—R)，in kcal mol^{-1} exp.	D(OO—R)，in kcal mol^{-1} est.	Deviations
CH_3	32.7±0.9		
C_2H_5	35.5±2.0	34.3±1.5	1.2
i-C_3H_7	37.1±2.3	35.6±1.5	1.5
n-C_3H_7		34.3±1.5	
n-C_4H_9		34.3±1.5	
i-C_4H_9		34.3±1.5	
s-C_4H_9		35.6±1.5	
t-C_4H_9	36.5±1.8	36.3±1.5	0.2
neo-C_4H_9	36.3	34.3±1.5	2.0
CH_2CHCH_2	18.4	21.1±2.0	−2.7
$CH_3CHCHCH_2$	15.2±2.0	21.1±2.0	−5.9
$CH_2CHCHCHCH_2$		16.8±2.0	
$CH(CH_2CH_2)_2$	13.4±1.2	15.2±2.5	−1.8
$CH_2C_6H_5$	22±1.5	22.4±2.5	−0.4
$CH(CH_3)C_6H_5$		23.7±3.0	
$CH(C_6H_5)_2$		23.7±3.0	
$C(CH_3)_2C_6H_5$		24.4±3.0	
$C(CH_3)(C_6H_5)_2$		24.4±3.0	
$C(C_6H_5)_3$		24.4±3.0	

5.5 位阻效应或张力能释放

Benson 强调了邻近非键原子之间位阻或 van der Waals 排斥在化学键

断裂前后的影响(1976BEN)。ΔV_{nb}等于化学键离解之后两个自由基中的张力能之和,减去母体分子中的张力能,即所谓化学键开裂前后(非键)位阻压缩能的释放(1993LUO/HOL, 1994LUO/HOL)。通常,自由基结构比较松散,其张力能比较小,可以忽略不计。因此,ΔV_{nb}近似等于母体分子中的张力能释放,是负值。

Benson(1976BEN)提出了估计有机分子中张力能的方法。例如,高分支烷烃中的张力能 V_{nb}可以根据 1,4-扭曲(gauche)和 1,5-排斥相互作用估计出来。这样,我们可以成功地解释重要有机物中X—C键离解能变化规则(1993LUO/HOL)。对于链状饱和有机物,式 5.3 退化为

$$D(\text{X—R})_{est} = D(\text{X—CH}_3)_{exp} + f(V_x, m) + \Delta V_{nb} \quad (5.3a)$$

表 5.7 列出了取代乙烷中的C—C键离解能的实验数据。我们看到,2,2,3,3-四甲基乙烷分子内的中心C—C键比较弱,原因是其C—C键断裂后,解除了张力能。这些C—C键离解能的估算过程,非常简单。选 $D(\text{CH}_3\text{—CH}_3)$为参考点,用 Benson 方法估计的 ΔV_{nb},再利用式 5.3a,它就是圆括号内的估算值。对比表明,估算值与实验值很好地吻合。

对于链状不饱和有机物,式 5.3 可简化为

$$D(\text{X—R})_{est} = D(\text{X—CH}_3)_{exp} + f(V_x, m) + E_s + \Delta V_{nb} \quad (5.3b)$$

取参考点 $D(\text{CH}_3\text{—CH}_3) = 90.2 \pm 0.2\ \text{kcal mol}^{-1}(377.4 \pm 0.8\ \text{kJ mol}^{-1})$, $V_x(\text{C}) = 5.1$,式 5.3b 简化为

$$D(\text{C—C})_{est} = 90.2(\pm 0.2) - m\frac{6.33 + 0.36m - 5.19}{0.67 + 0.21m} + (m-1) + E_s + \Delta V_{nb}$$

对于烷烃中的C—C键,此公式可以进一步简化为

$$D(\text{C—C})_{est} = 90.2 - \sum(1.7m + (m-1)) - E_s$$

这里,1.7 kcal 是每个取代烷基的贡献。

估计值列于表 5.8 内的圆括号中,实验值在上方。对比表明,估计的键离解能与实验值很好地吻合。

表5.8 取代乙烷中的C—C键离解能，in kcal mol^{-1}
(1 kcal＝4.184 kJ mol^{-1})

	CH_3	CH_3CH_2	$(CH_3)_2CH$	$(CH_3)_3C$	$C_2H_3CH_2$	$C_6H_5CH_2$
CH_3	90.2±0.2					
CH_3CH_2	88.5±0.5 (88.5)	86.8±0.6 (86.8)				
$(CH_3)_2CH$	88.2±0.9 (87.8)	86.1±0.9 (86.1)	84.5±1.1 (83.8)			
$(CH_3)_3C$	86.9±0.7 (87.1)	84.5±0.9 (85.4)	81.5±1.1 (82.3)	77.1±1.0 (79.2)		
$C_2H_3CH_2$	75.9±0.9 (75.3)	74.3±1.5 (73.6)	74.1±1.0 (72.9)	71.9±1.5 (72.2)	61.5±1.0 (60.4)	
$C_6H_5CH_2$	77.7±1.0 (76.6)	76.2±1.5 (73.6)	75.8±1.5 (74.2)	(72.6)	61.4±2 (63.4)	65.2±2.2 (64.7)

对于无支化的直链状烷烃，通常不需要考虑化学键断裂时的张力能释放。对于支化的链状烷烃和烯烃，简单的 Benson 方法(1976BEN)可用于估算张力能释放。对于环状分子，分子力学可估算张力能释放。对于高密度烃分子(2005XIA/MI，2006LI/DU，例如环戊二烯类、降冰片二烯类、金刚烷类、多环烃、笼状烃)，其化学键断裂时将释放很高的张力能。对于多硝基多环化合物(如 CL-20，octanitrocubane)，张力能的贡献很重要。但是，目前还没有估算这些分子中高张力能的方法。

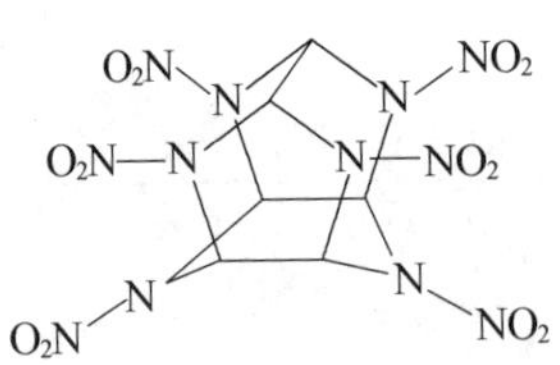

CL-20

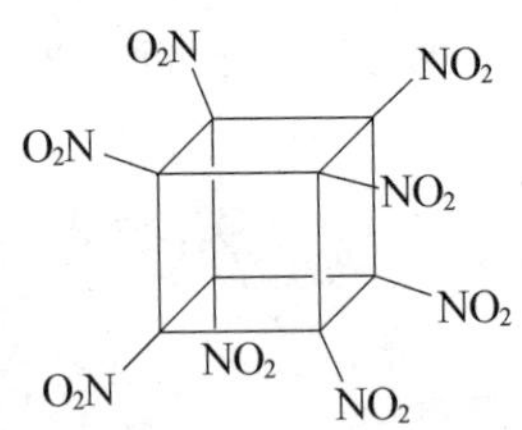

Octanitrocubane

有趣的是，Rüchardt 和同事们(1989BIR/HAD)发现，烃类分子内的张力能与分子力场估算的C—C键长之间有近似的线性关系：

$$\Delta V_{nb} \geqslant 5.198r(C_t—C_t) - 811.7 \quad \text{in kcal}$$

$$\Delta V_{nb} \geqslant 6.715r(C_t—C_s) - 1\,041 \quad \text{in kcal}$$

$$\Delta V_{nb} \geqslant 7.095r(C_s—C_s) - 1\,093 \quad \text{in kcal} \tag{5.13}$$

式中，C_s 和 C_t 分别代表二级和三级碳原子，r 是以 pm 为单位的C—C键长。以六甲基取代乙烷为例，用 PM3 程序计算的该中心 C_t—C_t 键长是 157.1 pm。按照经验式 5.13，预测的张力能是 4.9 kcal，它与 Benson 法（1976BEN）估计的 6×0.8＝4.8 kcal 很接近。

现在，我们来讨论自由基化学和物理有机化学中一个非常有趣的难以解决的问题。为什么在科学如此发达的 21 世纪，仍然观测不到六苯乙烷分子？

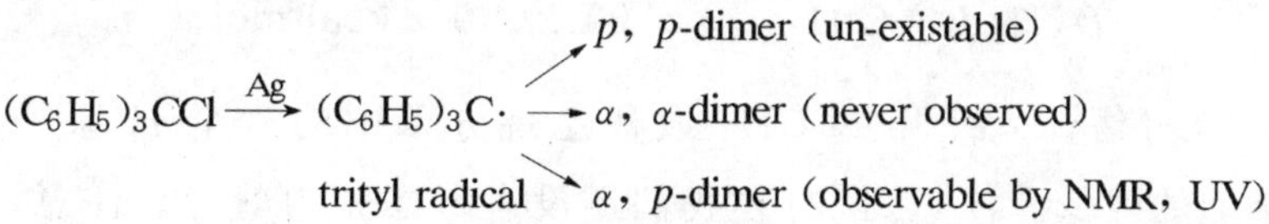

三苯甲基自由基（trityl）的结构很像一个分子螺旋桨或风车，三个苯基不在同一平面上，原因是不同苯环上邻位 H 原子之间的巨大排斥作用。这样一来，自由基孤电子 p 轨道必然只能与其中一个苯环中的 π 轨道形成 p-π 共轭。

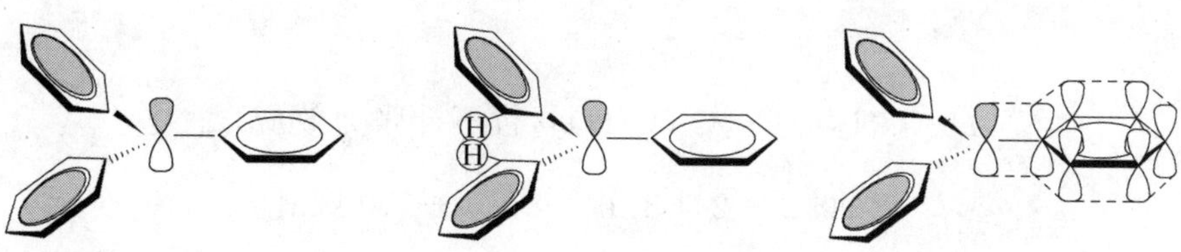

形状：分子螺旋桨　　　　原因：H-H 排斥　　　　结果：p-π 共轭

在 1968 年，由 NMR 实验发现，三苯甲基自由基的二聚体是 α，p-型结构，不是想象中的高度对称的 α，α-（头，头）型结构（见表 5.9）。

表 5.9　三苯甲基自由基的可能的三种二聚体

二聚体结构	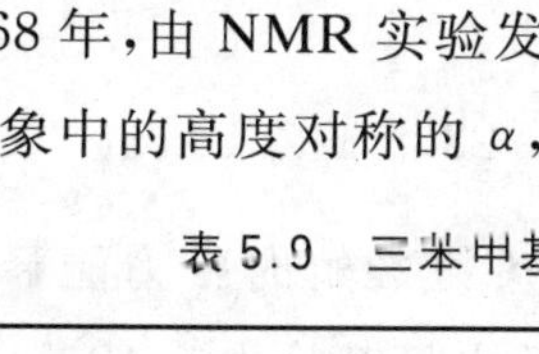	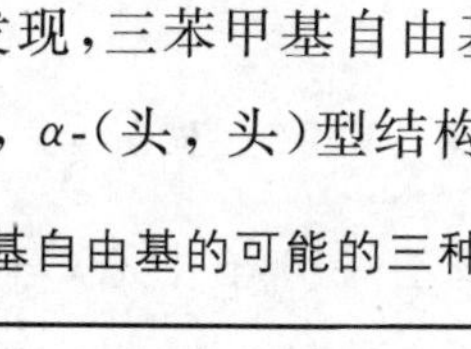	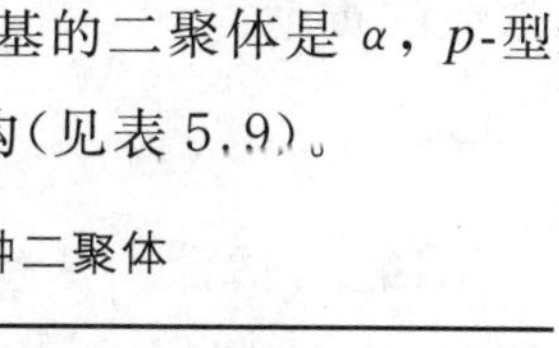
二聚体简式	α，p-dimer Ph_3 C—p-R	α，α-dimer Ph_3C—CPh_3	p，p-dimer p-R—p-R
$D(C—C)_{est}$ in kcal	25.6±4	17.3±4	13.2±4
评论	稳定性相对比较高	稳定性低，容易转化	稳定性最低，容易转化

我们推测，三苯甲基自由基二聚的优势途径，很可能与该自由基的不同二聚体的热稳定性有关。三苯甲基自由基有三种不同的二聚方式，目前尚无预测其热稳定性的理论方法，也没有实验数据可用。为了估计该自由基可能不同的二聚体内的中心C—C键能，我们设计了多步逼近的方案。

第一步，取乙烷中心C—C键能为参考点，因为它有很高精度。从数据库或表5.5得

$$D(\mathrm{H_3C{-}CH_3})_{\mathrm{exp}} = 90.2 \pm 0.2\ \mathrm{kcal\ mol^{-1}}$$

第二步，估计六个甲基 CH_3 取代乙烷分子中的六个 H 原子之后的C—C键能的降低。注意，这时候我们还没有考虑张力效应。注意，共价势 $V_x(\mathrm{C}) = 5.19$，见表5.9或文献1992LUO/BEN。

$$2f(V_x(\mathrm{C}),\ m = 3) = 2\left[-m\,\frac{6.33 + 0.36m - 5.19}{0.67 + 0.21m} + (m - 1)\right]$$

$$= -2 \times 3.1\ \mathrm{kcal}$$

因此

$$D((\mathrm{CH_3})_3\mathrm{C{-}C(CH_3)_3}, \text{暂不计张力效应})_{\mathrm{est}}$$

$$= 90.2 - 2 \times 3.1 = 84.0 \pm 1.0\ \mathrm{kcal}$$

第三步，估计六苯基乙烷分子（即 α，α-二聚体）中心C—C键裂解时共轭效应的贡献。

$$E_{\mathrm{s}} = -2 \times 11.9(\pm 1.5) = -23.8 \pm 2.1\ \mathrm{kcal}$$

第四步，估计六苯基乙烷分子中心C—C键裂解时张力能释放的贡献。计算的C—C键长的平均值是164.4 pm。再按照经验式5.13，可得

$$\Delta V_{\mathrm{nb}}(\mathrm{Ph_3C{-}CPh_3})_{\mathrm{est}} \approx -42.9 \pm 3\ \mathrm{kcal}$$

第五步，估计六苯基乙烷分子中的中心C—C键能。

$$D(\mathrm{Ph_3C{-}CPh_3})_{\mathrm{est}} \approx 90.2 - 2 \times 3.1 - 2 \times 11.9(\pm 1.5) - 42.9(\pm 3)$$

$$= 17.3 \pm 4\ \mathrm{kcal}$$

用类似的途径，我们也能估计三苯甲基自由基的另外两种二聚体中的C—C键能：

$$D(\mathrm{Ph_3C}—p\text{-R})_{est} \approx 90.2 - 3.1 - 2.4 - 11.9(\pm 1.5) - 31.3(\pm 1.5) - 15.9(\pm 3) = 25.6 \pm 4\ \mathrm{kcal}$$

$$D(p\text{-R}—p\text{-R})_{est} \approx 90.2 - 2 \times 2.4 - 2 \times 31.3(\pm 1.5) - 9.6(\pm 3) = 13.2 \pm 4\ \mathrm{kcal}$$

这些估计的数值已经列入表 5.9 中。从表 5.9 看出，α，p-二聚体中C—C键能相对比较强，故稳定性相对较高。这就是为什么到今天还很没有观察到六苯乙烷分子的主要原因。Vreven 和 Morokuma（2002VRE/MOR）用复杂的三级杂化 ONIOM（MO：MO：MO）方法预测六苯基乙烷分子的中心C—C键能是 16.6 kcal $\mathrm{mol^{-1}}$。很有趣的是，我们的估计过程虽然简单，却取得与复杂量化计算相近的结果。另外，我们力图检索用量子化学方法预测三苯甲基自由基的另外两种二聚体中的C—C键能，但至今仍未找到。

顺便讨论另一个疑难问题。与大多数碳中心自由基相比，三苯甲基自由基有反常行为，它非常“喜爱”与空气中的氧分子结合，而不是自身二聚。利用本章的方法，来估计有关化学键能，将得到清楚的答案。

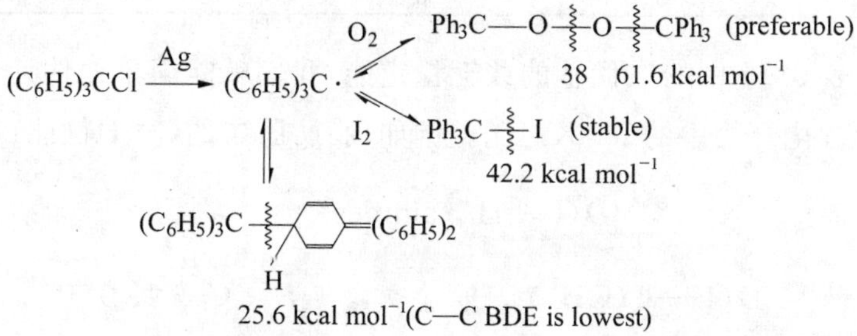

这一图示也表明，即使在有 I_2 的条件下，也不可能制备三苯甲基二聚体。

5.6 次邻近杂原子的 p-p 共轭效应

上面我们讨论了含有C—C骨架的有机化合物。如果有一个杂原子插

入C—C骨架,图5.1的模型则需要作部分修改:

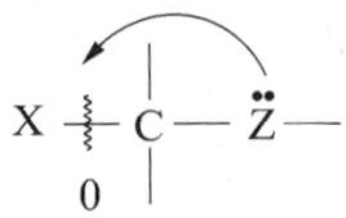

这里,Z代表一个O,N或S杂原子。Z上方的两个小点代表它的孤电子对。这时我们要考虑p-p共轭效应。表5.10列出了一些常见取代基的p-p共轭稳定能 E_s。

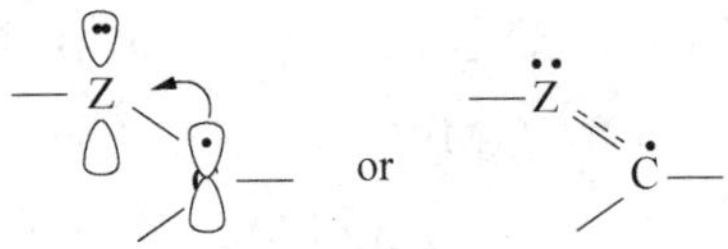

表5.10 常见取代基的p-p共轭稳定能, in kcal mol^{-1}
(1 kcal=4.184 kJ)

resonant radicals	resonance energy E_s	resonant radicals	resonance energy E_s
˙C—OR	−4.5±1.5	˙C—C(O)R	−5.5±1.5
˙C—NR_2	−7.0±2	˙C—C(O)OR	−5.5±1.5
˙C—SR	−7±2	˙C—C≡N	−4.5±1.5

根据表5.10中的取代基的共轭稳定能,我们就能简单地估计许多含杂原子的碳氢化合物中的C—X键能。例如,脂肪胺中的C—H键能:

$$D(\text{C—H , amines})_{est} =$$

$$D(\text{H—C}(\text{CH}_3)_m\text{H}_{3-m})_{exp} + E_s(\dot{}\text{C—N}\langle\ ) \qquad (5.14)$$

这里 $D(\text{H—C}(\text{CH}_3)_m\text{H}_{3-m})_{exp}$是模型饱和化合物中的C—H键能,见表5.1。

利用表5.5和5.10中的数据,我们估计脂肪胺中二级和三级C—H键能分别是91.1±2.5或88.7±3.0 kcal mol^{-1}。它们与实验数据很好地吻合,见表5.11。

利用表5.5,5.6和5.10,我们可估计常见脂肪酸中的最弱的C—H键能,见表5.12。我们看到,棕榈酸与硬脂酸中的C—H键能比较强(表5.12),即化学稳定性最好。相反,亚油酸(或鱼油酸)与花生油酸中的C—H键能比较弱(表5.12),即化学稳定性较差,容易被空气氧化变质。

表 5.11 脂肪胺中的C—H键能, in kcal mol^{-1} (1 kcal = 4.184 kJ)

C—H Bonds	D(R—H), kcal mol^{-1}		
	exp.	est.	explanation
secondary C—H bonds			
$CH_3CH_2NH_2$	90.1 ± 2	91.1 ± 2.5	
$CH_3CH_2CH_2NH_2$	91 ± 2		
	93 ± 2		
$C_2H_5CH_2CH_2NH_2$	94 ± 2		
$C_3H_7CH_2CH_2NH_2$	90.5 ± 2		
$HOCH_2CH_2NH_2$	90.7 ± 2		
$(CH_3CH_2)_2NH$	88.6 ± 2		
$(C_3H_7CH_2)_2NH$	88.9 ± 2		
	90.8 ± 2		
$(C_4H_9CH_2)_2NH$	91.9 ± 2		
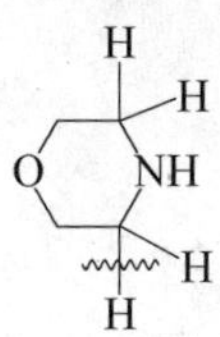	92 ± 2		
	92.9 ± 2		estimate by eq. (5.12)
$(CH_3CH_2)_3N$	89		
	90.7 ± 0.4		
	91.1 ± 2		
$(C_2H_5CH_2)_3N$	89 ± 2		
	90 ± 2		
$(C_3H_7CH_2)_3N$	89.5 ± 2		
	91.0 ± 2		
	91.1 ± 2		
$((CH_3)_2CHCH_2)_3N$	92.8 ± 2		
$(CH_3)(HOCH_2CH_2)_2N$	87.1 ± 2		
$(HOCH_2CH_2)_3N$	90.8 ± 2		
tertiary C—H bonds			
$(CH_3)_2CHNH_2$	88.9 ± 2	88.7 ± 3.0	
$((CH_3)_2CH)_3N$	92.5 ± 2		
$(HOCH_2CH(CH_3))_3N$	90.8 ± 2		

表 5.12 常见脂肪酸中的最弱的C—H键能，in kcal mol^{-1}（1 kcal＝4.184 kJ）

palmitic acid 棕榈酸	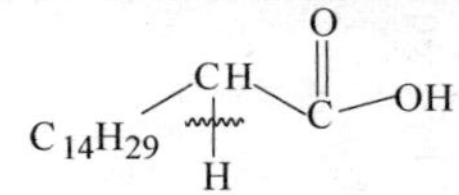	$D(\text{C—H})_{est} = D(\text{Et—H}) + E_s(^{\bullet}\text{C—C(O)OR})$ $= 92.6 \pm 2$ kcal mol^{-1}
stearic acid 硬脂酸	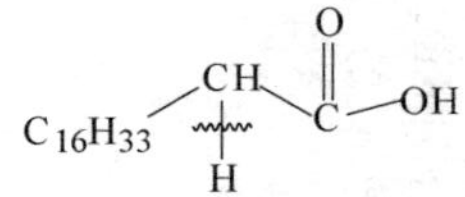	$D(\text{C—H})_{est} = D(\text{Et—H}) + E_s(^{\bullet}\text{C—C(O)OR})$ $= 92.6 \pm 2$ kcal mol^{-1}
palmitoleic acid 棕榈油酸	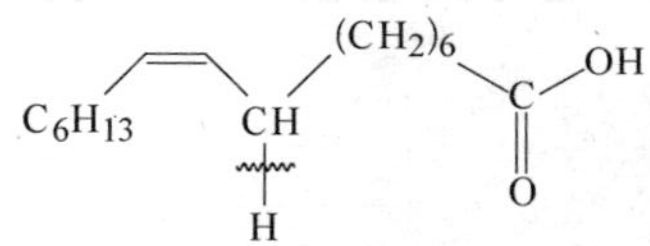	$D(\text{C—H})_{est} = D(\text{Et—H}) + E_s(^{\bullet}\text{C—C=C})$ $= 84.9 \pm 2$ kcal mol^{-1}
oleic acid 油酸	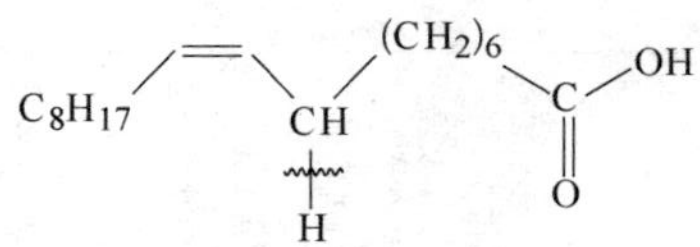	$D(\text{C—H})_{est} = D(\text{Et—H}) + E_s(^{\bullet}\text{C—C=C})$ $= 84.9 \pm 2$ kcal mol^{-1}
linoleic acid 亚油酸	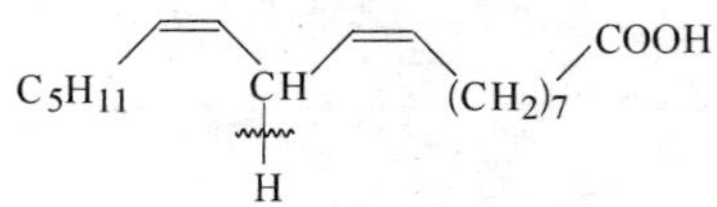	$D(\text{C—H})_{est} = D(\text{Et—H}) + E_s(^{\bullet}\text{C—(C=C)}_2)$ $= 77.1 \pm 2$ kacl mol^{-1}
α-linolenic acid α-亚油酸	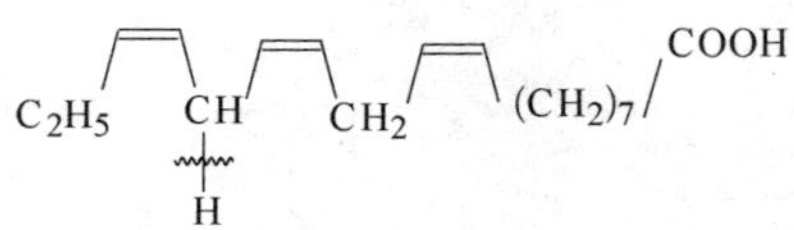	$D(\text{C—H})_{est} = D(\text{Et—H}) + E_s(\text{C=C—}^{\bullet}\text{C—(C=C)}_2)$ $= 75.1 \pm 2$ kcal mol^{-1}
γ-linolenic acid γ-亚油酸	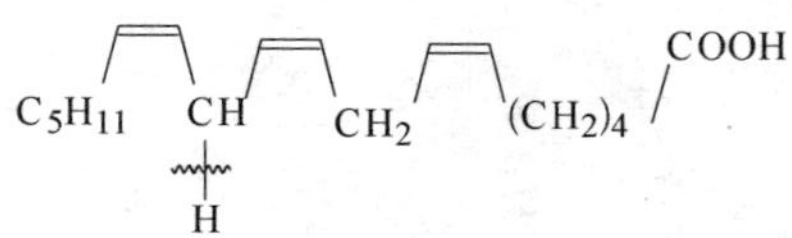	$D(\text{C—H})_{est} = D(\text{Et—H}) + E_s(\text{C=C—}^{\bullet}\text{C—(C=C)}_2)$ $= 75.1 \pm 2$ kcal mol^{-1}
arachidonic acid（all-trans）花生油酸	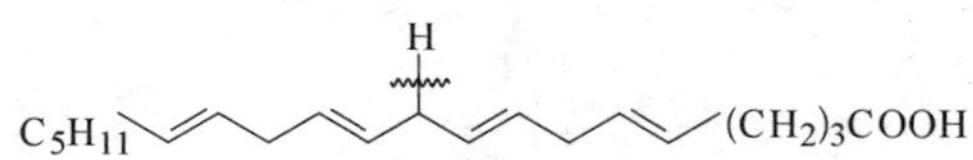	$D(\text{C—H})_{est} = D(\text{Et—H}) + E_s((\text{C=C})_2-^{\bullet}-(\text{C=C})_2)$ $= 73.1 \pm 3$ kcal mol^{-1}

让我们再看一个例子。物种 A 中的Br—C键能已在（RO）B3P86/6- 311G（d，p）//AM1/AM1 and （RO）B3P86/6-311G（d，p）//MP2(full)/6-31G(d) HF/6-31G(d)水平上估算，其值为 63.2 ± 2 kcal mol^{-1}(2003PRA/MIL)。利用我们的模型和表 5.5 和 5.8 中的参数，得

$$D(\text{Br—C})_{est} = D(\text{Br—CH}_2\text{CH}_3)_{exp} + E_s(^{\bullet}\text{C—C(O)R})$$

$$= 70.0(\pm1.0) - 5.5(\pm1.5) = 64.5\pm2 \text{ kcal mol}^{-1}$$

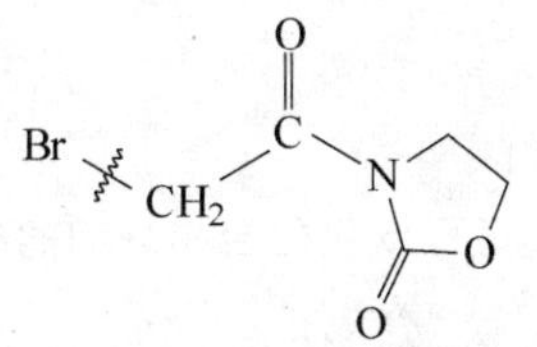

species A，3-(2-bromoacetyl)-1,3-oxazolidin-2one

我们的简单估计值与量化计算值很接近。

β-位含杂原子的有机化合物在人体中有奇妙的作用。但是在化学键能的数据库里(2007LUO)，β-位含杂原子的有机化合物中的C—X键能实验数据很有限，测量精度也不太高。所以，很多次邻近杂原子的 p-p 共轭效应能 E_s 值，难以估计。根据物理有机化学理论点，我们预计，对于强吸电子基团，其 p-p 共轭效应能 E_s 值一定是正的。例如，N^+R_2 取代基，它将导致C—X键能增加。Bordwell 和张先满的实验(1990BOR/ZHA，1993ZHA/BOR)，郭庆祥和刘磊等的计算(2003SHE/LIU)，以及 Zipse 的分析(2006ZIP)，都支持这一推论。

5.7 远程共轭效应与 Hammett 方程

远程取代芳香化合物(1)与类似的化合物(2)是有机物中最大的家族。

图 5.3 中，Y 代表一个或几个远程取代基，它们可以在对位、邻位或间

位上；Z 是一个多价原子，如 C，N，O，Si，P，S 或 Ge 原子。如果 Z 是一个碳原子，则图 5.3 中(1)就是甲苯衍生物。

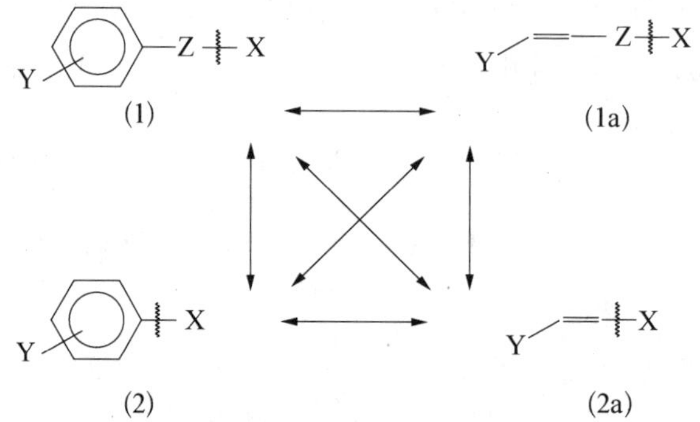

图 5.3 远程取代化合物之间的相互联系

对于远程取代芳香化合物，其反应速度常数和平衡常数通常可用 Hammett 相关描述：

$$\log(k/k_s) = \rho(k)\sigma^+(Y) \tag{5.15a}$$

$$\log(K/K_s) = \rho(K)\sigma^+(Y) \tag{5.15b}$$

式中，k_s 和 K_s 分别是参照化合物(Y = H)的反应速度常数和平衡常数。σ^+ 是 Hammett(或 Brown - Okamoto)取代基常数，$\rho(k)$和 $\rho(K)$分别是与反应速度常数和平衡常数对应的 Hammett 斜率或反应常数。

从 20 世纪 70 年代起，科学家们猜想，是否也可以用 Hammett 相关描述远程取代芳香化合物中的键离解能？也就是说，如下方程能否成立？

$$D(X—Z—C_6H_4—Y) - D(X—Z—C_6H_5) = \rho(D(Z—X))\sigma^+(Y) \tag{5.16}$$

式中，$D(X—Z—C_6H_5)$是参考点(Y = H)，或参照化合物(Y = H)的键能。自 1988 年以来，这个猜想已经多次被实验证实。取代基常数已被仔细评论和推荐(1991HAN/LEO)，因此，如何估算远程取代芳烃化合物中的键离解能的问题，变成了如何估算 Hammett 反应常数 $\rho(D(Z—X))$的问题。

在 20 世纪 90 年代，加拿大、瑞典和美国的三个研究小组(包括程津培和张先满)发现，H—O，H—N，H—S，H—C，Br—C 和 C—O 键的 Hammett 反应常数 $\rho(D(Z—X))$与共价势 V_x 有线性关系(1991CLA/

WAY,1994JON/LIN, 1994BOR/ZHA),即

$$\rho(D(\mathrm{Z—X})) \propto V_x(\mathrm{Z}) - V_x(\mathrm{X})$$

罗渝然发现,如果在他们的图上添加已知的C—C和C—S键的数据,C—C和C—S键的这两个点将位于他们的直线的上方,并远离他们的直线。为什么先驱者们没有注意或忽略这种“例外”?因为当时缺少数据,这一研究不得不停下来。2000 年,程津培研究小组发表了关于N—S和N—N键的测量数据。我们认为,程津培等的测量结果支持了我们的一项新发现,如图 5.4 所示(2002LUO(b))。

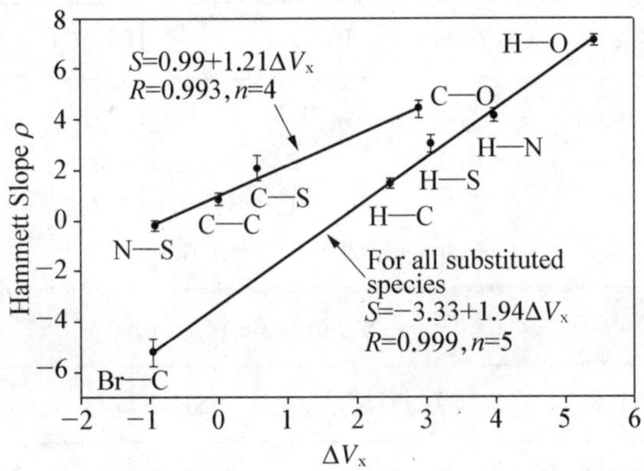

图 5.4 The Hammett slops $\rho(D(\mathrm{Z—X}))$ vs. ΔV_x(来自 479 对测量键能)

换句话说,ΔV_x 和 $\rho(D(\mathrm{Z—X}))$的关系,应当是两条直线,它们可以用如下方程组描述:

$$\begin{aligned}\rho(D(\mathrm{Z—X})) &= 1.94[V_x(\mathrm{Z}) - V_x(\mathrm{X})] - 3.33,\ \text{in kcal, for X} \\ &= \text{单价原子} \\ \rho(D(\mathrm{Z—X})) &= 1.21[V_x(\mathrm{Z}) - V_x(\mathrm{X})] + 0.99,\ \text{in kcal, for X} \\ &= \text{单价原子团}\end{aligned} \tag{5.17}$$

式中,$\Delta V_x = V_x(\mathrm{Z}) - V_x(\mathrm{X})$,$V_x(\mathrm{Z})$和 $V_x(\mathrm{X})$分别是前面介绍过的共价势。顺便补充一句,Pauling 电负性标不能提供满意的相关(1991CLA/WAY,1994JON/LIN,1994BOR/ZHA)。这一相关图,非常类似于罗渝然和 Benson 的一份早期研究(1989LUO/BEN(b))。式 5.17 包括两项,文献 1991CLA/WAY,1994JON/LIN 和 1994BOR/ZHA 仅发现了第一项。利用程津培等的测量,我们发现了第二项(2002LUO(b))。总之,大约 500 对

观测数据可用式5.17统一描述。目前还不清楚这一经验方程有没有深一层的物理含义。

表5.13列出了利用式5.17估计的Hammett反应常数 $\rho(D(Z—X))$，从实验数据得到的Hammett反应常数放在方括号内，以供相互对比。表5.13中，黑体数字强调它们是零或正值。

表5.13 实验得到和估计得到的Hammett反应常数 $\rho(D(Z—X))$ 之对比(2002LUO(b))

$Z(V_x)$ \ $X(V_x)$	X = univalent atoms				
	F(9.915)	Cl(7.04)	Br(6.13)	I(5.25)	H(2.70)
O(8.11)	−6.8	−1.3	**0.5**	**2.2**	**7.2**[7.1±0.2]
N(6.67)	−9.6	−4.0	−2.3	−0.6	**4.4**[4.2±0.3]
S(5.77)	−11.4	−5.8	−4.0	−2.3	**2.6**[3.0±0.4]
C(5.19)	−12.5	−6.9	−5.2[−5.2±0.6]	−3.4	**1.5**[1.4±0.2]

$Z(V_x)$ \ $X(V_x)$	X = univalent groups			
	OH(8.11)	NO, NH_2(6.67)	SH(5.77)	CH_3(5.19)
O(8.11)	**1.0**	**2.7**	**3.8**	**4.5**[4.4±0.4]
N(6.67)	−0.8	**1.0**[1.4±0.4]	**2.1**	**2.8**
S(5.77)	−1.8	−0.1[−0.2±0.2]	**1.0**	**1.7**[2.1±0.5]
C(5.19)	−2.5	−0.8	**0.3**	**1.0**[0.8±0.3]

我们定义(2002LUO)取代基Y和反应中心(断裂键X—C)之间的远程共轭能

$$E_{sr} \equiv \rho(D(Z—X))\sigma^{+}(Y) =$$

$$D(X—Z—C_6H_4—Y) - D(X—Z—C_6H_5) \quad (5.18)$$

从式5.18我们看到，斜率或Hammett反应常数 $\rho(D(Z—X))$ 是X—Z键能对取代基Y的敏感程度。比较高的 $\rho(D(Z—X))$，意味着X—Z键能对取代基Y的变化非常敏感，如O—H键($\rho = 7.2$)。反之，X—Z键能对取代基Y的变化很不敏感，如C—H键($\rho = 1.5$)和C—C键($\rho = 1.0$)。常见的取代基常数的范围是 从−1.0～0.86(1991HAN/LEO)。在数学上，他们导致C—H和C—C键能的变化范围是−1.5～1.5 kcal mol^{-1}(−6.3 kJ mol^{-1}～

6.3 kJ mol^{-1})。这意味着,取代基 Y 对C—H和C—C键能的影响,类似于一"弱信号",它们很难从"本底噪音"(目前键能测量的不确定性是1～2 kcal mol^{-1} (4～8 kJ mol^{-1}))检测出来。或者说,Hammett 方程不能很好地描述远程取代基 Y 对C—H 和C—C 键能的影响。从表 5.4 中的测量数据看到,许多远程取代基对C—H 键能的影响都比较小,它证实了这里的推论。

现在,回到本文最初引入的式 5.1。今天,方程内独立的四项,我们都可以分别估算了。换句话说,我们不仅能够理解有机物中键离解能变化的某些规则,而且还可以用简单的方法估计它们。下面介绍一个例子。天然维生素 E 的分子有以下四种结构:

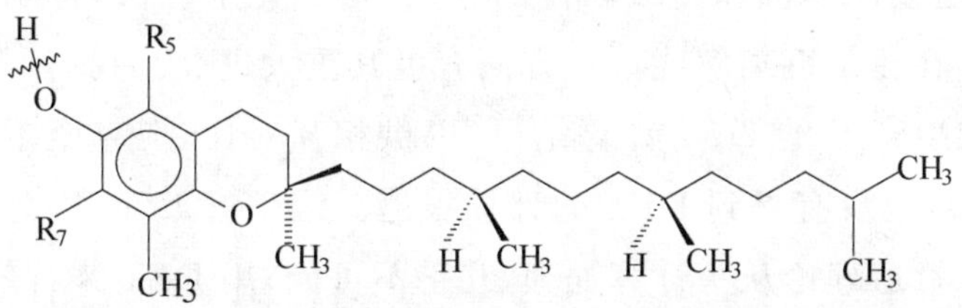

	R_7	R_5
α-T	CH_3	CH_3
β-T	H	CH_3
γ-T	CH_3	H
δ-T	H	H

O—H键是维生素 E 的反应中心,人们最关心的就是其离解能。从 20 世纪 70 年代起,许多科学家利用各种各样的先进技术,发展了多种实验方法来反复测量它们。研究开发新的超级维生素 E 高效抗氧化剂的首要任务就是想办法测量这些分子中的O—H键离解能以及相应抗氧化活性(参见第 6 章 6.11 和 6.12 节)。

利用式 5.17、表 5.13、取代基常数表(1991HAN/LEO)以及一个小计算器,可以估计得到 α-T 分子中的O—H键离解能比苯酚(参考点)低 10.6±2 kcal mol^{-1}。

$$\begin{aligned}
&\Delta D(\text{O—H, in } \alpha\text{-T/PhO—H})\\
&= D(\text{O—H, in } \alpha\text{-T})_{est} - D(\text{PhO—H})_{exp}\\
&= \rho(\text{O—H})\sum\sigma^{+} = 7.2\times[2\sigma^{+}(\text{Me})\times 0.85\\
&\quad + \sigma_m^{+}(\text{Me}) + \sigma_m^{+}(\text{Et}) + \sigma_p^{+}(\text{OEt})]\\
&= 7.2\times[2\times(-0.31)\times 0.85 + 2\times(-0.07) + (-0.81)]\\
&= -10.6 \pm 2 \text{ kcal mol}^{-1}
\end{aligned}$$

式中,Hammett 反应常数 ρ(O—H) = 1.94 × (8.11 − 2.70) − 3.33 = 7.2,8.11和 2.70 是 O 和 H 原子的共价势。据同样的方法,也可以估计其他结

构的维生素 E 分子与苯酚(参考点)中的H—O键能的差异：

$$\Delta D(\text{O—H}, \text{ in } \beta\text{-T/PhO—H}) = -8.7 \pm 2 \text{ kcal}$$

$$\Delta D(\text{O—H}, \text{ in } \gamma\text{-T/PhO—H}) = -8.7 \pm 2 \text{ kcal}$$

$$\Delta D(\text{O—H}, \text{ in } \delta\text{-T/PhO—H}) = -6.8 \pm 2 \text{ kcal}$$

如表 5.14 所示,估计值与实验数据很好地吻合。根据预测的O—H键离解能,天然维生素 E 分子的抗氧化活性大小的次序应当是

$$\alpha > \beta \approx \gamma > \delta$$

这也和实验一致,见第 6 章 6.11 节。

最近十年,由于超级计算机和高级软件的开发,量子化学方法,特别是密度函数理论(DFT)在化学键离解能计算方面有极其重大进展。我们一直想要检索有关天然维生素 E 的 DFT 计算结果,以供相互对比,但直至本书稿完成时(2007 年底),也没有得到 DFT 的计算报道。维生素 E(α-T)分子有 81 个原子,用分子轨道理论从头计算处理,几乎不可能;用 DFT 来计算,也很困难。加拿大科学家(2001WRI/JOH)改用 LDBS (locally dense basis sets) 方法,得到了比较好的结果。LDBS 法实际上是一种局部简化了的量子化学方法。从表 5.14 对比知道,实验值、LDBS 计算值和本书介绍方法得到的估算值,彼此吻合。他们使用一台超级计算机,而本书介绍的估算法仅用了一个小计算器。表 5.14 也对比了郭庆祥、傅尧、刘磊等(2007LI, 2007LI/FU)用 ONIOM-G3B3 法预测的结果。ONIOM-G3B3 法也是一种局部简化了的量子化学方法。这表明,ONIOM-G3B3 法预测值也比较可靠。

表 5.14 天然维生素 E 中的键能 D(O—H)的实验值、计算值和估计值对比, in kcal mol^{-1} (1 kcal = 4.184 kJ)

ΔD(H—O) 相对于苯酚(气相) D (PhO—H) = 86.7 ± 0.7 kcal	实验 (2007LUO)	计算		
		LDBS 计算(超级计算机)	ONIOM-G3B3(耦合计算机)	估计 (小计算器)
ΔD(H—O, in α-T/H—OPh)	−9.4 ± 1.5	−11.3	−9.2	−10.6 ± 2
ΔD(H—O, in β-T/H—OPh)	−6.5 ± 1.5	−9.3	−7.7	−8.7 ± 2
ΔD(H—O, in γ-T/H—OPh)	−6.6 ± 1.5	−8.9	−7.8	−8.7 ± 2
ΔD(H—O, in δ-T/H—OPh)	−4.8 ± 2.0	−7.3	−6.2	−6.8 ± 2

让我们粗略考虑,本章描述的有机物中化学键离解能的简单规则,可以估计多少化学键的离解能？式 5.10 可以改写为

$$D(\mathrm{X—CH_2C_6H_5})_{\mathrm{est}} = D(\mathrm{X—CH_3})_{\mathrm{exp}} + f(V_{\mathrm{x}},\ m) - 11.9(\pm 1.5)\ \mathrm{kcal} \qquad (5.11\mathrm{b})$$

在有远程取代基时,由式 5.16 得

$$D(\mathrm{X—CH_2C_6H_4—Y})_{\mathrm{est}} = D(\mathrm{X—CH_3})_{\mathrm{exp}} + f(V_{\mathrm{x}},\ m) - 11.9(\pm 1.5) + \rho\sigma^{+}\ \mathrm{kcal} \qquad (5.19)$$

式 5.19,好像一座“桥梁”,它跨越了 $D(\mathrm{X—CH_3})$ 和 $D(\mathrm{X—CH_2C_6H_4—Y})$,前者是已知量,后者是未知量。我们从甲基衍生物(参考点)出发,利用上面介绍的方法,配上一个小计算器,就可以估计大量甲苯衍生物中未知的键离解能。假如,已知的 $D(\mathrm{X—CH_3})_{\mathrm{exp}}$ 数目是 50 (实际上超过 140),已知的取代基常数的数目是 20(实际上超过 200),考虑到在对位、邻位或间位上的取代以及三种可能的甲苯基衍生物(即 $\mathrm{X—CH_2Ph}$, $\mathrm{X—CH(CH_3)Ph}$, $\mathrm{X—C(CH_3)_2Ph}$),那么,我们或许可以估计 265 500 个甲苯衍生物中未知的键离解能。再考虑到物种(1)中的 Z 既代表碳原子,又代表非碳原子(如 N,O 或 S),那么,或许可以估计的有机化合物中键离解能的数目将急剧增加到百万或更多。

5.8 苯基化合物中的远程共轭效应

在有机化学中,不饱和化合物的数目远远多于饱和化合物。但是,不饱和有机化合物的实验热化学数据、化学键能数据的数目远不能满足科学与产业发展的要求。本节和下节,我们将介绍还在思索中的某些初步考虑。

在分析和对比不饱和有机化合物的热化学性质以及化学键能数据时,我们发现芳烃化合物(图 5.5 中物种(1),(2))与相应的烯烃化合物(1a)和

(2a)之间存在非常有趣的联系。罗渝然、Benson 和 Holmes（1992LUO/BEN，1992LUO/HOL，1994LUO/HOL(d)，1997LUO/BEN）发展了"分子树"(molecular tree) 的概念(图 5.5)，揭示了有机化合物热化学性质的变化是很有规则的。"分子树"类似一张地图，把其中测量精度最高的化合物的热化学性质选为参考点，我们能推出另外许多有机化合物的热化学性质，包括金属有机化学物。

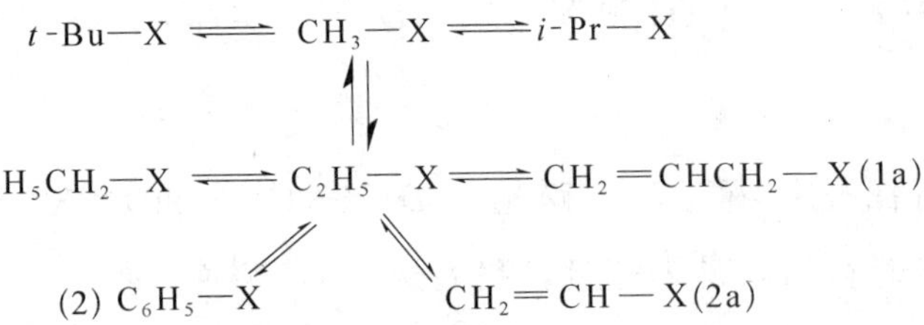

图 5.5　关键有机化合物热化学的"分子树"(1997LUO/BEN)

例如，苯基和乙烯基化合物的生成热有线性关系：

$$\Delta_f H^o(C_2H_3X) = \Delta_f H^o(C_6H_5X) - 7.1 \pm 1.5\ \text{kcal} \tag{5.20}$$

由于乙烯基(C_2H_3)与苯基(C_6H_5)的生成热 $\Delta_f H^o$ 分别是 71.6 ± 0.8 与 78.9 ± 0.8 kcal mol^{-1}，刚好抵消相应中性分子生成热的差异，我们预计

$$D(X—CHCH_2) \approx D(X—C_6H_5) \tag{5.21}$$

式 5.21 的偏差是 ±2 kcal(8.4 kJ)，与目前大多数键能的测量误差相同。化学键能数据库(2007LUO)收集到的数据，证实式 5.21 是可靠的。这也进一步表明，芳烃化合物(物种(1)，(2))与相应的烯烃化合物((1a)和(2a))(见图 5.3)之间的热化学有很好地相似性。

对于物种(1)和(2)，大量的研究表明，它们的取代基效应都可用 Hammett 方程描述，但两者还是有区别的。对物种(1)，我们要用普通的(ordinary Hammett)取代基常数 $\sigma(Y)$(1991HAN/LEO)。对物种(2)，用 Hammett(或 Brown-Okamoto)取代基常数 $\sigma^+(Y)$(1991HAN/LEO)则能更好地线性相关。这是因为物种(1)和(2)之中的电子效应不同。来自物种(1)的自由基，取代基 Y 参加了与反应中心的直接共轭，奇电子的离域效应很强。来自物种(2)自由基，其轨道与 π 体系垂直，也就是说相应的孤电子是定域的。

对于物种(1),我们基于大量的实验数据,用统计归纳的途径,得到了式5.17。但对于物种(2),热化学的实验数据有限,不满足统计归纳的基本前提。根据苯基(2)、乙烯基(2a)、苯甲基(1)、烯丙基(1a)物种的热化学性质之间有相似性,我们提出三条假设:

(1) 假设1

与苯甲基物种(1)类似,取代苯基化合物(2)中的C—X键能可用两项之和表示:

$$D(\mathrm{Y—C_6H_4—X})_{\mathrm{est}} = D(\mathrm{C_6H_5—X})_{\mathrm{exp}} + E_{\mathrm{sr}} \tag{5.22}$$

式中,$D(\mathrm{C_6H_5—X})_{\mathrm{exp}}$是实验值,一个已知的参考点或支撑点(anchor);E_{sr}是因取代基效应的小"微扰"。

(2) 假设2

E_{sr}可用 Hammett 型方程估算:

$$E_{\mathrm{sr}} = \rho(D(\mathrm{C—X}))\sigma(\mathrm{Y}) \tag{5.23}$$

式中,ρ 和$\sigma(\mathrm{Y})$分别是 Hammett 方程关联的斜率和取代基常数。

(3) 假设3

与苯甲基物种(1)类似,对多元取代,Hammett 常数 $\sigma(\mathrm{Y})$是几个取代基常数之和:

$$\sigma(\mathrm{Y}) = \sum(\sigma_{\mathrm{m}} + \sigma_{\mathrm{o}} + \sigma_{\mathrm{p}}) \tag{5.24}$$

利用这三个假设,苯基(2)化合物中,Z 是碳原子,$V_{\mathrm{x}}(\mathrm{C}) = 5.19$ (1992LUO/BEN)。最后可得

$$\begin{aligned} \rho(D(\mathrm{C—X})) &= 6.74 - 1.94V_{\mathrm{x}}(\mathrm{X}) \text{ in kcal, for X} \\ &= \text{单价原子} \\ \rho(D(\mathrm{C—X})) &= 6.83 - 1.13V_{\mathrm{x}}(\mathrm{X}) \text{ in kcal, for X} \\ &= \text{单价取代基} \end{aligned} \tag{5.25}$$

我们用式5.22估算过许多取代苯基化合物(2)中的C—X键能,其结果与测量值相当吻合。在第6章里6.22节将比较取代硝基苯中的C—NO_2键能的测量值与估计值。

5.9 乙烯基、烯丙基化合物中的远程共轭效应

根据上述物种(1)和(1a)、(2)和(2a)之间的热化学性质的相似性，我们猜想，乙烯基(2a)和烯丙基(1a)物种中键能也可用类似的方程估计。

(1) 乙烯基化合物(2a)

$$D(\text{X—CHCH}_2) \approx D(\text{X—C}_6\text{H}_5)$$

$$D(\text{X—CHCH—Y}) \approx D(\text{X—C}_6\text{H}_4\text{—}p\text{-Y})$$

$$= D(\text{X—C}_6\text{H}_5) + \rho(D(\text{C—X}))\sigma_\text{p}(\text{Y})$$

(2) 烯丙基化合物(1a)

$$D(\text{X—CH}_2\text{CHCH}_2) \approx D(\text{X—CH}_2\text{C}_6\text{H}_5)$$

$$D(\text{X—CH}_2\text{CHCH—Y}) \approx D(\text{X—CH}_2\text{C}_6\text{H}_4\text{—}p\text{-Y})$$

$$= D(\text{X—CH}_2\text{C}_6\text{H}_5) + \rho(D(\text{C—X}))\sigma_\text{p}^{+}(\text{Y})$$

(3) 广义烯丙基化合物(1a)

$$D(\text{X—Z—CHCH}_2) \approx D(\text{X—Z—C}_6\text{H}_5)$$

$$D(\text{X—Z—CHCH—Y}) \approx D(\text{X—Z—C}_6\text{H}_4\text{—}p\text{-Y})$$

$$= D(\text{X—Z—C}_6\text{H}_5) + \rho(D(\text{Z—X}))\sigma_\text{p}^{+}(\text{Y}) \tag{5.26}$$

在数据库中，方程右端各项的数据远比左端的多。因此，这些公式可用于由已知估计未知。我们对比过，用式5.26估计得到的许多取代乙烯基、烯丙基化合物中的C—X键能值与测量值吻合。

郭庆祥、傅尧和刘磊等用密度泛函理论(2003FU/LIN，2003FU/LIU，2005FU/LIN，2005WAN/ZHO)，预测了远程取代芳香化合物(物种(1))中Z—X键能的取代基效应。他们不仅研究了有实验数据的体系(Z = O，

N, S, C),而且还预测了没有实验数据的体系(Z = P, Si, B 等)。他们提供了计算的 Hammett 反应常数 ρ 值,见表 5.15。

表 5.15 $Y—C_6H_4—Z—H$, *trans*-$Y—C_2H_2—Z—H$和*p*-$Y—C_{10}H_6Z—H$ 体系中Z—H键离解的反应常数 ρ

原子 X 的电负性		Z—H 键	反应常数 ρ			
V_x (新标)[a]	Pauling 标		郭庆祥等			估计[e]
			$YC_6H_5Z—H$[b]	$YC_2H_3Z—H$[c]	$YC_{10}H_6Z—H$[d]	
8.11	3.5	O—H	4.0	8.6	4.4	7.2
6.67	3.0	N—H	3.2	6.6	4.2	4.4
5.77	2.5	S—H	1.9	7.0		2.6
5.19	2.5	C—H	0.6	0.6	0.9	1.5
4.55	2.1	P—H	0.2	1.7		(0.3)[f]
3.41	1.8	Si—H	0.1	0.7		(−2.0)[f]

a, 1992LUO/BEN; b, 2003FU/LIU; c, 2005WAN/ZHO(b); d, 2007YU/FU; e,见表 5.12; f, 式 5.17 的外推值。

另外,郭庆祥等(2005WAN/ZHO(b))还用复合从头计算方法,估算了许多反式-Y—CH═CH—Z—H 体系(物种(2))中的 Z—H 键能,然后作 Hammett 相关图,得到其 Hammett 反应常数 ρ,见表 5.15。

$$Y—CH═CH—Z—H \longrightarrow Y—CH═CH—Z^{\cdot} + H^{\cdot}$$

$$D(Y—CH═CH—Z—H) - D(HCH═CH—Z—H) = \rho\sigma^{+}(Y) \quad (5.27)$$

最近,郭庆祥等(2007YU/FU)用在 UB3LYP/6-311++g(2df,2p)//UB3YP/6-31+g(d)水平上的密度泛函理论估算了对位取代甘菊环(azulene)中的Z—H键能,然后作 Hammett 相关图,得到其 Hammett 反应常数 ρ,也见表 5.15。

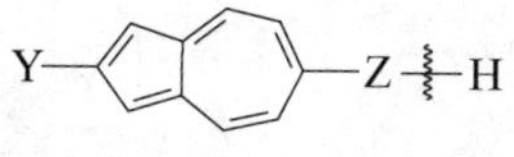

p-$Y—C_{10}H_8Z—H$

表 5.15 对比了三种不同方法提供的 Hammett 反应常数 ρ。可以看到,三者的大致趋势是相似的,而且与估计值的变化方向基本相似。这类研

究表明，Hammett 方程可以用来描述 β-双键体系的化学稳定性、反应平衡、反应速度等。在文献中，提出这种见解，并付以实践，还是第一次。第 6 章里的 6.12 节，我们将用这一新观点，估计维生素 C 中O—H键能。

在第 6 章 6.22 节，我们将再次推广上面的简单方法，用来估计杂环化合物中的键能，即估计取代吡啶 N 氧物（含能材料）中的N—O键能，估计值与测量值之间的偏差也是比较小的。

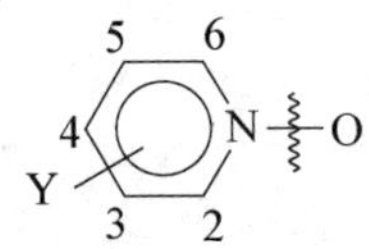

在结束本章之前，我们要强调一个基本事实：本书介绍的有机化合物中键能变化的某些规则，是来自对大量测量数据的分析和整理。但这类工作远没完成。徐光宪（2002XU）指出，“化学文献和数据库的积累非常迅速，但利用这一文献宝库来总结规律的工作相对滞后。”我们非常赞同徐光宪先生的宝贵意见。我们正在力图考虑更细致的化学结构效应，如协同（captodative，synergistic）效应，卤原子取代效应，多环分子的位阻效应，分子中的内氢键效应等。

用一个小计算器估计有机化合物中键能的工作已经有了一个好开端，但这一故事远没结束，需要续写新篇章。

第6章 化学键能知识的广泛应用

化学键能知识不仅对于物理学和化学的自身发展意义重大，而且对于其他学科如化工、材料、生命、医药、营养、能源、资源、环境、海洋、太空等领域的研究也有很大的促进作用，化学键能知识已经成功地渗透、融合、“杂交”进入了这些不同学科领域。在本章我们将列举二十多个不同方面的应用实例。

6.1 氟利昂与臭氧层破坏

“保护臭氧层，拯救地球生命”在今天已是人人皆知，但在20世纪70年代早期，这还只是一个科学推测。

1973年，墨西哥裔科学家M. J. Molina到物理化学家F. S. Rowland的研究小组做博士后。Rowland安排他研究“热原子”化学动力学。他们分析了CCl_3F和CCl_2F_2分子内的C—F和C—Cl键的强弱，以及许多气相化学反应的速度常数后，首先向人们发出警示：大气平流层中的臭氧层可能已经受到人造化学物质——氯氟甲烷经由太阳光光解产生的氯原子的破坏。这一开创性的见解发表在*Nature*上(1974MOL/ROW)，但并未引起人们重视。不久，Rowland在美国化学会上的一次简短的口头报告,引来了美国四百多家报纸的注意并予以转载。之后,他们开展了一系列气相化学反应实验和相关计算,进一步表明,氯氟烃(chlorofluorohydrocarbons,俗称 freon,氟利昂)在大气层中的不断积累,最终可能会摧毁地球的保护层——臭氧层。进入20世纪80年代后,他们的观点被广泛证实,获得了科学界公认。1995年,他们二人与荷兰裔德国科学家 P. J. Crutzen 共同分享了 Nobel 化学奖。

1983年,美国科学家在南极上空首次观测到了臭氧层空洞,并且这个空洞还在逐年扩大。到2000年9月,臭氧层空洞的面积达到2 700万至2 800万平方公里,接近我国陆地面积的三倍。今天,保护臭氧层问题已是全球性的环境问题之一。

20世纪20年代以来,世界各国大量生产并广泛使用氟利昂,如 CCl_3F (F-11),CCl_2F_2 (F-12),$CClF_3$ (F-13),$CHCl_2F$ (F-21),$CHClF_2$ (F-22),FCl_2CCClF_2 (F-113),$F_2ClCCClF_2$ (F-114)等。这些化合物在常温下是无色气体或易挥发液体,略有香味,不燃烧,无腐蚀性,化学性质稳定,在大气层中停留时间可长达40～150年。虽然氟利昂为改进人类生活有过多方面不可替代的贡献,但它却是破坏臭氧层的元凶。氟利昂被排放或泄漏进入大气对流层(离地面高度10公里左右),而后逐渐扩散进入大气平流层(离地面高度约10～55公里)。

在离地面20～30公里的大气平流层内存在着臭氧层。这些臭氧分子由太阳光辐射氧分子而产生:

$$O_2 + h\nu(185 \sim 220\ \text{nm}) \xrightarrow{\text{slow}} O + O(^3P)$$

$$O(^3P) + O_2 + M \xrightarrow{\text{fast}} O_3 + M,\ k = 5.8 \times 10^{-34}\ (M = O_2,\ N_2)$$

第二个反应是速度较快的三分子反应,M 代表一个随机的空气分子(O_2,N_2),仅起传递能量的作用。其速度常数 k 与这一高度的大气中 O_2 和 N_2 分子的浓度成正比。假如平流层没有人类活动引发的污染物,臭氧分子将被转化:

$$O + O_3 \xrightarrow{\text{slow}} O_2 + O_2,\qquad k = 8.0 \times 10^{-15}\ \text{cm}^3\,\text{molecule}^{-1}\text{s}^{-1}$$

$$O_3 + h\nu \longrightarrow O_2 + O,$$

$$D(O—O_2) = 25.5\ \text{kcal mol}^{-1}(106.6\ \text{kJ mol}^{-1})$$

在自然条件下,臭氧分子不断积累,达到并维持其化学平衡,在大气平流层里形成臭氧层。臭氧层在赤道附近较厚,而两极较薄。臭氧为大约占平流层空气总量十万分之一,但却吸收了大约太阳光中90%的高能紫外线。它就像一道天然的化学屏障,保护人类、动物及植物,避免了由紫外线直接照射造成的伤害。此外,在大气对流层中,适当的臭氧浓度也有益于清洁空气(2005WAN/YAO, 2006JIA/GE)。然而,人类活动所产生的氟利昂和氮氧化合物(NO, NO_2 等)却在不断地破坏臭氧层(1995MOL)。读者可通过网站(http://toms.gsfc.nasa.gov)跟踪大气中臭氧层的即时变化。

为什么氟利昂分子等能破坏臭氧层?这首先与这些分子的热稳定性有关。表6.1给出了常见氯氟烃分子内C—X键能数据(2007LUO)。从表6.1看到,这些分子内C—X键能强弱的次序通常是

$$D(C—F) \gg D(C—H) \gg D(C—Cl)$$

表6.1 某些Cl氟利昂分子内的化学键离解能

商业俗称和分子式	离解键(黑体表示离解原子)	键能		评论
		kcal mol^{-1}	kJ mol^{-1}	
F-13	CF_3—**Cl**	87.3±0.9	365.3±3.8	弱键
$CClF_3$	$CClF_2$—**F**	112.3	511.7	
F-12	$CClF_2$—**Cl**	79.8±2.5	333.9±10.5	弱键
CCl_2F_2	CCl_2F—**F**	115.2±2.5	482.0±10.5	
F-11	CCl_2F—**Cl**	76.7±2	320.9±8.4	弱键
CCl_3F	CCl_3—**F**	105±1	439.3±4	
F-21	CHClF—**Cl**	82.7±3.2	346.0±13.4	弱键
$CHCl_2F$	$CHCl_2$—**F**	106.7±5.5	446±23	
	CCl_2F—**H**	98.2±2	410.9±8.4	
F-22	CHF_2—**Cl**	87.0±2	364±8	弱键
$CHClF_2$	CHClF—**F**	110.5±2.4	462.3±10.0	
	$CClF_2$—**H**	100.7±2	421.3±8.4	

因此,大气平流层内的氯氟烃分子在太阳光中紫外线的辐射下,较弱的

C—Cl 键将优先断裂，释放出自由的氯原子 Cl。这自由 Cl 与臭氧分子 O_3 碰撞，生成 ClO 自由基和氧分子。生成的 ClO 自由基还能消耗另一个臭氧分子，得到 ClO_2 和氧分子。例如，CCl_2F_2（F-12）简化的反应机理：

(1) 原子 Cl 产生

$$CCl_2F_2 + h\nu \longrightarrow CClF_2 + Cl,$$

$$D(CClF_2—Cl) = 79.8\ \text{kcal mol}^{-1}(333.9\ \text{kJ mol}^{-1})$$

(2) 链反应

$$Cl + O_3 \longrightarrow ClO + O_2,$$

$$\Delta H = 38.4\ \text{kcal mol}^{-1}(160.8\ \text{kJ mol}^{-1}),$$

$$k(298\ \text{K}) = 1.2\times10^{-11}\,\text{cm}^3\ \text{molecule}^{-1}\text{s}^{-1}$$

$$ClO + O_3 \longrightarrow ClOO + O_2,$$

$$\Delta H = 23.6\ \text{kcal mol}^{-1}(98.7\ \text{kJ mol}^{-1}),$$

$$k(298\ \text{K}) < 1.4\times10^{-17}\,\text{cm}^3\ \text{molecule}^{-1}\text{s}^{-1}$$

$$ClO + O_3 \longrightarrow OClO + O_2,$$

$$\Delta H = 35.8\ \text{kcal mol}^{-1}(149.8\ \text{kJ mol}^{-1}),$$

$$k(298\ \text{K}) < 1.0\times10^{-18}\,\text{cm}^3\ \text{molecule}^{-1}\text{s}^{-1}$$

$$ClO + h\nu \longrightarrow Cl + O,$$

$$D(Cl—O) = 63.9\ \text{kcal mol}^{-1}(267.5\ \text{kJ mol}^{-1})$$

$$ClOO + h\nu \longrightarrow Cl + O_2,$$

$$D(Cl—OO) = 5.87\ \text{kcal mol}^{-1}(24.40\ \text{kJ mol}^{-1})$$

$$ClOO + h\nu \longrightarrow ClO + O,$$

$$D(ClO—O) = 49.1\ \text{kcal mol}^{-1}(205.6\ \text{kJ mol}^{-1})$$

$$OClO + h\nu \longrightarrow ClO + O,$$

$$D(OCl—O) = 61.3\ \text{kcal mol}^{-1}(256.3\ \text{kJ mol}^{-1})$$

注意，这里含氧自由基 ClO，ClOO 或 OClO 中的 Cl—O 键能都比较低，它们是很不稳定的反应中间体。在太阳光的辐射下快速分解，再进入自由基反应链。据估计，一个氯原子在大气平流层内，可能平均存在好几年。一个氯原子引发的自由基链反应，可能消耗大约 10^5 个臭氧分子。

$$X + O_3 \xrightarrow{k} XO + O_2,\ \Delta H = D(X—O) - D(O—O_2)$$

$$D(O—O_2) = 25.5\ \text{kcal mol}^{-1}(106.6\ \text{kJ mol}^{-1})$$

大气中还可能存在其他活泼的反应中间体，如 Br，I，NO，NO_2，H 和 OH。这些自由原子和自由基也能与臭氧分子反应，而且反应都是高放能的。表 6.2 综合了这些化学反应的热力学与动力学参数。如果大气平流层内有自由的 Br 和 I，从表 6.2 看到，Br 和 I 原子也可引发消耗臭氧分子的链反应，反应速度常数 k 也是比较高的。从表 6.2 可见，氮氧化合物 NO 和 NO_2（来自飞机、汽车尾气和工业排放）消耗臭氧分子的反应速度常数远低于 Cl，Br 和 I，大约低二至三个数量级。

表 6.2　常温下不同自由基消耗臭氧分子的反应速度常数与产物分子内的键能(2007LUO)

X	k (298 K), in cm^3 $molecule^{-1}s^{-1}$	键能 $D(X—O)$		放能 ΔH		大气层中的分布
		kcal	kJ	kcal	kJ	
Cl	1.2×10^{-11}	63.9	267.5	38.4	160.8	平流层
Br	1.2×10^{-12}	56.8	237.6	31.3	131.0	平流层
I	1.2×10^{-12}	57.4	240.0	31.9	133.5	平流层
NO	1.8×10^{-14}	73.2	306.3	47.7	199.6	平流层，超高层
NO_2	3.2×10^{-17}	49.3	206.6	23.8	99.6	平流层
H	2.9×10^{-11}	102.75	429.91	77.3	323.2	超高层
OH	2.9×10^{-14}	65.55	274.26	40.1	167.6	超高层

在大气的超高层，存在许多自由 H 原子，OH 自由基等，它们也可与臭氧分子反应。但由于超高层内 O_3 分子的浓度比较低，通过这些途径消耗臭氧分子的反应相对次要。

保护臭氧层运动是迄今人类最为成功的全球性合作。每年 9 月 16 日是“国际保护臭氧层日”。世界各国都要分阶段停止生产和使用氟利昂等破坏臭氧层的污染物。预计到 21 世纪中期，臭氧层的破坏将被停止，才能恢复到 20 世纪 60 年代的水平。

为了保护臭氧层，保护人类生存环境，淘汰氯氟烃，使用其替代物是必然趋势(1998LIN/CHE, 2006DU/GE)。这些替代物应当是高化学稳定性、低可燃性、低毒，且不含有氯原子的化合物。根据已有的研究，潜在的替代物有 CHF_3（HFC223），CH_3CHF_2（HFC2152a），CF_3CH_2F（HFC2134a），C_3F_7H(HFC227, FM200)等。这些化合物中的 C—H 键能都比较高，所以相应化合物的热稳定性比较好。例如，CHF_3(HFC223)中的 C—F 与 C—H 键都比较强：

$$CHF_3 \longrightarrow CHF_2 + F,$$

$$D(CHF_2—F) = 118.6 \pm 2.1\ \text{kcal mol}^{-1}(496.2 \pm 8.8\ \text{kJ mol}^{-1})$$

$$CHF_3 \longrightarrow CF_3 + H,$$

$$D(CF_3—H) = 106.4 \pm 0.7\ \text{kcal mol}^{-1}(445.2 \pm 2.9\ \text{kJ mol}^{-1})$$

6.2 二氧化碳(CO_2)和水的化学反应

2007年2月，联合国政府间气候变化委员会(IPCC, http://www.ipcc.ch/)报告指出，在过去50年中，"很可能"(至少在90%以上)是人类活动导致了全球气候变暖。全球气候变暖的趋势已危及人类地球家园的安全。现有大气中各种气体是地球几十亿万年演化的结果。表6.3列出了15℃海平面上干燥空气的成分(USA标准大气,1976)。

表6.3 15℃海平面上干燥空气的成分(USA标准大气,1976)

	气 体	组 成	
		体积分数%	ppm
主要成分	N_2	78.084	
	O_2	20.947 6	
	Ar	0.934	

(续表)

	气体	组成	
		体积分数%	ppm
次要成分	CO_2	0.031 4	314
	Ne	0.001 818	18.18
	He	0.000 524	5.24
	Kr	0.000 114	1.14
	Xe	0.000 008 7	0.087
	CH_4	0.000 2	2
	H_2	0.000 05	0.5

早在 1896 年，瑞典著名的物理化学家 S. Arrhenius 和 J. Tyndall 发表了论文《大气中二氧化碳对地球温度的影响》。文中，他们发出警告，大气 CO_2 浓度增加将导致全球气候变暖，其原因是 CO_2 能吸收地面红外辐射，阻止地球向太空传播能量，类似于玻璃温室效应。

Arrhenius 等一百多年前的预言，已被近代大量的观测结果所证实。图 6.1 显示了 2003～2007 年之间，全球每月(图中的每个深色点)平均大气中 CO_2 浓度(ppm)的变化。根据科学预测，从 2007 年到 2100 年，全球平均气温将升高 1.7～3.8℃。这将导致大量的冰川融化，海平面将上升 15～90 cm。

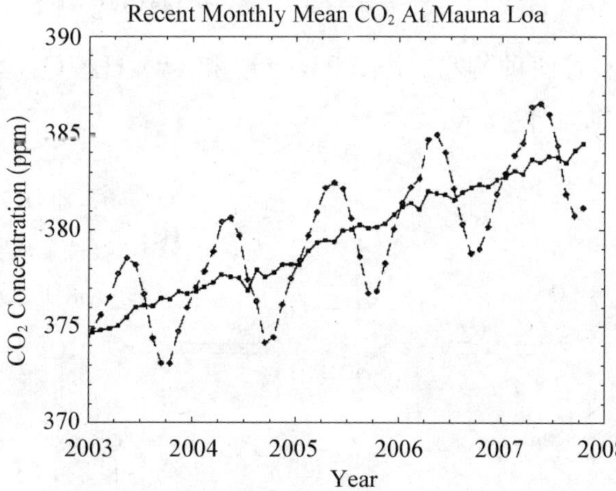

图 6.1 2003～2007 年之间，全球每月平均大气中 CO_2(ppm)浓度，取自 http://www.esrl.noaa.gov/gmd/ccgg/trends/

2007年,联合国政府间气候变化专门委员会的一份最新报告明确揭示了人类确实面临着地球升温造成海平面上升的威胁,包括纽约、东京和上海在内,全球人口超过500万的大城市约有2/3可能遭淹没,影响人口达6亿。

人类活动加快了大气中二氧化碳积累。人类和动物不停地吸入新鲜空气(~78% N_2,~21% O_2,~0.3% CO_2),吐出废气(~78% N_2,~16% O_2,~5% CO_2)。人类近三四百年的大规模工业活动,使大气中CO_2浓度不断升高,严重地危害人类生存环境。绿色植物为缓解这危机,作出了长期的、无法估量的贡献。绿色植物通过光合作用消耗大气中CO_2,并同时放出氧气。海水也能快速地吸收和溶解大气内CO_2,被海水中的浮游生物用作建造碳酸钙的外壳,把碳牢牢固定住。浮游生物的尸体沉到深海,把碳带离碳循环。海洋占地球表面积的71%,海水是一个奇妙的、弱酸-弱碱盐的缓冲溶液,pH近似为8.1,对弱酸性二氧化碳有很大的缓冲容量。研究海洋和江湖地区CO_2浓度的变化,对于深入了解CO_2与H_2O反应的细节,有非常重要的意义。

CO_2与H_2O反应也是动物和人体内的重要化学反应之一。一百多年来,人们假设,CO_2分子可以和H_2O分子直接反应,生成H_2CO_3分子,而后电离:

$$CO_2 + H_2O \rightleftharpoons H_2CO_3 \rightleftharpoons HCO_3^- + H^+ \rightleftharpoons CO_3^{2-} + 2H^+$$

然而进入21世纪后,科学家开始怀疑这个假设。Turecek和Gerbaux(2002GER/TUR)使用了高水平的从头计算法研究气相中的离解反应:

$$H_2CO_3(g) \rightleftharpoons CO_2(g) + H_2O(g)$$

式中,$H_2CO_3(g)$有两种构型:*anti*-H_2CO_3和*syn*-H_2CO_3。其中每个键长和键角已被计算,如下所示:

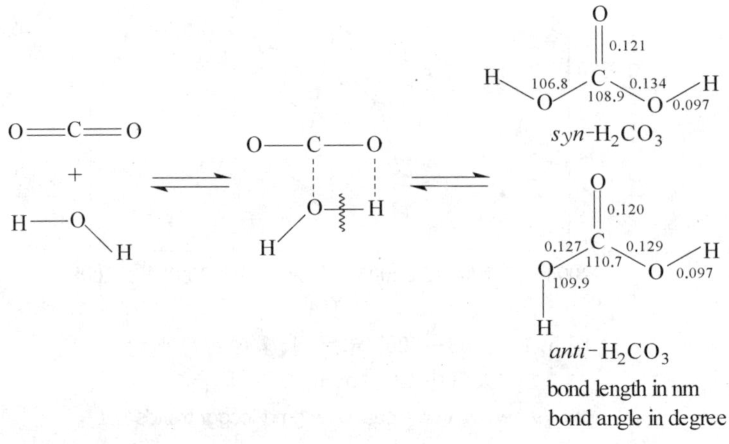

对于 *syn*-H_2CO_3 的离解，298 K 下，理论计算的离解反应焓变放热 −5.0～−6.5 kcal mol^{-1}（或 −20.9～−27.2 kJ mol^{-1}）。

$$syn\text{-}H_2CO_3(g) \xrightleftharpoons{300\ K} CO_2(g) + H_2O(g),\ \text{exoenergetics}$$

Benson (1976BEN)指出，许多离解反应的熵变约为 20～40 cal K^{-1} mol^{-1} (84～167 J K^{-1} mol^{-1})。因此，我们可以估算此离解反应在 300 K 下的 ΔG 和 $\log K$ 的上限与下限值，如表 6.4 所示。

表 6.4 H_2CO_3 离解反应的热化学

	下限	上限	方法	参考文献
ΔH, kcal mol^{-1}	−5.0	−6.5	量化计算	2002GER/TUR
ΔS, cal K^{-1} mol^{-1}	20	40	估算	1976BEN
ΔG, kcal mol^{-1}	−11.0	−18.5	估算	本书
$\log K$, 300 K	8.1	13.4	估算	本书

这里的估算表明，如果在300 K下，CO_2(g)和 H_2O(g) 的平衡浓度是 1 mol L^{-1}，则 *syn*-H_2CO_3(g)的平衡浓度是 $10^{-8.1}$～$10^{-13.4}$ mol L^{-1}。这表明，该反应的正反应很快，逆反应却惊奇地慢！换句话说，在气相中，CO_2(g) 和 H_2O(g)直接反应的假设，有非常大的疑问。从键能的观点看，如果 CO_2(g)和 H_2O(g) 能直接反应，必然要破坏高强度的 HO—H 键（D(HO—H)＝118.81 kcal mol^{-1}或 497.10 kJ mol^{-1}），这个假想的基元反应的活化能一定非常高。所以，我们深信，CO_2(g)在液态 H_2O 中快速溶解，决不是简单的反应，而是一个复杂的物理和化学过程，包含了我们今天还不了解的许多基元反应步骤。

6.3 太空尘埃丰度与行星大气

太空中最丰富的物种是 H_2，其次是 CO 和 H_2O。1998 年，Gail 和 Sedmayr (1998GAI/SED)发现，太空中无机尘埃丰度与尘埃组成化合物中键能的大小有某种关系，如图 6.2 所示。

这意味着，太空中无机尘埃的形成有复杂的化学反应机理，其尘埃丰度远没有达到热力学预测的平衡。目前尚不能很好地解释这个属于"星际化学"(interstellar chemistry)的结果。

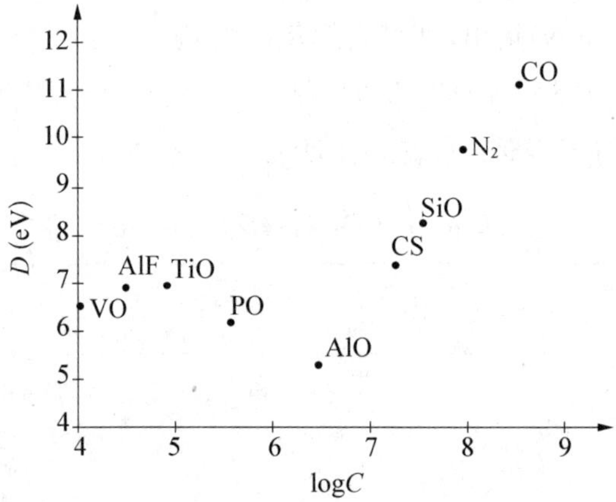

图 6.2 太空中无机尘埃丰度 log *C* 与键能 *D*(eV)关系

星际、太空、星体与地球的大气中，存在着许多种类的分子、离子、自由基、簇合物、络合物、表面键合物、氢键合物、van der Waals 键合物等(1999BLA/BOW，2006KLE/VAI)。这些痕量化合物的检测及其热(光)稳定性、反应活性的测量是当代科学的研究热点(2002RAW，2006KLE)。目前，我们仍然缺少有关星际、太空、星体与行星大气化合物的热力学和动力学的实验数据。甚至对于地球的大气层，我们的认识都非常有限。图 6.3 粗糙地描述了地球大气层某些分子与 H_2O 的络合物的垂直分布(2006KLE/VAI)。

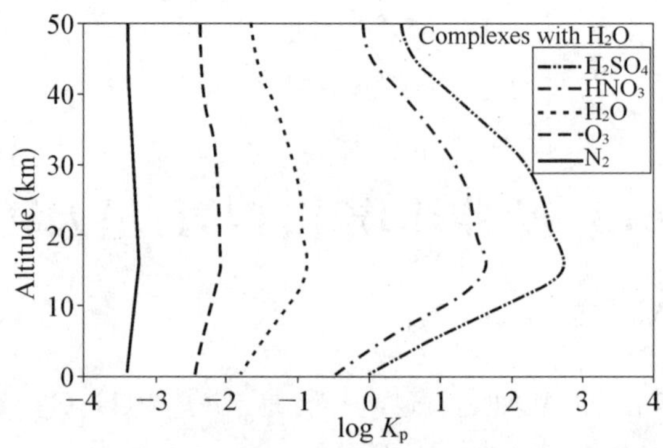

图 6.3 地球大气层某些分子与 H_2O 的络合物的垂直分布(2006KLE/VAI)

为了理解图 6.3 蕴含的科学内容,我们利用键能数据库(2007LUO),检索出了这些分子与 H_2O 形成络合物的键能,列于表 6.5 中。有趣的是,对比图 6.3 与表 6.5,两者之间似乎存在着有趣的关系:键能值比较低的(如 N_2),平衡常数 $\log K_p$ 也比较小;键能值居中的(如 O_3,H_2O),平衡常数 $\log K_p$ 也为中值;键能值比较高的(如 H_2SO_4),平衡常数 $\log K_p$ 也比较大。

表 6.5 某些分子与 H_2O 形成的络合物的键能

M-H_2O 络合物	键能	
	kcal mol^{-1}	kJ mol^{-1}
N_2-H_2O(gas)	0.8±0.4	3.2±1.7
N_2-H_2O(ice)	2.8	11.7
O_3-H_2O(ice)	4.8	20
H_2O-H_2O(gas)	5.1±0.5	21.3±2.1
H_2O-H_2O(ice)	13.9±0.2	58.2±0.8
HNO_3-H_2O(ice)	10.5±0.5	44±2.3
H_2SO_4-H_2O(gas)	10.6	44.3

6.4 视觉化学

光是电磁波的一种。电磁波包括了很宽的范围,但人的肉眼仅能感受到波长在 760 nm (红限)到 380 nm (紫限)的很小一段电磁波,这是为什么?罗渝然(1999LUO)利用热化学和化学动力学的知识,为这个问题提供了第一个合理的答案。

人类的视觉化学过程,包括了五个基本的化学阶段,如图 6.4 所示。

(1) 在视网膜上,11-顺式维生素 A 醛 (retinal)、水分子和视蛋白(opsin)参与形成一个络合物——视紫红质(rhodopsin)。

(2) 它吸收一个光子而激发,异构化为 bathorhodopsin (它含有全反式维生素 A 醛)。

(3) 这种全反式结构的化合物很不稳定,它将释放出一个光子,变为亚视紫质Ⅱ(metarhodopsin Ⅱ)。

(4) 大约一秒钟后,后者离解为全反式维生素 A 醛与视蛋白。

(5) 在酶的催化作用下,全反式维生素 A 醛能异构化为 11-顺式维生素 A 醛。其结果是,11-顺式维生素 A 醛再次参加视觉化学循环。

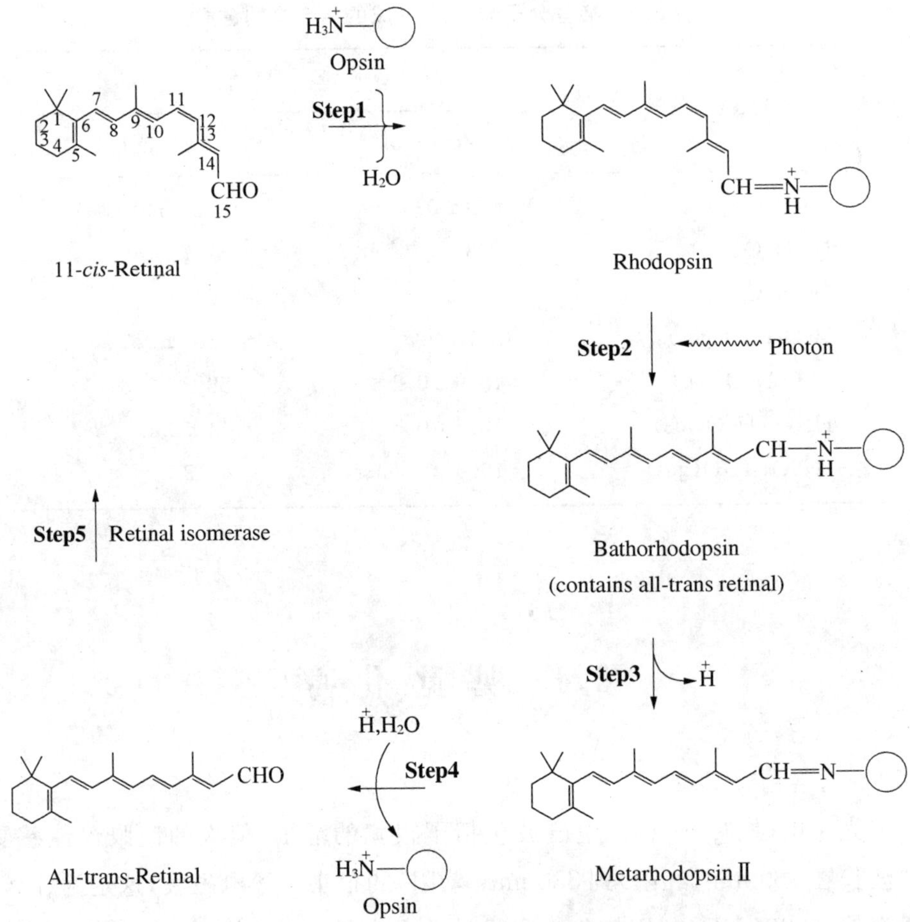

图 6.4 人类视觉的化学循环

视紫红质吸收一个光子而被激发,即顺式构型变为全反构型,是视觉化学循环中的基本阶段。其结果是,一个光子促进了视觉循环里的分子运动。分子中原子的舒展运动引发了神经脉冲。因此,我们需要仔细地研究视紫红质(rhodopsin)中 11 和 12 位之间的 C, C-π 键。什么波长的光能够激发这 C, C-π 键?显然,光子能量必须至少大于或等于其 C, C-π

键能。

为了估算出这 C, C-π 键能,我们设计了一个热化学循环,如图 6.5 所示。我们得到

$$D(\text{C, C-}\pi\text{, at 11-12})_{est} = 37.4 \pm 1.5 \text{ kcal mol}^{-1}$$

$$(156.5 \pm 6.3 \text{ kJ mol}^{-1})$$

这能量对应于 764±30 nm 波长的光(见附录 2),正好是人类肉眼观测的红限。

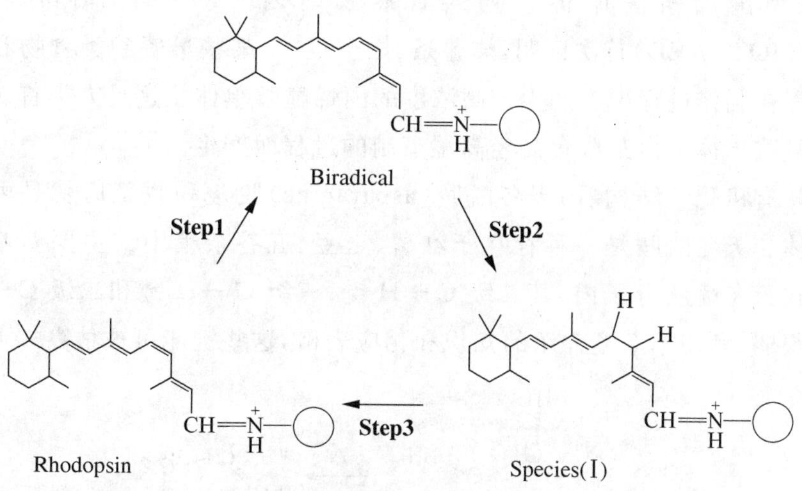

图 6.5 视觉化学的双自由基

紫限 380 nm 对应于 75.2 kcal mol^{-1}(314.6 kJ mol^{-1},见附录 2)。这样高的能量,将足够激发所有的 π 电子,诱导 π-π*, n-π* 和 n-σ* 传递,或破坏视觉化学循环中许多中间体的 C—H 或 C—C 键,终止视觉循环。更短的波长,例如 300 nm,对应于 95 kcal mol^{-1}(397.5 kJ mol^{-1})。这样高的能量,必然破坏人类肉眼里的 H—C, H—N, C,C-σ, C,O-σ, C,N-π, C,C-π 键,引发大量自由基产生,严重危害我们的肉眼健康。

视觉化学过程的关键是 C,C-π 双键位置的顺反异构。C,C-π 双键的顺反异构是常见有机化学和生物化学反应之一。有人把 C,C-π 双键的顺反异构比喻为“分子计算机”,它类似计算机二元制语言(开和关,或 0 和 1)。如果这一极为浪漫的设想将来可行,那么我们估算 C,C-π 双键能的方法将会很有新用途。

6.5 油炸或烧烤食品产生致癌物

丙烯酰胺(acrylamide)是生产可用于污水净化的聚丙烯酰胺的单体原料。但是,高含量的丙烯酰胺单体能使实验动物患生殖系统癌症。自1990年起,美国加州法律将它列入致癌物之内。2002年,瑞典科学家(2002MOT/WED)首次证明,炸薯条、炸土豆片、某些早餐谷类食物和黑面包干等在制作过程中会产生较高浓度的丙烯酰胺单体。这是人类首次发现丙烯酰胺单体可由某些食品经高温烹制的过程而产生。

从有机化学结构看,天冬酰胺(asparagine)脱羧和脱氨后就是丙烯酰胺单体。天冬酰胺是一种存在于红薯、土豆、五谷杂粮中的主要氨基酸酰胺。在天冬酰胺分子内,其二级 C—H 键、三级 C—H 键和二级 $C—NH_2$ 键都很弱,利用第5章介绍的知识和相应表格,这些键能可被估算如下:

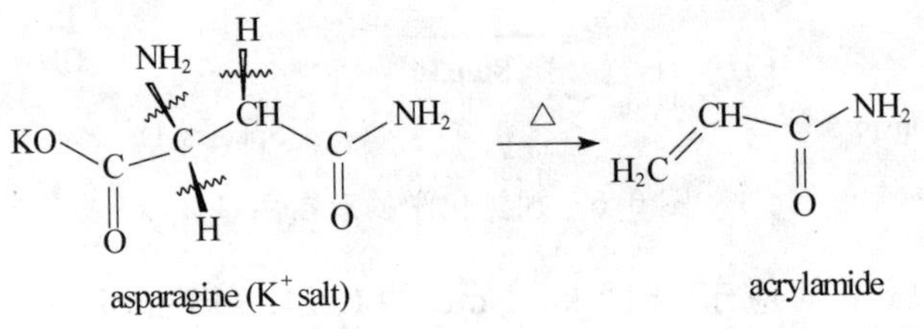

$$D(C—NH_2)_{est} = D(i\text{-}Pr—NH_2)_{exp} + E_s(^{\bullet}C—C(O)OR)$$
$$= 86.1(\pm 0.9) - 5.5(\pm 1.5)$$
$$= 80.6 \pm 2(\text{kcal mol}^{-1})$$

$$D(C—H)_{est} = D(i\text{-}Pr—H)_{exp} + E_s(^{\bullet}C—C(O)R) + E_s(^{\bullet}C—NR_2)$$
$$= 98.1(\pm 0.7) - 5.5(\pm 1.5) - 7(\pm 2)$$
$$= 85.6 \pm 3(\text{kcal mol}^{-1})$$

$$D(C—H)_{est} = D(t\text{-}Bu—H)_{exp} + E_s(^{\bullet}C—C(O)OR) + E_s(^{\bullet}C—NR_2)$$
$$= 95.7(\pm 0.7) - 5.5(\pm 1.5) - 7(\pm 2)$$
$$= 83.2 \pm 3(\text{kcal mol}^{-1})$$

通常高温烹制食品的温度都高于 170℃(或大于 350 F),氨基酸、氨基酸酰胺和它们的盐,很容易通过 Maillard 机理等生成丙烯酰胺单体,因此丙烯酰胺成了烧烤和煎炸的反应产物之一。

6.6 辅酶 B_{12} 的催化作用

辅酶 B_{12} 在人体中有非常奇妙的作用(1989CHE, 2005CHE)。20 世纪 60 年代初,D.C. Hodgkin 等用 X-衍射测定了其结构, R. Woodard 等通过全合成确证,他们分别获得 1964 年与 1965 年的 Nobel 化学奖。辅酶 B_{12} 的中心原子是钴(Co),如图 6.6 所示。中心钴离子是六配位的变形八面体构型,其中赤道平面由包括四个 N 原子的环状配体。在下方轴的是第五配位体。在上方轴的是第六配位体。当第六配位体是 CN 时,称为氰基钴胺素(cyanocobalamin),即维生素 B_{12}。当第六配位体是 5′-脱氧腺苷基时,就是辅酶 B_{12}(coenzyme B_{12})(2005BRO)。

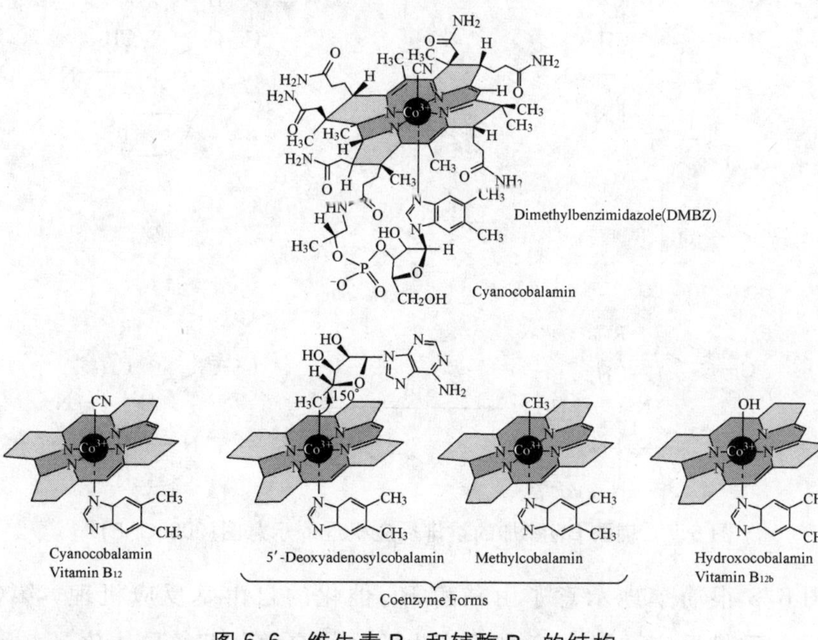

图 6.6 维生素 B_{12} 和辅酶 B_{12} 的结构

当第六配位体是甲基时，称为甲基钴胺素，可进行甲基转移反应。在生物体系中，辅酶 B_{12} 参加的酶催化反应很多，包括氧化还原反应、重排反应、甲基转移反应等，其中重排反应占多数。重排反应都涉及 Co—C 键的断裂过程。图 6.7 显示了 1,2-重排反应的机理，它包含五个基本步骤：① 辅酶 B_{12} 中 Co—C 键发生均裂，产生 5′-脱氧腺苷自由基。② 这自由基从底物分子处夺得一个氢原子，产生底物自由基和 5′-脱氧腺苷。③ 底物自由基发生重排反应后形成产物自由基，这一步是所催化反应的关键步骤，发生了酶和辅酶 B_{12} 共同参与的催化重排、转移反应，由于不同的酶催化的反应不一样，这一步的具体过程也不一样。④ 产物自由基从 5′-脱氧腺苷上夺得一个氢原子，形成产物和 5′-脱氧腺苷自由基。⑤ 5′-脱氧腺苷自由基结合到 Co(Ⅱ) 上，重新形成 Co—C 键，回到原来的状态，完成了催化循环过程。

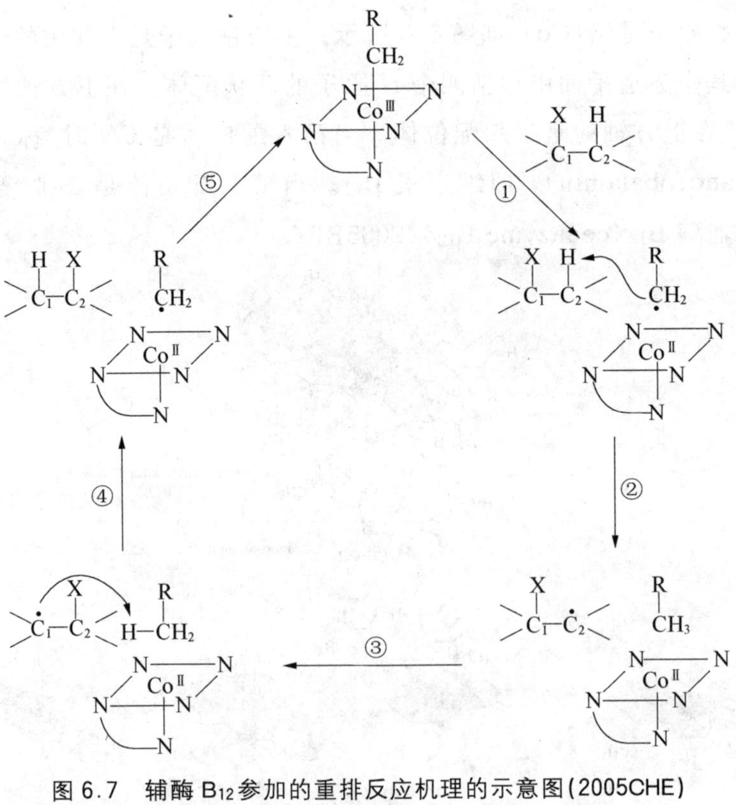

图 6.7 辅酶 B_{12} 参加的重排反应机理的示意图(2005CHE)

图 6.8 很简单地示意了由辅酶 B_{12} 催化的自由基反应机理。第①和②阶段与重排反应类似。③ 然后产生的底物自由基 S· 经异构化，生成新的

产物自由基 P·。④ 新自由基 P·从 5′-脱氧腺苷(H_3C—Ado)上夺取一个 H 原子,变成产物 P—H 和 5′-脱氧腺苷自由基($H_2C^{\bullet}$—Ado)。⑤ 最后,5′-脱氧腺苷自由基结合到 Co(Ⅱ)上,重新形成 Co—C 键,回到原来的状态,完成了催化循环过程。

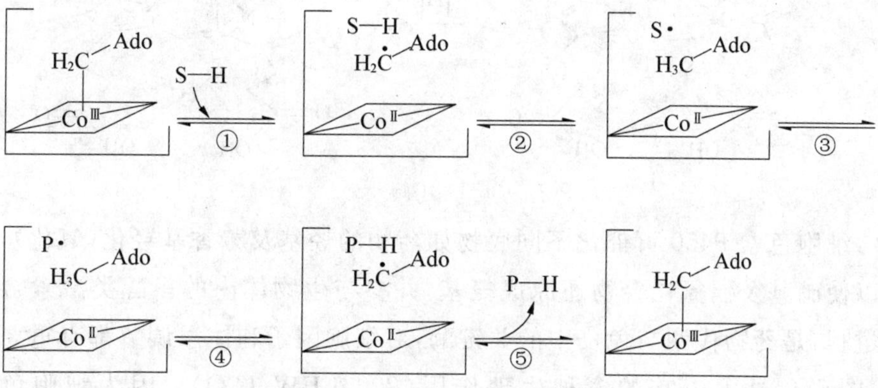

图 6.8 辅酶 B_{12}参加的自由基反应机理的示意图(2001FRE)

因此,Co—C 键能的实验测量和理论计算吸引了许多科学家的兴趣。陈慧兰、张叔仪和同事们用光声法(PAC,见第 2 章的 2.5 节),作出了重要的贡献。目前一些比较可靠的 Co—C 键能数据,是来自他们的实验室(1997CHE/YAN),例如

$$D(\text{Co—Ado, in 辅酶 B}_{12}) = 29.6 \pm 1.5 \text{ kcal mol}^{-1}$$

$$(123.8 \pm 6.3 \text{ kJ mol}^{-1})$$

Co—C 键能的变化规则与 C—C 键能的变化规则很相似,位阻效应导致 Co—C 键变弱,键能降低,其键长相应增加(2007MAN/BHU)。辅酶 B_{12}能量与活性的关系将是长期诱人的重要题目。

6.7 细胞色素 P450 酶的催化氧化

细胞色素 P450 (cytochrome P450, CYP450, CYP) 是广泛存在于生

物体内的一类含血红素(见本章内的 6.8 节)和硫羟基(cysteinate, cys)的酶蛋白(2004MEU/VIS)。

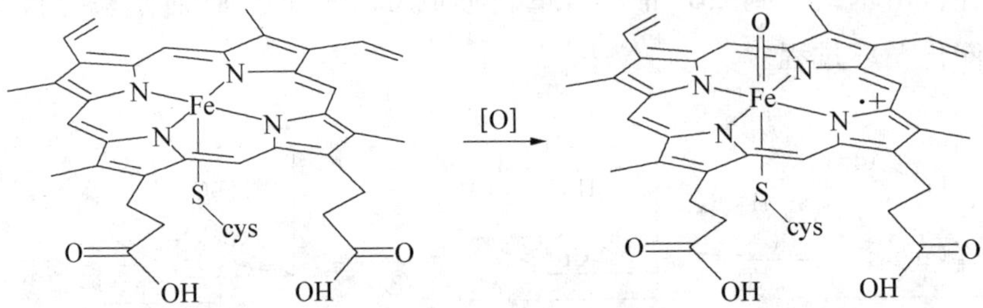

I　　　　Ⅱ

细胞色素 P450 可催化不同底物如药物的烃基及芳香基羟化(氧化),也可以使硝基及偶氮化合物还原成氨基,并参与生物体内的甾醇类激素合成等过程,是药物代谢与免疫中的关键酶,对细胞因子和体温调节都有重要影响,图 6.9 显示了它的多种生理作用(2006LEW/ITO)。因为细胞色素 P450 与一氧化碳(CO)络合物的吸收光谱峰值在 450 nm 处,故称 P450。

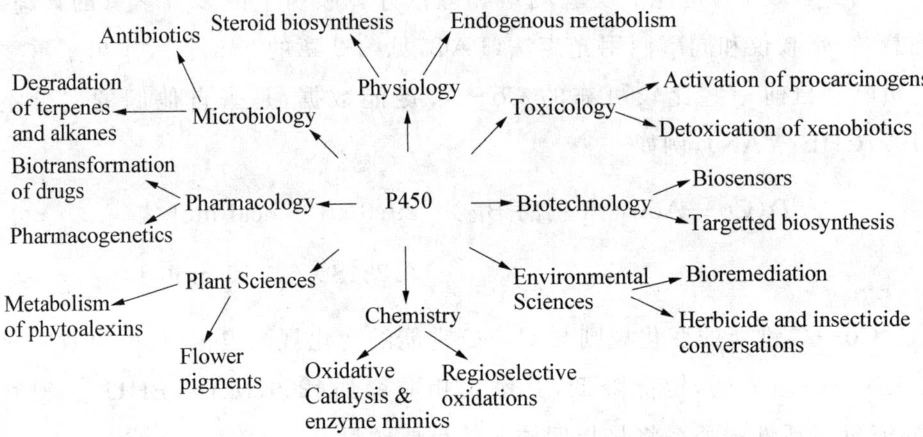

图 6.9　P450 的多种生理作用(2006LEW/ITO)

图 6.10 显示了细胞色素 P450 对芳环甲基羟基化(氧化)反应的简单催化机理。这机理包括活性的血红素-氧络合物(2007JIA/WU),其中的三价铁-底物络合物被电子还原,然后与氧反应得到二价铁底物-O_2 中间体。药物被代谢时,芳环甲基的 C—H 键能的强弱决定了其代谢的速度。郭庆祥和同事们(2005ZHA/LIU)计算了许多杂环甲基化合物中的C—H键能,发现相应键能数值有很大的变化,从 80～100 kcal mol^{-1}(335～

420 kJ mol^{-1})，这相当于药物代谢的稳定性有 10^{12} 变化范围。这类理论研究很有价值，它将有助于开阔设计新药分子的视野，加快新药开发的速度，提高新药质量。

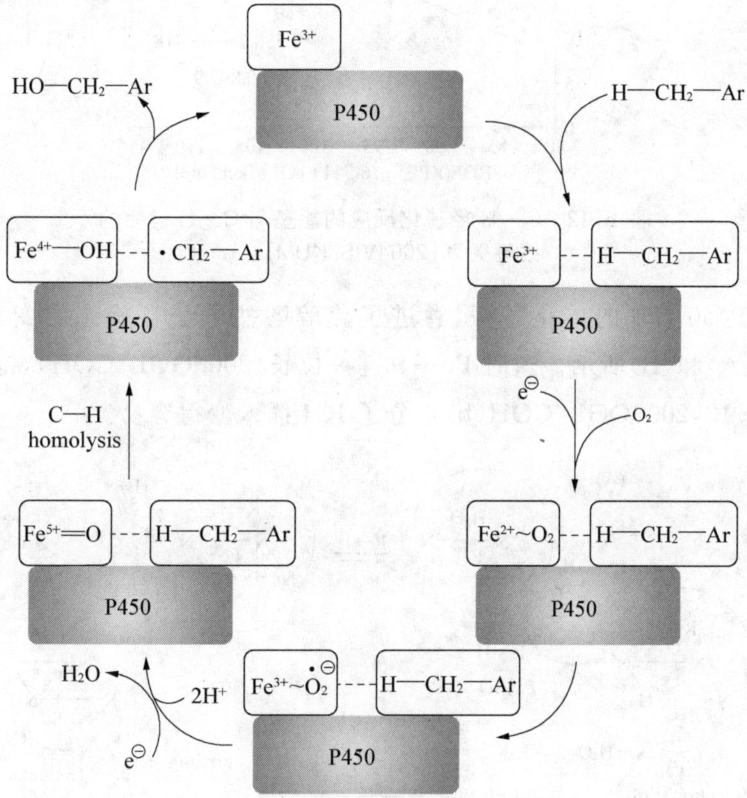

图 6.10 细胞色素 P450 酶对芳环甲基的催化氧化示意图(2005ZHA/LIU)

Shaik 等(2004VIS/KUM)利用细胞色素 P450 的 C—H 羟基化反应模型(图 6.11)，估算了其反应能垒与 C—H 键能。他们发现，Polany 型线性关系也适用于这类 C—H 羟基化反应（见图 6.12)。

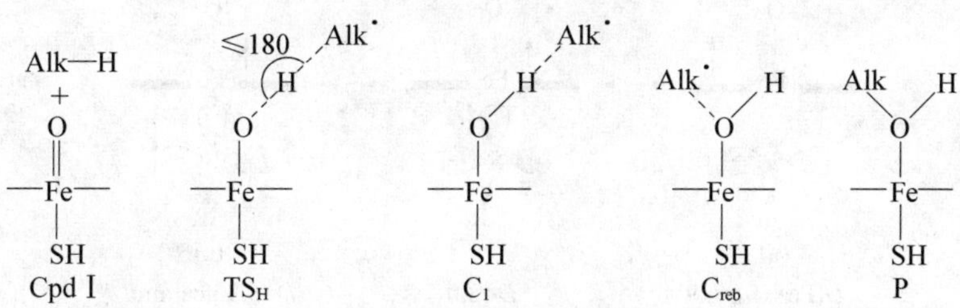

图 6.11 C—H 羟基化示意

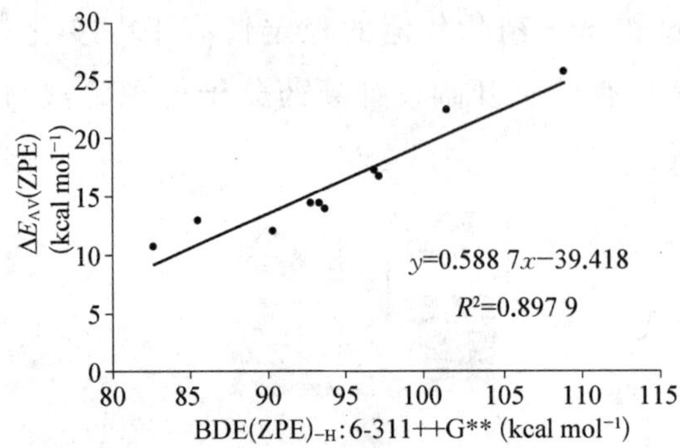

图 6.12 C—H 羟基化反应的能垒与 C—H 键能的线性关系(2004VIS/KUM)

在 P450 参加的催化过程,卷进了硫醇酸盐电子自旋态的变化,如图 6.13中(A)和(B)所示。这时 Fe—S 键被拉长(2000GOL/COH),键能变弱(见图 6.13,2000OGL/COH(b)),分子 RH 插入变得容易。

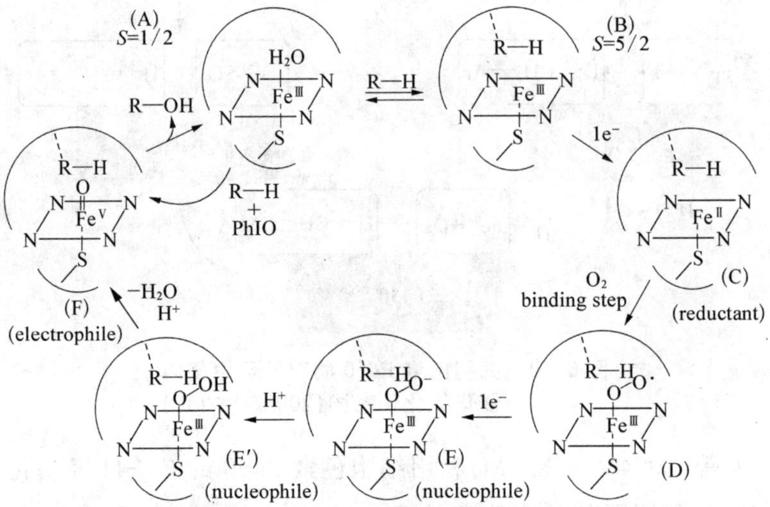

图 6.13 硫醇酸盐电子自旋态的变化(2004MEU/VIS)

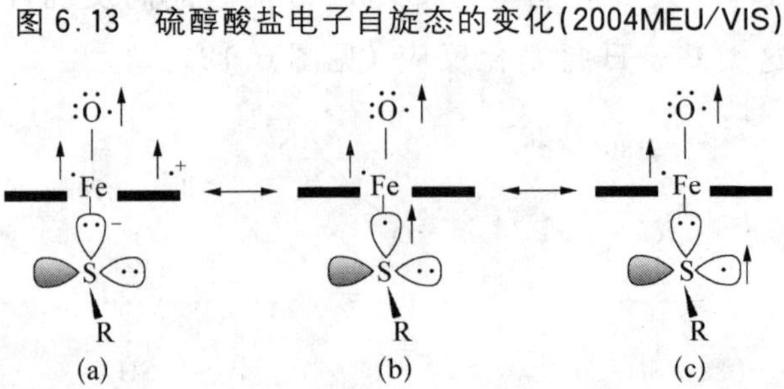

图 6.14 硫醇酸盐电子自旋态变化与键能(2000OGL/COH)

6.8 一氧化碳(CO)中毒

一氧化碳(CO)会导致中毒与血红素的性质有关。人体内有两种以血红素为辅基并能与氧分子可逆结合的蛋白质：血红蛋白(hemeglobin，Hb)和肌红蛋白(myoglobin，Mb)。血红蛋白的功能是将大气中的氧输送给机体，肌红蛋白的功能则是贮存氧气，当机体需要时再释放。

血红蛋白含有4个球状蛋白质分子单元，其每个单元蛋白质分子量约为17 000，总分子量为68 000。其中2个相同的α亚基含141个氨基酸残基，另外2个相同的β亚基含146个氨基酸残基，α亚基的C端是精氨酸，β亚基的C端是组氨酸，人体血红蛋白的α及β亚基的全部氨基酸顺序均已确定。血红蛋白的每个亚基都有一个辅基——血红素。血红素分子的化学结构如右图。血红素是一个由原卟啉分子与一个铁原子结合的络合物。二价铁离子Fe^{2+}的配位数是6，与卟啉的4个氮原子络合后还剩下两价。在血红蛋白分子中，Fe^{2+}的第五个络合价在α亚基中与87位的组氨酸中的咪唑基结合，在β亚基中与92位组氨酸结合。Fe^{2+}的第六个络合价就是与氧分子O_2结合的地方。因此血红蛋白的每个亚基可以结合一个O_2，整个分子可结合4个O_2。血红蛋白在与O_2结合前后，血红素中的Fe^{2+}价态不变。当铁原子为二价或三价时相应的血红蛋白分别称为亚铁及正铁血红蛋白，正铁(Fe^{3+})血红蛋白没有与氧结合的能力。与氧结合的血红蛋白称氧合血红蛋白，未与氧结合的血红蛋白称脱氧血红蛋白。当血红蛋白不与氧结合的时候，有一个水分子从卟啉下方与二价铁离子键合，而当血红蛋白载氧的时候，就由氧分子顶替水的位置。

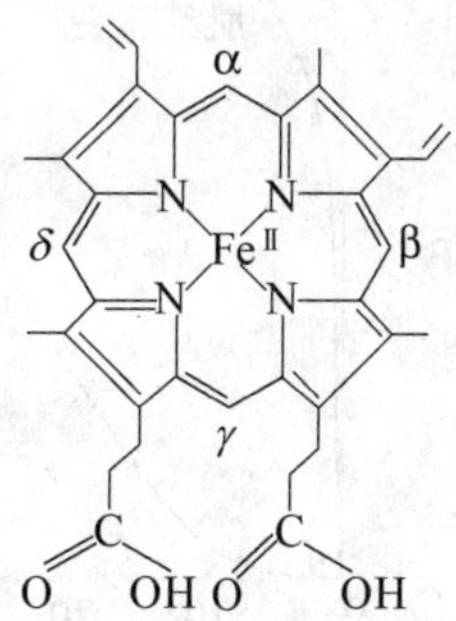

当我们将新鲜空气吸入肺部时，氧分子将与人体内的血红蛋白键

合，生成氧合血红蛋白分子。随着血液的流动，氧合血红蛋白分子被运输到人体各个部位，把 O_2 交托给需要它的分子，进行氧化反应。O_2 与血红蛋白的键合速度，受氧的分压和血液 pH 等因素的影响，O_2 高分压有利于 O_2 与血红蛋白的键合。血红蛋白可以键合四个氧分子。第一个 O_2 首先与血红蛋白四个亚基中的一个键合，引发整个血红蛋白结构的变化，使得第二个 O_2 很容易与另一个亚基键合，进一步促进第三、第四个 O_2 的键合。而在组织内释放氧的时候，一个 O_2 离去，则会刺激另一个 O_2 离去，直到释放所有的氧分子。这一现象叫协同效应。

当血液流经周围组织时，因为局部 O_2 分压较低，促进氧合血红蛋白分子释放 O_2；同时由于 CO_2 分压较高，脱氧血红蛋白分子因而与 CO_2 结合。

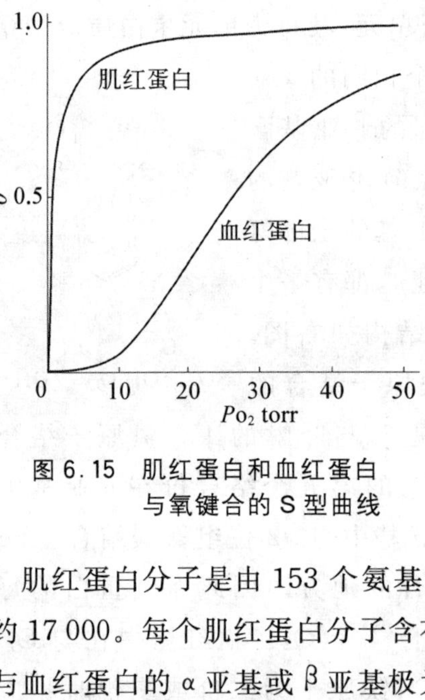

图 6.15 肌红蛋白和血红蛋白与氧键合的 S 型曲线

当血液流经高 O_2 分压和低 CO_2 分压的肺部时，CO_2 的释放促使脱氧血红蛋白与氧的亲和力增加，从而有更多的氧合血红蛋白生成。这意味着，血红蛋白就像“运载者”，把 O_2 分子从一个场所运输到另一需要它们的部位。图 6.15 显示了血红蛋白与肌红蛋白和氧键合的 S 型曲线。这意味着，在肺组织，血红蛋白可以充分地与氧结合。在体内其他组织，则可以充分地释放所运载的氧分子。

肌红蛋白分子是由 153 个氨基酸单链球状的蛋白质分子组成，其分子量约 17 000。每个肌红蛋白分子含有一个血红素辅基。肌红蛋白的一级结构与血红蛋白的 α 亚基或 β 亚基极为相似。

CO 分子对人体有双重作用。Verman 等(1993VER/HIR)首先报道，内源性 CO 数量很少，与血红蛋白结合，能传递信息(2004ZHA/WAN)。但是，过多的 CO 将使血红素(Ⅱ)中毒。这时候，肌红蛋白失去了贮存 O_2 分子的功能。CO 分子与血红素(Ⅱ)结合是可逆的：

$$CO(or\ O_2) + MbFe^{II} \underset{k}{\overset{k'}{\rightleftharpoons}} MbFe—CO(or—O_2)$$

CO 和 O_2 键合到肌红蛋白上的速度与平衡常数已被测量，见表 6.6。

表 6.6 O_2 和 CO 键合到肌红蛋白上的速度与平衡常数(1994SPI/SLI)

人体蛋白	k'_{CO} ($\mu M^{-1}s^{-1}$)	k_{CO} (s^{-1})	K_{CO} (μM^{-1})	k'_{O_2} ($\mu M^{-1}s^{-1}$)	k_{O_2} (s^{-1})	K_{O_2} (μM^{-1})	K_{CO}/K_{O_2}
α-结构	2.9	0.004 6	630	28	12	2.3	270
β-结构	7.1	0.007 2	990	110	22	4.5	220

我们看到，无论是 α-或 β-结构，CO 键合到肌红蛋白上的速度常数远大于离解过程的速度常数，其平衡常数为 630～990。这就是说，CO 与肌红蛋白的键合-离解过程，键合容易，离解困难。对于 O_2 与肌红蛋白的键合-离解，其正逆反应的平衡常数为 2.3～4.5，键合速度仅比离解速度大一点。表 6.6 也显示出，虽然 O_2 与肌红蛋白的键合速度比 CO 的快。但是，CO 与肌红蛋白 MbFe(Ⅱ)的键合远比 O_2 的强。

O_2，CO，NO 与血红素(Ⅱ)发生键合，配位后使 Fe(Ⅱ)由高自旋状态变为低自旋态。Olson 等(1997OLS/PHI) 研究了 O_2，CO，NO 与肌红蛋白 Fe(Ⅱ)的键合时之间的差别，如图 6.16 所示。它们表明了不同的成键方式。

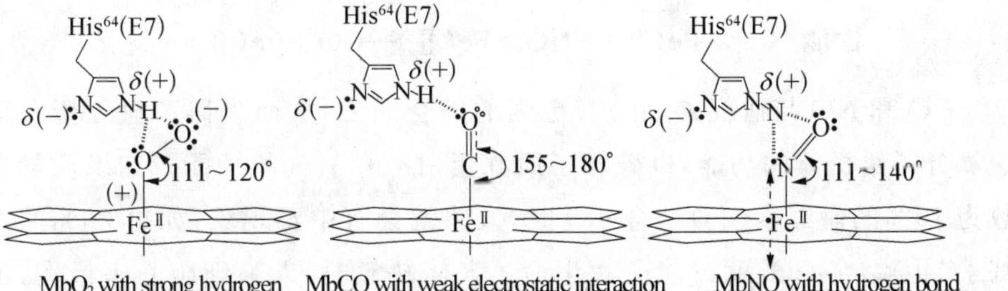

图 6.16 O_2，CO，NO 与肌红蛋白 Fe(Ⅱ)的键合时之间的差别(1997OLS/PHI)

Rovira 等(2000ROV/PAR)估算了 FeO_2，FeCO，FeNO 与 Im (imidazole，咪唑)键合前后的键长与键能，以及 Fe(Im)与 O_2，CO，NO 键合前后的键长与键能，见图 6.17。这些研究表明，Fe(Ⅱ)—O_2 键长比较长，键能最弱。Fe(Ⅱ)— CO 与 Fe(Ⅱ)— NO 键长比较短，键能比较高。

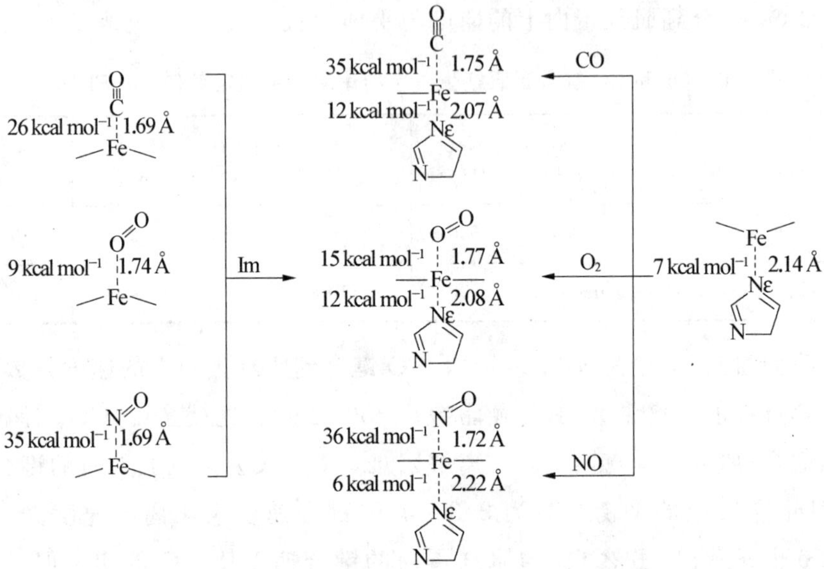

图 6.17 Fe(Ⅱ)—O_2，—CO，—NO 键对比(2000ROV/PAR)

这三种不同的键长、键能与分子的极性(Debye，D)相互有关。分子的极性高，键长短，键能大。这种关系是很合理的：

分子极性 NO(0.159 D)＞CO(0.110 D)＞O_2(0 D)

键长 Fe(Ⅱ)—NO＜Fe(Ⅱ)—CO＜Fe(Ⅱ)—O_2

键能 Fe(Ⅱ)—NO＞Fe(Ⅱ)—CO＞Fe(Ⅱ)—O_2

CO 和 NO 与血红素(Ⅱ)有更强的键合能力，从而阻碍了血红蛋白输送氧分子给机体的功能，也破坏了肌红蛋白贮存氧气的功能。如果质量分数为 10% 的血红素(Ⅱ)结合 CO 时，人体就会有中毒现象；如果 20% 的血红素(Ⅱ)结合 CO，就可能危及生命。人体缺氧时，人脑细胞受害最大，虽然脑组织只占人体重量 2%，却需要 20% 的氧供应。如果脑细胞因缺氧无法正常工作，这就是我们所谓的中风。

CN^- 离子也能使血红蛋白中毒。可以推测，CN^- 离子体积小，负电荷，高极性，它与血红素中的 Fe(Ⅱ)一定有更强的键合能力。

另外，血红素分子骨架也会受到许多自由基的攻击。Montellano 等(2007WOJ/MON)发现，攻击中位(meso)的自由基 R 有较高的键能 D(R—H)和小体积；攻击乙烯位(vinyl)的自由基有较低的键能 D(R—H)，见图 6.18。

目前，西方医学界在争论小分子 CO_2 是否对人体也有益。因为有人报道，CO_2 可促进血液流通，使脂肪细胞变小，皮肤紧实。

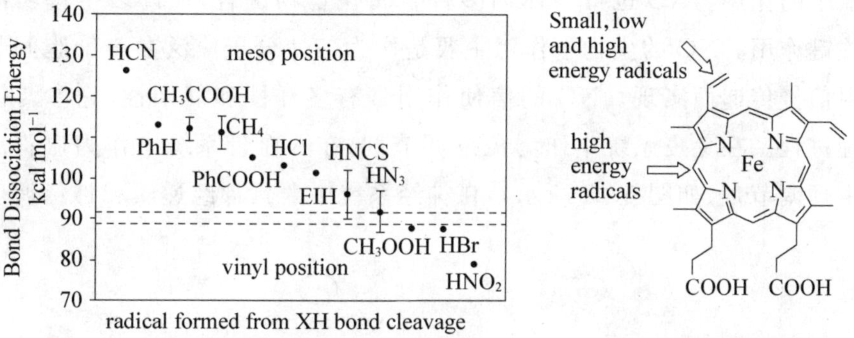

图 6.18 自由基攻击血红素分子的位置与键能关系(2007WOJ/MON)

6.9 一氧化氮(NO)：祸首与功臣

一氧化氮(NO)是种独特的分子或自由基。它是环境污染物之一，有很高的活性，具有亲脂性，可穿过生物膜，造成人体细胞损伤，引发疾病。1980 年，美国 R. F. Furchgott 和 J. V. Zawadzki (1980FUR/ZAW)发现，血管内皮细胞舒张因子(endothelium-derived relation factor, EDRF)的化学本质是一个很不起眼的小分子 NO。这一开创性的报道引起了科学家们极大的兴趣。1987 年，血管平滑肌舒张与内源性 NO 的关系被证实(1987PAL/FER)。从那时起，NO 在循环、呼吸、消化、内分泌、神经、免疫系统中的作用，成了研究的大热点。这导致 1998 年三位美国科学家分享 Nobel 医学奖。目前对 NO 的研究已形成一门独立的学科。

NO 具有双重作用，可用图 6.19 描述(2006PAN/SIN)。

NO 在人体内是由一氧化氮合酶(NO synthas, NOS)催化左旋精氨酸(L-Arginine)产生的(2006PAN/SIN, 2006LIU/SHA, 2006TSI/GUT)，如图 6.20 所示。其合成持续时间短(大约数秒)。

NO 与多种生物分子有直接作用(2000WAN/ZHU，2001LI/ZHU)。

NO 可与多种自由基键合，这些自由基很可能来自酶催化反应或大分子降解过程的中间体。这时，NO 起到了清除自由基、防止自由基进一步伤害人体细胞的作用。NO 也可与体内多种金属化合物键合，在许多生理功能中起关键作用。NO 的生物学作用主要是作为信使分子广泛参与细胞间与细胞内信号传递而实现。NO 的信使作用具有多样性和复杂性，它参与许多生理过程。在免疫系统中作为免疫调节剂，在心血管系统中作为血管舒张的生理调节剂(如图 6.21 所示)，在神经系统中兼具神经递质和神经调度双

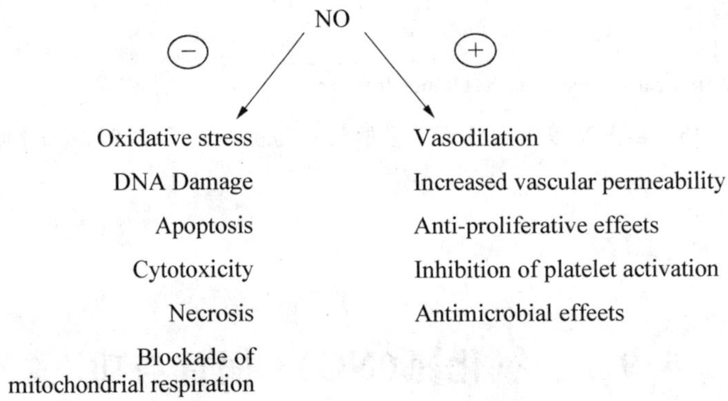

图 6.19　NO 既是祸首(左)，又是功臣(右)

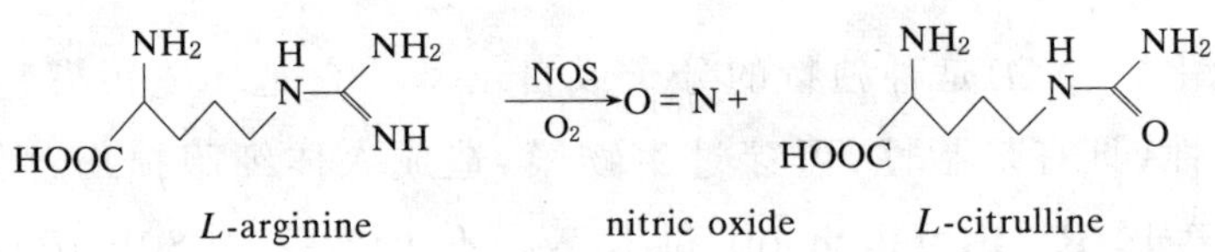

图 6.20　从 *L*-精氨酸得到 NO 和 *L*-胍胺酸

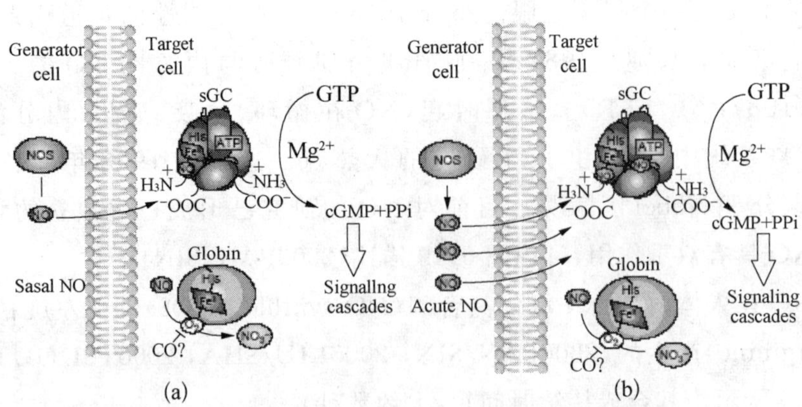

图 6.21　体内 NO 增加导致血管内皮细胞舒张(2006CAR/WIN)

重作用，在内分泌系统中具有激素作用。NO 的过量和不足都能导致生物体的病理作用：过量的 NO 通过与蛋白质、脂肪、核酸等生物分子相互作用导致细胞毒性、遗传毒性和神经毒性；如果生物体内 NO 生成不足则由 NO 介导的生理过程无法实现，如在心血管系统中出现慢性高血压症状。

NO 的生物半衰期极短，正常生理状态下机体可产生适当水平的 NO 以维持各系统的功能，但许多慢性疾病，如高血压、动脉粥样硬化等可造成血管内皮细胞损伤，会减少 NO 产生，此时补充外源性 NO 是一种必要的治疗措施，NO 供体正是应这一临床需求而产生的（2002MEN/CHE）。NO 供体是一类能在体内释放出 NO 的前体药物，通常是指亚硝基类血管舒张剂，包括 $RONO_2$，RONO，金属 - NO 络合物，N-nitrosamines，N-hyfroxy-N-nitrosamines，N-nitrosimines，RSNOS，C-nitroso 化合物，等等（2002WAN/XIA）。

NO 供体分子包含了弱键 O—N，O—NO，N—NO，S—NO 等。这些不稳定的化合物的弱键，在人体内断裂时，迅速释放出 NO，起到松弛血管平滑肌，降低血压的效果。因此，这些类型的化学键能的知识对 NO 供体药物设计很有帮助。例如，美国辉瑞（Pfizer）公司生产的治疗阳痿的药物“伟哥”（Viagra），它的作用机制就是通过扩张男性生殖器的血管达到治疗目的。

程津培和朱晓晴等首先测量和预测了许多模型 NO 供体中的这些键能（2001LU/WIB，2002ZHU/LI，2005ZHU/HAO，2006ZHU/ZHA，2007ZHU/ZHA），他们讨论了 NO 转移机理，电子转移对 Y—NO 键的活化作用和 NO 传递的热力学驱动力等。这些研究对于 NO 作用的调控，特别是在生物电子转移条件下 NO 转移趋势判断，寻找有效药物，有很高的科学与实用价值。

6.10 材料工业与食品工业中的抗氧化剂

抗氧化剂定义为能减缓或阻止其他化合物被氧化降解的化合物。很久以前，人类在长期与大自然的抗争中认识到，许多辣椒类产品具有明显减缓食物变质的作用。近代科学在分子层次上找到了它的原因，原来是辣椒中含有的大量酚类结构化合物(2005SHA/CAI)。含有这种结构的化合物,在人体中是高效的抗氧化剂,在食品业中也是很好的抗氧化剂。

抗氧化剂在材料工业中也有很广泛的应用。在高分子材料(如聚苯乙烯、橡胶等)的加工过程中加入适量的抗氧化剂,能够减缓或阻止相应高分子材料的降解,延长高分子材料的使用寿命,提高产品质量,并降低使用成本。材料工业中的抗氧化剂与维持人体健康生命中的抗氧化剂(见本章6.11和6.12节)不可能完全相同。但是,为什么工业用的抗氧化剂能延长高分子材料的使用寿命?为什么有些抗氧化剂能减缓或阻止食物氧化变质?为什么人体中的抗氧化剂能降低许多疾病发生的几率?对于这些来自不同角度与场合的科学问题,在分子层次上的答案却很相似。

食物的变质和高分子材料的降解都与空气中氧气有关。根据分子轨道理论,氧分子是一种双自由基。设想,在室温条件下,双自由基 O_2 分子攻击有机化合物 RH,并夺取氢原子:

$$O_2 + RH \longrightarrow HOO^{\cdot} + R^{\cdot}$$

从理论上讲,这类假想的夺氢反应速度在室温条件下是很缓慢的。这是因为过氧自由基 $HOO^{\cdot}$ 中的 O—H 键能是 49.16 ± 0.06 kcal mol^{-1}(或 205.69 ± 0.25 kJ mol^{-1},见表6.7),而有机化合物 RH 中的 C—H 键能在约 80～100 kcal mol^{-1}(335～418 kJ mol^{-1})之间。假设氧分子夺氢反应发生,它必须吸收能量高达 30～50 kcal mol^{-1}(126～209 kJ mol^{-1}),活化能将高到约 38～60 kcal mol^{-1}(159～251 kJ mol^{-1}),则反应速度常数可能低到 10^{-20} 到 10^{-36} L M^{-1} s^{-1}!现在和近期内,我们都不太可能观测到如此缓慢的化学反应。

但是,如在紫外光辐射或机械张力等外部因素作用下,有机化合物的某些共价键可能被均裂,产生相应碳中心自由基 $R^{\cdot}$。一旦这类自由基 $R^{\cdot}$ 形成,将很快与空气中的双自由基 O_2 分子偶合,生成活泼的过氧自由基 $ROO^{\cdot}$:

$$R^{\cdot} + O_2 \longrightarrow ROO^{\cdot}$$

这类加成反应所放出的能量多达 22～30 kcal mol^{-1}(92～126 kJ mol^{-1})。另外,这类加成反应活化能却很低,仅几千卡,相应反应速度常数约为 10^5～10^7 L M^{-1} s^{-1}。这是相当快的化学反应。

过氧自由基 $ROO^{\cdot}$ 能攻击许多有机化合物 RH 中的 C—H 键。过氧化物 ROOH 中的 ROO—H 键能约为 88 kcal mol^{-1}（368 kJ mol^{-1}），比有机物中较弱的烯丙基和苄基等 C—H 键能（～87 kcal mol^{-1}，～364 kJ mol^{-1}）稍高一点。当 ROO˙从有机物中较弱的 C—H 键上夺取氢原子时，反应活化能约为 7～13 kcal mol^{-1}（29～54 kJ mol^{-1}），则反应速度常数大约为 10^{-2}～10^{3} L M^{-1} s^{-1}。反应产物为过氧化物 ROOH，并同时再得到一个碳中心自由基 R˙：

$$ROO^{\cdot} + RH \longrightarrow ROOH + R^{\cdot}$$

所形成的过氧分子 ROOH 中的 RO—OH 键很弱，键能约为 36～46 kcal mol^{-1}（151～193 kJ mol^{-1}）。在光照，受热，或重金属原子催化作用下，过氧分子 ROOH 很容易地均裂，生成非常活泼的烷氧自由基（RO˙）和羟自由基（HO˙）：

$$ROOH \longrightarrow RO^{\cdot} + HO^{\cdot}$$

这类键离解反应的速度常数可能为 10^{-9} 到 $10^{-16}s^{-1}$。表 6.7 内的键能数据明显地表明，HO˙和 RO˙都比 ROO˙更活泼。从上面讨论可以看出，从起始一个碳中心自由基 R˙，经过与空气中氧分子反应，产生了三个非常活泼的氧中心自由基 ROO˙，RO˙和 HO˙。这些活泼的氧中心自由基可以分别地从有机底物夺取氢原子，再生成另外三个碳中心自由基 R˙，如图 6.22 所示。因此，按自动氧化反应机理进行的降解反应是以几何级数形式增长的自由基链式反应。抗氧化剂的作用就是淬灭降解过程中所产生的这些活泼氧中心自由基中间体，以便达到减缓或阻止自动氧化反应的破坏作用。

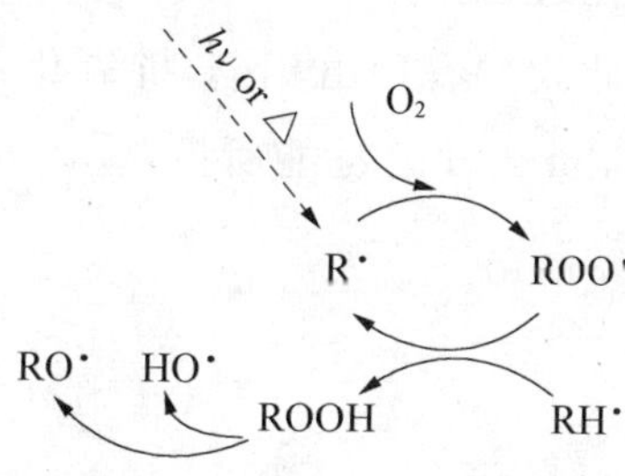

图 6.22 自动氧化反应机理

表 6.7 不同 H—O 键的离解能(2007LUO)

H—O 键	D(H—O)		H—O 键	D(H—O)	
	in kcal mol^{-1}	in kJ mol^{-1}		in kcal mol^{-1}	in kJ mol^{-1}
H—OO˙	49.16±0.06	205.69±0.25	H—OR	～105	～439
H—OOR	～88	～368	H—OH	118.81±0.07	497.10±0.29

从上面讨论可知，如果不及时淬灭由自动氧化过程中产生的氧中心自由基中间体 ROO˙，RO˙及 HO˙，这些氧中心自由基则可分别与有机底物发生夺取氢原子反应，最后导致相应底物降解。抗氧化剂分子（An—H）一般都带有活泼氢原子，可通过氢原子转移方式来淬灭自动氧化反应过程中产生的活泼自由基中间体，同时生成抗氧化剂自由基 An˙，释放出能量，体系变得更稳定，如图 6.23 所示。体系中生成的抗氧化剂自由基 An˙比较稳定，不能从底物夺取氢原子再引发自由基反应，但可通过重合（偶合）或歧化等反应终止或“死亡”。

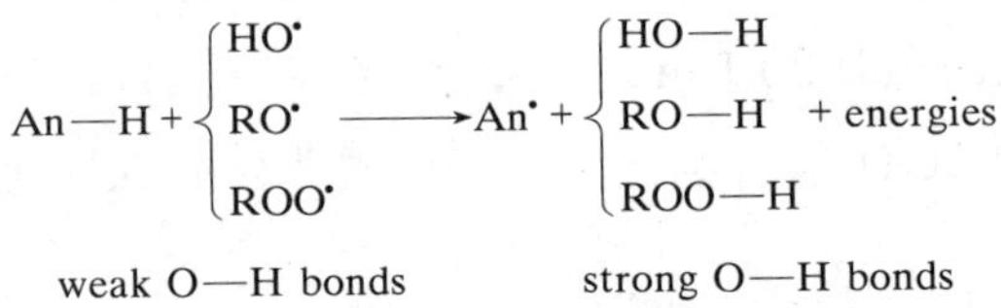

图 6.23 抗氧化剂淬灭自由基反应

文献报道(1993SCO)，自由基 HO˙，RO˙，HOO˙或 ROO˙从 2,5-庚二烯夺取烯丙基氢的速率常数（k）分别是 10^9，10^6，或 10^2（$M^{-1}s^{-1}$）。有趣的是，这些氧自由基夺氢反应速度常数的对数值与相应的O—H键能存在很好的线性关系，如图 6.24 所示。这类良好的线性关系清楚地表明，在自动氧化过程中产生的氧自由基夺氢反应主要由相应的 O—H 键能所决定。因此我们有理由相信，抗氧化剂淬灭活泼氧自由基的活性主要是由抗氧化剂 An—H 的键能所控制。

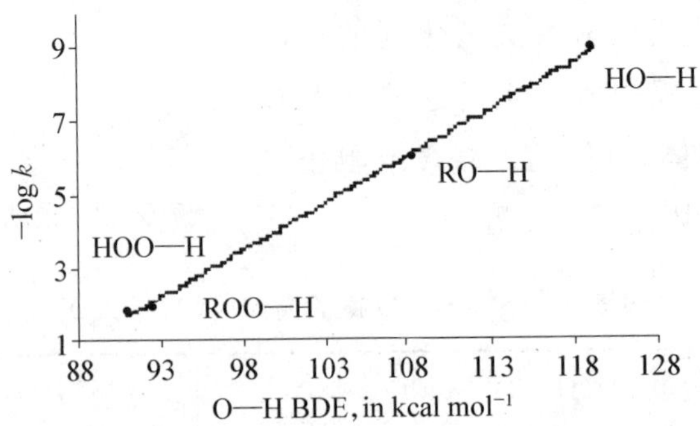

图 6.24 不同氧自由从 2,5-庚二烯夺氢反应速度常数与 O—H 键能之间的线性关系（1997ZHU/ZHA）

工业上常用的抗氧化剂为 2,6-二叔丁基苯酚类化合物（图 6.25 中的(a)），相应的 O—H 化学键能为～82 kcal mol^{-1}（～343 kJ mol^{-1}）。在橡胶产品中常用的抗氧化剂为对-苯二胺类化合物(b),相应的 N—H 化学键能为 ~80 kcal mol^{-1}(~225 kJ mol^{-1})。硫醇类化合物最早被用作自由基清除剂,硫醇的S—H键能为~80 kcal mol^{-1}(~225 kJ mol^{-1})。由于有机化合物中相应最弱的烯丙基和苄基等碳氢键能为 ~87 kcal mol^{-1}(~364 kJ mol^{-1}),所以降解过程中产生的活泼氧中心自由基将首先与抗氧化剂反应,直到所有抗氧化剂都消耗完为止。另外,这些抗氧化剂被氧化后所产生的自由基 An˙则不能从烯丙基或苄基等碳氢键夺取氢原子而引发自动氧化反应。很明显,我们找到了有效筛选材料工业用的抗氧化剂的一个最基本条件,即这些抗氧化剂An—H中的弱键能一定小于87 kcal mol^{-1}(364 kJ mol^{-1}),否则它们就不能有效地保护底物中含较弱的烯丙基或苄基等碳氢键。

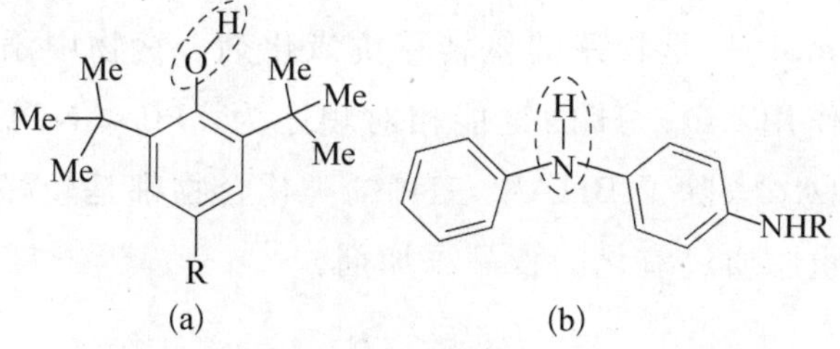

图 6.25 常见的工业抗氧化剂的化学结构

工业上也常使用亚磷酸脂和亚砜类等化合物作为抗氧化添加剂(图6.26)。虽然这类化合物没有可转移的活泼氢原子,不能有效地淬灭活泼HO˙,RO˙,HOO˙或 ROO˙等自由基中间体,但是能有效地分解(转化)过氧化物中间体,从而减缓自由基引发的自动氧化反应所造成的降解过程。

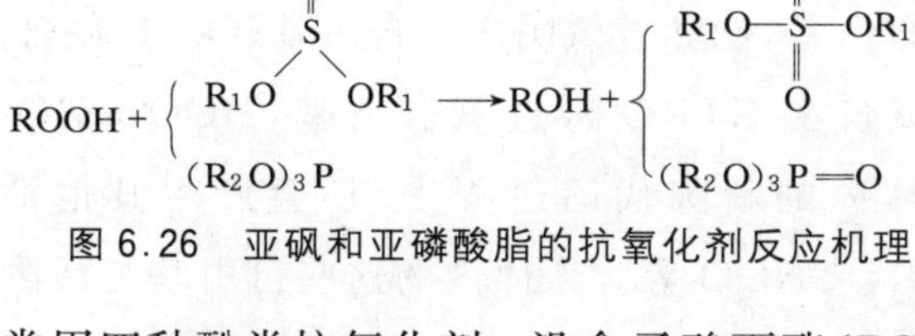

图 6.26 亚砜和亚磷酸脂的抗氧化剂反应机理

食品工业常用四种酚类抗氧化剂:没食子酸丙酯(PG),去甲二氢愈创木酸(NDGA),叔丁基羟基苯甲醚-1(BHA-1)和叔丁基羟基苯甲醚-2(BHA-2)作食品添加剂,阻止脂质过氧化。郭庆祥等用 ONIOM-G3B3 方法研究了这四类化合物,计算了它们的 O—H 键的键能。

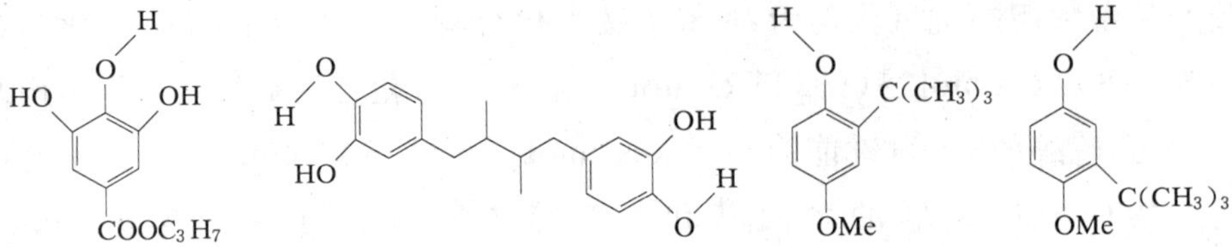

	PG	NDGA	BHA-1	BHA-2
D(O—H)/kcal	77.1	79.5	80.7	84.0

理论计算的结果表明，因分子内氢键作用，含有茶多酚结构的没食子酸丙酯和去甲二氢愈创木酸的 O—H 的键能较小，分别为 77.1 和 79.5 kcal mol^{-1}，与 α-生育酚 O—H 的键能相当，甚至还要小。说明这两个化合物可以通过氢转移机理清除自由基，是非常有效的抗氧化剂。对于同分异构体的 BHA-1 和 BHA-2，结构区别在于前者—$C(CH_3)_3$ 在—OH 邻位，后者在间位。BHA-1 中 O—H 的键能为 80.7 kcal mol^{-1}，比 BHA-2 的小 3.4 kcal mol^{-1}，是较好的氢转移抗氧化剂。食物中添加少量BHA-1可起到抗氧化作用。O—H 的键能相对顺序为：PG＜NDGA≈α-生育酚＜BHA-1＜BHA-2。除了 BHA-2，三种酚类化合物都是较好的通过氢转移清除自由基阻止脂质过氧化的食品添加剂。

6.11 维生素 E 清除人体自由基

正常的新陈代谢是我们健康的基础。人体内的新陈代谢过程总会伴生许多非常活泼的自由基，例如过氧阴离子自由基($O_2^{\cdot-}$)，羟自由基($HO^{\cdot}$)，烷自由基($R^{\cdot}$)，烷氧自由基($RO^{\cdot}$)，过氧自由基($HOO^{\cdot}$，$ROO^{\cdot}$)，一氧化氮($NO^{\cdot}$)等。在人体内的新陈代谢过程中，还会产生其他活泼性分子，如 H_2O_2，HOCl，O_3，ONOO 等。人体内的这些自由基与活泼分子统称为活泼氧物种(reactive oxygen species，ROS)。体内 ROS 的正常来源是没办法避免的，正常水平的自由基也是维护我们健康的"功臣"。但是，污染物、废气、毒物、吸烟、暴晒、偏食、受伤、感染、发烧、闹情绪、发脾气、剧烈运动都使体内产生更多的自由基。这时候，自由基对人体细胞和免疫系统的伤害就很严重了。日积月累，年复一年，我们大多数人终于患上了“自由基病”——衰老、器官退化和癌症等几十种疾病(2005LUO)。

维生素E能清除人体中自由基，是有效的抗氧化剂之一，这已家喻户晓。但是维生素E为什么可以缓解自由基的伤害，这个科学问题至今没有一致的见解。维生素E(α-T)清除人体中自由基可能有三种不同途径(1986BUR/ING，1991NJU/KEL，2006ZHA/JI)，如图6.27所示。

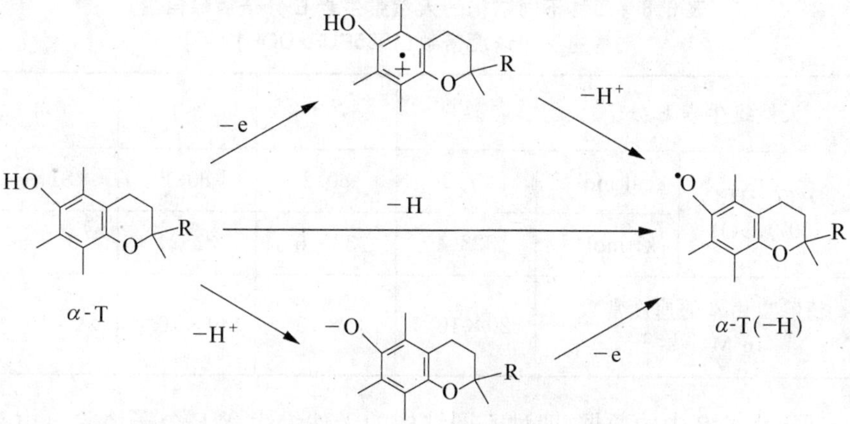

图6.27 维生素E(α-T)三种可能的抗氧化途径

(1) α-T中的O—H键很弱，D(O—H，α-T，in gas) = 77.3 kcal mol^{-1} (323.4 kJ mol^{-1}，2007LUO)。这个H原子很容易被氧中心自由基ROO(或RO)夺走，生成ROOH(或ROH)，如图6.27的中间途径：

$$\alpha\text{-T} + ROO \longrightarrow ROOH + \alpha\text{-T}(-H)$$

生成的新自由基(α-T(−H))比较稳定，这是因为ROO—H分子中的O—H键要比维生素E中的O—H键要强(如D(CH_3OO—H) = 88.5 ± 0.5 kcal mol^{-1}，370.3 ± 2.1 kJ mol^{-1}，2007LUO)。

(2) 自由基ROO夺走α-T中的一个电子，生成负离子ROO^-，而后再经质子转移，离子对重合，如图6.27的上面途径：

$$\alpha\text{-T} + ROO \longrightarrow ROO^- + \alpha\text{-T}(-e) \longrightarrow ROOH + \alpha\text{-T}(-H)$$

(3) 自由基ROO夺走α-T中的一个质子，生成正离子$ROOH^+$，其后再经电子转移，离子对重合，如图6.27的下面途径：

$$\alpha\text{-T} + ROO \longrightarrow ROOH^+ + \alpha\text{-T}(-H^+) \longrightarrow ROOH + \alpha\text{-T}(-H)$$

这三种可能的抗氧化机理与反应溶剂极性有关(2007LIT/ING),强极性溶剂有利于经途径(2)和(3)机理进行反应,弱极性溶剂有利于经途径(1)机理进行反应。但是无论哪个可能的机理,α-T能够抗氧化的根本原因是其O—H键较弱,失去H原子后,生成的新自由基(α-T(−H))比较稳定。天然维生素E分子有四种不同构型(见5.7节),它们清除自由基的反应速度常数与其O—H键的强弱紧密有关,如表6.8所示。

表6.8 四种不同结构的天然维生素E分子清除自由基的反应速度常数(1985BUR/DOB)

天然维生素E分子		α-T	β-T	γ-T	δ-T
D(O—H) (2007LUO)	$kcal\ mol^{-1}$	77.3	80.2	80.1	81.9
	$kJ\ mol^{-1}$	323.4	335.6	335.1	342.8
清除自由基的速度常数 in $M^{-1}\ s^{-1}$		320×10^{-4}	130×10^{-4}	140×10^{-4}	44×10^{-4}

利用表6.8中的数据,四种不同结构的天然维生素E分子清除自由基的反应速度常数的对数值与其O—H键能作图,显示线性关系(图6.28)。这表明,维生素E的抗氧化途径很可能主要通过氢原子传递的自由基机理。

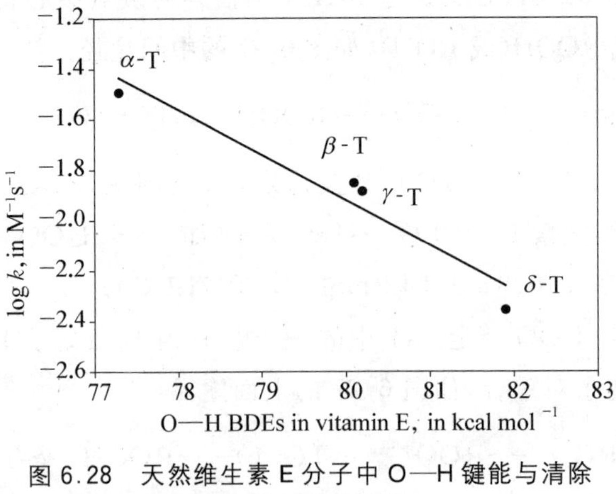

图6.28 天然维生素E分子中O—H键能与清除自由基的反应速度常数

从表6.8看到,天然维生素E分子清除自由基的反应速度常数还不到10^0 $L\ mol^{-1}\ s^{-1}$(M=mol/L)。但是,过氧自由基ROO的生成速度常数约

为 $10^5 \sim 10^7$ L mol^{-1} s^{-1}。所以寻找高抗氧化活性的“超级”维生素是非常有实际价值的、需要长期坚持的课题。

Engman 等(2005SHA/FRI)讨论了设计维生素 E(α-T)类似分子的原则。利用如下简化模型,他们发现 O—H 键能与扭转角 ϕ, σ 以及 λ 有关(如图 6.29 所示)。这种行为可能影响到维生素 E(α-T)的抗氧化机理。

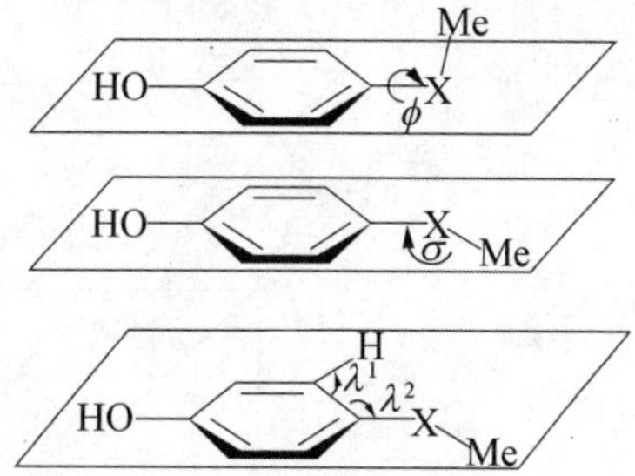

图 6.29 模型分子的扭转角 ϕ, σ, λ

Yoshioka 等(2007TAK/OKU)测量了七种酚类化合物相对于乙醇清除自由基反应的活化能。他们报道,其相对活化能与这些酚类化合物中的O—H键能有线性关系,如图 6.30 所示。

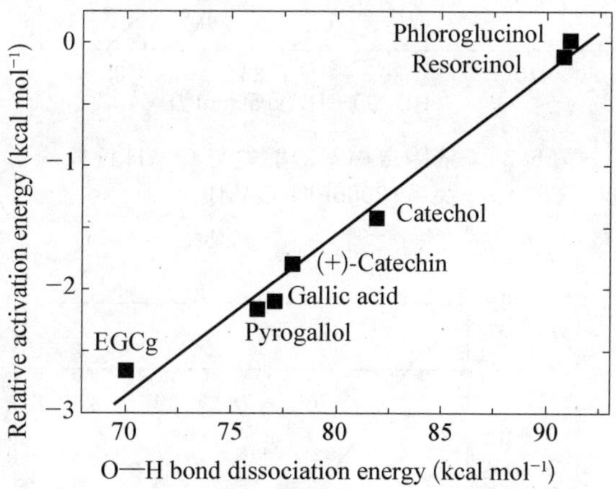

图 6.30 相对活化能与 O—H 键能的关系(2007TAK/OKU)

Lissi 等(2006PIN/CAM)测量了 hydroxyocinamic acids 与有关化合物中的O—H键能,发现这类化合物清除自由基的能力与O—H键能有线性关系,如图 6.31 所示。

Pazos 等(2007PAZ/AND)测量了四种天然多酚化合物的抗氧化能力(与 α-T 相比)。他们发现,其抗氧化能力和多酚化合物中的 O—H 键能线性相关,如图 6.32 所示。

陈卫军、宋记蓉等(2006CHE/SON)用密度泛函理论讨论了比维生素 E 有更高抗氧化能力的分子。他们研究了下列分子。

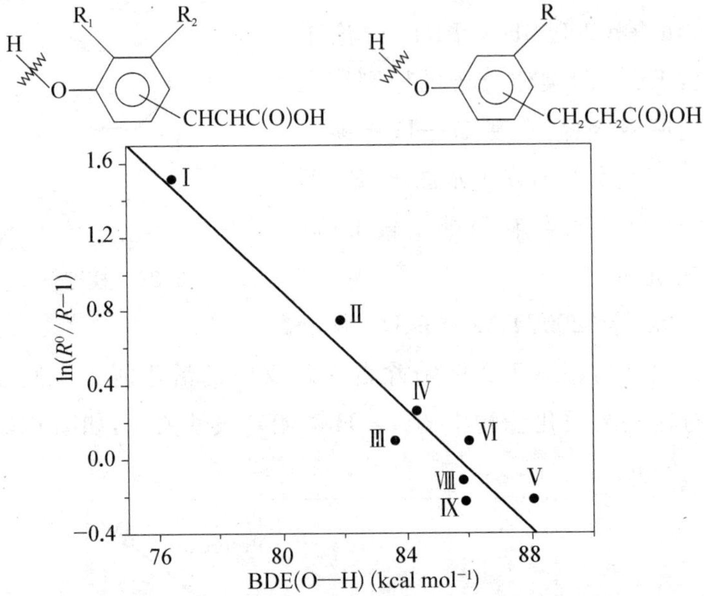

图 6.31 清除自由基的能力与 O—H 键能的关系(2006PIN/CAM)

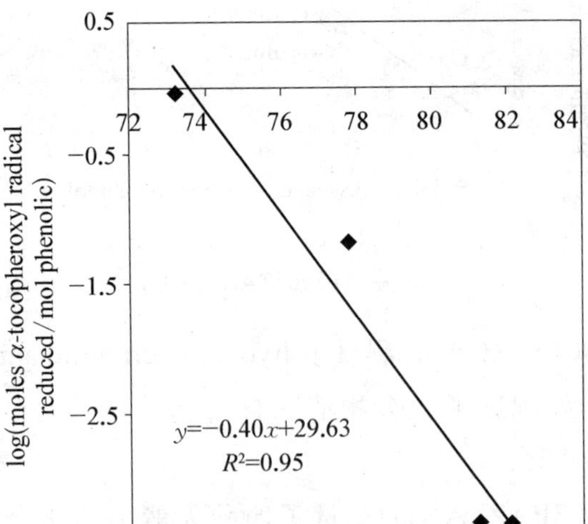

图 6.32 多酚化合物中的 O—H 键能与抗氧化能力的关系(2007PAZ/AND)

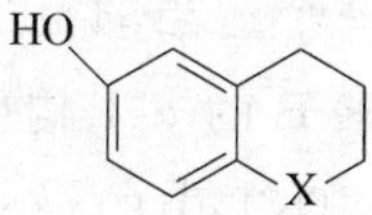

1a X=CH_2
1b X=O
1c X=S
1d X=Se
1e X=NH

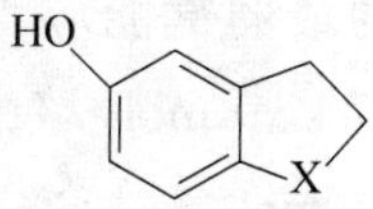

2a X=CH_2
2b X=O

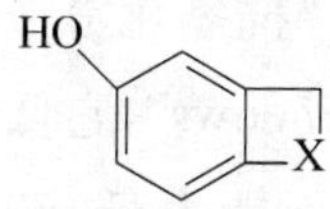

3a X=CH_2
3b X=O

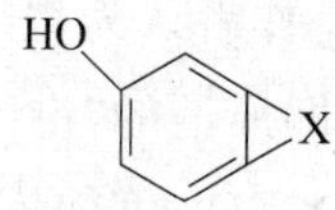

4a X=CH_2
4b X=O

他们对比了杂环与杂原子变化对抗氧化能力的影响。他们计算表明分子 1e 或许有较强的抗氧化能力，因为其中的 O—H 键能与电离势都比较低。这一观点和 Bordwell 与程津培(1991BOR/CHE)的测量是一致的。他们的另一份报告认为(2006CHE/SON(b))，紫铆酮（butein）可能是更有效的抗氧化剂。

在设计“超级”抗氧化分子时，不少科学家偏爱含邻苯二酚或多酚的结构：

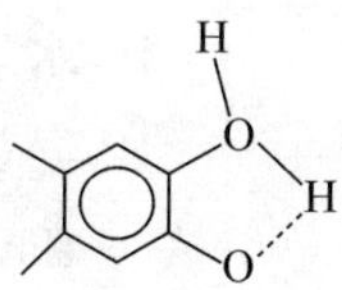

绿茶中儿茶素、辣椒素和某些化合物就含有这类的结构。这类结构中的氢键与夺氢反应中的氢原子的隧道效应将明显提高抗氧化活性(2007TEJ/GAR)。

郭庆祥和傅尧等(2007LI/LIU)用量子化学方法在 ONIOM－G3B3 的水平上预测了多种抗氧化剂的键能范围，如图 6.33 所示。它表明，豆类食品中的类黄酮(flavonoids)是很好的抗氧化剂。

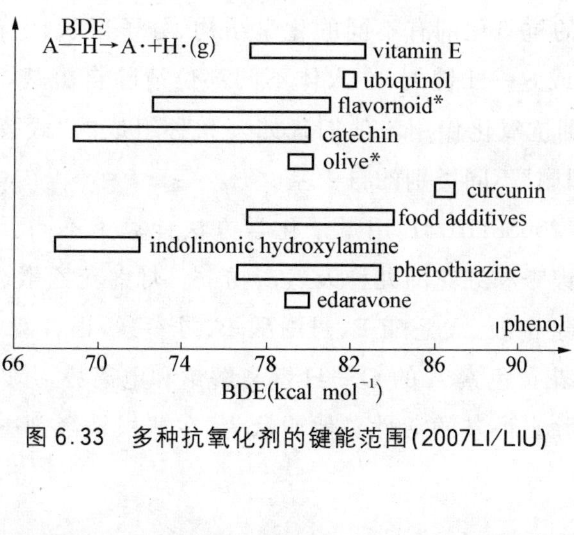

图 6.33 多种抗氧化剂的键能范围(2007LI/LIU)

作者认为,"超级"抗氧化分子中的最弱键能应当在一个适当的范围之内,即所谓的"键能 windows",它低于 77 kcal mol^{-1}(维生素 E 的 α-T 构型中的O—H键能),但又不能太低,69 kcal mol^{-1}(标准炸药 TNT 中的最弱的 C—NO_2键能)也许是下限。如果最弱键能太低了,化合物不稳定,容易被空气中的氧气氧化变质,反而伤害人体(2005LUO)。在设计"超级" 抗氧化分子时,我们还需要考虑这些分子的许多其他重要性质,如亲水性、亲油性、无抗原性、无毒性等。"超级"抗氧化剂应当是综合指标都妥当的新化合物。

在天然食品中含有许多抗氧化物种。例如:

1 β-胡萝卜素(β - carotene)	2 槲皮素(quercetin)
3 硒(selenium)	4 柠檬油精(limonene)
5 维生素 A(vitamin A)	6 piceatannol
7 番茄红素(lycopene)	8 白藜簠醇(resveratrol)
9 黑芥子苷(sinigrin)	10 水飞蓟(milk thistle)
11 儿茶素(catechines)	12 异黄酮, 类黄酮(isoflavone, flavoniods)
13 萝卜硫素(sulforaphane)	14 辣椒碱(capsaicin)
15 太平洋紫衫醇(paclitaxel)	16 川陈皮素(nobiletin)
17 青蒿素(artemisinin)	18 黄腐酚(xanthohumol)
19 虾青素(astaxanthin)	20 鞣花酸(ellagic acid)
21 叶黄素(lutein)	22 玉米黄质(zeaxanthin)
23 前花色素(proanthocyanidins)	

这些不同的抗氧化剂有不同的化学结构、分子形状、电荷大小,不同的 O—H、N—H 或 S—H 键能,在人体不同部位清除自由基,或减少有害自由基生成,起到抗氧化作用。他们犹如多兵种组成的"武装力量",在人体的不同场合"围剿"不同类别的自由基。

张红雨等(2005SHE/JI)用量子化学方法计算了不同天然产物如源自灯盏花、丹参、银杏和红花的九种天然产物——灯盏花乙素、焦袂康酸、3,5-二咖啡酰氧基奎宁酸、飞蓬酯 B、丹酚酸 B、丹参素、银杏双黄酮、银杏苦内酯 B 和羟基红花黄色素 A 的 O—H 键离解焓和电离势,并以此为理论指标评价了它们清除自由基的活性。他们认为,在非极性溶剂中 3,5-二咖啡酰氧基奎宁酸、飞蓬酯 B、丹酚酸 B、丹参素等均具有较高的活性；而在极性溶剂中，相比其他八种化合物，灯盏花乙素显示出优良的清除自由基活性。

从化学平衡的观点看，在很多时候，特别是因工作繁忙或其他原因导致膳食不够均衡的人群来说，适当地进补抗氧化剂是有利于健康的。但摄取过多的抗氧化剂，不但无助，反而有损健康，如同“服毒自杀”。例如，过多(10 倍以上)的维生素 C，可还原体内的 Fe^{3+} 成 Fe^{2+} 离子。生成的 Fe^{2+} 离子可催化过氧化氢分解，导致更多的自由基释放：

$$Fe^{3+} + \text{ascorbate} \longrightarrow Fe^{2+} + \text{ascorbate}^{+}$$

$$Fe^{2+} + H_2O_2 \longrightarrow Fe^{3+} + HO^{\cdot} + OH^{-}$$

第二个步骤是几乎热中性的离子反应，速度很快。其产物包含了攻击力特强、破坏力很大的 $HO^{\cdot}$ 自由基。吸烟者易患肺癌的主要原因之一，就是燃烧产生的 $HO^{\cdot}$ 自由基长期攻击肺上皮细胞的 DNA 而引发癌症。

6.12 人体内的抗氧化循环

维生素 C 是水溶性的抗氧化剂，维生素 E 主要是脂溶性的抗氧化剂，这已是人所共知的常识。但是，如果单独使用维生素 C 或 E，抗氧化性能并不高。当同时使用维生素 C 和 E，其抗氧化性能远大于单独使用时之和，如图 6.34 所示。

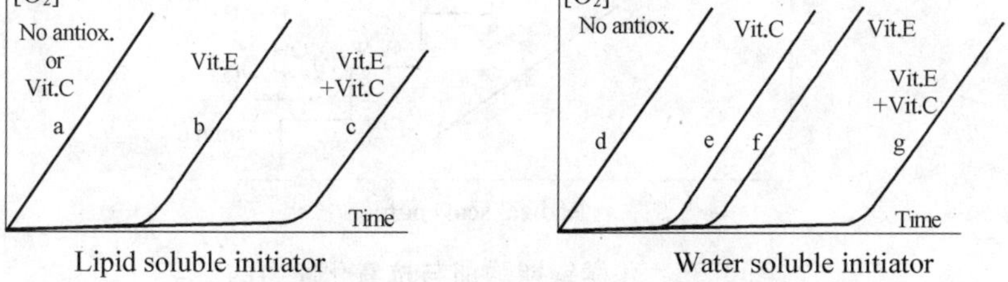

图 6.34 维生素 C 和 E 抗氧化性(1986BUR/ING)

Ingold 等(1986BUR/ING)解释，来自维生素 C 的存在于水相里的水合抗坏血酸阴离子(AH^-)$_{aq}$不能进入生物膜，故它不能清除双层脂膜中的自由基。维生素 E(简写为 ArOH)大部分在生物膜里，能清除脂质里的自由基，变成($ArO^{\cdot}$)$_{lipid}$，失去抗氧化活性或“死亡”。但是，在双层脂膜里，它可以从水合抗坏血酸阴离子(AH^-)$_{aq}$那里夺得一个 H 原子，“复活”成 ArOH。其反应机理是

$$ArO^{\cdot}(lipid) + AH^-(aq) \longrightarrow ArOH(lipid) + A^-(aq)$$

Ingold 等的解释也可描述为

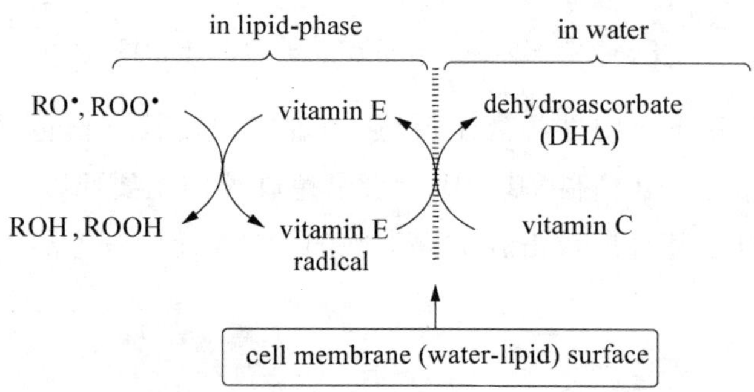

但是，维生素 C 为什么可以“救”维生素 E 的“命”？人们猜想，很可能是维生素 C 在水相里比较稳定，如图 6.35 所示。图中的箭头表示键能 BDEs(H—OR)增加的方向。水相维生素 C 中的 H—O 键比较弱，有更高的抗氧化能力。

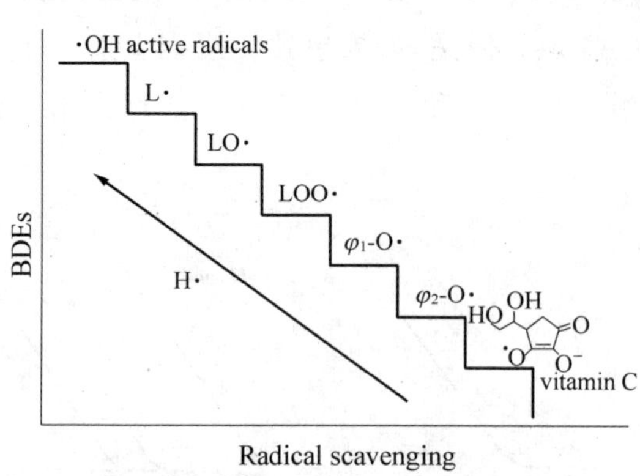

图 6.35 化学键能强弱与抗氧化能力的简单关系(2004BEC/NIS)

在水相中，维生素 C 转变为抗坏血酸阴离子(AH^-)$_{aq}$：

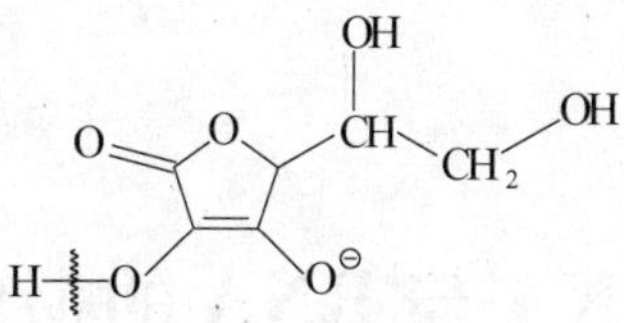

Ascorbate ion, Vitamin C in water

其中的 O—H 键很弱,其键能数值既无实验测量,也没理论计算报道。但我们可用第 5 章介绍的简单方法来估算:

$$D(\text{H—O, vitamin C, in water})_{est}$$
$$= D(C_2H_3O\text{—H})_{exp} + 7.2\{\sigma^+(O^-)\}$$
$$\approx D(\text{PhO—H})_{exp} + 7.2\{\sigma^+(O^-)\}$$
$$= 86.7(\pm 0.7) + 7.2\times(-2.3)$$
$$= 70.1 \pm 2\ \text{kcal mol}^{-1}(293.5 \pm 8.4\ \text{kJ mol}^{-1})$$

$$D(\text{O—H, in vitamin E}) = 77.3\ \text{kcal mol}^{-1}$$

($323.3\ \text{kJ mol}^{-1}$,见表 6.8)。

抗坏血酸阴离子(AH^-)中的 H—O 键能低于维生素 E 中的 H—O 键能,这表明,抗氧化能力的次序为

vitamin C (in water) > vitamin E (in lipid phase)

维生素 E 与维生素 C 之间的互助作用,叫做"抗氧化循环"。人体中许多其他抗氧化剂之间也有这样的互相协调关系。图 6.36 列举了某些例子。

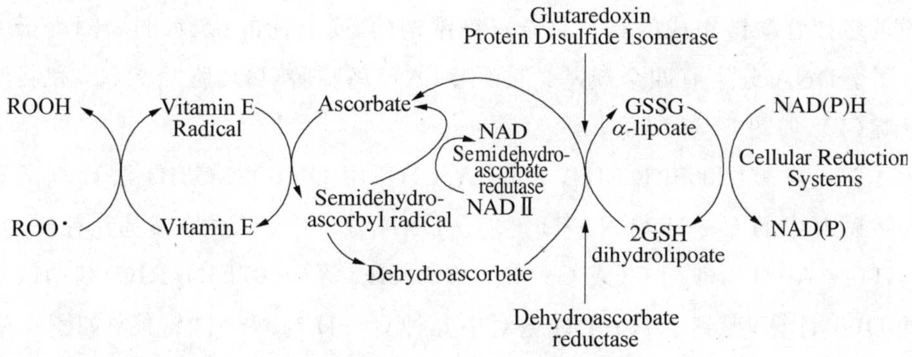

图 6.36 抗氧化循环

6.13 DNA 与 RNA 的损伤与修复

1953 年，Watson 和 Crick 提出了 DNA 右手双螺旋结构模型（图 6.37）。从此，生物学进入分子层次，被誉为开创了科学的一个新纪元。

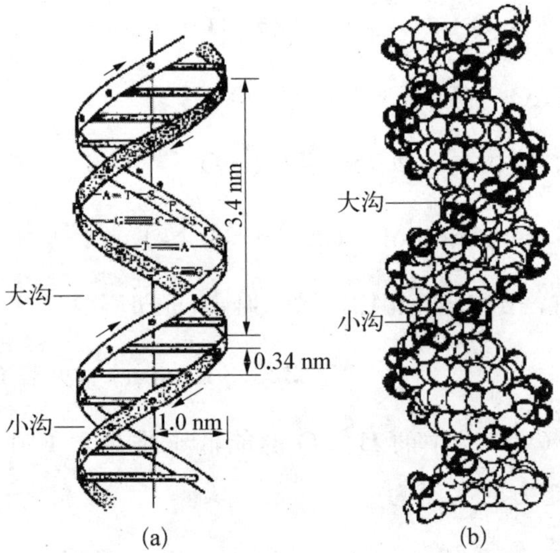

图 6.37 (a) 双螺旋结构示意图；(b) 双螺旋结构原子模型图

DNA 是脱氧核糖核酸的英文缩写，是遗传基因的载体。DNA 是两条脱氧多核苷酸链组成的具有复杂三维结构的、高电荷的、亲水的聚阴离子大分子。DNA 分子有四个碱基：腺嘌呤（A）、鸟嘌呤（G）、胞嘧啶（C）和胸腺嘧啶（T），如图 6.38 所示。

郭庆祥等（2005LI/LIU，2006LI/LIU）用 ONIOM-G3B3 法计算了这四种碱基中的 C—H 与 N—H 键能。DNA 分子中，有两种碱基互补对：A 与 T（或 A⋯T），G 与 C（或 G⋯C）。Schaefer 等（2007LIN/RIC）利用改进的 DFT 计算，得到了 A⋯T 碱基对中九种 C—H 与 N—H 键能，如图 6.39 所示。

图 6.39 表明，最弱键在 T 碱基的 C_7 甲基上，其键能 $D(C_7—H)=84.9\ \text{kcal mol}^{-1}$（或 $355.3\ \text{kJ mol}^{-1}$）。按照化学热力学和反应动力学的观点，$C_7$—H键能为～85 kcal mol^{-1}，不是强键。活泼 ROO·，RO·和 HO·自由基容易扩散，当它们与 DNA 分子接触时，很可能伤害 DNA 中这一位置的 C—H 键。假如 ROO·自由基进攻这些 H 原子，相应夺氢反应将放能～4 kcal mol^{-1}（～17 kJ mol^{-1}）；假如 RO·自由基进攻这些 H 原子，夺氢反应将放能～20 kcal mol^{-1}（～84 kJ mol^{-1}）；假如 HO·自由基进攻这些 H 原子，夺氢反应将放能～34 kcal mol^{-1}（～142 kJ mol^{-1}）。

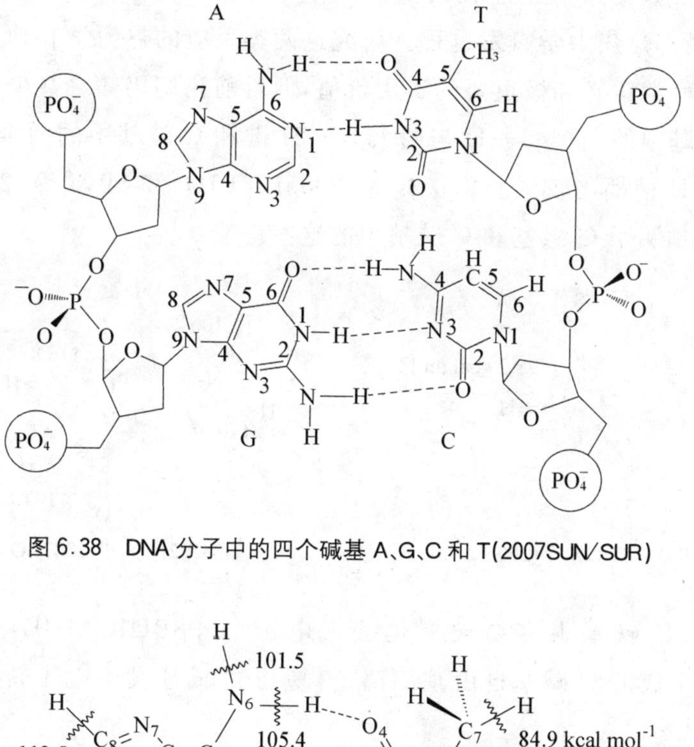

图 6.38 DNA 分子中的四个碱基 A、G、C 和 T(2007SUN/SUR)

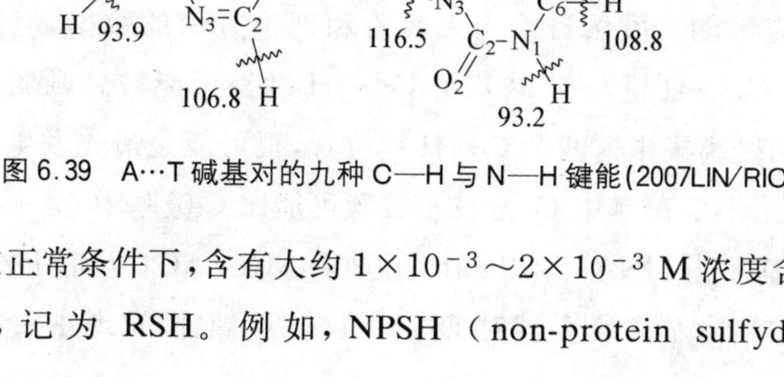

图 6.39 A…T 碱基对的九种 C—H 与 N—H 键能(2007LIN/RIC)

人体在正常条件下，含有大约 $1\times10^{-3}\sim2\times10^{-3}$ M 浓度含硫(S)的抗氧化分子，记为 RSH。例如，NPSH（non-protein sulfydryl），GSH (glutathione)。通常，被损害的 DNA（或 DNA·）有以下两种修复途径(2005SON)来阻止已被损害的 DNA 受到更多的损害：

$$DNA^{\cdot} + RSH \longrightarrow DNA + RS^{\cdot}（化学修复）$$

$$DNA^{\cdot} + O_2 \longrightarrow DNA—O_2（氧固定）$$

对第一条途径，RSH 中的 S—H 键能低于 80 kcal mol^{-1}，比 C_7—H 键(～85 kcal mol^{-1})还要弱。化学修复 DNA 也是放能过程。对第二条途径，形成一个新 C—OO·键，可能放出～22 kcal mol^{-1}能量。第二条途径的反应速度常数比第一条途径的要高三个数量级(2005SON)。这两种修复 DNA 途径都是热力学自发过程。研究这两类反应的热力学和动力学，虽然有很高的科学意义和极重要的实用价值，但目前我们仍知之甚少。

G 碱基中的一个 C—H 与四个 N—H 键和 C 碱基中的两个 C—H 与三个 N—H 键都比较强。郭庆祥等(2005LI/LIU)和 Silva 等(2007GOM/SIL)分别预测了 G 碱基和 C 碱基中的这些键能：

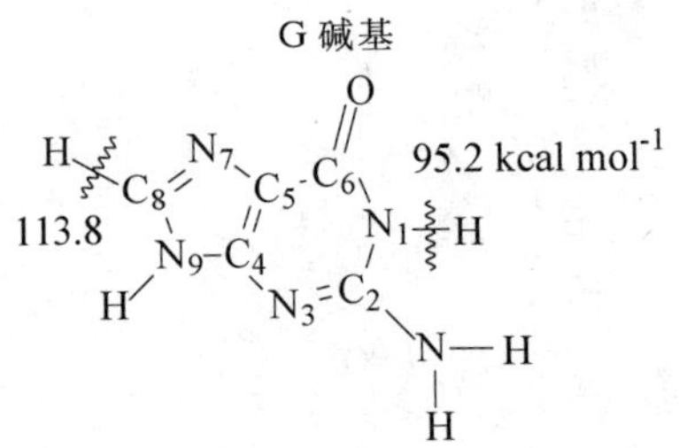

ONIOM-G3B3水平(2005LI/LIU)

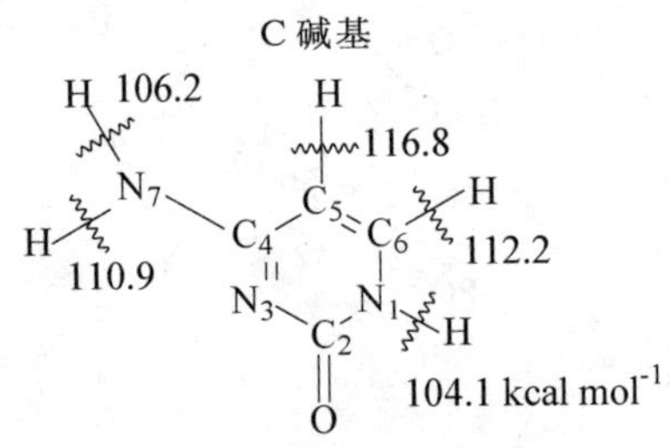

G3MP2B3水平(2007GOM/SIL)

但是，G 碱基很容易被氧化丢失电子(1998BUR/MUL，2004MIL/AGU)。生成的 G 碱基自由基阳离子，易与 C 碱基发生电子转移反应，并达到平衡。

正如本章 6.20 节介绍的，自由基阳离子(或阴离子)内的键能远低于中性底物中的相应键能。虽然目前尚无实验和理论方面的数据，但从化学结构看，G 碱基中 C_8—H 键与 C 碱基中 C_6—H 键都可能被急剧弱化。换句话说，DNA 自由基离子中这两个 C—H 键位置，很可能是最先发生损坏的活性中心。我们预测，G 碱基中 C_8—H 键位置可能比 C 碱基中 C_6—H 键位置更有利于自由基攻击 DNA。Milligan 等(2004MIL/AGU)利用 γ-辐射液体水，产生 HO·自由基来研究其对 DNA 的损伤。他们发现主要损伤出现在

G 碱基的 C_8—H位置。Nair 等(2005SHO/BIG)用液相质谱检测到，G 碱基中C_8—H键位的损坏是相应 A 碱基中 C_8—H 键位(见图 6.40 的左侧)的12 倍，而且这种损害还随年龄增加而增多。DNA 被自由基损害的实验证据非常之多，但细致地研究其化学键位受损害的实验屈指可数。有趣的是，这些细致的实验结果与我们上面利用化学键能信息预测的结果大体一致。

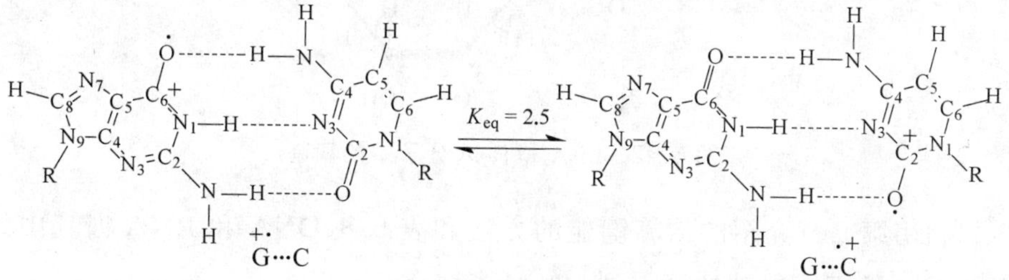

图 6.40 G 碱基和 C 碱基自由基阳离子之间的平衡

RNA 是核糖核酸的英文缩写。DNA 主要集中在细胞核内，线粒体和叶绿素体也含有 DNA。而 RNA 主要分布在细胞质中。RNA 接受 DNA 的“指令”，指导并直接参与蛋白质的合成。

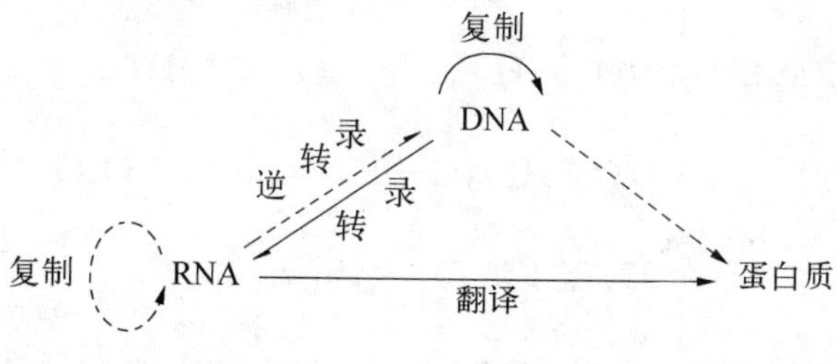

RNA 分子含有四个碱基：腺嘌呤(A)、鸟嘌呤(G)、胞嘧啶(C)和尿嘧啶(U)。他们形成三种碱基对：G－C，A－U 和 G－U。图 6.41 标注了尿嘧啶(U)中的四个 C—H 与 N—H 键能的测量值(2007LUO)和位于括号中的计算值(在 B3LYP/DZP＋＋水平上，2007KIM/MEE)。

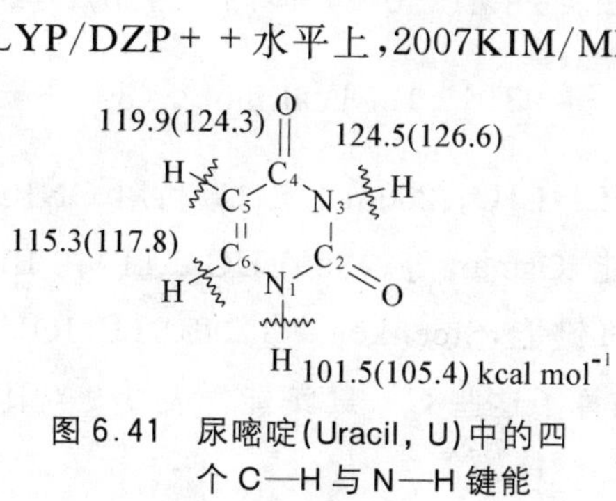

图 6.41 尿嘧啶(Uracil，U)中的四个 C—H 与 N—H 键能

在 DNA 和 RNA 分子中还含有大量的糖基，如图 6.42 所示。

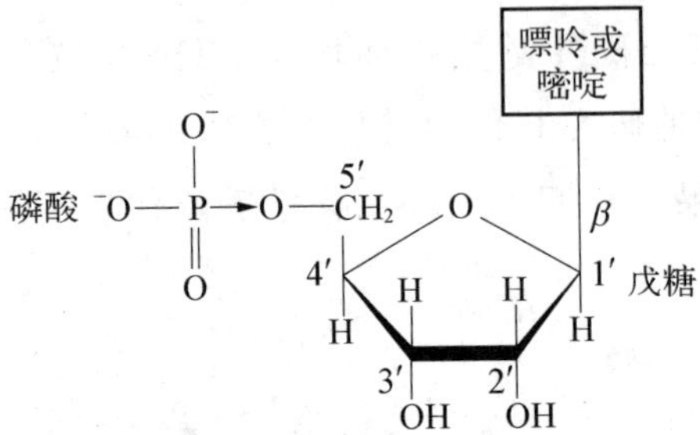

图 6.42 DNA 和 RNA 分子中的糖基

利用第 5 章介绍的估算键能的方法和表 5.8，DNA 和 RNA 糖基中的五种 C—H 键能可被估算得到。

$$D(\text{C—H, at }1') \approx D((\text{CH}_3)_3\text{C—H}) + E_s(^\cdot\text{C—NR}_2)$$

$$= 95.7(\pm 0.7) - 7.0(\pm 2)$$

$$= 88.7 \pm 2.1 \text{ kcal mol}^{-1} (371.1 \pm 8.9 \text{ kJ mol}^{-1})$$

$$D(\text{C—H, at }2') \approx D(\text{C—H, at }3') \approx D(\text{C—H, at }4')$$

$$\approx D((\text{CH}_3)_3\text{C—H}) + E_s(^\cdot\text{C—OR})$$

$$= 95.7(\pm 0.7) - 4.5(\pm 1.5)$$

$$= 91.2 \pm 1.7 \text{ kcal mol}^{-1} (381.6 \pm 6.9 \text{ kJ mol}^{-1})$$

$$D(\text{C—H, at }5') \approx D((\text{CH}_3)_2\text{HC—H}) + E_s(^\cdot\text{C—OR})$$

$$= 98.1(\pm 0.7) - 4.5(\pm 1.5)$$

$$= 93.6 \pm 1.7 \text{ kcal mol}^{-1} (391.6 \pm 6.9 \text{ kJ mol}^{-1})$$

郭庆祥等（2005LI/LIU，2006LI/LIU）利用 ONIOM-G3B3 方法估算了这五种 C—H 键能，Osman 等（1999LUO/LIT）在 BH/6-31G(d,p) 水平上估算了这些 C—H 键能，Steenken 等（2001STE/JOV）在 B3LYP/6-31+G(d,p) 水平上也估算了这些 C—H 键能。表 6.9 对比了由这四种不同途径估算的糖基中的 C—H 键能。

表 6.9 DNA 和 RNA 分子中糖基的五种 C—H 键能，in kcal mol^{-1} (1 kcal = 4.184 kJ)

C—H 键		at 1′	at 2′	at 3′	at 4′	at 5′
D (C—H)	估算	88.7 ± 2.1	91.2 ± 1.7	91.2 ± 1.7	91.2 ± 1.7	93.6 ± 1.7
	ONIOM-G3B3	95.0～97.9	94.1～97.7	98.8～99.0	95.9～96.5	96.1～96.2
	BH/6-31G(d,p)	87.2	89.9	92.7	90.1	
	B3LYP/6-31+G(d,p)	87.7	95.5	92.4	90.4	92.4

最后，我们得出：

(1) 用一个小计算器完成的 C—H 键能估算值并不差。

(2) 这五种 C—H 键能的确高于 T 碱基内的 C_7—H 键能(～85 kcal)。

(3) 通过对 DNA 和 RNA 中五个碱基(A,C,G,T 和 U)及糖基内化学键信息的简单分析表明，DNA 中的弱键多于 RNA，故前者可能更容易被自由基攻击。在 DNA 的 A-T 碱基对中，T 碱基含有相对较弱的 C_7—H 键，较易在自由基攻击时损伤。DNA 和 RNA 的 G-C 碱基对中，G 碱基很容易被氧化生成自由基阳离子。我们预见，C 碱基中 C_6—H 键，特别是 G 碱基中 C_8—H 键，很可能是 DNA 和 RNA 损坏的最主要部位。

6.14 主体分子与客体分子之间的识别

有机化学家被誉为“有机材料设计师”。有机化学家为人类提供了高选择性、多功能、结构复杂的材料。主体分子与客体分子之间的识别是有机化学家又一次全新的贡献。由于 C. J. Pedersen，D. J. Cram 和 J. M. Lehn 在主客体化学发展方面的巨大成就，他们共同荣获 1987 年 Nobel 化学奖。下面我们将探讨如何用化学键能的知识来理解主客体分子识别问题。

分子识别是生物体系中很早就知道的概念，例如，酶与底物、抗体与抗原的细胞之间的识别。这常被理解为“钥匙与锁”的关系(2006LIA/PEN)。从化学反应的观点看，分子识别的核心问题是高选择性，一个客体比另一个客体对主体有更佳的相互作用(2001LIU/LI, 2001XIA/YOU,2002LIU/ZHA)。主客体分子识别之间的相互作用主要是非共价键合,例如,静电作用、氢键、van der Waals 力。由于这些键合作用相对较弱,故主客体化学反应的熵变就显得比较重要。

1967 年,Pedersen 合成了不同的冠醚化合物 cyclo-$(C_2H_4O)_n$,打开了研究分子识别的大门。Armentrout 等(1999ARM, 2000ROD/ARM)利用质谱系统地研究了如下冠醚化合物与不同客体 M^+ (M = Li, Na, K, Rb, Cs)离子在气相里的成键和热力学(图 6.43)。

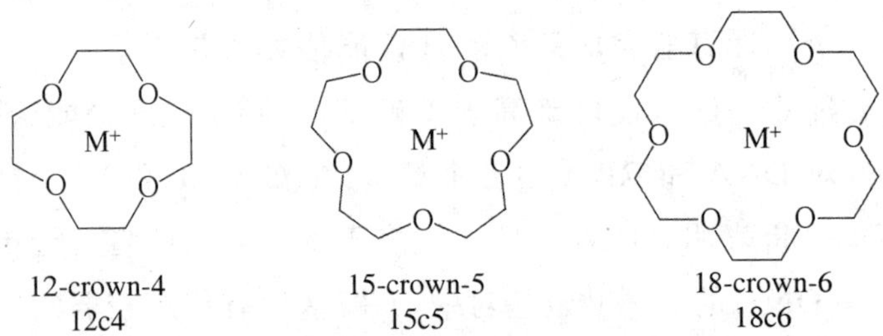

孔内径(nm) 0.12 0.170 0.26(2003NEU/DEL)

图 6.43 碱金属阳离子-冠醚络合物(1999ARM)

这些冠醚化合物(主体)与 M^+ (客体)之间的气相中的键能 D_{exp} 已列于表 6.10 内(引自 2007LUO)。从表 6.10 看出,在气相中 M^+-冠醚络合物的键能或稳定性大小的次序是

$$Li^+ \gg Na^+ \gg K^+ \gg Rb^+$$

这一次序如图 6.44 所示。

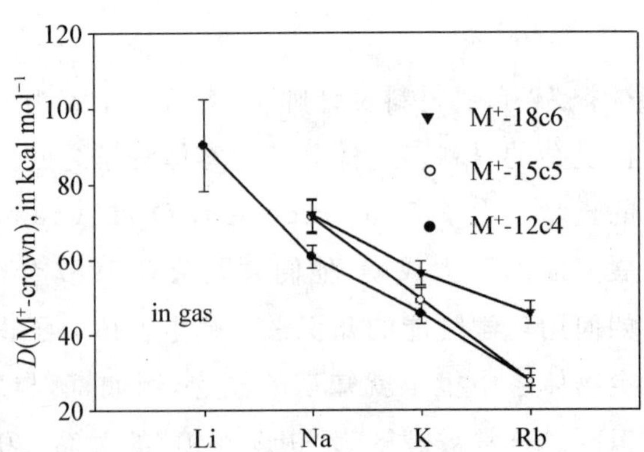

图 6.44 碱金属阳离子-冠醚络合物中的键能

而碱金属阳离子的半径大小的次序与稳定性大小次序正好相反（2003NEU/DEL）：

$$Li^+ (0.074\ nm) \ll Na^+ (0.102\ nm) \ll K^+ (0.138\ nm)$$

$$\ll Rb^+ (0.149\ nm) \ll Cs^+ (0.170\ nm)$$

这表明，碱金属阳离子稳定性大小的次序是合理的，因为 Li^+ 的半径最小，静电力最强；Rb^+ 的半径最大，静电力最弱。

表 6.10 冠醚和 M^+ 离子在气相与水相反应中的热力学（1 kcal＝4.184 kJ），黑体表示更稳定的水合物，正 ΔH 值表示吸热，负 ΔH 值表示放热

M	ΔH_1	ΔH_1, ΔH_2 and ΔH, in kcal mol^{-1}					
		M^+-12c4		M^+-15c5		M^+-18c6	
		$\Delta H_2 = -D$	ΔH	$\Delta H_2 = -D$	ΔH	$\Delta H_2 = -D$	ΔH
Li	114.2 ±3.6	−90.3 ±12.2	−23.9 ±13				
Na	70.8 ±2.5	−60.7 ±3.1	10.1 ±4.0	−71.2 ±4.3	−0.4 ±5.0 (1.5)	−71.7 ±4.5	−0.9 ±5.2 (−2.0)
K	47.2 ±1.7	−45.7 ±2.9	**1.5 ±3.4**	−49.2 ±3.3	**−2.0 ±3.7 (−4.1)**	−56.2 ±3.1	**−9.0 ±3.4 (−6.0)**
Rb	43 ±5.2	−22.7 ±3.1	20.3 ±6.1	−27.7 ±1.4	15.3 ±5.4	−45.9 ±3.1	−2.9 ±6.1 (−3.8)

但是，这里有一个理论上的困难。键能的测量是在气相中完成的，而金属阳离子-冠醚络合物的稳定性则在水相中测定。两者的变化趋势很不相同，前者好似单调下降（图 6.44），后者显示出一个峰值（图 6.45）。

Dearden 等（1993CHU/ZHA）利用 Fourier 变换离子回旋共振质谱（FT-ICR/MS）测量了碱金属阳离子络合物的交换速度，然后计算出该反应

的 ΔG。他们发现,碱金属阳离子从 18-冠(醚)-6 到 21-冠(醚)-7 的平衡过程,对于 K^+ 离子,其 ΔG 值在曲线的峰点。换句话说,对于该络合反应,K^+ 离子有最高的选择性。

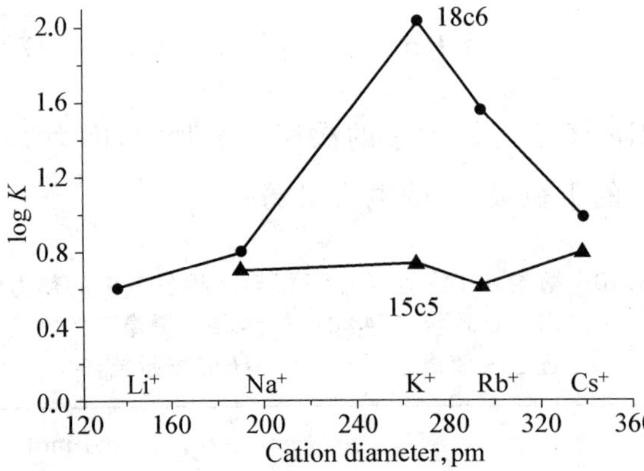

图 6.45 碱金属阳离子-冠醚络合物在水相中的稳定性(2002DOD)

为了认识理论上的困难的本质,我们必须考虑水相反应对气相反应的特殊性。在水相中,M^+ 离子被水和。M^+ 离子进入冠醚空内之前,它们必须释放所有的水分子,其水合能也将全部释放。因此,水相中的络合反应及其反应热效应是

$$M^+(H_2O)_x \longrightarrow M^+ + xH_2O,\ \Delta H_1(\text{吸热})$$

$$M^+ + \text{冠醚} \longrightarrow M^+(\text{冠醚}),\ \Delta H_2(\text{放热})$$

因此,我们可用键能数据估计总反应的热效应:

$$\Delta H = \Delta H_1 + \Delta H_2 = \sum D(M^+\text{-}xH_2O) - D(M^+\text{-冠醚})$$

估算结果也列于表 6.10 中的第二行。利用这些数据,我们得到图6.47。它显示了碱金属阳离子-冠醚在水相中反应的热效应。对比图 6.47、图 6.46 与图 6.45,三者很相似,即对 M^+-18c6 络合反应,在 K^+ 位置有高峰。在表 6.10 中,我们也提供了水相中该络合反应的热效应的测量值,放在圆括号之中。有趣的是,利用键能数据估算的总反应热 ΔH 与测量值很接近。

从表 6.10 或图 6.47 得知，室温下，对于水相中的 M^+-冠醚络合物，K^+ 比 Na^+ 表现了更高的稳定性。换句话说，K^+ 比 Na^+ 有更高的选择性，特别是对与 M^+-12c4 或 M^+-18c6 络合物。对于 M^+-15c5 络合物，K^+ 比 Na^+ 的选择性也要高 10 倍。对于 M^+-18c6 络合物，K^+ 比 Na^+ 的选择性高得更多。

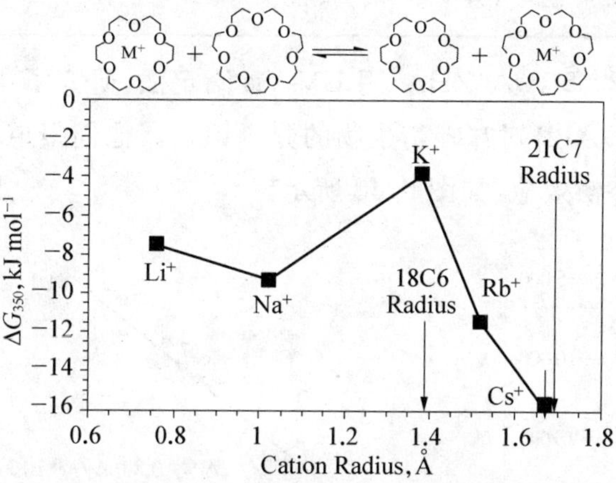

图 6.46 碱金属阳离子从 18-冠(醚)-6 到 21-冠(醚)-7 的 ΔG 与离子半径的关系

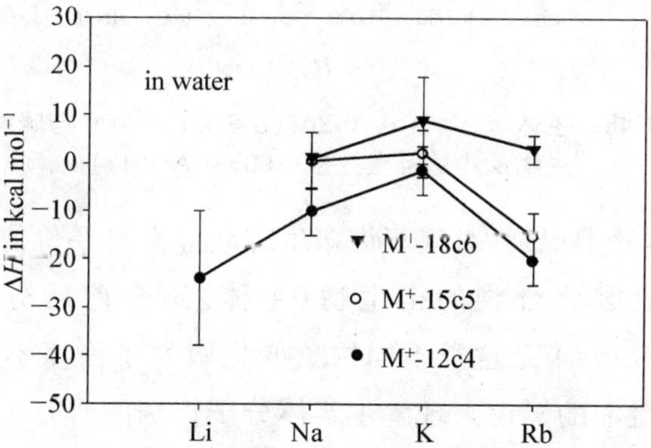

图 6.47 碱金属阳离子-冠醚在水相中的反应

我们还看到，K^+ 离子与 12c4，15c5，18c6 在水相中的估计的络合反应热效应（ΔH_{aq}）大小次序与离子交换方法（IEM）测量的平衡常数 $\log K$（1991IZA/PAW）次序紧密相关，见表 6.11。对于释放能量比较多的反应体系（即 K^+-18c6），平衡常数 $\log K$ 也比较大（2.05），络合产物比较稳定。

表 6.11 K^+ 离子与 12c4, 15c5, 18c6 在水相中的络合反应，正 ΔH 值表示吸热，负 ΔH 值表示放热

	K^+-12c4	K^+-15c5	K^+-18c6
ΔH, in kcal mol^{-1}(本书)	1.5±3.4	−2.0±3.7	−9.0±3.4
log K, 25℃(1991IZA/PAW)	none	0.76	2.05

朱志昂等(2005RUA/ZHA)用 UV-Vis 滴定法，研究了主体α, α, α, β-ZnT(*o*-BocThr)APP 对咪唑衍生物的分子识别。他们报道，该反应的熵变与焓变之间有补偿效应，如图 6.48 所示。

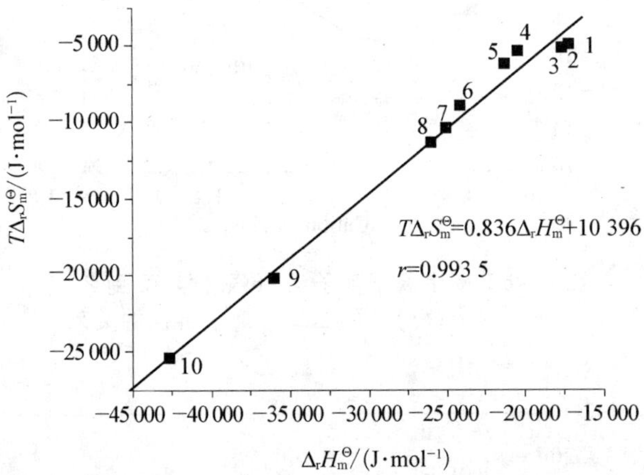

图 6.48 主体 α, α, α, β-ZnT(*o*-BocThr)APP 与咪唑衍生物反应的补偿效应(2005RUA/ZHA)

研究主客体分子识别，对理解许多生理效应有重要价值。图 6.49 示意了客体 K^+ 与冠醚化合物的衍生物(主体)结合前后分子构象的变化(2002GOK/BAR)。正是这类不同构象变化引发了许多不同的生理效应。但是，利用化学键能的知识来理解主客体分子识别的研究工作才刚刚开始。

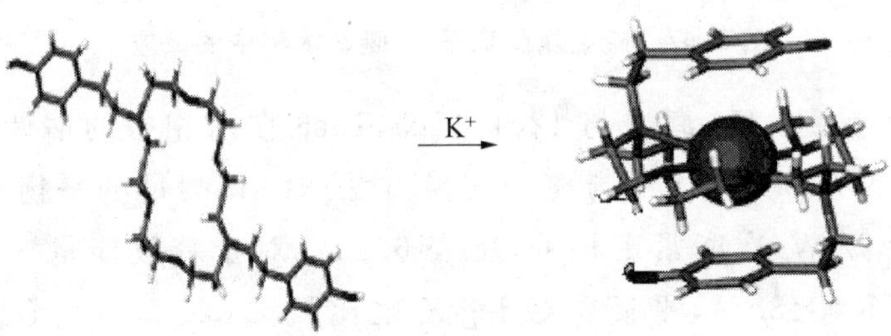

图 6.49 客体 K^+ 与冠醚衍生物(主体)结合前后分子构象的变化

6.15 ATP(腺苷三磷酸)水解

ATP(腺苷三磷酸)是活细胞内一种特殊的能量载体,在细胞核、线粒体、叶绿体以及细胞质基质中广泛存在着,并不断与 ADP(腺苷二磷酸)相互转化而形成 ATP 系统(见图 6.50)。当生物体需要能量时,ATP 水解迅速转化成 ADP。一般地说,ATP 在细胞内形成后不到 1 分钟的时间就要发生转化。在活细胞中,ATP 末端磷酸基团的周转是极其迅速的,其消耗与再生的速度是相对平衡的,ATP 的含量因而能维持在一个相对稳定的、动态平衡的水平。

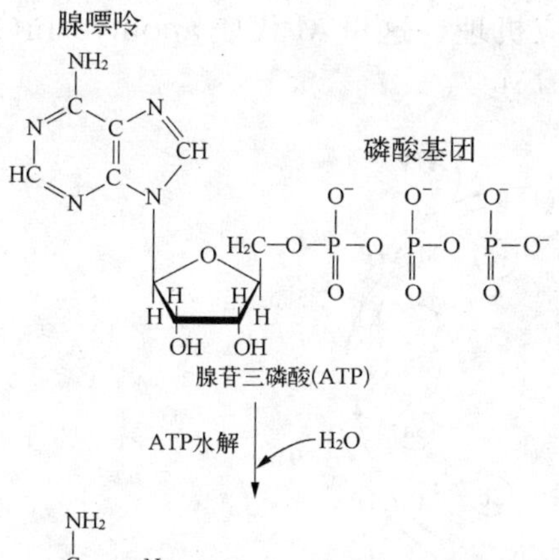

ATP和ADP

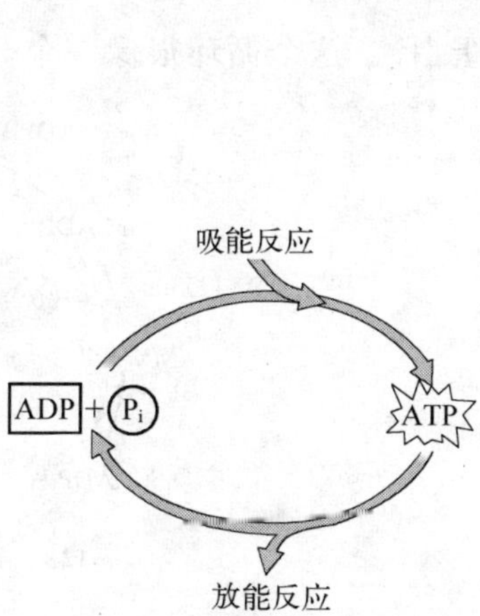

ATP和ADP连接放能与吸能

图 6.50 ATP 和 ADP 的联系

ATP 的水解、与 ADP 之间的转化是在 Mg^{2+} 离子的作用下完成的。密度泛函理论计算表明(2003AKO/JON),在螯合物 $Mg(ATP)^{2-}$ 中,O—P 键被拉长,键被弱化,Mg^{2+} 离子位于八面体溶剂壳的中心。ATP 在

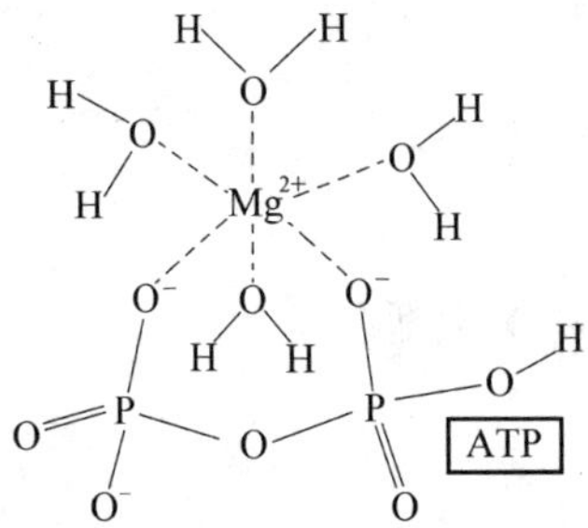

图 6.51　螯合物 $Mg(ATP)^{2-}$

Mg^{2+} 离子的作用下的水解是熵驱动的过程。这里，键合较弱，故反应前后的焓变不太重要。

Matta 等（2007MAT/ARA）通过计算看到，Mg 与 HPO_4 键合之后（如图 6.51），化学键 P—O1 将弱化。在 MP2 与 B3LYP 水平，分别弱化 29.5 或 26.8 kcal mol^{-1}。

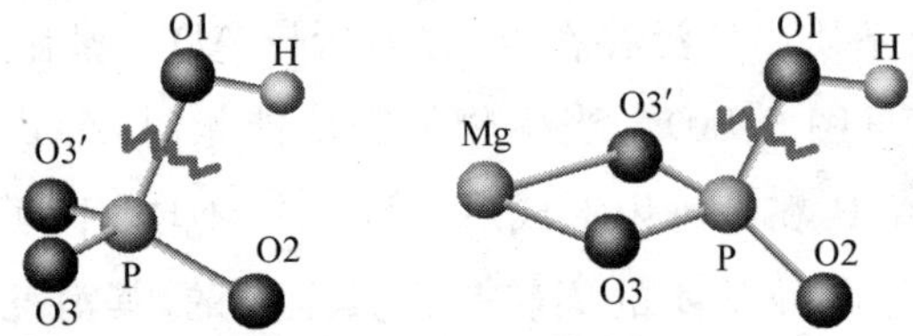

Fischer 等（2006SCH/SMI）利用密度泛函理论研究了 ATP 的水解的可能细节。图 6.52 描述了可能的反应机理。这里 M 代表 apomyosin（前肌浆球蛋白）。这个循环很像一个分子马达。

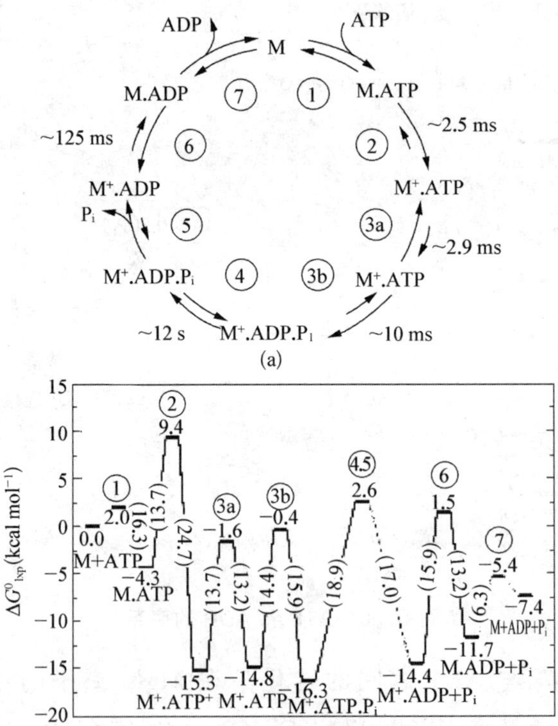

图 6.52　ATP 水解的动力学循环(2006SCH/SMI)

Tulub (2006TUL) 最近利用密度泛函理论完成了在 B3LYP/6-31G * 水平上的计算。他选择的模型络合物是[$Mg(H_2O)_2GTP$]$^{2-}$,如图 6.53。他的计算也表明,从络合物转变为单磷酸酯是在皮秒级,速度很快,如图 6.54。

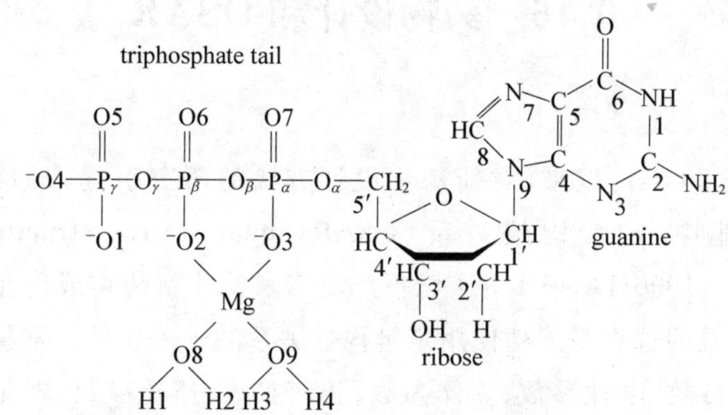

图 6.53 模型络合物[$Mg(H_2O)_2GTP$]$^{2-}$

Schulten 等(2004DIT/HAY)利用量子力学/分子力学(QM/MM)研究了 ATP 水解中两种构型 β_{TP} 和 β_{DP} 的能量。这里,Mg^{2+} 离子和氢键网络都起着重要作用。他们认为,β_{DP} 构型有较低的能量途径,其过渡态的能垒高达 18.2 kcal mol^{-1}(76.1 kJ mol^{-1})。

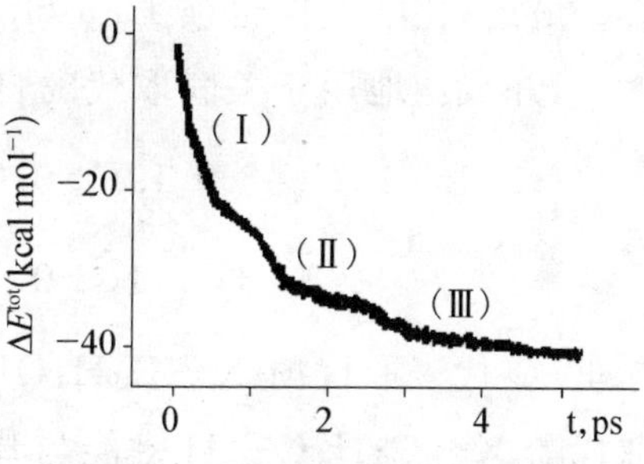

图 6.54 从络合物转变为单磷酸的时标(2006TUL)

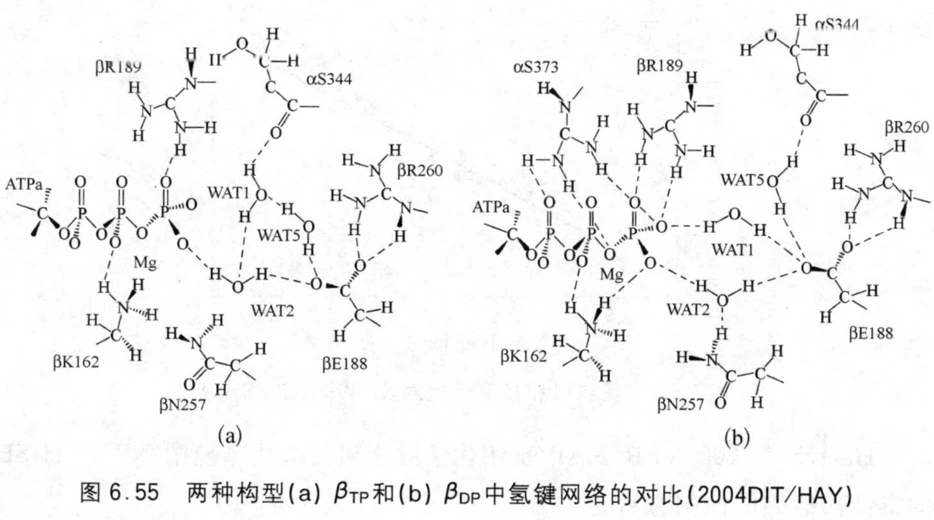

图 6.55 两种构型(a) β_{TP}和(b) β_{DP}中氢键网络的对比(2004DIT/HAY)

6.16 药物设计和 QSAR

20 世纪 90 年代以来，对新药物设计方法的研究引起人们极大关注。在医药工业中，定量构效关系（QSAR，quantitative structure-activity relationship，1996HAN/HOE）已被广泛用来设计新药物或优化现有的药物。结构参数的选择是成功使用定量构效关系的先决条件。常见的结构参数有：疏水参数、电性参数、立体参数、几何参数、拓扑参数、理化性质参数以及纯粹的结构参数等。

最近，化学键能也被 Hansch 等选入（1999SEL/SHU）作为重要的参数之一，并成功地用于关联取代酚自由基 X—C_6H_4O 的毒性：

$$\log 1/C = -0.19(\pm 0.02)\Delta BDE + 0.21(\pm 0.03)\log P$$

$$+3.11(\pm 0.10),\ n = 52, r^2 = 0.920$$

这里，C 代表取代酚 X—C_6H_4OH 阻碍细胞生长 50%时的浓度，ΔBDE 是取代酚 X—C_6H_4O—H 键能与苯酚 C_6H_5O—H 键能之差值，P 是在辛醇-水中的分配系数。图 6.56 显示了观测值和预测值的对比。

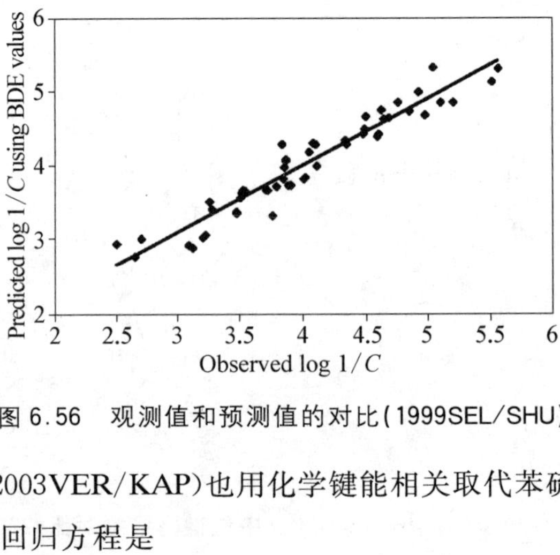

图 6.56　观测值和预测值的对比（1999SEL/SHU）

Hansch 等（2003VER/KAP）也用化学键能相关取代苯硫酚 X—C_6H_4SH 的毒性。他们的回归方程是

$$\log 1/C = -0.20(\pm 0.05)\Delta\text{BDE} + 0.59(\pm 0.26)I_H + 4.02(\pm 0.15), \quad n = 23, r^2 = 0.794$$

这里，I_H 是描述卤素反应活性的指数，$I_H = 0$ 或 1。

O'Brien 等(2003MOR/SIR)用化学键能相关了取代苯酚 X—C_6H_4OH 的毒性。他们的回归方程是

$$\log \text{LD}_{50}(\text{mM}) = -0.040(\pm 0.018)\Delta\text{BDE} - 0.601(\pm 0.066) \log P + 4.611(\pm 0.166), \quad n = 23, r^2 = 0.827$$

式中，LD_{50}是两小时内诱发老鼠肝细胞 50%中毒的取代苯酚浓度。

Cronin 等(2003NET/APT)用化学键能相关了多羟基取代苯的毒性。他们的回归方程是

$$\log(\text{IGC}_{50})^{-1} = -5.13(\pm 0.74)\text{BDE} + 0.419(\pm 0.067) \log D + 75.5(\pm 10.9), \quad n = 26, r^2 = 0.814$$

式中，IGC_{50}是 50%阻化时的浓度，D 是 pH = 7.35 时的分配系数。

李元宗等(2002CHE/REN)报道，酚类化合物清除自由基的速度常数 k 与多个因子相关。他们发现的方程有

$$\log k = -0.300(\pm 0.019)\text{BDE} + 16.568(\pm 0.470), \quad n = 13, \ r^2 = 0.8416$$

$$\log k = -0.227(\pm 0.028)\text{BDE} + 0.171(\pm 0.047)E_{\text{a}} + 0.169(\pm 0.043)E_{\text{HOMO}} - 9.807(\pm 3.600)D_{\text{s}} + 20.4949(\pm 1.091), \quad n = 13, \ r^2 = 0.9890$$

这里，BDE 是 O—H 键能，E_a 是单电子传递的焓，E_{HOMO}是供电子能力(近似用 HOMO 能级表示的电离势)，D_s 是酚氧自由基的自旋分布。用多因子相关，QSAR 提供了很高的相关系数，意味着酚类化合物清除自由基的反应机理或许不是单一的。

郭庆祥等(2003FEN/WAN)利用从头计算得到了许多芳香五元和六元环中的 C—H 与 N—H 键能。他们发现，QSAR 模型可以相关这些计算的键能：

$$BDE(C—H) = 130.5(\pm 16.8) - 0.45(\pm 0.06)\theta + 40.0(\pm 6.0)spin, \quad n = 49, \ r = 0.924$$

这里,θ(degree)是碳自由价位置的$\angle CCC$角,spin(a.u.)是碳自由基的自旋。

定量构效关系研究是对药物分子设计和优化非常有用的方法之一,具有计算量小,预测能力好等优点。但也有缺点,如图6.57所示。

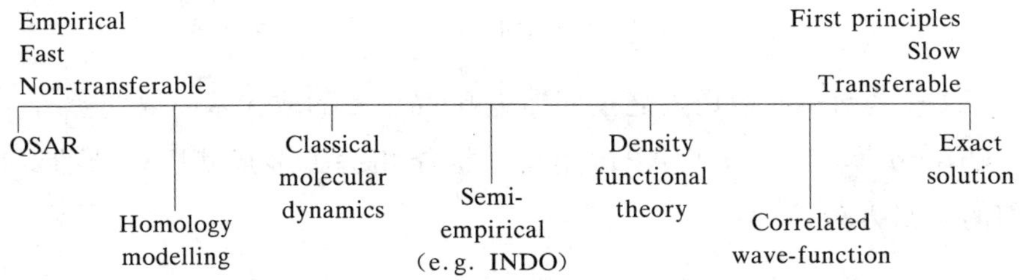

图6.57 QSAR的优缺点(2002BUT/SEG)

但是,在受体结构未知的情况下,定量构效关系方法是最准确和最有效地进行药物设计的方法。QSAR计算结果可以指导药物化学家更有目的性地对具有生理活性物质进行结构改造和优化。目前,定量构效关系的研究正在向集中在二维和三维空间发展,改良结构数据,优化统计方法。我们相信,随着键能数据的不断积累,键能将成为定量构效关系方法的重要参数之一。

6.17 簇合物中的逐级键能

簇合物(cluster)是气相与凝聚相之间的桥梁(1986CAS/KEE)。从20世纪70年代以来,引起了许多科学家的研究兴趣。化学键能数据库里收集了大量有关簇合物的逐级键能数据。

作者发现(2008LUO(b)),簇合物的逐级键能变化有一个简单的规则:逐渐由高到低,最后趋向液态材料的蒸发热(焓),即

$$D(B(M)_x—M,\ \text{large}\ x)\approx\Delta_{vap}H(M) \qquad (6.17.1)$$

这里,B是成键粒子(中性、阳离子、阴离子、络合物、生化粒子等);M是一个中性分子(有机、无机)或原子(金属、非金属、稀有气体);x描述簇合物的大小,$x=0,1,2,3,\cdots$,为配体M的原子或分子数。

例如,B = H_2O时,我们发现,至少111种不同成键粒子B支持关系式6.17.1。它们包括22种简单正离子,4种简单负离子,60种正离子络合物,60种负离子络合物。图6.57列举了8种不同成键粒子,从图中可以看出,当水合离子簇合物的尺寸增加时,其逐级键能趋向于液态水在25℃下的蒸发热(焓),10.5 kcal mol^{-1}(44.0 kJ mol^{-1}):

$$\begin{aligned}D(B(H_2O)_x—H_2O,\ \text{large}\ x)&\approx\Delta_{vap}H(H_2O)\\&=10.5\ \text{kcal mol}^{-1}(44.0\ \text{kJ mol}^{-1})\end{aligned}$$

关系式6.17.1和图6.58明显地表明,当水簇合物的尺寸足够大时,各种离子(正、负、简单、复杂、多电荷、生化)的影响将变得极其微弱甚至消失。这一重要的实验事实目前还没有理论解释。

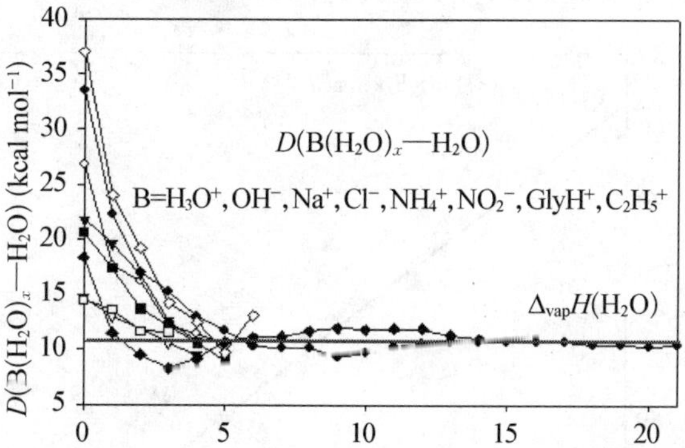

图6.58 H_2O的簇合物的逐级键能(2008LUO(b))

基于这些重要的事实,我们深信所谓的"纯水"并不存在。"纯水"实际上是个非常复杂的混合物,它是中性氢键合物与离子氢键合物通过电离平衡等构成的复杂的、网状动态平衡体系。

这些重要的事实,也促使我们认真地重新思考古老而基本的科学问题——什么是水溶液,水合、溶剂(水)效应,水溶液结构,离子-水络合物的结构与稳定性,沉淀,以及液体水和水蒸气之间的相变。

6.18 石油形成的新见解

大多数地学家认为，石油来源于远古时代的腐烂有机物、有机淤泥、海洋生物遗骸。它们在流水的搬运下，被积累到地势低洼的"大水盆"(湖盆或海盆)里，逐渐被埋在泥沙层或岩石下。经过几百万年的高压和75～200℃的高温，沉积的有机物发生化学反应，逐渐裂解，变成液体的碳氢化合物，在某些岩层的空隙中汇集起来。所以，通常利用油母质的热离解化学动力学数据，判断是否存在石油矿源。

地学家Lewan(1998LEW)发现，类型Ⅱ的油母质(常见的石油矿源)热离解动力学数据与传统观点有较大偏差，并指出热离解反应的表观活化能与油母质中含硫量有关，它们的表观活化能与有机硫的摩尔分数(S/(S+C))之间存在很好的线性关系(见图6.59)。

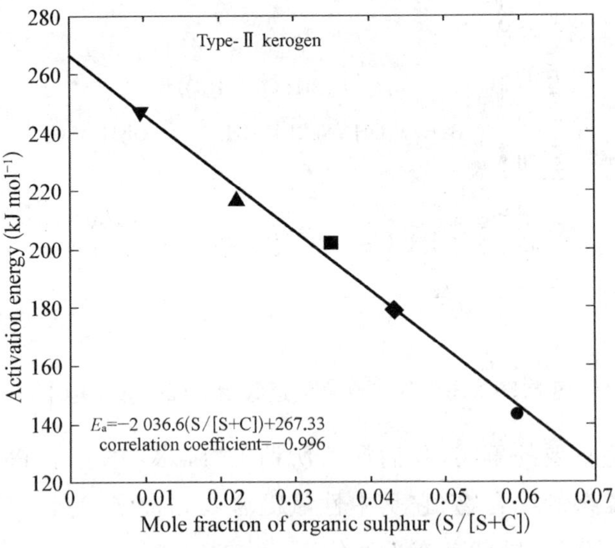

图6.59 有机硫摩尔分数与活化能

因此，他提出了一个石油形成过程全新观点。因为有机物中，S—S和C—S键能远比C—C键能弱(见表6.12)，Lewan假设，在有机物沉积盆地的早期，压力和温度并不高，有机物中的 S—S和 C—S键则可能优先地断裂，产生相应硫自由基 RS·。这些自由基 RS·将攻击不同有机物分子，并引发 C—C 键开裂，经过一系列自由基链反应之后，最后形成石油、天然气以及 CO_2 等。石油形成的速度取决于有机物沉积盆地早期产生的硫自由基 RS·的浓度。所以在远古时代较低温度下（如 50℃），远古时代的有机沉积物也可能形成石油。这一新假设正受到人们的重视，启发人们思考寻找石油的新方法。

表 6.12　C2 分子中的 C—C，C—S 和 S—S 键能(2007LUO)

键	键能	
	kcal mol⁻¹ → $kcal\ mol^{-1}$	$kJ\ mol^{-1}$
$H_3C—CH_3$	90.2±0.2	377.4±0.8
$H_3CS—CH_3$	73.6±0.8	307.9±3.3
$H_3CS—SCH_3$	65.2±0.9	272.8±3.8

6.19　烯烃复分解反应——"绿色化学"的典范

烯烃复分解反应是指在金属催化剂作用下，碳-碳双键断裂并重新结合的过程。其反应机理如图 6.60 所示。

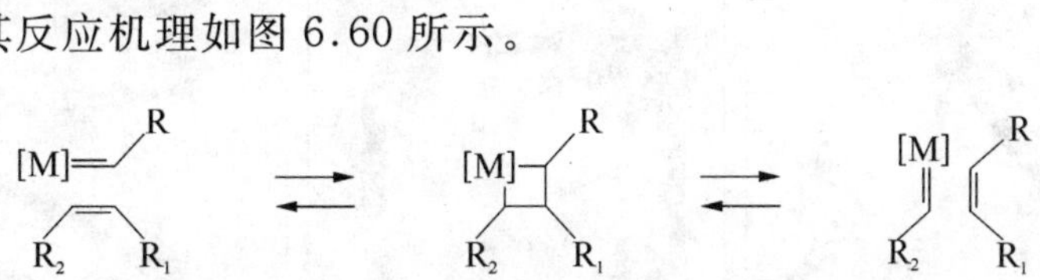

图 6.60　烯烃复分解反应的机理(2001TRN/GRU)

按照反应过程中分子骨架的变化，烯烃复分解反应可以细分为如下六种情况：交叉复分解反应(CM)、关环复分解(RCM)、非环二烯复分解聚合(ADMET)、开环复分解聚合(ROMP)、开环复分解(ROM)以及烯炔复分解(EYM)，如图 6.61 所示。

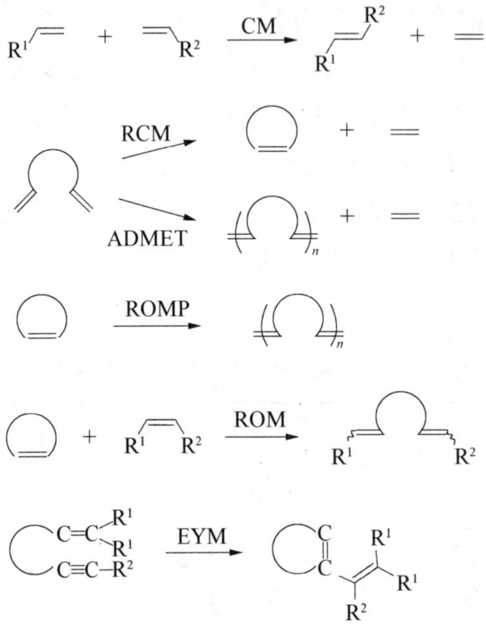

图 6.61 烯烃复分解反应的类型(2001TRN/GRU, 2005AHL, 2005CHA/WAN)

法国科学家 Chauvin 等(1971HER/CHA)首先提出烯烃复分解反应机理可形象地描述成一对舞者(烯烃)在催化剂(金属卡宾)作用下,和另一对舞者(另一烯烃)连成环状,接着相互改变搭档(形成两个新分子),其中一个是新的烯烃分子,另一个是金属原子和它的新舞伴,如图 6.62 所示。后者会继续寻找下一个烯烃分子,再次"交换舞伴",犹如一个链式反应过程。这个简单的反应机理能解释很多早期的烯烃复分解。

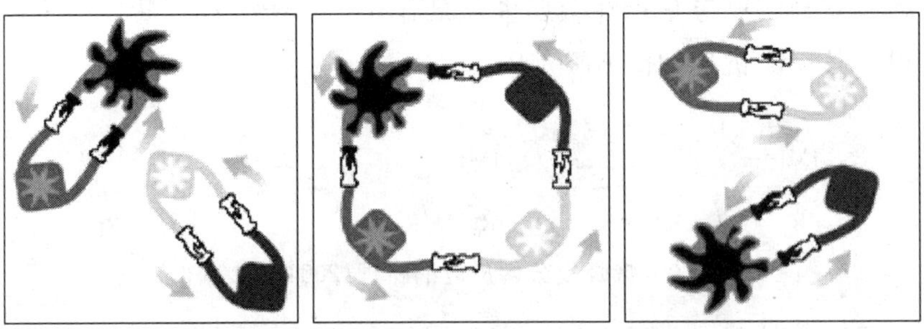

图 6.62 Chauvin 对烯烃复分解反应机理的形象描述图

Chauvin 机理第一次明确了烯烃复分解反应中金属卡宾的均相催化作用原理 (2004LI/FU, 2004ZHU/ZHA, 2006CHA)。根据这一催化机理,美国科学家 R. R. Schrock 和 R. H. Grubbs 发现了许多新的烯烃复分解反应催化剂,并极大地推动了烯烃复分解催化反应研究和应用的发展,使复分解催化反应发展成为一类标准的形成碳碳双键的有机合成的新方法,可以和 Grignard 反应、Diels - Alder 反应、Wittig 反应等传统方法相媲美。2005 年,Chauvin,Grubbs 和 Schrock 三人共同分享了诺贝尔化学奖。

Schrock 型催化剂基于 d^0(Mo, W 或 Re)过渡金属, Grubbs 型催化剂基于 d^4(Ru)过渡金属(2007POA/MON)。它们的差异如表 6.13 所示。Grubbs 型催化剂(2001TRN/GRU,2006GRU)在空气中稳定,甚至在水、醇、酸的存在下,仍然可以保持复分解催化活性。在 Grubbs 型催化剂中,骨架 $Ru{=}CH_2$ 是 14 个电子的双键,有四个配位体。

表 6.13 Schrock 型与 Grubbs 型催化剂

	Schrock 型	Grubbs 型
过渡金属	d^0(M = Mo, W 或 Re)	d^4(Ru)
结 构	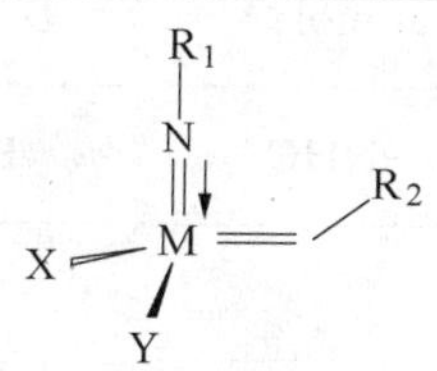	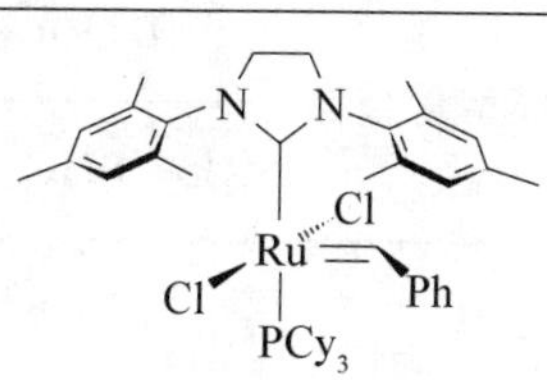
文 献	2006SCH	2006GRU

Jacobsen(2006JAC)利用密度泛函理论计算了许多 P-杂环卡宾(P-heterocyclic carbenes, PHC), N-杂环卡宾(N-heterocyclic carbenes, NHC)与 Ru 的模型化合物中的键能,这些计算值已列入表 6.14 中。

从表 6.14 可看出:① D(carben—Ru)≫D(P—Ru),表明 P—Ru 键较弱易断裂。② P-杂环卡宾 Ru 化合物中(PHC)的键能比相应 N-杂环卡宾 Ru 化合物中(NHC)的键能低约 10 kcal mol^{-1}。③ 对于这六种模型化合物,热稳定性的变化顺序为 n1>p′1>p1>pn1。化合物 p′1 中的苯环导致键能增加。$D(Ru—PH_3)$比 $D(Ru—PMe_3)$弱约 10 kcal mol^{-1},因此,化合物 p1a 比 pn1 的热稳定性低。Jacobsen 认为,在设计烯烃复分解反应新催化剂时，P-杂环卡宾可能是潜在的配位体（图6.63）。

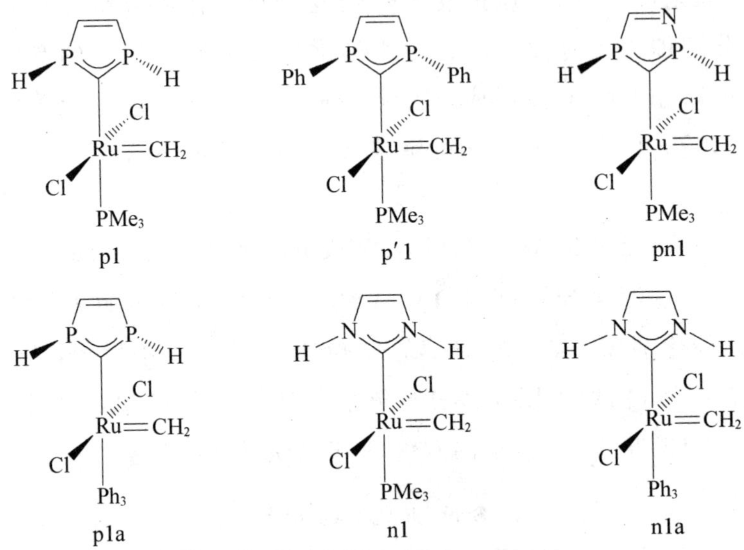

图6.63 Jacobsen的模型化合物（2006JAC）

表6.14 模型化合物中的键能（1 kcal＝4.184 kJ）

模型化合物	D(Ru—P)，kcal mol^{-1}		D(C—Ru)，kcal mol^{-1}	
	PHC	NHC	PHC	NHC
p1	19.8		45.2	
p′1	23.2		40.4	
pn1	20		44.0	
p1a	10		50.4	
n1		29.6		497
n1a		20.6		55.9

Harvey等（2005TSI/ORP）利用密度泛函理论计算了Grubbs型催化剂中的Ru—P键能。

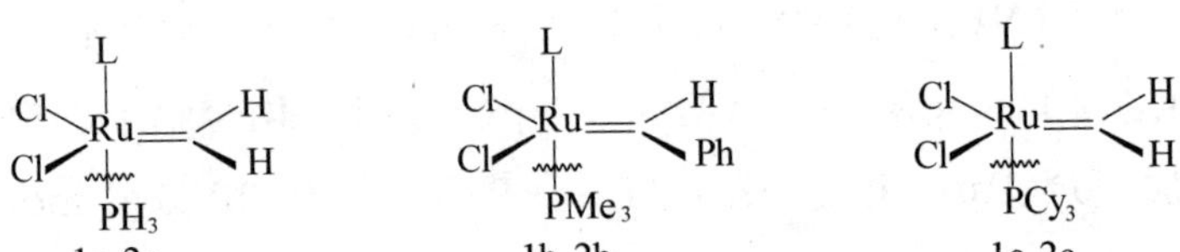

从表6.15看出，2a，2b和2c中的Ru—P键能均比1a，1b和1c中的低，表明2a，2b和2c可能有更好的催化活性。

表6.15 Grubbs型催化剂中的Ru—P键能，in kcal mol^{-1} (1 kcal = 4.184 kJ)

计算方法	1a	2a	1b	2b	1c	2c
B3LYP	20.2	15.8	23.5	22.0	17.3	15.9
B3LYP/cc-pVTZ	17.9	14.3	19.2	19.1	21.4	19.1
B3LYP/BSⅢ	21.0	16.7		22.9	17.4	15.6
BP86/BSⅢ	22.9	18.6	25.9	23.9	17.4	15.5

1a, L = PH_3; 2a, L = imidazoyl-2-ylidene ($(CH_2)_2(NH)_2C$ or NHC; 1b, L = PMe_3; 2b, L = dihydroimidazol-2ylidene; 1c, L = PCy_3, Cy = cyclohexyl; 2c, L = $IMesH_2$, ($IMesH_2$ = N, N'-*bis*(2,4,6-trimethylphenyl)-dihydroimidazol-2ylidene).

Cavallo等(2003HIL/SOM, 2005CAV/COR)研究了Grubbs型催化剂(η^5-C_5Me_5)RuCl(NHC)成键中的位阻和电子效应。以金属原子Ru为中心，画一个半径为3Å的球，不同的配位体NHC将掩蔽这中心原子Ru(图6.64)。位阻参数%V_{bur}被定义为配位体NHC掩蔽中心原子Ru的球形百分率。Cavallo等报道，位阻参数%V_{bur}与(η^5-C_5Me_5)RuCl和NHC之间的键能有线性关系(图6.65)。

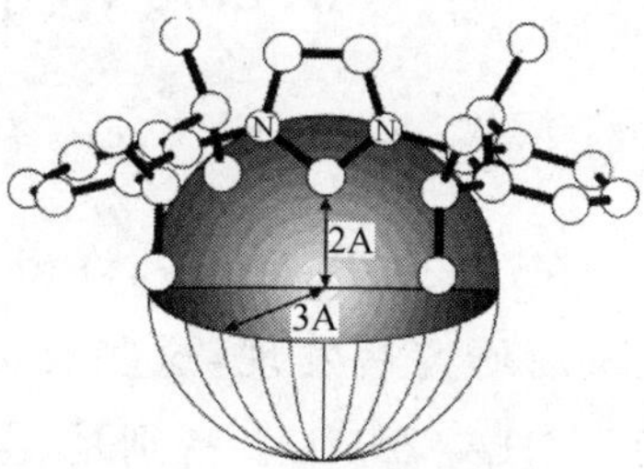

图6.64 配位体NHC掩蔽中心原子Ru的球形百分率(2003HIL/SOM)

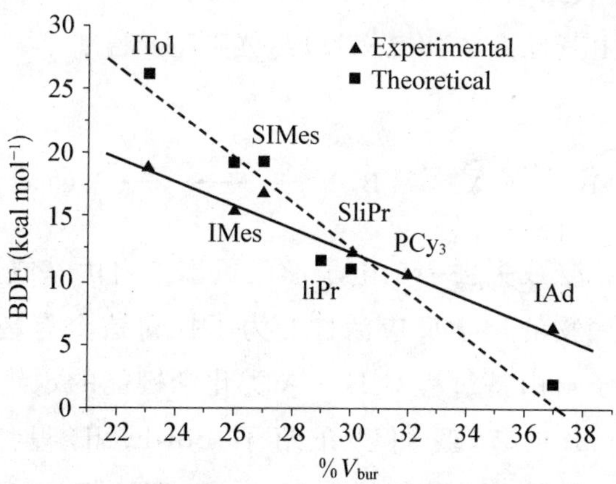

图6.65 Cp*RuCl(L)体系中的实验与理论键能BDE和位阻参数%V_{bur}(2005CAV/COR)

长期以来，有机合成化学在丰富人们的物质生活、抵御各种疾病和自然灾害等方面作出了重要的贡献。与此同时也带来了一些副产物，如有害气体、有害固体和有害溶剂等。但是，烯烃复分解反应是低活化能的可逆反应，在产物与原料之间存在一热力学平衡，受产物平衡浓度的影响。烯烃复分解反应的条件是温和的，操作也很简便，可在室温和常压下完成。这一新的合成过程简单快捷，生产效率高，副产品少，产生的有害废物也少，有利于保护环境，成为“绿色化学”的典范。烯烃复分解反应新方法，将对化学工业、制药工业、合成先进塑料材料以及未来“绿色医学”等的发展，起着革命性的推动作用。

6.20 电子转移与催化作用机理

在过去的几十年中，许多一直认为按经典离子型机理进行的化学反应，经重新研究后发现，这些反应却是按单电子转移机理进行的(1988EBE, 1997ZHA/ZHU)。特别是，电子转移反应在生物体的新陈代谢过程中起着非常重要的作用。食物经新陈代谢过程中的氧化还原(电子转移)反应，产生维持生命所需的全部能量(2001BAL)。对于底物A和B之间的电子转移反应，首先将形成正负离子自由基对，如反应(6.20.1)所示。当然，正负离子自由基也可由其他方法如电极反应，光照等产生。

$$\overset{\frown{e}}{A + B} \longrightarrow \overline{\overset{\cdot +}{A} \quad \overset{\cdot -}{B}} \longrightarrow \longrightarrow \longrightarrow \text{Product} \tag{6.20.1}$$

为什么底物接受或失去一个电子形成负离子自由基或正离子自由基可明显地改变相应底物的化学反应活性？为了探讨这个有趣的问题，我们将讨论形成正负离子自由基过程对H—A类化学键能的定量影响。

在第2章的2.6节，我们已介绍了Bordwell，程津培和Harrison(1988BOR/CHE)利用二甲基亚砜($CH_3S(O)CH_3$，DMSO)溶液中酸碱平衡常数(pK_{HA})和相应共轭负离子的氧化电位($E_{ox(A^-)}$)来测定H—A类

键能的实验方法,如式 6.20.2 所示:

$$\mathrm{BDE_{HA}} = 1.37\,\mathrm{p}K_{\mathrm{HA}} + 23.1E_{\mathrm{ox(A^-)}} + C \qquad (6.20.2)$$

在此研究的基础上,Bordwell 和张先满利用不同的热力学循环分别发展了测定负离子自由基和正离子自由基中的 H—A 类键能的实验方法。

1. 负离子自由基中 H—A 键能的测定

张先满和 Bordwell 利用图 6.66 的热力学循环,提出了利用方程 6.20.2 来实验测定接受一个额外电子生成负离子自由基中的 H—A 类键能(1992ZHA/BOR)。该方法适用于所有可在二甲基亚砜溶液中测定酸碱平衡常数($\mathrm{p}K_{\mathrm{HA}}$)及相应底物还原电位($E_{\mathrm{re(HA)}}$)的化合物。其中常数 C 与方程 6.20.2 中常数 C 相同,均包含质子还原电位,离解过程的熵变化($T\Delta S$)及相应的溶剂化能变化(ΔG_{sol})。所以常数 C 仅与所用的参照电极电位有关,与相应底物的化学结构无关。如第 2 章的 2.6 节描述的,当参照电极是标准氢电极时,常数 C 为 56 kcal mol^{-1},但如直接用内标二茂铁/二茂铁离子电极为参照电极时,相应常数 C 则变为 73.3 kcal mol^{-1}。由于溶剂乙腈 CH_3CN 比二甲基亚砜的还原电位低得多,一些无法在二甲基亚砜中测定相应还原电位的化合物,则可以在乙腈中测定。实验表明在二甲基亚砜和乙腈溶剂中测定的氧化还原电位没有明显的差别。

$$\mathrm{H{-}A^{\bullet -}} \rightleftharpoons \mathrm{H{-}A} + e^- \qquad E_{\mathrm{re}}(\mathrm{HA})$$
$$\mathrm{H{-}A} \rightleftharpoons \mathrm{H^+} + \mathrm{A^-} \qquad \mathrm{p}K_{\mathrm{HA}}$$
$$\mathrm{H^+} + e^- \rightleftharpoons \mathrm{H^\bullet} \qquad C$$
$$\mathrm{H{-}A^{\bullet -}} \rightleftharpoons \mathrm{H^\bullet} + \mathrm{A^-} \qquad \mathrm{BDE_{HA^{\bullet -}}}$$

图 6.66 测定负离子自由基中 H—A 键能的热力学循环

$$\mathrm{BDE_{HA^{\bullet -}}} = 1.37\mathrm{p}K_{\mathrm{HA}} + 23.1E_{\mathrm{re(HA)}} + C \qquad (6.20.3)$$

2. 正离子自由基中 H—A 键能的测定

张先满和 Bordwell 利用图 6.67 的热力学循环,提出了利用方程 6.20.4 或 6.20.5 来实验测定失去一个电子生成的正离子自由基中 H—A 类键能(1992ZHA/BOR(b))。从图 6.67 和方程 6.20.4 或 6.20.5 可以看出,要测定正离子自由基中的 H—A 键能,则需要实验能够测定从自由基($A^\bullet$)到正离子(A^+)的氧化电位($E_{\mathrm{ox(A^\bullet)}}$)。由于大多数自由基都极不稳定,所以要由实验测定这些不稳定自由基到相应正离子的氧化电位则很困难。

但是对一些较稳定的自由基，利用简单的顺环伏安仪就可以同时准确地测定从负离子(A^-)到自由基($A^{\cdot}$)及从自由基($A^{\cdot}$)到正离子(A^+)的氧化电位，$E_{ox(A^-)}$和$E_{ox(A^{\cdot})}$。

$$\begin{array}{ll}
H—A^{+\cdot} + e \rightleftharpoons H—A & -E_{re}(HA) \\
H—A \rightleftharpoons H^+ + A^- & pK_{HA} \\
A^- \rightleftharpoons A^{\cdot} + e & E_{OA}(A^-) \\
A^{\cdot} \rightleftharpoons A^+ + e & E_{OA}(A^{\cdot}) \\
H^+ + e \rightleftharpoons H^{\cdot} & C \\
\hline
H—A^{+\cdot} \rightleftharpoons H^+ + A^{\cdot} & BDE_{HA^{+\cdot}}
\end{array}$$

图 6.67 测定正离子自由基中 H—A 键能的热力学循环

$$\begin{aligned} BDE_{HA^{\cdot+}} &= 1.37pK_{HA} + 23.1E_{ox(A^-)} \\ &\quad + C + 23.1E_{ox(A^{\cdot})} - 23.1E_{ox(HA)} \end{aligned} \tag{6.20.4}$$

$$BDE_{HA^{\cdot+}} = BDE_{HA} + 23.1(E_{ox(A^{\cdot})} - E_{ox(HA)}) \tag{6.20.5}$$

表 6.16 列出了不同结构底物由方程 6.20.2 测定的活泼 C—H 键能以及由方程 6.20.3 和 6.20.4 测定相应负离子自由基和正离子自由基中C— H键能。

表 6.16 不同化合物及其正负离子自由基中的活泼 C—H 键能

底物和 C—H 键	C—H BDEs，引自 1992ZHA/BOR					
	H—A		$H—A^{\cdot-}$		$H—A^{\cdot+}$	
	kcal mol^{-1}	kJ mol^{-1}	kcal mol^{-1}	kJ mol^{-1}	kcal mol^{-1}	kJ mol^{-1}
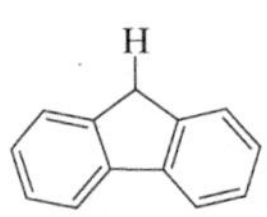	80	335	35	146	56	234
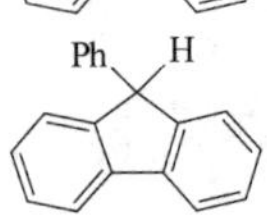	75	314	28	117	46	192
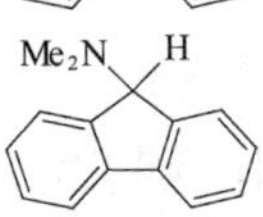	71.5	299	38	159	37	155
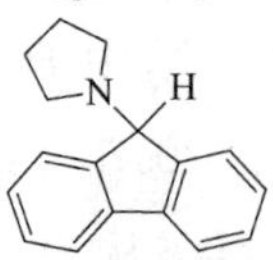	72	301	38	159	39	163
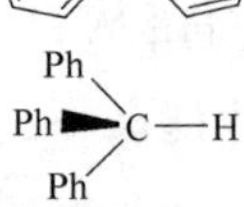	81	339	<43	<180	45	188

(续表)

底物和 C—H 键	C—H BDEs，引自 1992ZHA/BOR					
	H—A		$H—A^{\cdot -}$		$H—A^{\cdot +}$	
	kcal mol^{-1}	kJ mol^{-1}	kcal mol^{-1}	kJ mol^{-1}	kcal mol^{-1}	kJ mol^{-1}
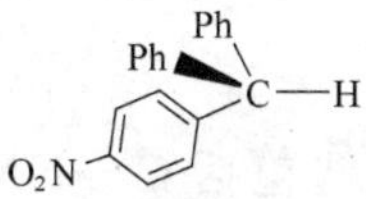	81	339	62	259	27	113
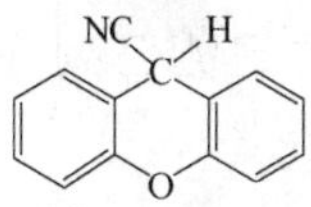	69	289	26	109	39	163

从表 6.16 看出，正负离子自由基中的键能比相应的底物都低得多，这些结果明显地表明形成正负离子自由基使相应的 C—H 键明显地变弱。据分子轨道理论，很容易理解这些有趣的实验结果。当底物被还原成负离子自由基时，所接受电子将首先占据最稳定的反键分子轨道，然后经分子内电子转移到相应离解键 σ^* 轨道上，如图 6.68 所示。同样，当底物被氧化成正离子自由基时，毫无疑问所失去的电子来自最不稳定的成键轨道，然后经分子内电子转移导致相应离解键 σ 轨道上失去一个电子，如图 6.68 所示。因为碳和氢的电负性非常接近，所以不难理解表 6.16 内不同碳氢键在正负离子自由基中只有相应中性底物中的一半左右。

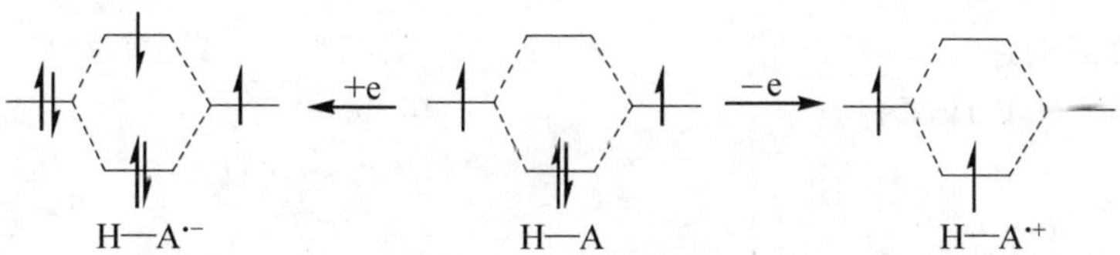

图 6.68 正负离子自由基的分子轨道示意图

在教科书中，催化剂一般定义为能引发或加速化学反应但本身不受影响的化合物。据此定义，电子转移也可以认为是催化剂，所以电子转移过程也可称作催化过程，因为电子转移不管形成正或负离子自由基均可明显地改变相应底物的化学活性。当电子转移后，底物变成了正离子或负离子自由基，其相应的 C—H 键将急剧弱化，这将明显降低化学反应能垒，使许多化学反应能在温和的条件下进行。这也是为什么在生物体内的新陈代谢过程中，广泛存在电子转移反应和均相催化过程的基本原因之一。

6.21 聚合的引发和控制

某些含弱键的化合物是自由基聚合反应的引发剂。这些包括 C—NN，C(O)O—OC(O)，S—S 键等。常见模型引发剂分子中的弱键能已列在表 6.17 中。

表 6.17 模型引发剂分子中的弱键键能(2007LUO)

分子中的弱键	键能	
	kcal mol^{-1}	kJ mol^{-1}
CH_3—$NNCH_3$	52.5	219.7
t-C_4H_9—NNC_4H_9	43.5	182.0
$C_6H_5CH_2$—$NNCH_2C_6H_5$	37.6	157.3
$CH_3C(O)O$—$OC(O)CH_3$	33.5±5	140.2±21
$C_6H_5C(O)O$—$OC(O)C_6H_5$	30.3	126.6
CH_3S—SCH_3	65.2±0.9	272.8±3.8
C_6H_5S—SC_6H_5	51.2±3	214.2±12.6
CH_3O—NH_2	54.6	228.4
CH_3O—$NHCH_3$	57.5	240.6
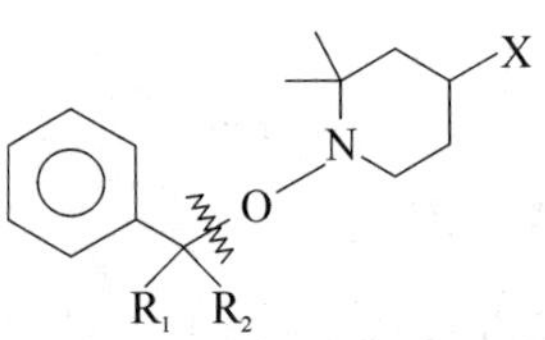		
R_1 R_2 X		
H H H	30.6	128.0
Me H H	28.4	118.8
Me Me H	24.6	102.9
H H OH	31.4	131.4
Ph_2CH—$CHPh_2$	59.1±2	247.3±8.2
Ph_2CH—$C(OCH_3)Ph_2$	53±4(估计)	222±17
$PhC(O)$—$C(O)Ph$	68.9±4	283.3±16.7

含有弱碳-碳键的化合物(见表 6.17),也可被用作自由基聚合反应的引发剂(2000LIU/LI)。烷氧胺(alkoxyamines)是新开发的聚合反应的引发剂(1999BEN/CHA, 2004STU)。其中 O—N 键是弱键,大约 55~58 kcal mol^{-1}(见表 6.17)。但是,相应的 C—O 键更弱(表 6.17),大约 25~31 kcal mol^{-1}。烷氧胺引发剂的优点是"可控"(或活性)聚合(controlled/living radical polymerization, CRP)。可控聚合反应能够在温和的条件下控制聚合物的分子量(2000YI/ZHA, 2001CHE/QIU),是聚合科学中发展极快的领域(2001MAT/XIA)。

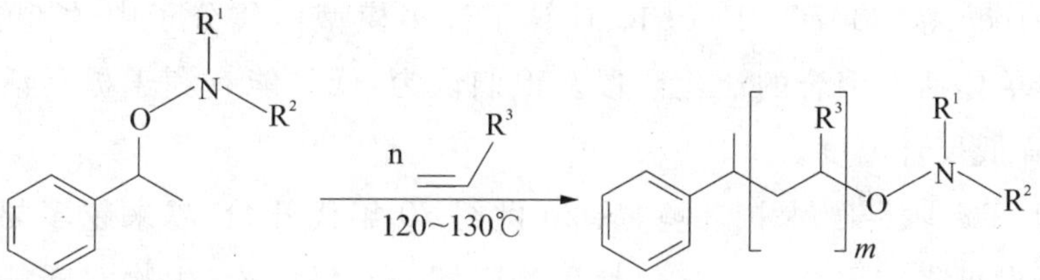

可控聚合体系中的关键问题是如何选择具有适当键能的、稳定的、可逆的自由基链终止剂。如果链终止剂中的键能太高,就不能形成活性体系。如果链终止剂中的键能太低,自由基聚合反应的速度则很慢。为了开发可控聚合体系,Kazmaier 等(1995KAZ/MOF) 利用半经验分子轨道方法在 AM1 和 PM3 水平上估算了许多分子中的键能。最近,Matyjaszewski 等(2005MAT/POL)利用密度泛函理论(DFT)计算了许多分子中的 R—X 键能,见图 6.69。这里 R 代表多种原子团,X 代表 I, S_2CNMe_2, S_2CPh, S_2CMe, N_3, Br 以及 Cl。这些R—X 键能从 I 到 Cl 而增加。他们推测,X 为 S(S)R 时或许是比较适当的引发剂。

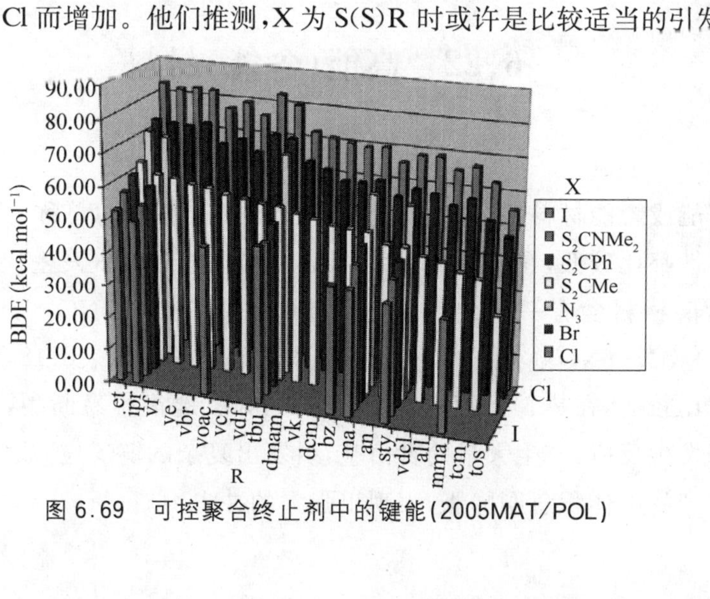

图 6.69 可控聚合终止剂中的键能(2005MAT/POL)

在 Matyjaszewski 等的研究中，因为键 R—X 比较弱，引发和链增长反应都是可逆的(如下)。因此，聚合过程能得到有效的控制。

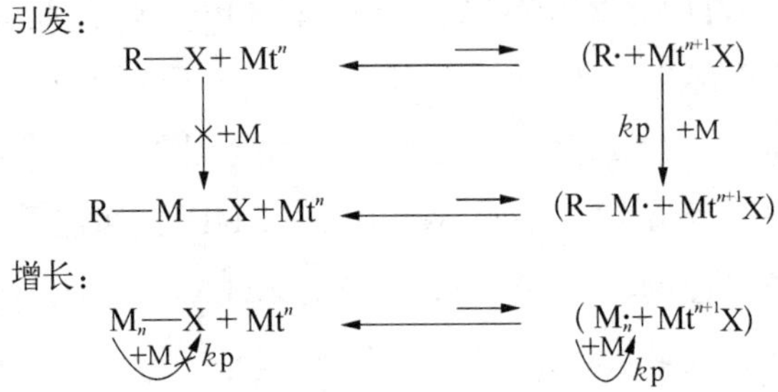

Percec 等(2007GUL/PER)计算了许多模型卤代分子中的键能，研究了乙烯单体活性聚合的活化阶段。他们认为，低键能有利于提高活化速度常数，降低聚合温度。

为了减少污染、保护环境，从 20 世纪 70 年代开始，越来越多的科学家着手开发可降解聚合物。这包括生物降解、光降解、光-生物双降解聚合物(1999LIU/LIU)。科学家设计可降解聚合物时，通常在聚合链中引入 CO 基。从第 5 章的表 5.8 得知，这样的构想是合理的。由于引入 α-CO 基团，导致 C—C 键能降低约 5.5 kcal(23 kJ)。这就解释了为什么在生物解聚合物中，都常包含 α-CO，α-C(O)O，α-OR，α-S，α-NR_2 原子团，因为他们都能导致C—C键能明显地降低。

6.22 高能(含能)材料

高能或含能材料是火药、炸药、推进剂、烟火剂等的总称。这些分子的热稳定性都比较低，在一定条件下，很容易与空气中氧气发生快速反应。大多数含能材料含有一个或多个 NO_2 原子团。这(些)NO_2 原子团通常以 C—NO_2，N—NO_2，O—NO_2 键与分子骨架连接。如表6.18所示，这些化学键都比较弱，在热、光或强冲击下，X—NO_2 键很容易断裂，与空气中的氧分子发生反应，产生大量的自由基，引发出复杂的链反应，放出大量的热，使气体产物的体积急剧膨胀，表现出强大的冲击力。

表 6.18 简单的含能分子中的键能(2007LUO)

X—NO_2 键	D(C—NO_2)		D(N—NO_2)		D(O—NO_2)	
	kcal mol^{-1}	kJ mol^{-1}	kcal mol^{-1}	kJ mol^{-1}	kcal mol^{-1}	kJ mol^{-1}
CH_3—NO_2	62.3±0.5	260.7±2.1				
C_2H_5—NO_2	60.8	254.4				
$(CH_3)_2CH$—NO_2	62.1	259.8				
$(CH_3)_3C$—NO_2	61.8	258.6				
C_6H_5—NO_2	70.7±1.0	295.8±4.2				
CH_3NH—NO_2			50	209.2		
$(CH_3)_2N$—NO_2			43.8	183.3		
CH_3O—NO_2					42.1±1.0	176.1±4.2
C_2H_5O—NO_2					41.7±1.0	174.5±4.2
n-C_3H_7O—NO_2					41.7±1.0	174.5±4.2
i-C_3H_7O—NO_2					42.3±1.0	177.0±4.2

从表 6.18 还看到,在目前的测量误差范围内,烷基硝酸酯 $RONO_2$ 中,氧端取代基 R 对键能 $D(O—NO_2)$的影响很小,大约41.7±1.0 kcal mol^{-1}(174.5±4.2 kJ mol^{-1},2007LUO)。因此,其键离解反应的平衡常数 log *K* 或速度常数 log *k* 的变化可能在一或二个数量级之内。曾秀琳等(2007ZEN/CHE(b))用密度泛函理论在 B3P86/6-31+G*水平上计算过如下硝酸酯中键能:

$$D(O_2N(OCH_2CH_2)_3O—NO_2) = 36.0\ \text{kcal mol}^{-1}(150.6\ \text{kJ mol}^{-1})$$

$$D(O_2N(OCH_2CH_2)_4O—NO_2) = 38.0\ \text{kcal mol}^{-1}(159.1\ \text{kJ mol}^{-1})$$

考虑到 DFT 计算通常过低估算键能(见第 3 章),因此他们的理论计算实际上支持了来自实验归纳的文献中的观点(1982MCM/GOL, 2007LUO)。

从表 6.18 还看到,其键能的变化次序、含能材料的化学稳定性与相对敏度(2002EAT/ZHA, 2002RIC/SAH)的变化次序相同:

$$D(C—NO_2) > D(N—NO_2) > D(O—NO_2)$$

TNT(2,4,6-三硝基甲苯,结构式如下)被称为"标准炸药"或"基本炸药”。利用第5章的知识,我们能够估计 TNT 中的 C—C, C—N 和 C—H 键能。

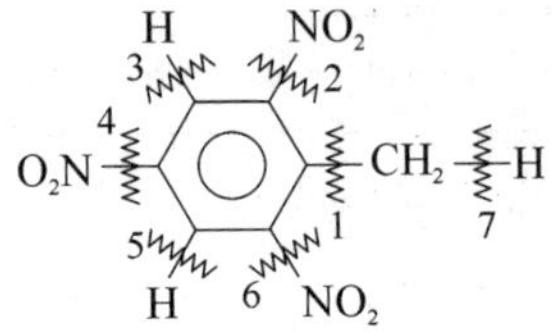

$$D(1)_{est} \approx D(Ph—Me)_{exp} + 1.0 \times \{2\sigma_p(NO_2) \times 0.85\sigma_p(NO_2)\}$$

$$= 104.1 \pm 2\ kcal\ mol^{-1}(435.6 \pm 8.4\ kJ\ mol^{-1})$$

$$D(2)_{est} = D(6)_{est} \approx D(Ph—NO_2)_{exp} - 0.8 \times \{\sigma_p(Me) \times 0.85 + 2\sigma_m(NO_2)\}$$

$$= 69.1 \pm 2\ kcal\ mol^{-1}(289.1 \pm 8.4\ kJ\ mol^{-1})$$

$$D(3)_{est} = D(5)_{est} \approx D(Ph—H)_{exp} + 1.5\{2\sigma_p(NO_2) \times 0.85 + \sigma_p(NO_2) + \sigma_m(Me)\}$$

$$= 117.7 \pm 2\ kcal\ mol^{-1}(492.5 \pm 8.4\ kJ\ mol^{-1})$$

$$D(4)_{est} \approx D(Ph—NO_2)_{exp} - 0.8 \times \{\sigma_p(Me) + 2\sigma_m(NO_2)\}$$

$$= 69.1 \pm 2\ kcal\ mol^{-1}(289.1 \pm 8.4\ kJ\ mol^{-1})$$

$$D(7)_{est} \approx D(PhCH_2—H)_{exp} + 1.5\{2\sigma_p^+(NO_2) \times 0.85 + \sigma_p^+(NO_2)\}$$

$$= 92.9 \pm 2.5\ kcal\ mol^{-1}(388.7 \pm 8.4\ kJ\ mol^{-1})$$

我们估计,在误差范围内(±2 kcal, ±8.4 kJ),第2,4和6位的三个 C—NO_2 键能是相同的。Brill 和 James 归纳了许多硝基苯的热解反应动力学的测量值(1993BRI/JAM),在温度 380～980℃之间,其活化能主要弥散在 E_a 约为 65～70 kcal mol^{-1}之间。我们的估计过程虽然很简单,但结果并不坏。

Owens 等(2002RIC/SAH)利用密度泛函理论,在 B3LYP/6-31G * 水平上,估算 TNT 中最弱的 C—NO_2 键能是 58.9 kcal mol^{-1}。我们认为,这

个 DFT 计算值过低。

根据上面估计的 TNT 中的键能,我们可推测 TNT 的爆炸机理。分子中 2, 4 和 6 位的三个 C—NO_2 是弱键是爆炸反应的活性位置。这里 D(C—NO_2) = 69.1 ± 2 kcal mol^{-1}(289.1 ± 8.4 kJ mol^{-1}),它表明 TNT 的热稳定性是中等的。利用 Benson 方法(1976BEN),可计算得 TNT 在气相中的单分子热解的基元反应速度常数:

$$\log k(1/s)_{est} \approx 16.5(\pm 0.5) - 67(\pm 1) \times 10^3 / 2.303RT$$

Xu 和 Lin(2005XU/LIN)在 G2M(RCC,MP2)水平上计算了 $C_6H_5NO_2$ 内 C_6H_5—NO_2 键离解反应在 500 到 2 000 K 范围内的速度常数:

$$\log k(1/s)_{est} = 17.18 - 73.7 \times 10^3 / 2.303RT$$

两者对比,可见我们对 TNT 热解基元反应速度常数的估计值是合理的。这里,$D(C_6H_5—NO_2)_{exp}$ = 70.7 ± 1.0 kcal mol^{-1}(见表 6.18)。

TNT 爆炸反应的下个阶段很可能是第 7 位的氢原子被空气里 O_2 攻击,产生 OOH, OH 自由基以及 O 原子。TNT 爆炸反应的下一阶段可能是苯环开裂,引起复杂的自由基链反应。爆炸反应的最后产物是 H_2O,CO,CO_2,NO,N_2O 等。从自由基链反应理论讲,观测到的 TNT 热解反应的表观活化能,应当低于引发链反应的该化学键断裂能69.1 ± 2 kcal mol^{-1}(289.1 ± 8.4 kJ mol^{-1})。

Oxley 等(2001OXY/SMI)和曾秀琳等(2007ZEN/CHE)分别用实验和理论计算讨论了过氧化合物、硝基酯、锰羰基化合物的稳定性。这些分子中的最弱键能有如下次序:

		tBuO—OtBu	RO—NO_2	RMn$(CO)_2$—CO
最弱键能	in kcal mol^{-1}	38.9 ± 1.0	41.7 ± 1.0	46.8 ± 2.1
	in kJ mol^{-1}	162.8 ± 4.2	174.5 ± 4.2	195.8 ± 9.2
热稳定性		最低	中	最高

程新路等(2006SON/CHE)发现,硝基炸药的冲击敏感度 $H_{50\%}$(cm)与硝基分子中的 C—NO_2键能有关。图 6.70 的横坐标是计算的键能 BDE(C—NO_2)与分子总能量 E 的比值。他们的计算是在 B3LYP/6-31G * 水平完成的。这线性相关可表示为

$$H_{50\%}(\text{cm}) = -108.8512 + 353.116(\text{BDE}/E),\ r = 0.99$$

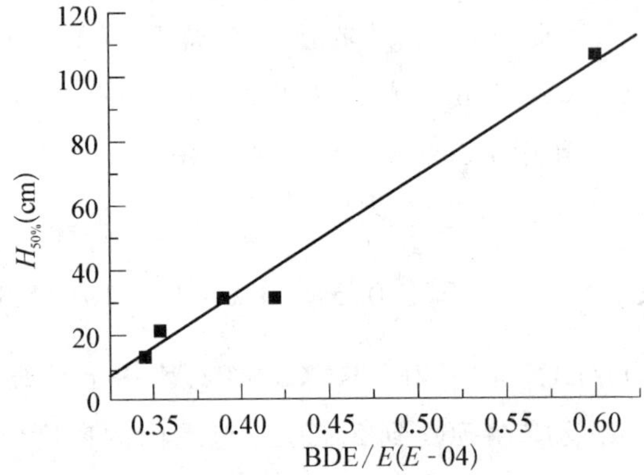

图 6.70 BDE(C—NO_2)/E 与冲击敏感度 $H_{50\%}$(cm)的关系

Fried 等(2001FRI/MAN)报道,对于包含 C—NO_2, N—NO_2, O—NO_2 等键的十五种含能材料,它们的冲击敏感度 $H_{50\%}$(cm)与比值 D/E_d 有线性相关(图 6.71)。这里,D 是含能材料中的最弱键的键能(kJ mol^{-1}),E_d 是该固体含能材料的能含(energy content, kJ mL^{-1})。

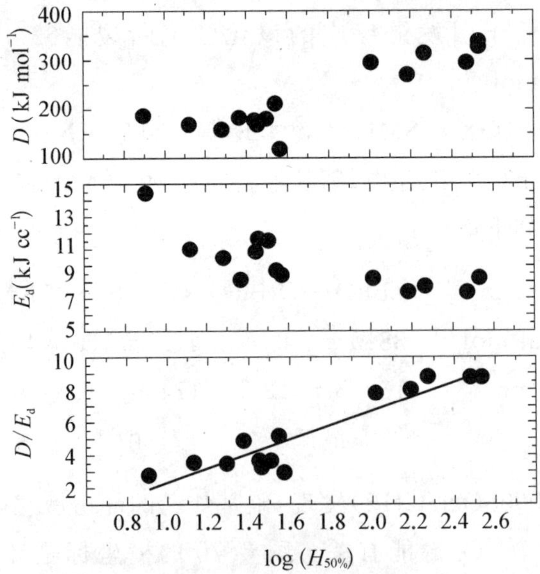

图 6.71 比值 D/E_d 与冲击敏感度 $H_{50\%}$(cm)的关系(2001FRI/MAN)

近二十年来，出现了许多新含能材料(2005TAL/SIV，2006OU/WAN)，它们多数是硝基化合物。利用第5章介绍的方法，我们能很快估计出取代硝基苯中的C—NO_2键能和取代吡啶氮氧化合物中的N—O键能。

$$D(YC_6H_4—NO_2)=D(C_6H_5—NO_2)+\rho(C—N)\sigma$$

$$=70.7-0.8\sigma\ \text{kcal mol}^{-1}$$

$$D(YC_5H_4N—O)=D(C_5H_5N—O)+\rho(N—O)\sigma^+$$

$$=63.3-0.8\sigma^+\ \text{kcal mol}^{-1}$$

这里，$D(C_6H_5—NO_2)$和$D(C_5H_5N—O)$是两个体系的参考点，分别为70.7和63.3 kcal mol^{-1}(1 kcal = 4.184 kJ)。反应常数ρ(C—N)和ρ(N—O)取自第5章的表5.11，分别为ρ(C—N) = −0.8，ρ(N—O) = −0.8。Hammett取代常数σ和σ^+取自文献1991HAN/LEO，并列在表6.19和表6.20左栏的圆括号内。我们看到，估计值与测量值之间的偏差是比较小的。

表6.19 取代硝基苯中的C—NO_2键能，in kcal mol^{-1}(1 kcal＝4.184 kJ)

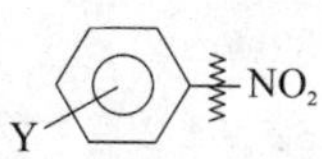

$\rho(C—NO_2)=-0.8$	$D(C—NO_2)$ 测量(2007LUO)	$D(C—NO_2)$ 估计	偏差
Y =			
4-NH_2(−0.66)	72.2	71.2±2	−1.0
4-Me (−0.17)	71.4±2.3	70.8±2	−0.6
3-NH_2(−0.16)	70.5	70.8±2	0.3
2-Me(−0.17×0.85)	70.2±2.5	70.8±2	0.6
H (σ=0) 参考点	70.7±1.0	70.7±1.0	0
2-Me-4-NO_2(−0.17×0.85+0.78)	70.6±2.0	70.2±2	−0.4
3-NO_2(0.71)	73.2±2.4	70.1±2	−3.1
4-NO_2(0.78)	67.0	70.1±2	3.1
3,5-$(NO_2)_2$(2×0.71)	66.0	69.3±2	3.3

表 6.20 取代吡啶氮氧物中的 N—O 键能，in kcal mol^{-1} (1 kcal = 4.184 kJ)

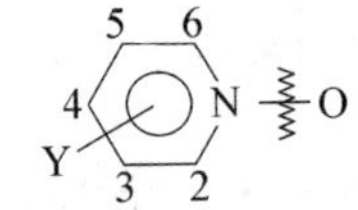 ρ(N—O) = −0.8	D(N—O) 测量(2007LUO)	D(N—O) 估 计	偏 差
Y =			
4-OH (−0.92)		64.0±2	
2-OH (−0.92×0.85)	66.6±0.5	63.9±2	−2.7
4-Me (−0.31)	62.4±0.8	63.6±2	1.2
2-Me (−0.31×0.85)	62.1±0.6	63.5±2	1.4
4-C_6H_5 (−0.18)	60.6±1.2	63.4±2	2.8
3-Me (−0.07)	63.2±0.6	63.4±2	0.2
H(σ^+ = 0)参考点	63.3±0.5	63.3±1.0	0
3-OH (0.12)	60.9±1.1	63.2±2	2.3
2-C(O)OH (0.42×0.85)	65.9±1.2	63.0±2	−2.9
3-C(O)OH (0.37)	60.4±0.6	63.0±2	2.6
4-C(O)OH (0.42)	62.0±1.2	63.0±2	1.0
3-CN (0.56)	60.8±0.7	62.9±2	2.1
4-CN (0.66)	63.5±1.1	62.8±2	−0.7
3-NO_2 (0.71)	64	62.7±2	−1.3
3-Me-4-NO_2 (−0.07+0.79)	63.0±1.7	62.7±2	−0.3
4-NO_2 (0.79)	61.8±1.3	62.7±2	0.9

6.23 表面物理吸附

气相分子在固相表面的吸附、脱附，以及气-固表面催化长期以来都是最令科学家们感兴趣的研究课题。下面将举例说明，当引入化学键能的知识之后，我们的认识深化了，可以在原子分子的水平上讨论这些问题。

Campbell 等(2006TAI/DOH)利用温度程序脱附法(TPD)研究了直链

烷烃(C_nH_{2n+2})的吸附动力学。他们发现,直链烷烃的链长和吸附能(或表面键合物的键能)有线性关系,如图 6.72 所示。这表明,直链烷烃很可能不是“直立”被吸附,而是“平躺”在晶面 MgO(001), Pt(111)和 C(0001)上。这里,圆括号中的数值是结晶学里的晶面参数,见图 6.73。

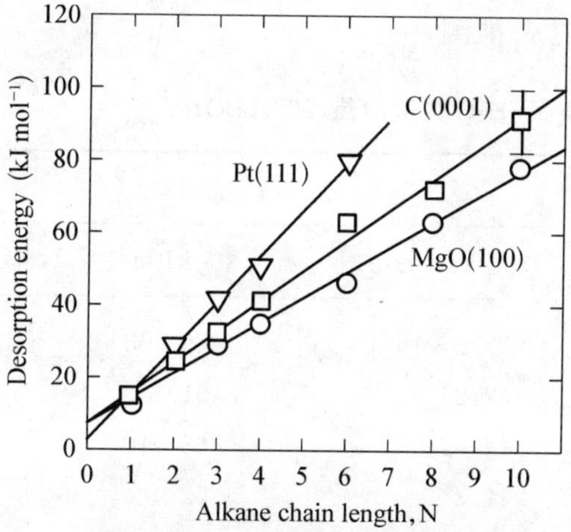

图 6.72 直链烷烃在 MgO(001), Pt(111)和 C(0001)上的脱附能(2006TAI/DOH)

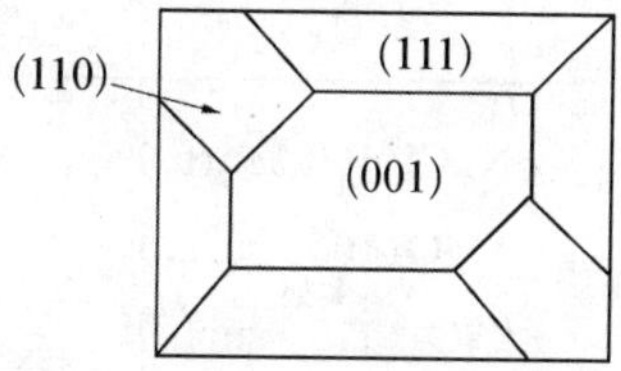

图 6.73 晶面示意图

直链烷烃在石墨上的吸附也有相似行为,脱附能随链长增加而变大(2006BEC/FIC),如图 6.74 所示。

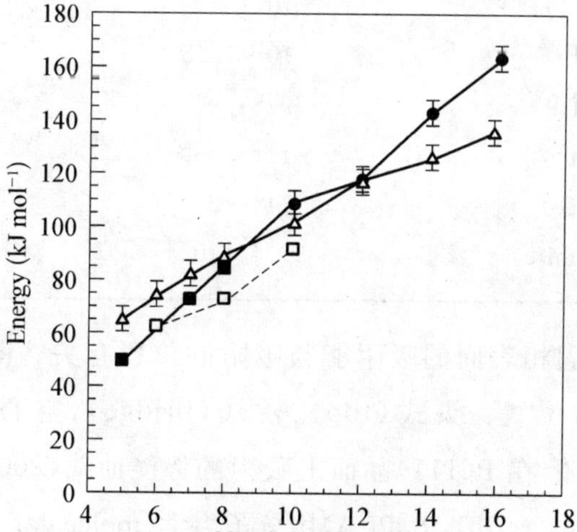

图 6.74 直链烷烃在石墨上的脱附能

水在金属表面的吸附是物理吸附。图 6.75 描述了水分子在固相表面的吸附。每个 H_2O 之间用氢键连接。水分子在不同固相表面的脱附能应当接近液体水的气化热(10.5 kcal mol^{-1},或 44.0 kJ mol^{-1})。表 6.21 的数据支持了这一推测。

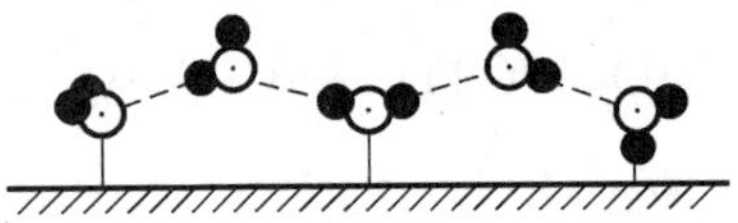

图 6.75 水分子在固相表面的吸附(2002MAR)

表 6.21 不同材料表面-H_2O 的吸附热(2007LUO)

材料-H_2O	吸附热	
	kcal mol^{-1}	kJ mol^{-1}
NaCl(100, surf.)	13.9～15.1	56～63
MgO(100, surf.)	12.2	51.1
TiO_2(110, surf.)	14～24	68～100
FeO(111, surf)	12.4	52
Fe_3O_4(111, surf)	12	50
Rh(111, surf.)	10.8	45.2
Ni(111, surf.)	11.5	48.1
Ni(111, surf)/K	12.4	52
Al_2O_3/NiAl(111,surf)	10.7	44.8
Pt(111, surf.)	10.1	42.3
Cu(100, surf.)	10.1	42.4
Cu(110, surf.)	10～12.5	42～52
Cu(111, surf.)	9.8	41.0
Ag(110, surf.)	11.5	48.3
Au(110, surf.)	11～12	46～50
C(0001,graphite)	9.5～10.4	39.9～43.4

气相分子在固相表面的吸附能与吸附的位置有关。图 6.76(a)表示了三种基本的吸附位置:头式(top)、桥式(bridge)、空心式(hollow)。图 6.76(b) 表示了 H_2 在 P(111)晶面上吸附的势能曲线(2004LUD/VLA)。

Tarmyshov 等(2007TAR/PLA)用分子力学(molecular dynamics, MD)讨论了 Pt(111)晶面与液体异丙醇(2-C_3H_7OH)之间的界面吸附,见图 6.77。他

们报道,其吸附能和被吸附的分子数有关。在分子数比较低时,吸附能与被吸附的分子数之间是线性变化,在分子数比较高时,逐渐接近凝结热。这类线性变化意味着第一吸附层中的分子异丙醇可能是平躺在晶面。第二、三吸附层中的分子异丙醇可能是无序的。远离晶面的分子异丙醇是比较自由的。

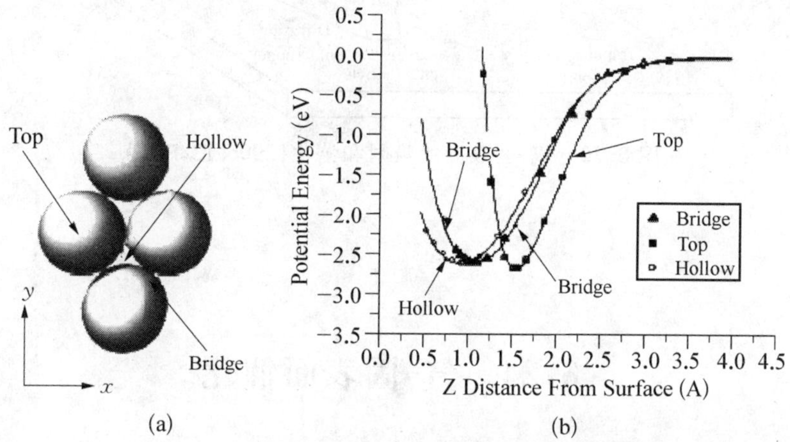

图 6.76 (a) 三种基本的吸附位置:头式、桥式、空心式;(b) H_2 在 P(111)晶面上吸附的势能曲线

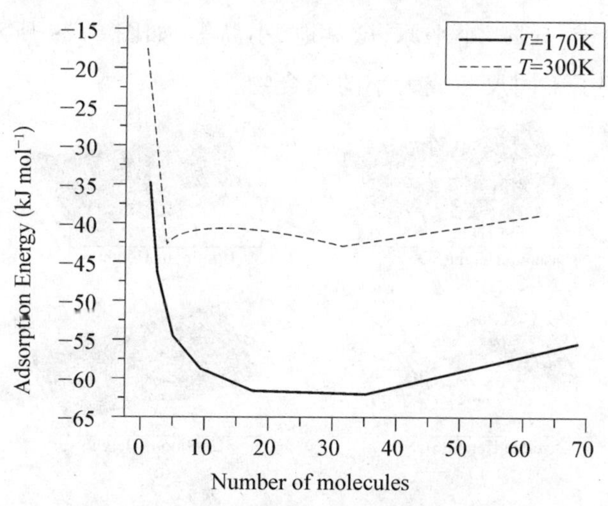

图 6.77 异丙醇的吸附能(2007TAR/PLA)

对于物理吸附,气相分子和固相表面的键能比较低,从数 kcal 到 20 kcal(1 kcal = 4.184 kJ)。对于化学吸附,气-固表面键能比较高,从 30 kcal 到 150 kcal。化学吸附要伴随化学反应,图 6.78 示意了气-固表面的吸附和催化的复杂性。

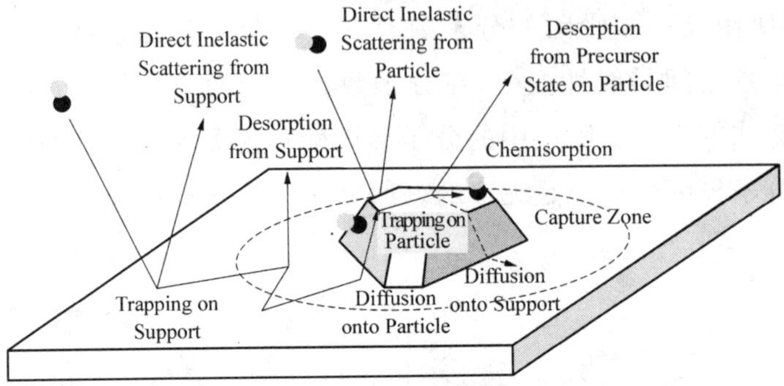

图 6.78 气-固表面的吸附和催化(2005LIB/FRE)

6.24 气-固表面催化

固相表面并非理想平面,其实非常"粗糙",有许多"缺陷"。固相表面的微结构好像阶梯、丘陵、小平原、微盆地、小岛等,如图 6.79 所示。这是因为固相表层堆积了不同尺寸或大小的簇合物。

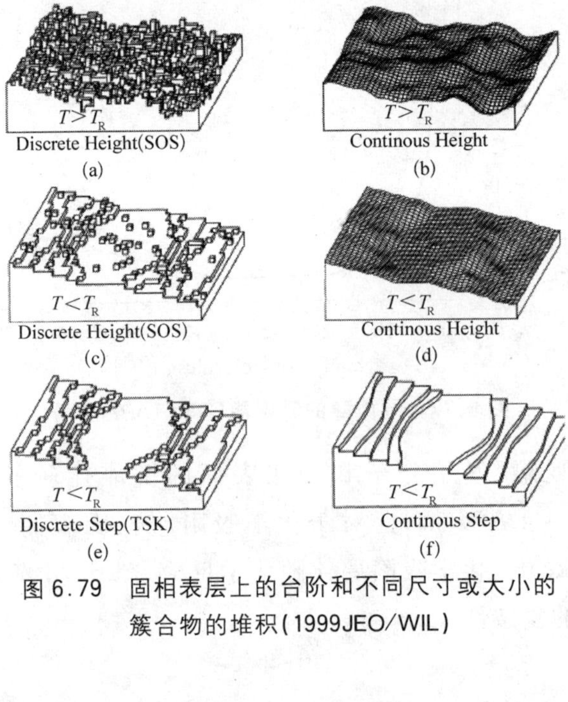

图 6.79 固相表层上的台阶和不同尺寸或大小的簇合物的堆积(1999JEO/WIL)

气固多相催化是一个相当复杂的物理和化学过程。以氧分子被金属吸附为例(见图 6.80),它的第一步是气相 O_2 分子与固相表面碰撞(图 6.80(a)),它可能被固相表面吸附(图 6.80(b))。被吸附的 O_2 可能离解成吸附 O 原子(图 6.80(c))。所以,吸附 O 原子有不同的吸附态(图 6.80(c)和(d))。吸附 O 原子还可能转移进入内层,形成三维氧化物(图 6.80(e))。

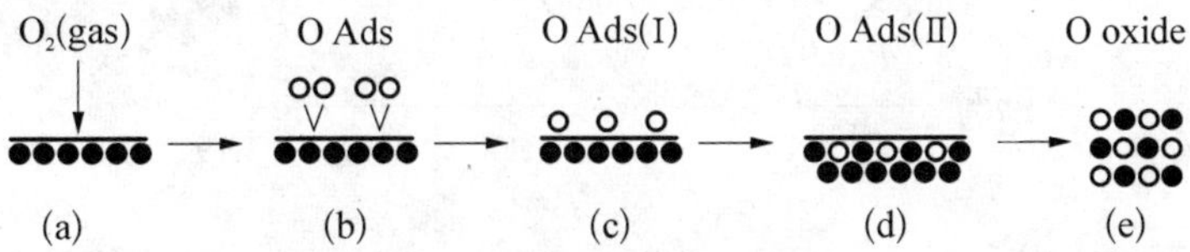

图 6.80 金属上吸附态氧的示意图(1996ROB, 2001WU/YAN)

(a) 气相 O_2 分子与固相表面碰撞; (b) O_2 被吸附; (c) Ⅰ型原子态; (d) Ⅱ型原子态; (e) 氧化物层中的原子态氧

气相分子与固相表面的接触,可能发生在不同的晶面上。不同晶面上的气-固键能(或吸附能、脱附能)也有差异。因此,不同晶面上表现了不同的催化活性。Yates 等(2006LEE/DOU)利用温度程序反应谱(TPR)和扫描隧道显微镜(STM),测量了苯甲酸在 Cu(110)面上的化学吸附动力学。他们假设,在苯甲酸的覆盖度高时,苯甲酸分子是直立的,如图 6.81 所示。在 Cu 原子的作用下,苯甲酸分子中的$C—C_6H_5$键断裂,释放出 CO_2 气体和苯分子。总反应过程是低放热的,约 3.4 kcal(14.4 kJ)。

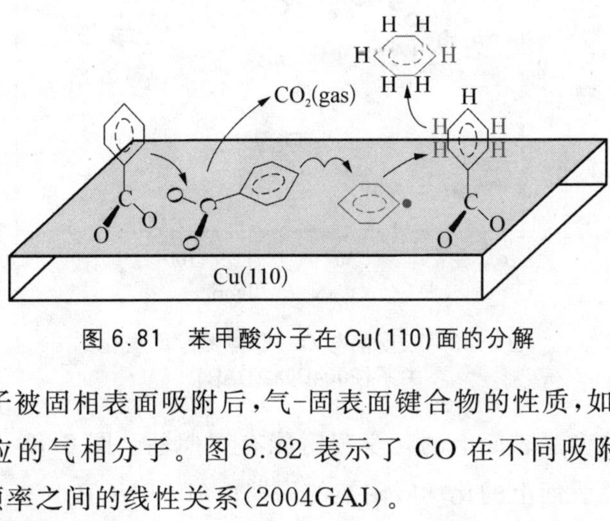

图 6.81 苯甲酸分子在 Cu(110)面的分解

气相分子被固相表面吸附后,气-固表面键合物的性质,如键长、键角等将不同于相应的气相分子。图 6.82 表示了 CO 在不同吸附时的键长与 C—O 伸缩频率之间的线性关系(2004GAJ)。

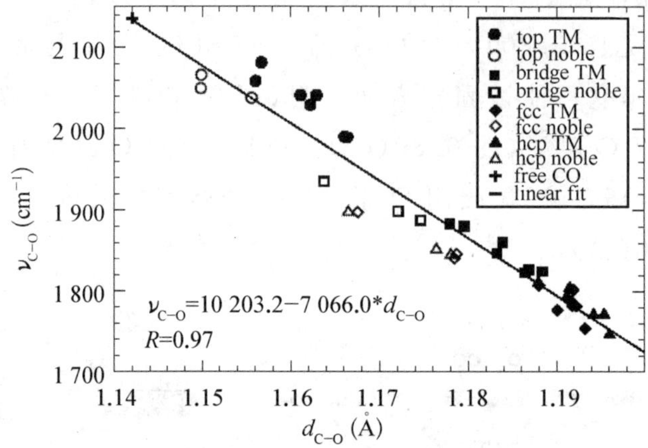

图 6.82 CO 在不同吸附时的键长与 C—O 伸缩频率的线性关系(2004GAJ)

Bolis 等(2004BOL/BAR) 发现,CO 气体被金属阳离子系统表面吸附后,C—O 伸缩频率有明显的变化。其频率变化和吸附能之间存在线性关系为

$$\Delta\nu_{CO}=[(1.03\pm0.05)\ cm^{-1}\ mol(kJ)^{-1}]|\Delta_{ads}H|+(-4\pm3)\ cm^{-1},\ r=0.981$$

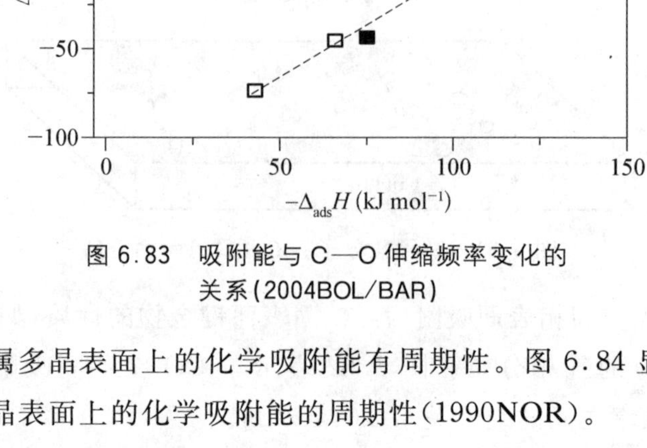

图 6.83 吸附能与 C—O 伸缩频率变化的关系(2004BOL/BAR)

过渡金属多晶表面上的化学吸附能有周期性。图 6.84 显示了 CO 在过渡金属多晶表面上的化学吸附能的周期性(1990NOR)。

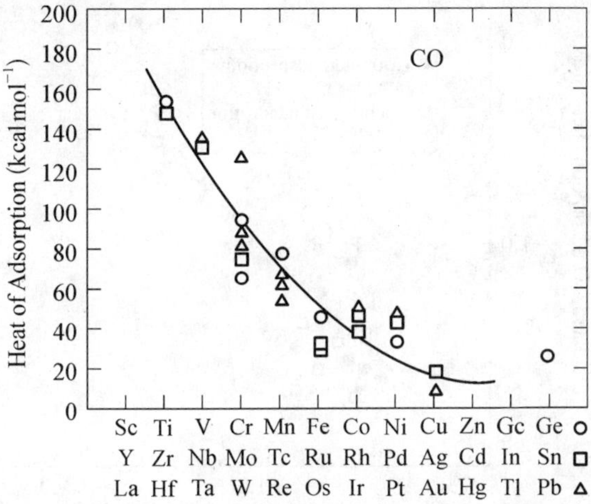

图 6.84 CO 在过渡金属多晶表面上的化学吸附能

CO 在过渡金属多晶表面上的化学吸附能高低对催化反应有重要影响。表 6.22 显示,这些过渡金属被粗黑线分为两个区。粗黑线的左方,过渡金属可以使被吸附的 CO 离解,用黑体 **D** 强调。对比图 6.83,这些过渡金属有比较高的化学吸附能。粗黑线的右方,这些过渡金属不能使被吸附的 CO 离解,用黑体 **M** 区别。对比图 6.83,这些过渡金属有比较低的化学吸附能。

表 6.22 CO 在过渡金属表面上的离解性吸附

3 group	4 group	5 group	6 group	7 group	8 group	9 group	10 group	11 group
Sc	Ti **D**	V	Cr	Mn	Fe **D**	Co	Ni **M**	Cu
Y	Zr	Nb	Mo **D**	Tc	Ru **M**	Rh	Pd **M**	Ag
La	Hf	Ta	W **D,M**	Re	Os	Ir **M**	Pt **M**	Au

Abild-Pedersen 和 Andersson(2007PED/AND)利用密度泛函理论与某些经验修正相结合,估算了 CO 在许多金属晶面上的吸附能,并与实验值进行了对比, 如图 6.85 所示。图 6.85 表明,修正后的估算值更接近实验值。

Abild-Pedersen 和 Andersson(2007PED/AND)利用他们的估算值,找到了最可能的吸附位置,如表 6.23 中最末行所示。表中的 hcp (hexagonal close-packed), fcc (face centered cubic), bcc (body centered cubic) 描述了其不同的晶体结构。

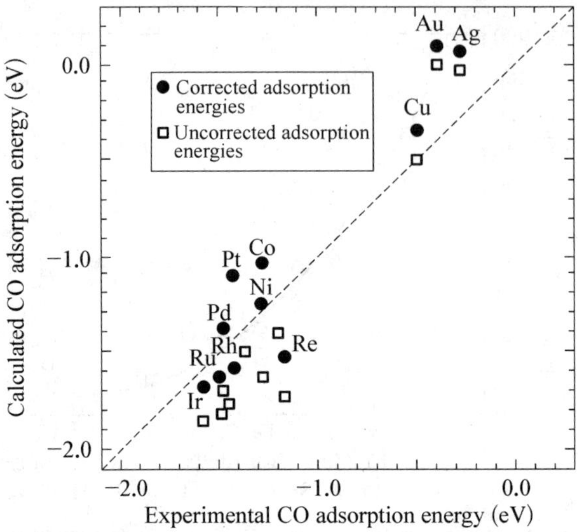

图 6.85　CO 在不同金属晶面上的吸附(2007PED/AND)

表 6.23　CO 在不同金属晶面上的吸附能与最可能的吸附位置(2007PED/AND)

Surface (hcp and fcc metals)	Corrected calculated adsorption energy (eV)				Experimental adsorption energy	Experimental adsorption site
	Top	Bridge	Hollow fcc	Hollow hcp		
Ag(111)	0.07	0.32	0.36	0.36	−0.28	Top
Al(111)	−0.15	0.11	0.24	0.20		Top
Au(111)	0.12	0.34	0.42	0.43	−0.40	Top
Co(0001)	−1.16	−1.05	−1.03	−1.05	−1.20 ± 0.13	Top
Cu(111)	−0.34	−0.22	−0.21	−0.16	−0.50 ± 0.05	Top
Ir(111)	−1.67	−1.10	−0.96	−1.05	−1.58 ± 0.13	Top
Ni(111)	−1.20	−1.24	−1.26	−1.29	−1.28 ± 0.13	Hollow
Pd(111)	−0.98	−1.26	−1.36	−1.37	−1.48 ± 0.09	Hollow
Pt(111)	−1.22	−1.18	−1.15	−1.16	−1.37 ± 0.13	Top
Re(0001)	−1.51	−1.12	−1.23	−1.05	−1.17	
Rh(111)	−1.58	−1.35	−1.31	−1.39	−1.45 ± 0.14	Top
Ru(0001)	−1.62	−1.36	−1.38	−1.46	−1.49 ± 0.22	Top
Zn(0001)	0.17					
Surface (bcc metals)	Top	Short bridge	Long bridge	Hollow		
Fe(110)	−1.40	−1.10	−1.19	−1.24		Top
Mo(110)	−1.31	−1.28	−1.13	−1.26		Top
W(110)	−1.43	−0.97	−1.01	−1.25		Top

Abild - Pedersen 和 Andersson (2007PED/AND)发现,修正后的吸附能估算值(eV)与C—O伸缩频率(cm^{-1})之间有线性关系:

$$E_{corr}(eV) = 1.8 - 0.0008\nu(C—O)(cm^{-1})$$

这类关系和图 6.82 很相似。

气-固吸附的速度、催化反应的快慢、催化过程的机理和温度有极大的关系。通常,低温时有利于吸附,特别是物理吸附、表面吸附键合物的寿命也必比较长。温度升高,有利于脱附,同时也有利于表面吸附键合物发生化学反应,即化学吸附。图 6.86 示意了乙烯在晶面 Pd(111)上的脱氢反应与温度关系(2006GAB/HAY)。

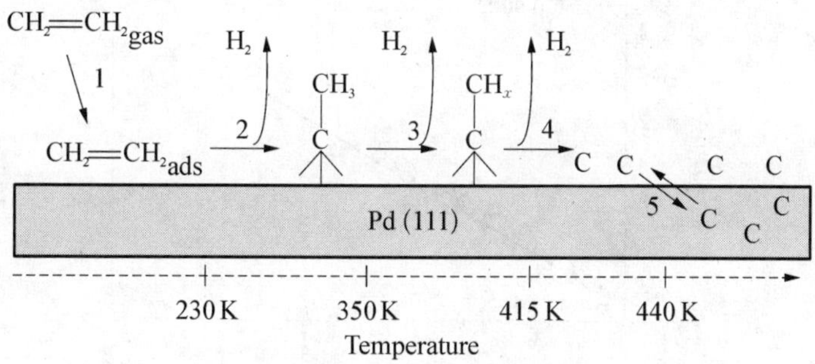

图 6.86 乙烯在晶面 Pd(111)上的脱氢反应与温度关系

有趣的是,在气相和液相反应中广泛报道的 Brosted - Evans - Polanyi 线性关系,也在多相催化反应中发现(2003MIC/LIU, 2004BLI/NOR, 2006AND/BLI),如图 6.87 所示。

Norskov 等(2004BLI/NOR)报道,气-固催化反应的活性与表面键合物的键能有火山堆那样的关系,如图 6.88 所示,本章 6.27 节的图 6.103、6.104 和 6.105 也显示了这样的火山堆特征。

McFarland 等(2001GER/NIE)观测 Ag/Si Schottky 二极管上许多气体分子的吸附。他们发现,气体分子的初始电子检测灵敏度与气体分子的表面吸附能存在很好的线性关系,如图 6.89 所示。

固相表层堆积了不同尺寸或大小的原子、离子或分子的簇合物。所以,研究簇合物的性质有利于理解催化反应。Bowers 等 (2006MAN/KEM) 利用温度平衡关系测量了 Ag^+ 的簇合物 $Ag_m^+(C_3H_6)_{x+1}$ 中的逐级键能

($m=3\sim9$),也完成了 DFT B3YP 水平上的理论计算。图 6.90 显示了他们提供的簇合物 $Ag_4^+(C_3H_6)_{x+1}$ 的几何结构。

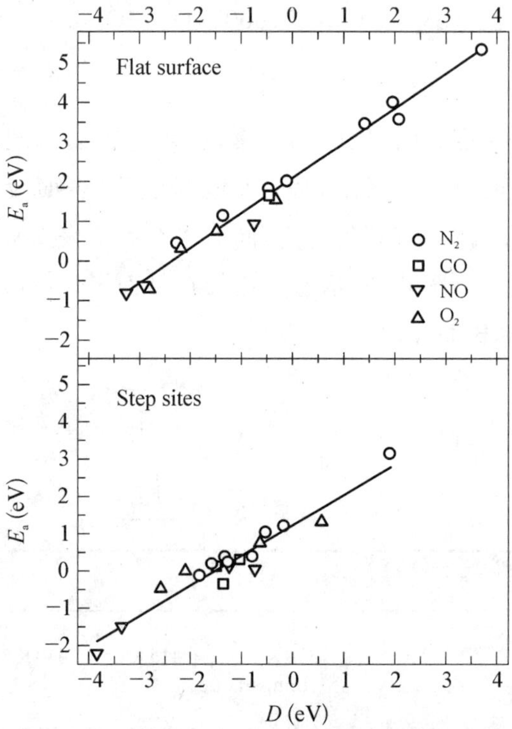

图 6.87 N_2, CO, NO 和 O_2 在过渡金属表面上的活化能(E_a)与键能(D)的线性关系(2004BLI/NOR)

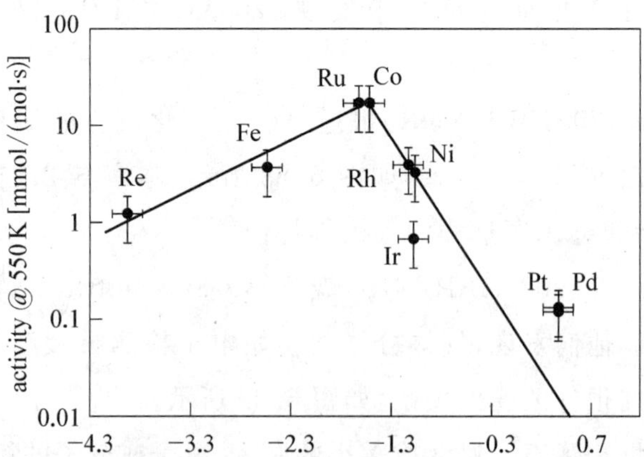

图 6.88 CO 在过渡金属表面上的活性与吸附能的火山堆关系(2004BLI/NOR)

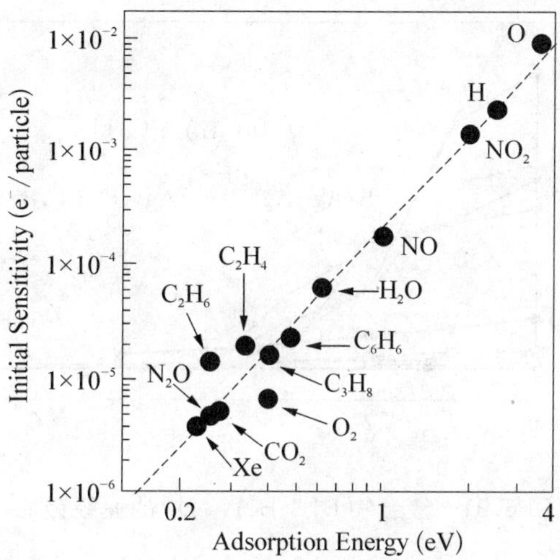

图 6.89 初始灵敏度和吸附能关系(2001GER/NIE)

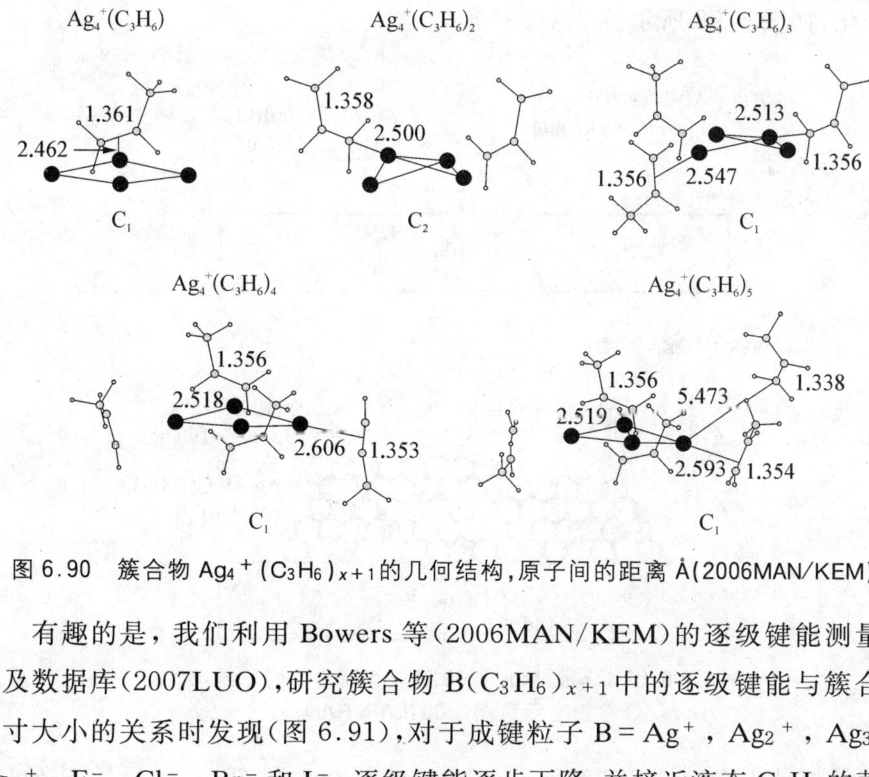

图 6.90 簇合物 $Ag_4{}^+(C_3H_6)_{x+1}$的几何结构,原子间的距离 Å(2006MAN/KEM)

有趣的是,我们利用 Bowers 等(2006MAN/KEM)的逐级键能测量值以及数据库(2007LUO),研究簇合物 $B(C_3H_6)_{x+1}$中的逐级键能与簇合物尺寸大小的关系时发现(图 6.91),对于成键粒子 B = Ag^+, $Ag_2{}^+$, $Ag_3{}^+$, $Ag_4{}^+$, F^-, Cl^-, Br^-和 I^-,逐级键能逐步下降,并接近液态 C_3H_6的蒸发热,约 4 kcal mol^{-1}(17 kJ mol^{-1})。根据这一事实,我们推测 Ag^+的簇合物 $Ag_m{}^+(C_3H_6)_{x+1}$中,x 比较低时(小尺寸簇合物),才有较高催化活性。

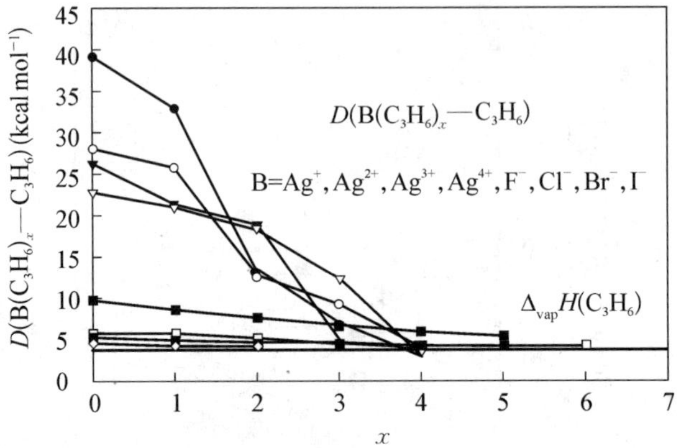

图 6.91 簇合物 $B(C_3H_6)_{x+1}$中的逐级键能

Campbell 等(2001LAR/RAN)研究了在晶面 MgO(100)上 Ag 簇合物的二维与三维表征下的能量关系。这证明了在不同条件下,吸附热与键能的变化,如图 6.92 所示。

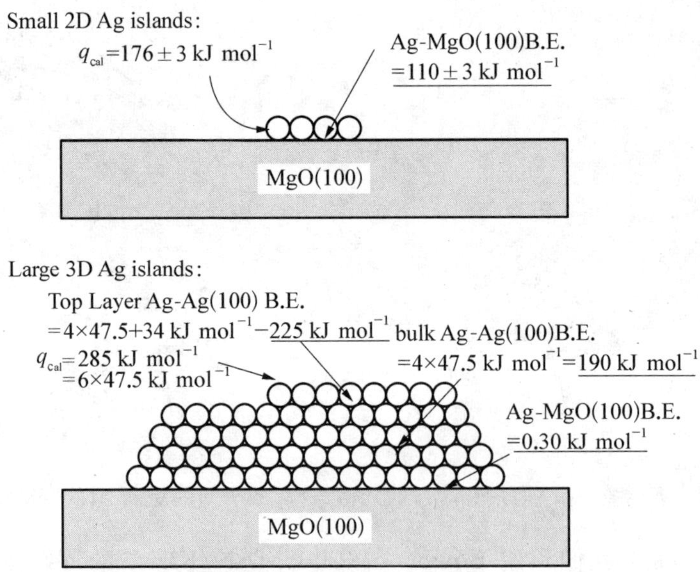

图 6.92 晶面 MgO(100)上 Ag 簇合物的二维与三维示意图(2001LAR/RAN)

晶相是非均匀的,其基元步骤也比较复杂。图 6.93 显示了 Ni(111)晶面上 CH_4 和 H_2 共脱附的反应坐标与能垒的关系。能垒曲线上上下下,好像包含了几个小步骤。这意味着表面键合是很复杂的过程。

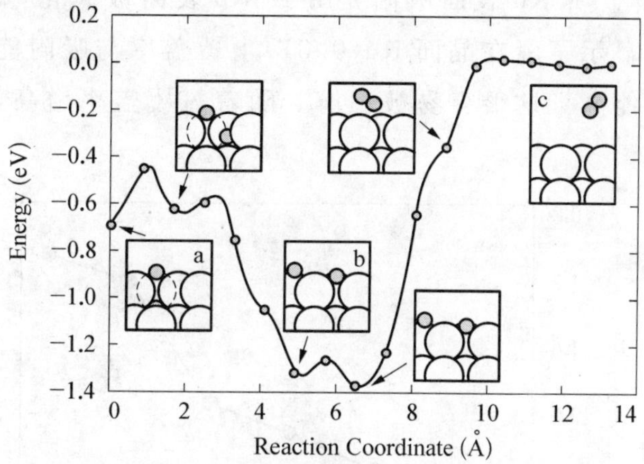

图 6.93 在 Ni(111) 晶面上 CH_4 和 H_2 共脱附的反应坐标与能垒的关系(2006HEN/ARN)

6.25 金属腐蚀

金属腐蚀与气固催化都同属于界面科学的范畴。前面第 6.23 和 6.24 节介绍的有关气固表面物理和化学的信息,对讨论金属腐蚀也有参考价值。例如,干燥环境下的金属材料 Ru 被空气中氧分子攻击时,其微观图像可比喻为图 6.94。

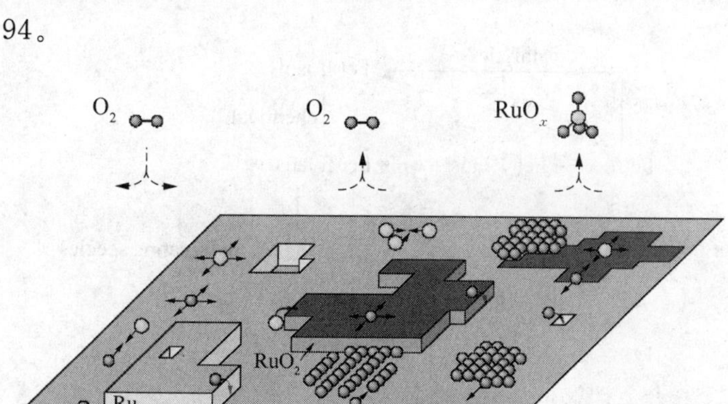

图 6.94 空气中氧分子攻击金属 Ru 表面(2002STA/PIR)

氧分子被金属 Ru 表面吸附是导致 Ru 表面被氧化(腐蚀)的第一步。图 6.95 显示了氧在晶面 Ru(0001)上覆盖率与吸附能的关系。覆盖率低,吸附能高。这很容易被理解。随着氧覆盖率增高,氧之间的排斥力也增加。

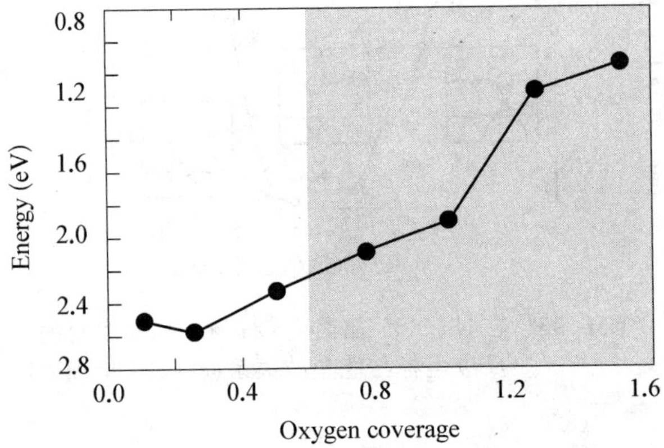

图 6.95 晶面 Ru(0001)上氧覆盖率与吸附能的关系(2002STA/PIR)

张芳英等(2004ZHA/ZHU)用广义梯度近似法计算了氧分子在吸附前和吸附初期的几何结构与能量。结果表明,氧分子在晶面 Al(001)上,分子键平行于铝表面时容易被吸附,分子键垂直于铝表面时不容易被吸附,并且前者的吸附能比后者的高。

金属腐蚀过程的第二步是被吸附在金属表层的氧分子与金属基体发生化学反应,产物扩散进入金属内部,破坏金属结构,如图 6.96 所示。图6.97 和 6.98 示意了在潮湿的环境下,金属材料通过许多微电池被腐蚀。

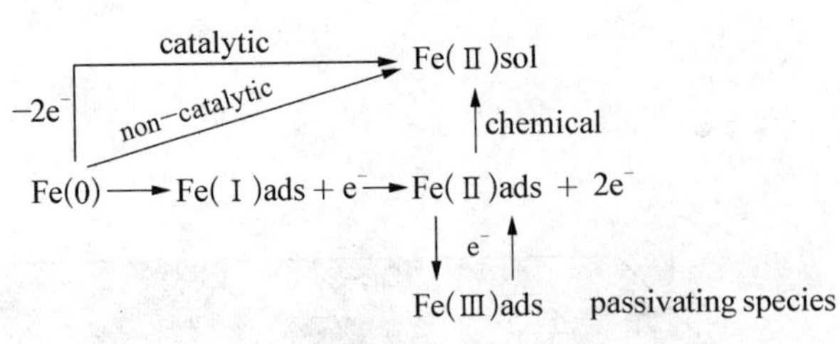

图 6.96 钢铁材料在吸附氧分子后被腐蚀(2002MAR)

在雨水的环境下,溶解在水中的 CO_2 形成的离子 H^+,CO_3^{2-} 和 HCO_3^- 将参加金属材料的腐蚀的反应,这时腐蚀的机理变得比较复杂。

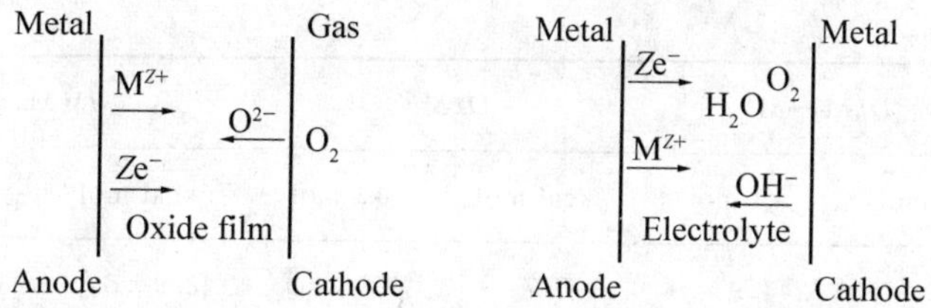

图 6.97 金属材料在潮湿的环境下被腐蚀(2002STA/PIR)

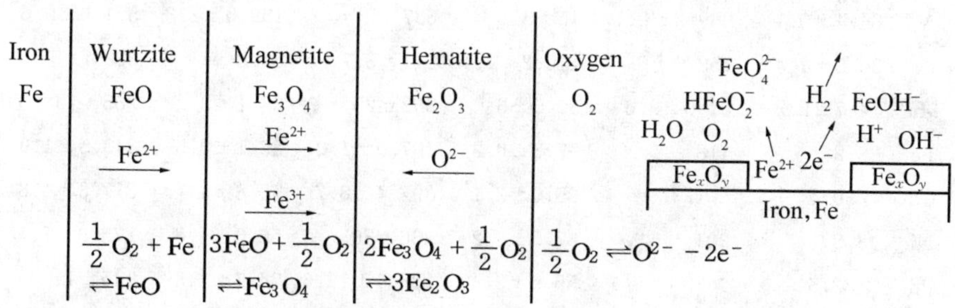

图 6.98 钢铁在潮湿的环境下被腐蚀(2002STA/PIR)

金属材料的腐蚀是热力学上的自发过程,由不稳定的金属单质形态向稳定的金属化合物形态转变。利用数据库(2007LUO),表 6.24 列出了三类键能:金属原子之间键能 D(M—M),金属氧化物中的键能 D(M—O)以及金属氧化物离子中的键能 D(M^+—O)。从表中数据可以看出:

(1) 对绝大多数中性分子,$D(M—O) \gg D(M—M)$;

(2) 对多数离子,$D(M^+—O) \gg D(M—M)$。

表 6.24 常见金属键能 D(M—M), D(M—O)和 D(M^+—O)(2007LUO)

M	D(M—M)		D(M—O)		D(M^+—O)	
	kcal mol^{-1}	kJ mol^{-1}	kcal mol^{-1}	kJ mol^{-1}	kcal mol^{-1}	kJ mol^{-1}
Na	17.879 ± 0.140	74.805 ± 0.586	64.5 ± 1	270 ± 4	8.8 ± 4.5	37 ± 19
K	13.61	56.96	64.9 ± 3	271.5 ± 12.6	3	13
Mg	2.7	11.3	85.6 ± 1.7	358.2 ± 7.2	58.6 ± 2.3	245.2 ± 10
Ca	3.95 ± 0.03	16.52 ± 0.11	92.8 ± 1.2	383.3 ± 5.0	83.2 ± 1.2	348 ± 5
Sc	39.0 ± 5	163 ± 21	160.5 ± 0.2	671.4 ± 1.0	164.6 ± 1.3	689 ± 5

(续表)

M	D(M—M)		D(M—O)		$D(M^+—O)$	
	kcal mol^{-1}	kJ mol^{-1}	kcal mol^{-1}	kJ mol^{-1}	kcal mol^{-1}	kJ mol^{-1}
La	58.5	244.9	190.7	798	209±6	875±25
U	53±5	222±21	180.4	755	181±10	757±42
Ti	28.1	117.6	159.3±1.4	666.5±5.6	159.4±1.6	667±7
V	64.4±0.1	269.3±0.1	152.3	637	139.0±2.3	581.6±9.6
Cr	36.3±1.4	152.0±6	110.2±2.1	641±8.7	85.8	359
Mn	14.7±2.3	61.6±9.6	86.5±6	362±25	68.1±3	285±13
Fe	28.2	118	97.3±0.2	407.0±1.0	82.1±0.5	343.3±1.9
Co	≤30.4	≤127	95.0±2.1	397.4±8.7	75.8±1	317.3±4.8
Ni	48.8	204	87.5±7.2	366±30	66.0±1.8	275.9±7.7
Pd	>32.5	>136	56.9±3	238.1±12.6	34.7±2.5	145±11
Pt	73.3±0.5	306.7±1.9	93.5±10	391±42	76.1±1.6	318.4±6.7
Cu	48.0	201	68.7±2.8	287.4±11.6	32.0±2.8	133.9±11.6
Ag	38.9±0.7	162.8±2.9	52.7±5	221±21	29.4±1.2	123±5
Au	54.1±0.1	226.2±0.5	53.3±5	223±21		
Zn	5.3±1.5	22.2±6.3	≤59.8	≤250	38.5±1.2	161.1±4.8
Cd	1.76	7.36	56.4±20	236±84		
Hg	1.94±0.04	8.10±0.18	64.2	269		
Al	63.2±0.1	264.3±0.5	120.0±2.5	501.9±10.6	39.8±2.9	166.7±12.0
Ga	<25.4	<106.4	89.5±5	374±21	11±12	46±50
Sn	44.7±0.1	187.1±0.3	126.3	528	67.2±2.4	281±10
Pb	20.7±0.2	86.6±0.8	89.4	374	59.1±2.0	247±8.4
Bi	48.9	204.4	80.6±3.0	337.2±12.6	41.6	174

但是,金是一个例外,键能 D(Au—Au) 比 D(Au—O)稍微高一些:

$$D(\text{Au—O}) - D(\text{Au—Au}) = -0.8 \pm 5\ \text{kcal mol}^{-1}$$
$$(-3.2 \pm 21\ \text{kJ mol}^{-1}) < 0$$

这可以解释为什么绝大多数金属在地球上不以单质形态存在(金是例外),而是以它们的氧化物、硫化物、卤化物或各种盐类形式存在。

实验表明,金属化合物 MOX 与 MX 存在的比例和键能有线性关系,如图 6.99 所示。

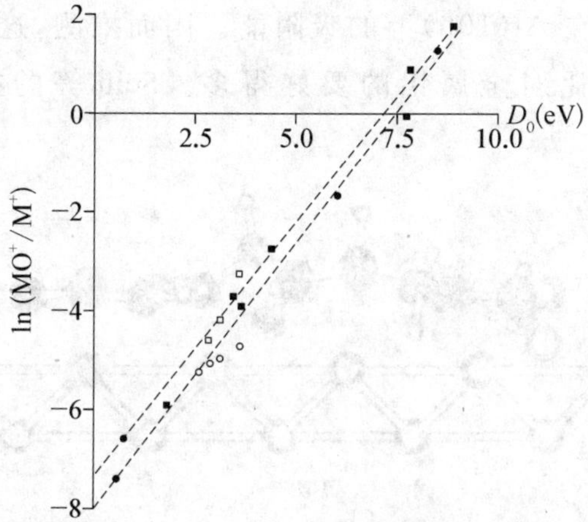

图 6.99 MOX 与 MX 存在的比例和键能 $D(M^+—O)$的关系(1991ALL/DYK)

人们不可能完全阻止金属腐蚀发生,但可以减缓金属腐蚀过程的速度,达到明显地延长材料使用寿命的目的。所谓"防腐",就是与自然环境抗争。这既包含科学问题(见图 6.100),又包含工程问题。

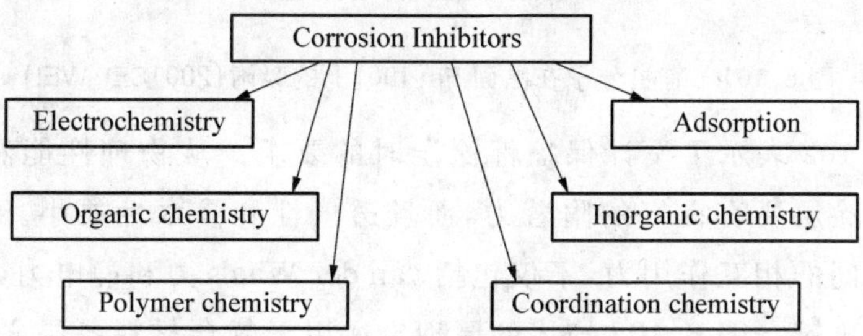

图 6.100 与金属缓蚀剂有关的科学分支(2002KUZ)

保护金属材料的方法很多。例如,正确地选用材料,用陶瓷材料、高分子材料或复合材料替代金属材料,采用铝合金材料,用电化学法保护金属材料,在腐蚀性介质中添加缓蚀剂(气相或液相),使用保护性覆盖层等。

缓蚀剂和保护性涂层力图使腐蚀性介质与金属材料隔离。隔离层必须和金属材料有很好的结合力。从分子层次上讲,就是隔离层的原子分子同金属材料的原子分子之间要有比较大的吸引力(物理的或化学的)。总之,又回到了本书讨论的主题——分子中的键能与材料的热力学稳定性。为了理解这类键能,Sein 等(2001SEI/WEI)用半经验的 ZINDO/1 法,计算了有机分子(emeraldine dihydrochloride)在晶面 Fe(100) 与 Al(100)上的吸附(如图 6.101)。计算表明,这类有机分子在晶面 Fe(100)

上的吸附能大于在Al(100)上的吸附能。因而推测，这类有机分子对铁表面的缓蚀作用比对金属铝的要好得多。Sein等的推论与实验测量吻合。

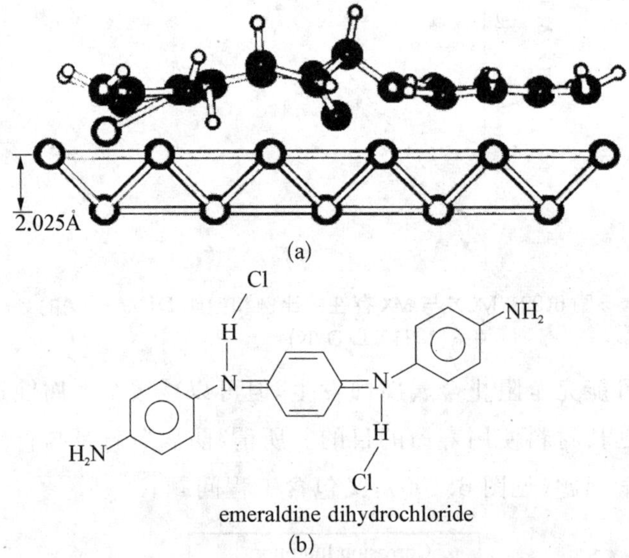

图6.101 有机分子在晶面Fe(100)上的吸附(2001SEI/WEI)

图6.102表示了设计保护性涂层时的要求。从物理性能看，不仅要求保护性涂层要有良好的附着力，而且透气性和渗水性要小。涂膜与金属材料之间的相互作用力，不仅包括van der Waals力和静电力，而且最好有某些共价键。图6.102描述的原理也适用于复合材料各层之间强度的设计。

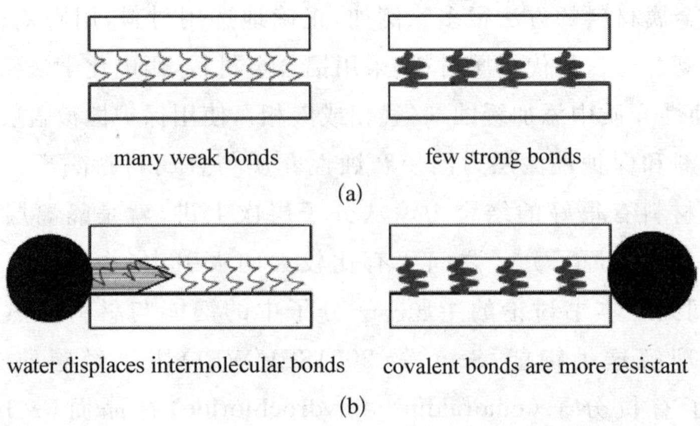

图6.102 设计保护性涂层时的要求(2005WAT)

对于涂膜分子的化学结构，多采用碳链聚合物形成的涂膜，避免杂链聚合物。通常，氟-碳键和氯-碳键的键能高于碳-碳键的键能，其聚合物膜有较高的耐腐蚀性。固化涂膜中应尽可能不含低分子量的化合物，避免活性基团（如羟基、羧基、醛基、氨基等）的存在，要尽量避免聚合物含不饱和的碳碳双键。总之，避免聚合物中含有比较弱的化学键，提高聚合物中化学键的强度，有利于保护性涂层对热和光的长期稳定性。

6.26 储 氢 材 料

进入21世纪，氢能的开发和利用引起了各国的高度重视（2006XU/TAO）。氢气的储存是氢能应用的关键。储氢材料要求能够可逆循环（超过1 000次）吸收和释放氢气。储氢技术包括物理（高压、低温）和化学等方法。目前的化学储氢技术采用金属氢化物、无机和有机氢化物、表面吸附氢化物等。这里，H_2 或 H 与金属、无机物、有机物、簇合物、表面、纳米管等形成氢化物。理想的氢化物和储氢材料都应当有适当的化学稳定性，才能满足多次循环使用的要求。美国能源部期望于2010年对氢吸附与储氢能达到6.0 wt%，45 g L^{-1}目标，于2015年前提升到9.0 wt%，81 g L^{-1}。

从数据库中（2007LUO），我们选出某些金属氢化物的 Me—H 键能，以及表面氢化物的 Me—H_2 键能，见表6.25。

表6.25 金属氢化物 Me—H 键能，以及表面氢化物的 Me—H_2 键能（1 kcal＝4.184 kJ）

Me	键能，in cal mol^{-1}		Me	键能，in cal mol^{-1}	
	Me—H (in gas)	Me(surface)—H_2 (on surface)		Me—H (in gas)	Me(surface)—H_2 (on surface)
Li	56.9	0.4 on LiF(surface)	Fe	35.4	21～36 on Fe(surface)
Na	44.4	0.9 on NaCl(surface)	Ru	53.3	30 on Ru(surface)

(续表)

Me	键能,in cal mol^{-1}		Me	键能,in cal mol^{-1}	
	Me—H (in gas)	Me(surface)—H_2 (on surface)		Me—H (in gas)	Me(surface)—H_2 (on surface)
Mg	30.2		Rh	56.7	18~27 on Rh(surface)
Ca	53.5	1.7~4.0 on Ca(surface)	Ni	57.4	18~27 on Ni(surface)
Ti	48.9	25~39 on Ti(surface)	Pd	56	20~30 on Pd(surface)
V	50.0		Pt	79	21~28 on Pt(surface)
Cr	45.4	~45 on Cr(surface)	Cu	60.9	10~14 on Cu(surface)
Mo	50.4	28~40 on Mo(surface)	Ag	48.4	0.7 on Ag(surface)
W		31~63 on W(surface)	Zn	20.5	26~37 on Zn(surface)
Mn	60.9	17 on Mn(surface)	Al	68.9	27 on Al(surface)

从表6.25看出,这些金属氢化物键能以及表面氢化物键能都比较弱。这些物种不是理想的储氢材料。自从1997年来,纳米碳管储氢的可能性已被广泛讨论(2005ZHO/YAN)。纳米碳管表面对 H_2 的吸引力比活性碳表面低。纳米分子筛材料对 H_2 的吸附能也不高(~3.9 kcal mol^{-1},2007WU/ZHO)。看来,比较有希望的途径应当是开发新型无机物、有机物、簇合物、表面络合物等形成的多孔氢化物材料。它们具有非常大的表面积,因而能吸附大量的氢分子。最近,Long 等(2006DIN/DAI)开发了一种三向桥接的、多孔的有机 Mn^{2+} 配合物。这里,Mn^{2+} 有配位空间未饱和的特性,使体积小的氢分子能"钻进"结构中,被 Mn^{2+} 中心吸引和吸附,吸附能为2.4 kcal mol^{-1}(10.1 kJ mol^{-1})。他们通过吸附测量发现,在 77 K,90 bar 环境下,这种新材料的储氢能力是6.9 wt%,60 g L^{-1},85%的储氢密度,达到了美国能源部期望的2010年的目标。

现在,用量子化学计算方法探索储氢材料的报道很多(2005CHE/DEN, 2005VEG/JEN, 2006ALA/JOH, 2006KOP/OZO, 2006SAM/FUR, 2007GEE)。例如, Geetha 用密度泛函理论预测了氢在碳纳管上的吸附能都低于 5.8 kcal mol^{-1}(24.1 kJ mol^{-1})。对储氢材料的理论研究,目前仅是摸索阶段和知识积累时期。储氢领域中还有许多比较模糊的理论问题(2006ZHO/YAN)。

6.27 燃料电池

1839年,英国W. Grove将水的电解过程逆转从而发现了燃料电池的原理。在1889年,L. Mond和C. Langer用空气和工业煤气制造出一个实用的可提供电能的装置,"燃料电池"一词也就随着他们的发明而诞生了。现在,燃料电池是把氢、煤气、天然气、甲醇、乙醇、汽油、柴油、肼等作为燃料,直接将化学能转变为电能的一种新电源(2001CAR/FRI, 2003YI, 2004HUA/LIU)。

燃料电池的基本原理是燃料与氧气在电极上进行着不同的化学反应:

阳极上的氧化反应:$H_2 + H_2O \longrightarrow 2H_3O^+ + 2e^-$

阴极上的还原反应:$0.5O_2 + 2H_3O^+ + 2e^- \longrightarrow 3H_2O$

总反应:燃料 $+ (x + 0.5y)O_2 \longrightarrow xCO_2 + yH_2O$

阳极上的氧化反应和阴极上的还原反应都需要借助于性能优良的电催化剂。目前认为,铂是很好的选择。图6.103显示了不同的金属电催化活性与金属-氢(Me-H)键能之间的关系,它类似一个火山堆(1994WEN/RAU, 2005WEN/SPI),铂位于火山顶,呈现出优良的电催化性能。

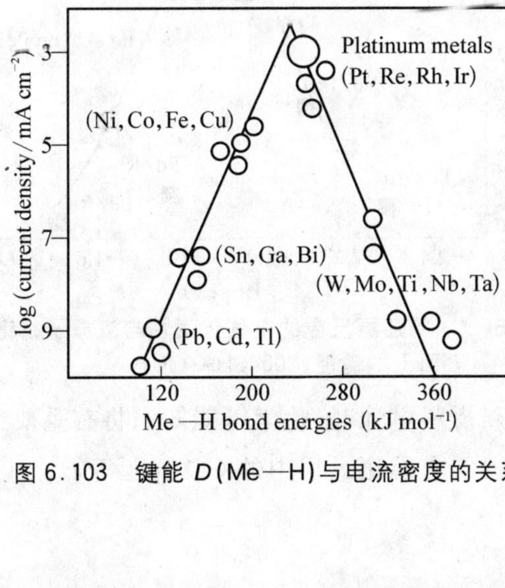

图6.103 键能 D(Me—H)与电流密度的关系

Norskov 等(2005GRE/NOR，2006GRE/JAR)归纳了 40 余年的测量结果，他们用在金属表面上氢吸附的相对 Gibbs 变化(ΔG_H)与电流密度作图，也发现了类似火山堆的关系，如图 6.104 所示。在他们的图上，二元合金表现了优良的电催化性能。

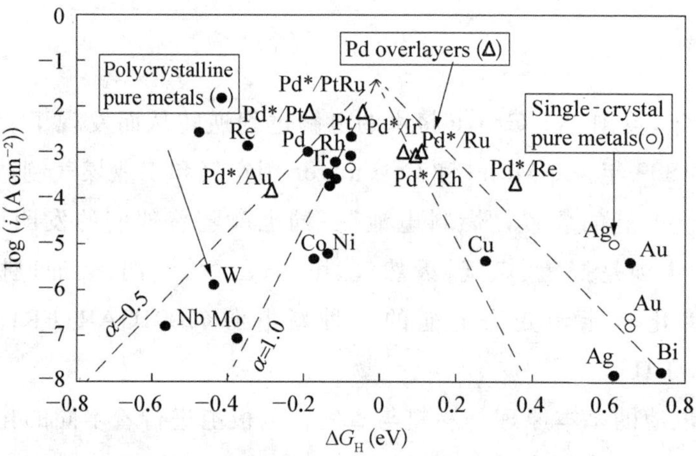

图 6.104 氢吸附的相对 Gibbs 变化与电流密度关系(2006GRE/JAR)

Adzic 等(2007SHA/LIU)研究了燃料电池中钯合金对 O_2 还原反应的电催化活性。他们也发现，O_2 还原反应的电催化活性与氧原子在钯合金表面上的键能也有类似火山堆的关系，如图 6.105 所示。

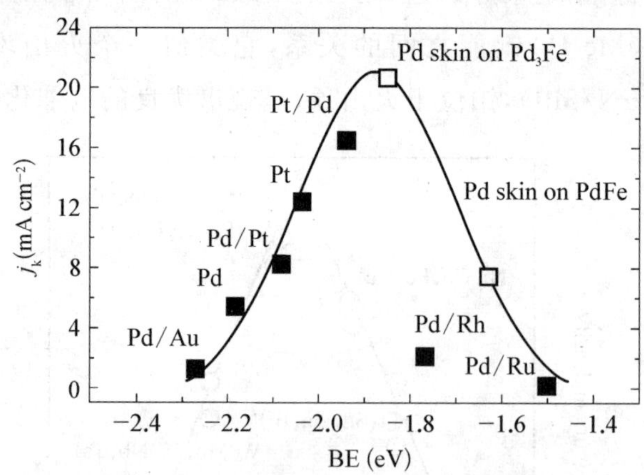

图 6.105 O_2 的还原反应的电催化活性与氧原子在钯合金表面上的键能(2007SHA/LIU)

在改进和开发新燃料电池时，化学键能知识将有重要帮助。例如，燃料除硫净化，过滤膜选择，电催化过程中的 CO 问题等。

6.28 纳 米 材 料

纳米材料的性质既与原子、分子、离子、自由基、超分子、络合物以及它们的簇合物不同，也与表面键合物不同。有趣的是，Praserthdam 等(2003PRA/PHU)报道，氧化物晶体纳米颗粒的热稳定性与纳米颗粒的大小有关。每种氧化物纳米材料，存在一个临界的或最小的纳米颗粒尺寸(d_0)，只有纳米颗粒的大小超过临界颗粒尺寸时，氧化物晶体纳米颗粒才是热稳定的。这研究小组报道，氧化物晶体纳米颗粒的临界尺寸和金属原子与氧原子之间的键能有联系，键能比较高时，纳米颗粒的临界尺寸将变小。反之，键能比较低时，纳米颗粒的临界尺寸将变大。图 6.106(a)描述

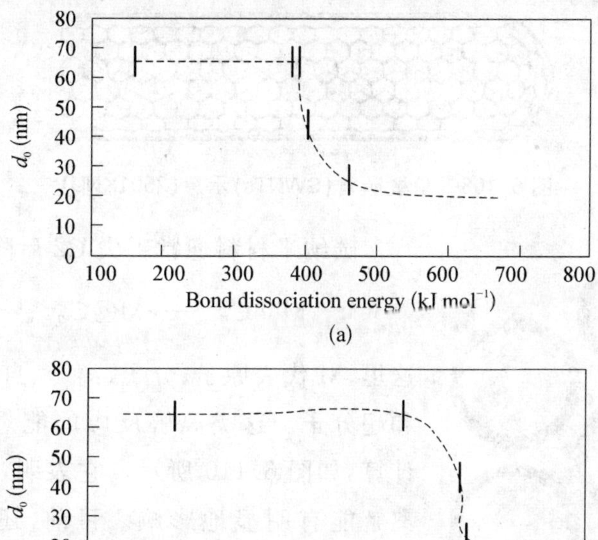

图 6.106 纳米颗粒的临界尺寸与键能(a)和氧化物生成热(b)之间的关系(2003PRA/PHU)

了这样的联系。图 6.106(b)描述了纳米颗粒的临界尺寸也与氧化物生成热有关。氧化物生成热高,纳米颗粒的临界尺寸变小。

原子、分子、离子、自由基、络合物、超分子与 C60、碳纳米管(CNT)、单壁碳管(SWNTs)、多壁碳管(MWNT)、碳纳米管束的键合可以在不同的位置。它们应当有不同的键能。图 6.107 显示了与 C60 球的三种键合方式。图 6.108 显示了单壁碳管(SWNTs)。图 6.109 显示了碳纳米管束的键合位置。

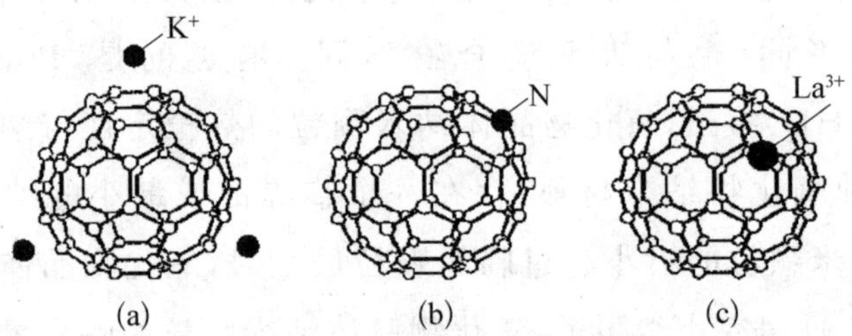

图 6.107 在 C60 上的三种不同的粘结位置(2001KNU)

(a) 从外部 (夹层作用); (b) 在球上(杂富勒烯); (c) 进入内部(金属富勒烯)

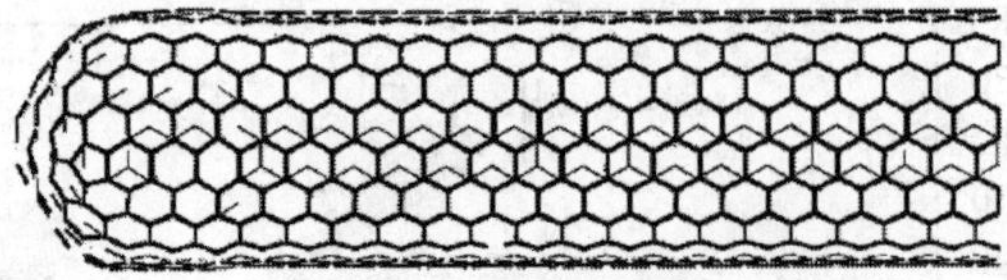

图 6.108 单壁碳管(SWNTs)示意(2001KNU)

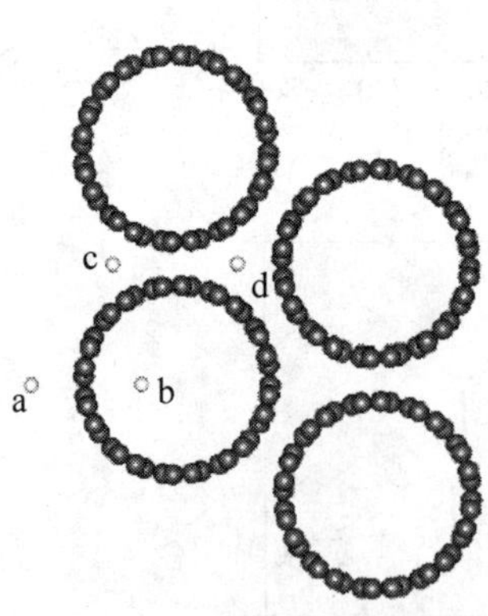

图 6.109 氢分子在碳纳米管束内的键合位置(2002ZHA/BUL)

(a) 束表面; (b) 管孔内; (c) 束沟部; (d) 束之间

碳纳米材料通常丢失 C2 后降解:

$$M@C_n^+ \longrightarrow M@C_{n-2}^+ + C_2$$

这里,M 代表原子、分子、离子、自由基、络合物和超分子。这类离解反应的能量已被测量和计算,如图 6.110 所示。它表明,不同的 M 对离解能有明显地影响。目前,还没有满意的解释。

测量富勒烯衍生物中单个键能非常困难。Papina 等(2007PAN/LUK)利用量热法,报道了富勒烯衍生物中的平均键能,见表 6.26。其平均键能变化次序是

$$C—F \gg C—H \gg C—Cl \gg C—Br$$

这一变化次序与相应取代基在烷烃、烯烃和芳香烃上的键能变化次序是一致的。

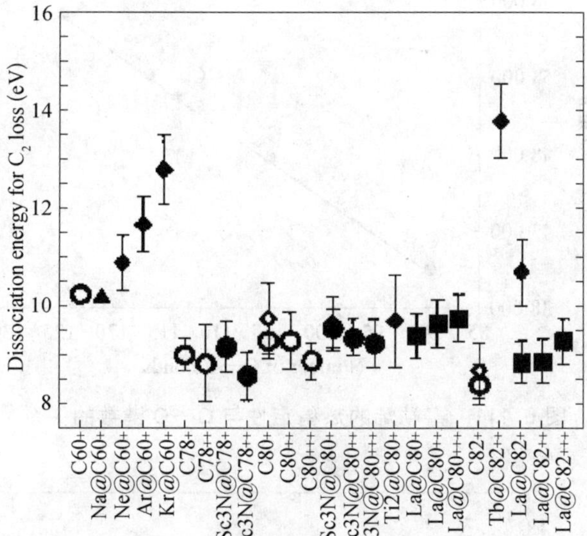

图 6.110 不同 M 对富勒烯离解能的影响(2006FEI/GLU)

表 6.26 富勒烯衍生物中的平均键能(2007PAN/LUK)

	$C_{60}H_{36}$	$C_{60}F_{18}$，$C_{60}F_{36}$，$C_{60}F_{48}$	$C_{60}Cl_{30}$	$C_{60}Br_{24}$
平均键能	C—H	C—F	C—Cl	C—Br
kcal mol^{-1}	61.0±0.2	68.6～70.7	46.6±1.2	～28.7
kJ mol^{-1}	255.4±0.8	287～296	195±5	～120

Rojas 等(2007ROJ/MAR)用微量热法测量了许多富勒烯的气态生成热。他们发现,富勒烯的热稳定性随 C—C 键数而增加,有很好的线性关系,如图 6.111 所示。

他们得到富勒烯中的 C—C 平均键能是 110.2 kcal mol^{-1}(461.04 kJ mol^{-1}),这接近于多环芳烃中的 C—C 平均键能(110.6 kcal mol^{-1}；462.8 kJ mol^{-1})。

许多气体(NO_2，O_2，NH_3，N_2，CO_2，CH_4，H_2O，H_2，Ar) 在单壁碳

管(SWNTs)上的吸附特征已被估计(2002ZHA/BUL)。这些结果已表示在图 6.112。三种不同尺寸的单壁碳管有相似的行为,NO_2 的吸附能最高,H_2 的吸附很弱,其吸附能低于 3 kcal mol^{-1}(1 kcal = 4.184 kJ)。

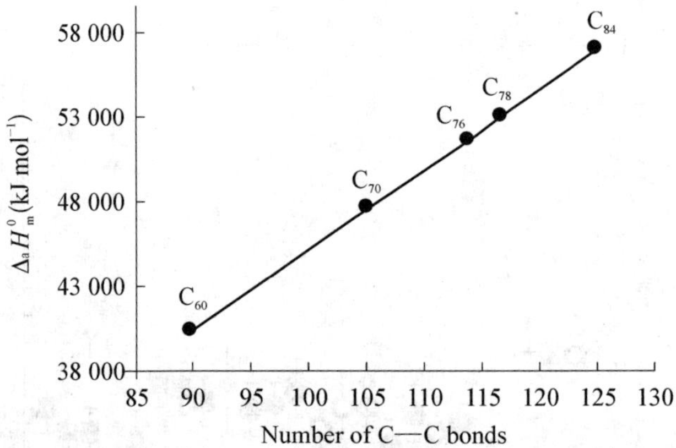

图 6.111 富勒烯的热稳定性与 C—C 键数的关系

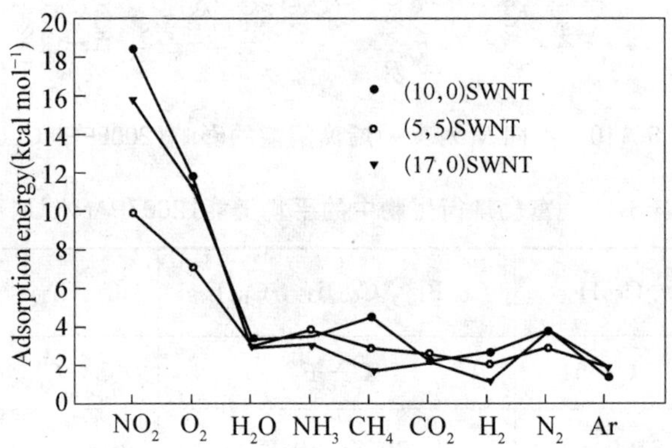

图 6.112 气体在单壁碳管(SWNTs)上吸附能(2002ZHA/BUL)

氢在碳纳米管束不同位置的键合也被估算。图 6.113 显示了 H_2 吸附在表面、隧道、空心、沟等部位的吸附能。H_2 进入隧道有较强的键合,但也是弱吸附, D = 0.119 eV (2.74 kcal mol^{-1}, 11.48 kJ mol^{-1})。

Zhang 等(2004MYL/ZHA)把 $C_{60}H_{10}$ 作为研究碳纳米管的模型化合。他们用密度泛函理论在 B3LYP/3-21G 水平上计算了自由基 $C_{60}H_{10}OCH_3$ 中的键能:

$$D(C_{60}H_{10}—OCH_3) = 40.2 \text{ kcal mol}^{-1}(168 \text{ kJ mol}^{-1})$$

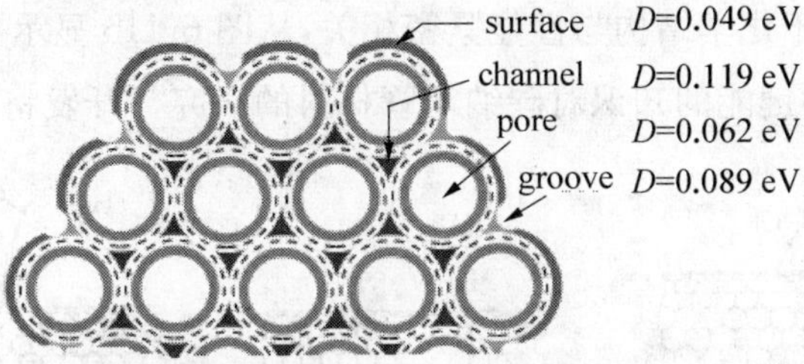

图 6.113 氢在碳纳米管束的不同位置的键合(2001ADU/SUM)

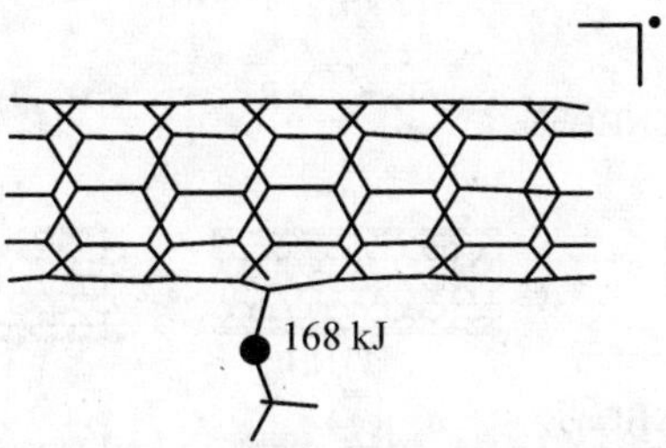

以 C60 为基础,可以合成许多衍生物,图 6.114 是一例。

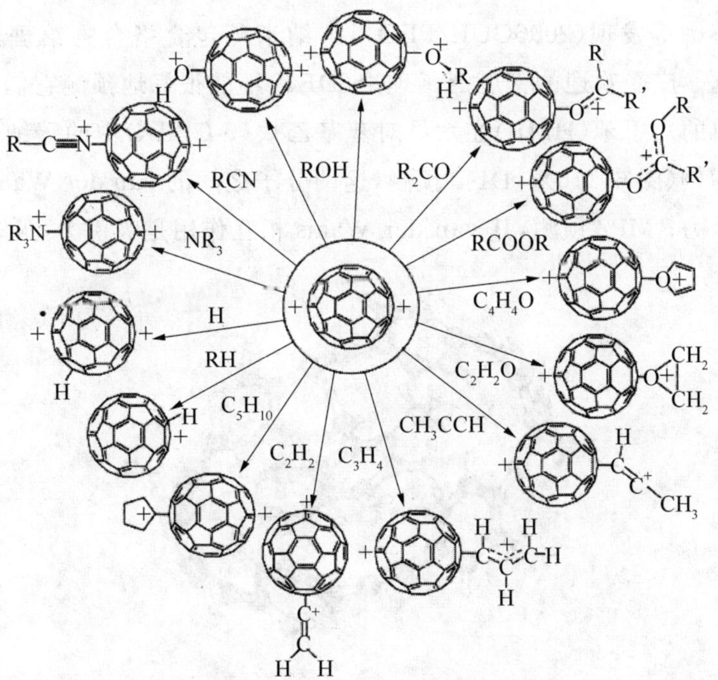

图 6.114 C60 的衍生物(2000BOH)

最近,Tasis 等(2006TAS/TAG)介绍了许多类型的碳纳米管材料(如图 6.115所示)。由于化学结构与性能紧密相关,从图 6.115 显示的结构,我们可以乐观地预测,化学键能的知识对碳纳米管材料的研究与开发将有新的用途。

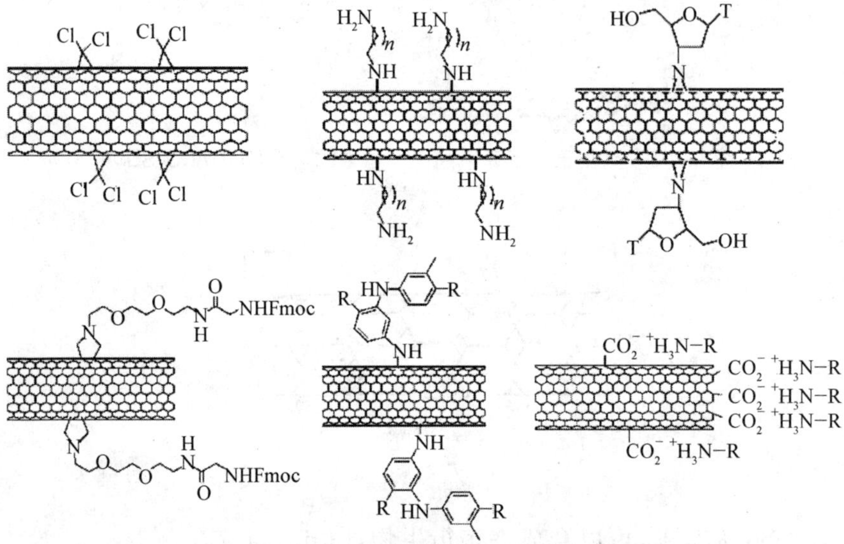

图 6.115 许多类型的碳纳米管材料(2006TAS/TAG)

Cuesta 等发现(2006CUE/PED),碳纳米环包合络合物给理论化学出了新难题。广受欢迎的密度泛函理论(DFT)不能很好地预测它们。他们以如下简单的六甲苯(HMB)在六员对苯基乙炔(6-CPPA)中的碳纳米环包合络合物为例(图 6.116)。DFT 预测,这两分子之间的 van der Waals 相互作用是排斥力;MP2 预测,其 van der Waals 相互作用是吸引力(见表 6.27)。

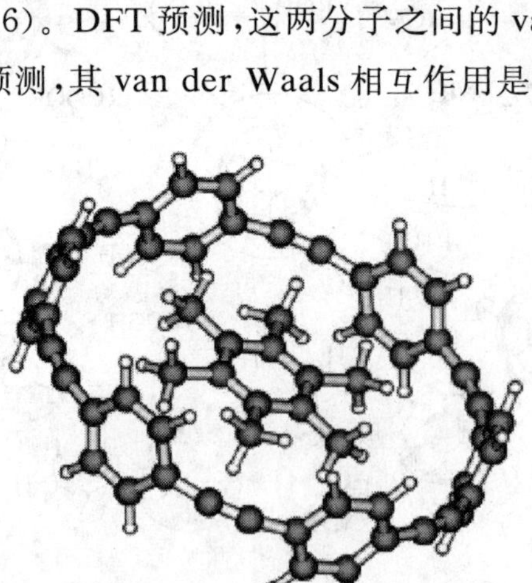

图 6.116 HMB 在 6-CPPA 中的碳纳米环包合络合物(2006CUE/PED)

表 6.27 两分子之间的 van der Waals 相互作用(2006CUE/PED)

Functional		ΔE [kcal mol^{-1}]	
B3LYP	5.46	HCTH/407	0.34
VSCX	−82.27	MP2/6-31G++(d)	−14.3
B971	−2.93	MP2/6-31G(0.25)*	−14.7
PBE	−0.25	MP2/aug-cc-pVDZ	−19.9
PW91	−1.44		

6.29 微电子材料

化学键能的信息对开发新材料有惊人的指导作用,本章列举最后一个例子。现在,微电子线路的尺寸不断变小,低介电常数的材料正在替代二氧化硅(SiO_2)。但低介电常数的材料的力学性质不如 SiO_2,易断裂。因此测量与预测易碎材料的坚韧性是有实用价值的研究课题。King 和 Antonelli (2007KIN/ANT)发现,利用材料中不同晶面化学键断裂的概念,可以预测材料的坚韧性。他们的预测值和测量值之间的相关性很好,如图 6.117 所示。

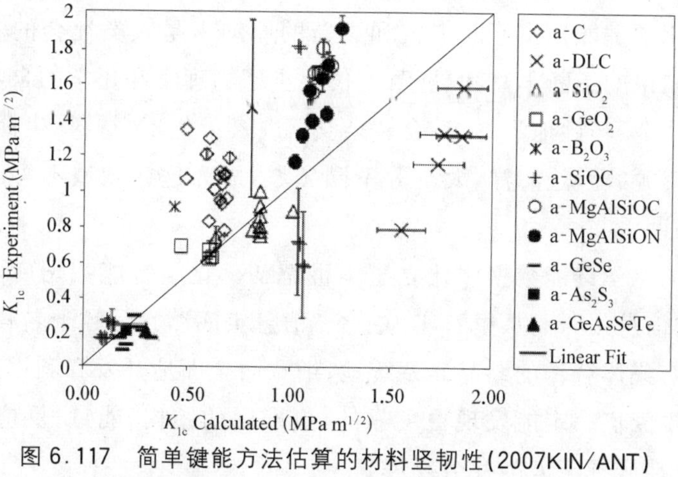

图 6.117 简单键能方法估算的材料坚韧性(2007KIN/ANT)

探索化学键能与材料性质之间的联系,可以为开发新材料提供更多的科学依据,是长期性的有实用价值的课题。

结 束 语

化学键的概念已经有两百余年的历史，但化学键能的测量则始于20世纪30年代，那时测量的都是小分子，如H_2，Cl_2，HCl等。1950年，第一次全面总结了多原子分子中化学键能测量数据。但是，那批数据很快被全面修正了。最早的化学键能数据库建立于20世纪60至70年代，但这些数据也很快地被全面校正了。

从20世纪80年代中期到现在，许多科学家反复测量了大量重要分子中的化学键能，键能实验数据连续急剧增加，同时测量误差也开始进入“化学精度”(± 1 kcal mol^{-1}，或± 4.184 kJ mol^{-1})。同时期，发展了很多理论和半经验方法用于预测化学键能。

推动化学键能知识不断丰富和更新的原动力是人类社会的不断发展。化学键能知识的不断丰富和更新，不仅促进了物理学和化学的自身发展，而且已经成功地、巧妙地渗透、融合、“杂交”进入了化工、材料、生命、医药、营养、能源、资源、环境、海洋、太空等不同领域，成为这些领域不可缺少的“新朋友”、“好助手”。

全面的化学键能数据库建立于本世纪初。化学键能数据库，外表看来好像一座“信息山”，而从里看实为一个“信息宝库”，它是数千名科学家长期辛勤劳动与集体合作的结晶。系统地、细致而全面地开发和利用这一“信息宝库”，科学家们一定能发现更可靠的、更准确的结构-能量-反应活性的新规律，更好地服务于人类社会发展。

最后，我们诚恳地引用本书前言中的一段文字作为结束语——五十年前，郭沫若校长为科大撰写的校歌里说：“科学的高峰在不断创造。”我们期待更多年轻科学家，在化学键能、分子化学稳定性与反应活性的研究方面，后来居上，开拓创新。“长江后浪推前浪，一代新人胜前人”！

参 考 文 献

1950SZW	Szwarc M. The determination of bond dissociation by pyrolytic methods [J]. Chem. Rev., 1950, 47: 75 - 173.
1964YUA	袁汉杰.化学学报[J]. 1964, 30: 341 - 347.
1965BEN	Benson S W. Bond energies[J]. J. Chem. Edu., 42:502 - 518.
1965YUA	袁汉杰. 化学学报[J]. 1965, 31: 536 - 541.
1966VED/GUR	Vedeneyed V I, Gurvich L V, et al. Bond energies, ionization potentials and electron affinities [M]. London: Edward Arnold Pub. 1966.
1970ONE/BEN	O'Neal H E, Benson S W. Kinetic data gas-phase unimolecular reactions[M]. Washington, DC Natl. Ref. Data Serv., NSRDS-NBS 21, 1970.
1971HER/CHA	Herisson J L, Chauvin Y. Catalysis of olefin transformations by tungstern complexes. 2. Telomerization of cyclic olefins in the presence of acyclic olefins[M]. Makromol Chemie, 1971, 141: 161 - 176.
1974GUR/KAR	Gurvich L V, Karachevtsev G V, Kondrat'yev V N, et al. Bond energies of chemical bonds, ionization potentials and electron afinities [M]. Moscow: Nauka, 1974.
1975MOL/ROW	Molina M J, Rowland F S. Stratospheric sink for chlorofluoromethanes: chlorine atom-catalysed destruction of ozone [J]. Nature, 1974, 249: 810 - 812.
1976BEN	Benson S W. Thermochemical kinetics [M]. 2nd ed. New York: Wiley, 1976.
1978BEN	Benson S W. Thermochemistry and kinetics of sulfur-containing

molecules and radicals[J]. Chem. Rev., 1978, 78: 23-43.

1979SER/DEM Serjeant E, Dempsey B. Ionisation constant in aqueous solution: IUPAC Chemical Data Series, no 23 [M]. Oxford: Pergamon Press, 1979.

1980FUR/ZAW Furchgott R F, Zawadzki J V. The obligatory role of endothelial cells in the relaxation of arterial smooth muscle by acetylcholine[J]. Nature, 1980, 288: 373-376.

1981BEN Benson S W. Some research into problems of molecular structure and chemical reactivity[J]. J. Phys. Chem., 1981, 85: 3375-3385.

1981LUO Luo Y R. Inequality of decision on species instability[J]. J. Chem. Educ., 1981, 58: 26-27.

1982LEE/BER Lee S J, Bersohn R. Photodissociation of a molecule with two chromophores, CH_2Ibr[J]. J. Phys. Chem., 1982, 86: 728-730.

1985BUR/DOB Burton G W, Dobe T, Gabe E J, et al. Autoxidation of biological molecules. 4. Maximizing the antioxidant activity of phenols[J]. J. Am. Chem. Soc., 1985, 107: 7053-7065.

1985ERV/ARM Ervin K M, Armentrout P B. Translational energy dependence of $Ar^+ + XY \longrightarrow ArX^+ + Y$ ($XY = H_2, D_2$, HD) from thermal to 30 eV cm[J]. J. Chem. Phys., 1985, 83: 166-189.

1985SLA/GUT Slagle I R, Gutman D. Kinetics of polyatomic free radicals produced by laser photolysis. 5. Study of the equilibrium $CH_3 + O_2 \longrightarrow CH_3O_2$ between 421 and 538℃ [J]. J. Am. Chem. Soc., 1985, 107: 5342-5347.

1986BOR/BAU Bordwell F G, Bausch M J. Acidity-Oxidation-Potential (AOP) values as estimates of relative bond dissociation energies and radical stabilities in dimethyl sulfoxide solution [J]. J. Am. Chem. Soc., 1986, 108: 1979.

1986BUR/ING Burton G W, Ingold K U. Vitamin E: application of the principles of physical organic chemistry to exploration of its structure and function [J]. Acc. Chem. Res., 1986, 19: 194-201.

1986BUR/MAJ Burkey T J, Majewski M, Griller D[J]. Heats of formation of radicals and molecules by a photoacoustic technique[J]. J. Am. Chem. Soc., 1986, 108: 2218-2221.

1986BUT/HIN Butler L J, Hintsa E J, Lee Y T. Bond selective photochemistry in CH_2BrI through electronic excitation at 210 nm[J]. J. Chem. Phys.,

1986, 84: 4104 - 4106.

1986CAS/KEE Castleman A W, Keesee R G. Cluster: bridging the gas and condensed phases[J]. Acc. Chem. Res., 1986, 19: 413 - 419.

1987PAL/FER Palmer R M, Ferrige A G, Moncada S. Nitric oxide release accounts for the biological activity of endothelium-derived relaxing factor[J]. Nature 1987, 327: 524 - 526.

1987SHI/ACH Shiromaru H, Achiba Y, Kimara K, et al. Determination of the C—H bond dissociation energies of ethylenr and acetylene by observation of the threshold energies of H^+ formation by synchrotron radiation[J]. J. Phys. Chem., 1987, 91: 17 - 19.

1988BOR Bordwell F G. Equilibrium acidities in dimethyl sulfoxide solution[J]. Acc. Chem. Res. 1988, 21: 456 - 463.

1988LUO/BEN Luo Y R, Benson S W. New electronegativity scale for the correlation of heats of formation. 1, Alkyl derivatives[J]. The Journal of Physical Chemistry 1988, 92, 5255 - 5257.

1988BOR/CHE Bordwell F G, Cheng J P, Harrelson J A. Homolytic bond dissociation energies in solution from equilibrium acidity and electrochemical data [J]. J. Am. Chem. Soc., 1988, 110: 1229 - 1231.

1988EBE Eberson L E. Electron transfer reactions in organic chemistry[M]. Springer. 1988.

1989BIR/HAD Birkhofer H, Hädrich J, Pakusch J, et al. [M]// Minisci F. Free radicals in synthesis and biology. London: Kluwe Academic Pub, 1989.

1989CHE 陈慧兰.辅酶 B_{12} 及其模型化合物[J].化学通报,1989,6: 1 - 8.

1989GRI/WAY Griller D, Wayner D D M. Radical thermochemistry and organic reactions[J]. Pure & Appl. Chem., 1989, 61: 717 - 724.

1989LOH/HAL Loh S K, Hales D A, Lian L, Armentrout P B. Collision-induced dissociation of Fe_n^+ ($n = 2 \sim 10$) with Xe[J]. Ionic and Neutral Iron Binding Energies, 1989, 90: 5466 - 5485.

1989LUO/BEN Luo Y R, Benson S W. A new electronegativity scale for the correlation of heats of formation. 3, Bond dissociation energy of X—R bonds and the heat of formation of the isopropyl radical[J]. J. Phys. Chem., 1989, 93: 3304 - 3306.

1989LUO/BEN(b) Luo Y R, Benson S W. A new electronegativity scale for the correlation of heats of formation. 3, Bond dissociation energy of X—R bonds and the heat of formation of the isopropyl radical[J]. J. Am.

Chem. Soc., 1989, 111: 2480 - 2482.

1989LUO/BEN(c) Luo Y R, Benson S W. A new electronegativity scale for the correlation of heats of formation. 6, Alkylsilane derivatives[J]. J. Phys. Chem., 1989, 93: 4643 - 4645.

1989LUO/BEN(d) Luo Y R, Benson S W. A new electronegativity scale for the correlation of heats of formation. 7, Alkylsilane derivatives-group additivity and bond dissociation energy of X—Si(CH_3)MH_3—M bonds [J]. J. Phys. Chem., 1989, 93: 3791 - 3794.

1989LUO/BEN(e) 罗渝然, Benson S W. 什么是热化学动力学[J]. 化学通报, 1989, 10: 22 - 25.

1990BOR/ZHA Bordwell F G, Zhang X M. Effects on anions and radicals of α-quaternary ammonium substituents[J]. J. Org. Chem. 1990, 55: 6078 - 6079.

1990LUO/BEN Luo Y R, Benson S W. A new electronegativity scale for the correlation of heats of formation. 11, Comparison with other scales in correlating heat of formation. J. Phys. Chem., 1990, 94: 914 - 917.

1990NOR Morskov J K. Chemisorption on metal surface[J]. Rep. Prog. Phys., 1990, 53: 1253 - 1295.

1990WAY/GRI Wayner D D M, Griller D. Free radical thermochemistry [M]// Tanner D D. Advances in free radicals chemistry. Greenwich: JAI Press, 1990, 1: 159 - 192.

1991ALL/DYK Allen G C, Dyke J M, Harris S J. Relative positive-ion yields from transirion-metal oxide systems under dynamic secondary ion mass spectrometry conditions[J]. J. Chem. Soc., Faraday Trans, 1991, 87: 875 - 883.

1991BOR/CHE Bordwell F G, Cheng J P. Substituent effects on the stabilities of phenoxyl radicals and the acidities of phenoxyl radical cations[J]. J. Am. Chem. Soc., 1991, 113: 1736 - 1743.

1991HAN/LEO Hansch C, Leo A, Taft R W. A survey of Hammett substituent constants and resonance and field parameters[J]. Chem. Rev., 1991, 9: 165 - 195.

1991IZA/PAW Izatt R, Pawlak K, Bradshaw J S. Thermodynamic and kinetics data for macrocycle interaction with cations and anions[J]. Chem. Rev., 1991, 91: 1721 - 2085.

1991LUO/PAC Luo Y R, Pacey P D. Theoretical support for a new enectronegativity scale[J]. J. Am. Chem. Soc., 1991, 113: 1465 - 1466.

1991LUO/PAC(b) Luo Y R, Pacey P D. Methyl substituent effects on the dissociation energies of Si—X bonds[J]. J. Phys. Org. Chem., 4: 562 - 565.

1991LUO/PAC(c) Luo Y R, Pacey P D. Heterolytic energies of X-alkyl bonds[J]. J. Phys. Chem., 1991, 95: 9470 - 9476.

1991NJU/KEL Njus D, Kelley P M. Vitamins C and E donate single hydrogen atoms in vivo[J]. FEBS 1991, 147 - 151.

1991PAR/HAN Parker V D, Handoo K L, Roness F, et al. Electrode potentials and thermodynamics of isodesmic reactions[J]. J. Am. Chem. Soc., 1991, 113: 7493 - 7498.

1992LUO/BEN Luo Y R, Benson S W. The covalent potential — a simple and useful measure of the valence state electronegativity for correlating molecular energetics[J]. Acc. Chem. Res., 1992, 25:375 - 381.

1992LUO/HOL Luo Y R, Holmes J L. Estimation of heats of formation for vinyl derivatives[J]. J. Phys. Chem., 1992, 96: 9568 - 9571.

1992ZHA/BOR Zhang X M, Bordwell F G. Homolytic bond dissociation energies of the benzylic C—H bonds in radical anions and radical cations derived from fluorenes, triphenylmethane and related compounds[J]. J. Am. Chem. Soc., 1992, 114: 9787 - 9792.

1992ZHA/BOR(b) Zhang X M, Bordwell F G. Acidities and homolytic bond dissociation energies of the acidic C—H bonds in radical cations[J]. J. Org. Chem., 1992, 57: 4163 - 4168.

1993ACK/KOY van Acker S A B E, Koymans L M H, Bast A. Molecular pharmacology of vitamin E: structural aspects of antioxidant activity[J]. Free Radical Biology & Medicine, 1993, 15: 311 - 328.

1993BOR/ZHA Bordwell F G, Zhang X M. From equilibrium acidities to radical stabilization energies[J]. Acc. Chem. Res., 1993, 26: 510 - 517.

1993BRI/JAM Brill T B, James K J. Thermal decomposition of energetic materials. 62. reconciliation of kinetics and mechanisms of TNT on the time scale from microseconds to hours[J]. J. Phys. Chem., 1993, 8759 - 8763.

1993CHU/ZHA Chu I H, Zhang H, Dearden D V. Macrocyclic chemistry in the gas phase: intrinsic cation affinities and complexation rates for alkali metal cation complexes of crown ethers and glymes[J]. J. Am. Chem. Soc., 1993, 115: 5736 - 5744.

1993LUO/HOL Luo Y R, Holmes J L. The prediction of bond dissociation energies for common organic compounds[J]. J. Mol. Theochem., 1993, 100(2-3):123-129.

1993LUO/PAC Luo Y R, Pacey P D. Generalization of an empirical model for bond dissociation energies[J]. Can. J. Chem., 1993, 71: 573-577.

1993SCO Scott G. Atmospheric oxidation and antioxidants[M]. New York: Elsevier Applied Science, 1993.

1993VER/HIR Verma A, Hirsch D, Glatt C E, et al. Carbon monoxide: a putative neural messenger[J]. Science, 1993, 259: 381-384.

1993XHU/ZHA Chu I H, Zhang H, Dearden D V. Macrocyclic chemistry in the gas phase: intrinsic cation affinities and complexation rates for alkali metal cation complexes of crown ethers and glymes[J]. J. Am. Chem. Soc., 1993, 115: 5736-5744.

1994ZHA/BOR Zhang X M, Bordwell F G, Puy M V D, et al. Equilibrium acidities and homolytic bond dissociation energies of the acidic C—H bonds in N-substituted trimethylammonium and pyridinium cations[J]. J. Org. Chem., 1993, 58: 3060-3066.

1994LUO/HOL Luo Y R, Holmes J L. Homolytic and heterolytic X—C bond energies. 1. Homolytic bond energies in common unsaturated organic compounds [J]. J. Phys. Chem., 1994, 98: 303-312.

1994LUO/HOL(b) Luo Y R, Holmes J L. Homolytic and heterolytic X—C bond energies. 2. Heterolytic bond energies in unsaturated organic chain compounds [J]. J. Phys. Chem., 1994, 98: 10368-10372.

1994LUO/HOL(c) Luo Y R, Holmes J L. The stabilization energies of polyenyl radicals [J]. Chem. Phys. Lett., 1994, 228: 329-332.

1994LUO/HOL(d) Luo Y R, Holmes J L. Sigma-pi and eta stabilization energies in vinyl, and phenyl compounds[J]. J. Phys. Org. Chem., 1994, 7: 403-411.

1994SPR/SLI Spring B A, Sligar S G, Olson J S, et al. Mechanisms of ligand recognnition in myoglobin[J]. Chem. Rev., 1994, 94: 699-714.

1994WEN/RAU Wendt H, Rausch S, Borucinski T. Advances in applied electrocatalysis [J]. Adv. Catal., 1994, 40: 87-176.

1994WIN/MER Wincel H, Mereand E, Castleman A W. Reactions of N_2O_5 with protonated water clusters $H(H_2O)_n$, $n = 3-30$[J]. J. Phys. Chem., 1994, 98: 8606-8610.

1995BER/ELL Berkowitz J, Ellison G B, Gutman D. Three methods to measure RH bond energies[J]. J. Phys. Chem., 1994, 98: 2744-2765.

1995CHA/CED Chattarj P K, Cedillo A, Parr R D, et al. Appraisal of chemical bond making, bond breaking, and electron-transfer in solution in the light of the principle of maximum hardness[J]. J. Org. Chem., 1995, 60: 4707 - 4714.

1995KAZ/MOF Kazmaier P M, Moffat K A, Georges M K, et al. Free-radical polymerization for narrow-polydispersity resins semiempirical molecular orbital calculations as a criterion for selecting stable free-radical reversible terminators[J]. Macromolecules, 1995, 28: 1841 - 1846.

1995MOL Moline M J. Chemical mechanism of atmospheric ozone deplection [M]// Bandy A R. The chemistry of the atmosphere — oxidants and oxidation in the earth's atmosphere. Cambridge: The Royal society of chemistry. 1995, 83 - 87.

1995OCH/PET Ochterski J W, Petersson G A, Wiberg K B. A comparison of model chemistries[J]. J. Am. Chem. Soc., 1995, 117: 1299 - 11308.

1995SHE/QI Sheng L S, Qi F, Tao L, Zhang Y W, et al. Experimental and theoretical studies of the photoionization and dissociative photoionization of vinyl chloride [J]. Int. J. Mass Spectrom Ion. Proc., 1995, 148: 179 - 189.

1995QI/SHE Qi F, Sheng L S, Zhang Y W, Yu S Q, et al. Experimental and theoretical study of the dissociation energies D° (H_2N — H) and D° (H_2N^+ — H) and other related quantities[J]. Chem. Phys. Lett., 1995, 234: 450 - 454.

1996HAN/HOE Hansch C, Hoekman D, Gao H. Comparative DSAR: toward a deeper understanding of chemicobiological interactions[J]. Chem. Rev. 1996, 96: 1045 - 1075.

1996LI/RAN Li Q, Ran Q, Xhen C, Yu S, et al. Experimental and theoretical study of the photoionization and dissociative photoionizations of carbon tetrachloride [J]. Int. J. Mass Spectrom Ino. Proc., 1996, 153: 29 - 36.

1996NIST NIST Chemistry Webbook. Mallard W G. accessed August 1996, http://webbooknistgov, updated regularly.

1996OCH/PET Ochterski J W, Petersson G A, Montgomery J A, Jr. A complete basis set model chemistry V Extensions to six or more heavy atoms[J]. Chem. Phys., 1996, 104: 2598 - 2619.

1996ROB Roberts M W. The role of short-lived oxygen transients and precursor states in the mechanisms of surface reactions; a different view of surface catalysis[J]. Chem. Soc. Rev., 1996, 25: 437 - 446.

1997CHE/YAN Chen H, Yan H, Luo L, et al. Study of the thermal decomposition, axial-base equlibrium, and Co—C bond dissociation energy of 2', 5'-dideoxyadenosylcobalamin in ethylene glycol[J]. Inorg. Biochem., 1997, 66: 219 - 225.

1997DOB/BEN Dobis O, Benson S W. Temperature coefficient of rates of ethyl radical reactions with HBr and Br in the 228 - 368 K temperature range at millitorr pressures[J]. J. Phys. Chem. A., 1997, 101: 6030 - 6042.

1997FU/LUO 傅少伟，罗来斌，陈慧兰，等. 光声量热法测定辅酶 B_{12} 的光解量子产率[J]. 物理化学学报，1997，13：193 - 195.

1997KOR/SIC Korth H-G, Sicking W. Prediction of methyl C—H bond dissociation energies by density functional theory calculations[J]. J. Chem. Soc. Perkin. Trans., 2, 1997, 715 - 720.

1997JPL deMore W B, Sander S P, et al. Chemical kinetics and photochemical data for use in stratospheric modelling[M]. JPL Publication, 1997, http://jpldataevaljplnasagov.

1997LUO/BEN Luo Y R, Benson S W. Heats of formation of alkyl fluorides[J]. J. Phys. Chem. A, 1997, 101: 3042 - 3044.

1997OLS/PHI Olson J S, Phillips G N. Myoglobin discriminates between O2, NO, and CO by electrostatic interactions with the bound ligand[J]. JBIC, 1997, 544 - 552.

1997ZHA/ZHU Zhang X M, Zhu Q. Olefinic ozonation electron transfer mechanisms [J]. J. Org. Chem., 1997, 62: 5934 - 5938.

1997ZHU/ZHA Zhu Q, Zhang X M, Fry A J. Bond dissociation energies of antioxidants[J]. Polymer Degrad Stability, 1997, 57: 43 - 50.

1998BOR/LIU Bordwell F G, Liu W Z. Effects of sulfenyl, sulfinyl and sulfonyl groups on acidities and homolytic bond dissociation energies of adjacent C—H and N—H bonds[J]. J. Phys. Org. Chem., 1998, 11: 397 - 406.

1998CHA Chase M W Jr. NIST-JANAF thermochemical table[M]. 4th ed. J. Phys. Chem. Ref. Data, Monograph 9, 1998.

1998CUR/RAG Curtiss L A, Raghavachari K, Redfern P C, et al. Gaussian-3 (G3) theory for molecules containing first and second-row atoms[J]. J. Chem. Phys., 1998, 109: 7764 - 7776.

1998GAI/SED Gail H-P, Sedlmayr E. Inorganic dust formation in astrophysical environment[J]. Faraday Discuss, 1998, 109: 303 - 319.

1998GRA Grabowski J J. Photoacoustic calorimetry reference list, 1998 http://chemedchempittedu/joeg/documents/pacrefhtml.

1998IRI/FRU Irikura K K, Frurip D J. Computational thermochemistry: prediction and estimation of molecular thermodynamics (ACS Symposium) [M]. Washington, DC: ACS, 1998, Chapter 1. http://srdatanistgov/cccbdb.

1998LEW Lewan M D. Sulphur-radical control on petroleum formation rates. Nature, 1998, 39: 164-166.

1998LI/CHE 李刚，陈慧兰，张叔仪. 时间分辨脉冲光声量热法及其应用[J]. 无机化学学报，1998，14：133-141.

1998LI/LUO 李刚，罗来斌，陈慧兰，等. 光声量热法测定辅酶 B_{12} 光解的焓变和体积变化[J]. 物理化学报，1998，14：615-619.

1998LIN/CHE 林永达，陈庆云. 大气臭氧层破坏和 CFCs 替代物[J]. 化学进展，1998，10：228-235.

1998SMI Smith D W. Comment on "Heats of Formation of Alkyl Fluorides"[J]. J. Phys. Chem. A., 1998, 102: 7086-7087.

1998WIE/POL Wiener J J M, Politzer P. Comparison of various density functional methods for computing bond dissociation energies[J]. J. Mol. Struct. (Theochem), 1998, 427: 171-174.

1999ARM Armentrout P B. Cation-ether complexes in the gas phase: thermodynamic insight into molecular recognition[J]. Int. J. Mass. Spectrom., 1999, 193: 227-240.

1999BEN/CHA Benoit D, Chaplinski V, Braslau R, et al. Development of a universal alkoxyamine for living free radical polymerizations[J]. J. Am. Chem. Soc., 1999, 121: 3904-3920.

1999BLA/BOW Blanksby S J, Bowie J H. Construction of interstellar cumulenes and heterocumulenes: mass spectrometric studies[J]. Mass spectrom Rev., 1999, 18: 131-151.

1999DEN/DEN Denisov E T, Denisova T G. Handbook of antioxidants bond dissociation energies, rate constants, activation energies and enthalpies of reactions[M]. 2nd. Edition Boca Raton CRC Press, 1999.

1999DIL/PRA DiLabio G A, Pratt D A, LoFaro A D, et al. Theoretical study of X—H bond energetics (X = C, N, O, S): application to substituent effects, gas phase acidities, and redox potentials[J]. J. Phys. Chem. A, 1999, 103: 1653-1661.

1999FRO/MOR Froese R D J, Morokuma K. IMOMO-G2MS approaches to accurate calculations of bond dissociation energies of large molecules[J]. J. Phys. Chem. A, 1999, 103: 4580 - 4586.

1999FRO/MOR(b) Froese R D J, Morokuma K. Accurate calculations of bond-breaking energies in C60 using the three-layered ONIOM method[J]. Chem. Phys. Lett. 1999, 305: 419 - 424.

1999JEO/WIL Jeong H C, Williams E D. Steps on surfaces: experiment and theory [J]. Surf Sci Reports 1999, 34: 171 - 294.

1999JUR Jursic B S. Reliability of hybrid density theory — semiempirical approach for evaluation of bond dissociation energies[J]. J. Chem. Soc. Perkin Trans., 1999, 2: 369 - 372.

1999LUO Luo Y R. Why is the human visual system sensitive only to light of wavelengths from approximately 760 to 380 nm? An answer from thermochemistry and chemical kinetics[J]. Biophys Chem., 1999, 83: 179 - 184.

1999LUO/LIT Luo N, Litvin A, Osma R. Theoretical studies of ribose and its radicals produced by hydrogen abstraction from ring carbons[J]. J. Phys. Chem. A, 1999, 103: 592 - 600.

1999LIU/LIU 柳明珠,刘锴.可降解塑料开发的动向[J].化学通报,1999.

1999SAN/LAG dos Santos R M B, Laroa A L C, Simoes J A M. Photoacoustic calorimetry an examination of a non-classical thermochemistry tool[J]. J. Chem. Thermodynamics, 1999, 31, 1483 - 1510.

1999SEL/SHU Selassie C D, Shusterma A J, Kapur S, et al. On the tocity of phonols to fast growing cells. A QSAR model for a radical-based toxicity[J]. J. Chem. Sco. Perkin Trans., 1999, 2: 2729 - 2733.

1999VRE/MOR Vreven T, Morokuma K. The accurate calculation and prediction of the bond dissociation energies in a series of hydrocarbons using the IMOMO (integrated molecular orbital plus molecular orbital) methods[J]. J. Chem. Phys., 1999, 111: 8799 - 8803.

1999ZHU/JIA 朱维良,蒋华良,陈凯先,等.生物大分子体系良子化学计算方法新进展[J].化学进展,1999,11:367 - 375.

2000BOH Bohme D K. Experimental studies of positive ion chemistry with flow-tube mass spectrometry: birth, evolution, and achievements in the 20th century[J]. Int. J. Mass Spectrom, 2000, 200: 97 - 136.

2000CUR/RAG Curtiss L A, Raghavachari K, Redfern P C, et al. Assessment of Gaussian-3 and density functional theories for a larger experimental test set[J]. J. Chem. Phys., 2000, 112: 7374-7383.

2000DIL/PRA DiLabio G A, Pratt D A. Density functional theory based model calculations for accurate bond dissociation enthalpies. 2. Studies of X—X and X—Y (X, Y = C, N, O, S, Halogen) bonds[J]. J. Phys. Chem. A, 2000, 104: 1938-1943.

2000LIU/LI 刘宏波,李兆陇,洪啸吟.碳-碳键自由基引发剂研究进展[J].化学通报,2000,135.

2000OGL/COH Ogliaro F, Cohen S, de Visser S P, et al. Medium polarization and hydrogen bonding effects on compound 1 of cytochrome P450: what kind of a radical is it really? [J]. J. Am. Chem. Soc., 2000, 122: 12892-12893.

2000OGL/COH(b) Ogliaro F, Cohen S, Filatov M, et al. The high-valent compound of cytochrome P450: the nature of the Fe—S bond and the role of the thiolate ligand as internal electron donor[J]. Angew Chem. Int. Ed., 2000, 39: 3851-3855.

2000LEV Levine I N. Quantum chemistry[M]. 5th ed. Prentice Hall, 2000.

2000ROD/ARM Rodgers M T, Armentrout P B. Noncovalent metal-ligand bond eneries as studied by threshold collision-induced dissociation[J]. Mass Spectrom Rev. 2000, 19: 215-247.

2000ROV/PAR Rovira C, Parrinello M. First-principles molecular dynamics simulations of models for the myoglobin active center[J]. Int. J. Quantum Chem., 2000, 80: 1172-1180.

2000WAN/ZHA Wang K, Zhang W, Xian M, et al. New chemical and biological aspects of S-nitrosothiols[J]. Curr. Med. Chem., 2000, 7: 821-834.

2000YI/ZHA 易毅,张兴英,金关泰.控制聚合的进展[J].化学通报,2000,w049.

2000ZHA 张红雨.酚类抗氧化构效关系的总结与应用[J].化学通报,2000,电子版,0007.

2001ADU/SUM Adu C K W, Sumanasekera G U, Pradhan B K, et al. Carbon nanotubes: a theomolectric nano-nose[J]. Chem. Phys. Lett., 2001, 337: 31-35.

2001BAL Balzani V E. Electron transfer in chemistry[M]. Weiheim: Wiley-VCH, 2001.

2001CAR/FRI Carrtte L, Friedrich K A, Stimming U. Fundamentals and applications [J]. Fuel Cells, 2001, 1: 5-39.

2001CHE/QIU 陈小平,丘坤元."活性"控制自由基聚合的研究进展[J].化学进展,

2001，13：224－233.

2001FRE Frey P A. The role of radicals in enzymatic processes[J]. Chem. Record，2001，1：277－289.

2001FRI/MAN Fried L E，Manaa M，Pagoria P F. Simpson R L. Design and synthesis of energetic materials[J]. Ann. Rev. Mater. Res.，2001，31：291－321.

2001GER/NIE Gergen B，Nienhaus H，Weinberg W H，et al. Chemically induced electronic excitations at metal surfaces[J]. Science，2001，294：2521－2523.

2001IUPAC IUPAC Subcommittee for Gas Kinetic Data Evaluation. http://wwwiupac-kineticchcamacuk；update frequently.

2001KEU/SAY Keutsch F N，Saykally R J. Water clusters：untangling the mysteries of liquid，one molecule at a time[J]. Proc. Natl. Acad. Sci.，2001，98：10533－10540.

2001KNU Knupfer M. Electronic properties of carbon nanostructures[J]. Surf. Sci. Reports，2001，42：1－74.

2001LAR/RAN Larsen J H，Ranney J T，Starr D E，et al. Adsorption energetics of Ag on MgO(100)[J]. Phys. Rev.，B，2001，63：195410/1－195410－8.

2001LEV/MEN Levis R J，Menkir G M，Rabitz H. Selective bond dissociation and rearrangement with optimally tailored，strong-field laser[J]. Science，2001，292：709－713.

2001LI/ZHU 李倩，朱晓晴，何家骐，等．一氧化氮生物有机化学研究进展[J]．高等学校化学学报，2001，22：2026－2031.

2001LIU/LI 刘育，李莉．合成受体的分子识别[J]．有机化学，2001，21：850－861.

2001MAT/XIA Matyjaszewski K，Xia J. Atom transfer radical polymerization[J]. Chem. Rev.，2001，101：2921－2990.

2001MUN/ARM Muntean F，Armentrout P B. Guided ion beam study of collision-induced dissociation dynamics：integral and differential cross sections[J]. J. Chem. Phys.，2001，115：1213－1228.

2001SCH Schalley C A. Molecular recognition and supramolecular chemistry in the gas phase[J]. Mass Spectrom Rev.，2001，20：253－309.

2001SEI/WEI Sein L T，Wei Y，Jansen S A. The role of adsorption of aniline trimers on the corrosion inhibition process：a ZINDO/1 study[J]. Comput. Theo. Polymer Sci.，2001，11：83－88.

2001STE/JOV Steenken S，Jovanovic S J，Candeias L P，et al. Is “Frank” DNA-strand breakage via the guanine radical thermodynamically and sterically possible? [J]. Chem. Eur. J., 2001, 7: 2829 - 2833.

2001TRN/GRU Traka T M, Grubbs R H. The development of $L_2X_2Ru = CHR$ olefin metathesis catalysts: an organometallic success story[J]. Acc. Chem. Res., 2001, 34: 18 - 29.

2001WRI/JOH Wright J S, Johnson E R, DiLabio G A. Predicting the activity of phenolic antioxidants: theoretical method, analysis of substituent effects, and application to major families of antioxidants[J]. J. Am. Chem. Soc., 2001, 123: 1173 - 1183.

2001WU/YAN 吴月，杨向光. 从分子水平理解和研究催化[J]. 化学通报，2001，64: w116.

2001XIA/YOU 向清祥，游劲松，刘羿，等. 大环多胺的超分子识别作用[J]. 有机化学，2001，21: 557 - 563.

2002BAE/LI Baer T, Li Y. Threshold photoelectron spectroscopy with velocity focusing: an ideal match for coincidence studies[J]. Int. J. Mass Spectrom, 2002, 219: 381 - 389.

2002BRA/NEU Braun J E, Neusser H J. Threshold photoionization in time-of-fight mass spectrometry[J]. Mass Spectrometry Review, 2002, 21: 16 - 36.

2002OXL/SMI Oxley J C, Smith J L, Rogers E, et al. Heat-release behavior of fuel combustion additives[J]. Energy & Fuels, 2001, 15: 1194 - 1199.

2002BUT/SEG Butina D, Segall M, Frankcombe K. Predicting ADME properties in siloco: methods and models[J]. Drug Discovery Today, 2002, 7: S83 - 88.

2002CHE/REN Cheng Z, Ren J, Li Y, et al. Study on the multiple mechanisms underlying the reaction between hydroxyl radical and phenolic compounds by qualitative structure and activity relationship[J]. Bioorg. Med. Chem., 2002, 10: 4067 - 4073.

2002DAM/DIE Damrauer N H, Dietl C, Krampert G, et al. Control of bond selective photochemistry in CH_2BrCl using adaptive femtosecond pulse shaping [J]. Eur. Phys. J. D, 2002, 20: 71 - 76.

2002DOD Dodziuk H. Introduction to supramolecular chemistry [M]. Kluwer Academic Publishers, 2002.

2002EAT/ZHA Eaton P E, Zhang M X, Gilardi, et al. Octanitrocubane: a new nitrocarbon[J]. Propelants, explosive, pyrotechnics, 2002, 27: 1 - 6.

2002GER/TUR Gerbaux P, Turecek F. Protonated carbonic acid and the trihydroxymethyl radical in the gas phase. A neutralization-reionization mass spectrometric and ab initio/RRRKM study[J]. J. Phys. Chem. A, 2002, 106: 5938 - 5950.

2002IRI Irikura K K. New empirical procedures for improving ab initio energetics[J]. J. Phys. Chem. A, 2002, 106: 9910 - 9917.

2002GOK/BAR Gokel G W, Barbour L J, Ferdani R, et al. Lariat ether receptor systems show experimental evidence for alkali metal cation-pi interactions[J]. Acc. Chem. Res. 2002, 35: 878 - 886.

2002KUZ Kuznetsov Y I. Current state of the theory of metal corrosion inhibition [J]. Protection of metals, 2002, 38: 122 - 131.

2002LIU/ZHA 刘育，张衡益. 冠醚的分子设计及其识别性质研究进展[J]. 有机化学，2002，22：91 - 100.

2002LUO Luo Y R. Handbook of bond dissociation energies of organic compounds[M]. Boca Raton: CRC Press, 2002.

2002LUO(b) Luo Y R. Bond dissociation energies and Hammett correlation Remotely substituted aromatic compounds and vitamin E[J]. Int. J. Chem. Kinet., 2002, 34: 453 - 466.

2002MAR Marcus P. Corrosion mechanisms in theory and practice[M]. New York: Marcel Dekker Inc, 2002.

2002MEN/CHE 孟德胜，陈宇. 一氧化氮供体研究进展. http://wwwyao85com/wy/2002lw/84htm.

2002MOT/WED Mottram D S, Wedzicha B L, Dodson A T. Acrylamide is formed in the Maillard reaction[J]. Nature, 2002, 419: 448 - 449.

2002RAW Rawls R L. Interstellar chemistry[J]. C&EN, 2002, 80(8): 31 - 37.

2002RIC/SAH Rice B M, Sahu S, Owens F J. Density functional calculations of bond dissociation energies for NO_2 scission in some nitroaromatic molecules [J]. J. Mol. Structure, 2002, 583: 69 - 72.

2002STA/PIA Stampfl C, Pirovano M V G, Reuter K, et al. Catalysis and corrosion: the theoretical surface-science context[J]. Surf. Sci., 2002, 500: 368 - 394.

2002VRE/MOR Vreven T, Morokuma K. Prediction of the dissociation energy of hexaphenylethane using the ONIOM(MO: MO: MO) method[J]. J. Phys. Chem. A, 2002, 106: 6167 - 6170.

2002WAN/XIA Wang P W, Xian M, Tang X, et al. Nitric oxide donors: chemical activities and biological applications[J]. Chem. Rev., 2002, 102:

1091 - 1134.

2002XU 徐光宪. 21世纪化学的内涵、四大难题和突破口[J]. 化学通报, 46: 2086 - 2091.

2002ZHA/BUL Zhao J, Buldum A, Han J, et al. Gas molecule adsorption in carbon nanotubes and nanotube bundles[J]. Nanotech, 2002, 13: 195 - 200.

2003AKO/JON Akola J, Jones R O. ATP hydrolysis in water — a density functional study[J]. J. Phys. Chem. B, 2003, 107: 11774 - 11783.

2003CHE/LI Chen H, Li G, Zhang F F, et al. Co-C bond dissociation energy and reaction volume change of 2', 5'-dideoxyadenosylcobalamin studied by laser-induced time-resolved photoacoustic calorimetry [J]. Spectrochimica Acta, A, 2003, 59: 2767 - 2774.

2003DON/SCH van Dongen B E, Schouten S, Baas M, et al. An experimental study of the low-temperature sulfurization of carbohydrates [J]. Org. Geochem., 2003, 34: 1129 - 1144.

2003FEN/WAN Feng Y, Wang J T, Liu L, et al. C—H and N—H bond dissociation energies of five- and six- membered ring aromatic compounds[J]. J. Phys. Org. Chem., 2003, 16: 883 - 890.

2003FU/LIN Fu Y, Lin B L, Liu L, et al. B—Z bond dissociation energies of para-substituted phenylborances: a problem for Nau's definition of polar ground-state effects[J]. Res. Chem. Intermed., 2003, 29: 429 - 440.

2003FU/LIU Fu Y, Liu L, Lin B L, et al. Remote substituent effects on hemolytic bond dissociation energies[J]. J. Org. Chem., 2003, 68: 4657 - 4662.

2003HIL/SOM Hillier A C, Sommer W J, Yong B S, et al. A combined experimental and theoretical study. Examining the binding of N-heterocyclic carbenes (NHC) to the Cp* RuCl (Cp* = η^5-C_5Me_5) moiety: insight into steroelectronic diffrences between unsaturated and saturated NHC ligands[J]. Organometallics, 2003, 22: 4322 - 4326.

2003KAW/TAW Kawase T, Tanaka K, Fujiwara N, et al. Complexation of a carbon nanoring with fullerenes [J]. Angew. Chem. Int. Ed., 2003, 42: 1624 - 1628.

2003MIC/LIU Michaelides A, Liu Z P, Zhang C J, et al. Identification of general linear relationships between activation energies and enthalpy changes for dissociation reactions at surfaces[J]. J. Am. Chem. Soc., 2003, 125: 3704 - 3705.

2003MOR/SIR Moridani M Y, Siraki A, O'Brien P J. Quantitative structure toxicity relationships for phonols in isolated rat hepatocytes[J]. Chemico-Biological Interactions, 2003, 145: 213 - 223.

2003NET/APT Netzeva T I, Aptula A O, Chaudary S H, et al. Structure-activity relationships for the toxicity of substituted poly-hydroxylated benzenes to tetrahymena pyriformis: influence of free radical formation QSAR [J]. Comb. Sci., 2003, 22: 575 - 582.

2003NEU/DEL Neu F A, Delgado R, Chaves S. Critical evaluation of stability constants and thermodynamic functions of metal complexes of crown ethers[J]. Pure Appl. Chem., 2003, 75: 71 - 102.

2003PRA/MIL Pratt D A, Mills J H, Porter N A. Theoretical calculations of carbon-oxygen bond dissociation enthalpies of peroxyl radicals formed in the autoxidation of lipids[J]. J. Am. Chem. Soc., 125: 5801 - 5810.

2003PRA/PHU Praserthdam P, Phungphadung J, Somrang P, et al. Critical nanoparticle size for thermal stability[J]. J. Materials Sci. Lett., 2003, 22: 1587 - 1589.

2003SON/LIU Song K S, Liu L, Guo Q X. Effects of-ammonium, phosphonium, and - sulfonium groups on C—H bond dissociation energies[J]. J. Org. Chem., 2003, 68: 4604 - 4607.

2003VER/KAP Verma R P, Kapur S, Barberena O, et al. Synthsis, cytotoxicity, and QSAR analysis of X-thiophenols in rapidly dividing cells[J]. Chem. Res. Toxicol., 2003, 16: 276 - 284.

2003YAO/HOU Yao X Q, Hou X J, Jiao H, et al. Accurate calculations of bond dissociation enthalpies with density functional methods[J]. J. Phys. Chem. A, 2003, 107: 9991 - 9996.

2003YI 衣宝廉.燃料电池的原理、技术状态与展望[J]. 电池工业, 2003, 8: 16 - 22.

2004BAT/RID Batheit C M, Ridder L, Mulholland A J, et al. Mechanism and structure-reactivity relationships for aromatic hydroxylation by cytochrome P450[J]. Org. Biomol. Chem. 204, 2: 2998 - 3005.

2004BEC/NIS Becker E M, Nissen L R, Skibsted L H. Antioxidant evalution protocols: food quality or health effects[J]. Eur. Food Res. Technol., 2004, 219: 561 - 571.

2004BLI/NOR Bligaard T, Norskov J K, Dahl S, et al. The bronsted-evans-polanyi relation and the volcano curve in heterogeneous catalysis[J]. J. Catal. 2004, 224: 206 - 217.

2004BOL/BAR Bolis V, Barbaglia A, Bordiga S, et al. Heterogeneous nonclassical carbonyls stabilized in Cu(Ⅱ)— and Ag(Ⅰ)— ZAM-5 zeolites: thermodynamic and spectroscopic features[J]. J. Phys. Chem. B, 2004, 108: 9970 - 9983.

2004COR/NUN Correia C F, Nunes P M, dos Santos R M B, et al. Gas-phase energetics of organic free radicals using time-resolved photoacoustic calorimetry[J]. Thermochimica Acta, 2004, 420: 3 - 11.

2004DIT/HAY Dittrich M, Hayashi S, Schulten K. ATP hydrolysis in the β_{TP} and β_{DP} catalytic sites of F_1-ATPase Biophys J 2004, 87, 2954 - 2967.

2004FEN/LIU Feng Y, Liu L, Wang J-T, et al. Homolytic C—H and N—H bond dissociation energies of strained organic compounds[J]. J. Org. Chem., 2004, 69: 3129 - 3138.

2004GAJ Gajdos M. Thesis: adsorption of small molecules on metallic surfaces [D]. University at Wien Slowakei,2004.

2004HUA/LIU 黄莎华,刘之景,王克逸. 燃料电池开发现状及其发展趋势[J].化学通报, 2004, 67: w54.

2004LI/FU 李蕊琼, 傅尧, 刘磊,等. 钌催化烯烃复分解反应的研究进展[J]. 有机化学, 2004, 24: 1004 - 1017.

2004LUD/VLA Ludwig J, Vlachos D G. First principled modeling of dissociative adsorption at crystal surfaces: hydrogen on Pt(111)[J]. Mol Simulation, 2004, 30: 765 - 771.

2004MAY/RHI Mayer J M, Rhile I J. Thermodynamics and kinetics of proton-coupled electron transfer stepwise vs concerted pathways[J]. Biochimica et Biophysica Acta, 2004, 1655: 51 - 58.

2004MEU/VIS Meunier B, de Visser S P, Shaik S. Mechanism of oxidation reactions catalyzed by cytochrome P450 enzymes[J]. Chem. Rev., 2004, 104: 3947 - 3980.

2004MIL/AGU Milligan J R, Aguilera J A, Hoang O, et al. Repair of guanyl radicals in plasmid DNA by electron transfer is coupled to proton transfer[J]. J. Am. Chem. Soc., 2004, 126: 1682 - 1687.

2004MO/YAN Mo Y, Yang J, Chen G. Zero kinetic energy photoelectron study of SO_2^+ using coherent extreme ultraviolet radiation[J]. J. Chem. Phys., 120: 1263 - 1270.

2004MYL/ZHA Mylvaganam K, Zhang L C. Nanotube functionnalization and polymer grafting: an *ab initio* study[J]. J. Phys. Chem. B, 2004, 108: 15009 -

15012.

2004SON 宋柯晟. 有机物键离解能的量子化学研究[D]. 中国科学技术大学博士论文,2004.

2004SON/LIU Song K S, Liu L, Guo Q X. Effects of geminal disubstitution on C—H and N—H bond dissociation energies[J]. Tetrahedron, 2004, 60: 9909-9923.

2004STU Studer A. Tin-free radical chemistry using the persistent radical effect: alkoxyamine isomerizition, addition reactions and polymerizations[J]. Chem. Sco. Rev., 2004, 33: 267-273.

2004VIS/KUM de Visser S P, Kumar D, Cohen S, et al. A predictive pattern of computed barriers for C—H hydroxylation by compound I of cytochrome P450[J]. J. Am. Chem. Soc., 2004, 126: 8362-8363.

2004ZHA 张淑仪. 脉冲光声方法研究液相光化学和光生物化学反应[J]. 声学学报, 2004, 29: 289-296.

2004ZHA/WAN 赵慧卿,王显阳. 一氧化氮、一氧化碳与血红素的配位化学及其生理作用[J]. 化学教育, 2004, 3:4-6.

2004ZHU/ZHA 朱杰, 张学景, 邹永. 关环复分解及其催化剂研究进展[J]. 有机化学, 2004, 24: 127-139.

2004ZHA/ZHU 张芳英, 朱盛龙, 滕英元. 氧气在Al(001)面吸附的第一原理研究[J]. 科学通报, 2004, 49: 1687-1690.

2005AHL Ahlberg P. 有机合成中的复分解方法的进展[J]. 化学通报, 2005, 68: w147.

2005BRO Brown K L. Chemistry and enzymology of vitamin B_{12}[J]. Chem. Rev., 2005, 105: 2075-2049.

2005CAV/COR Cavallo L, Correa A, Costabile C, et al. Steric and electronic effects in the bonding of N-heterocyclic ligands to transition metals[J]. J. Orgnomet. Chem., 2005, 5407-5413.

2005CHA/WAN 柴松海, 王昊鹏, 徐柏庆. 交换舞伴式的催化化学反应——2005年诺贝尔化学奖简介[J]. Chem. J. Internet, 2005, 17. http://www.chemistrymagorg/cji/2005/07c089rchtm.

2005CHE 陈慧兰. 辅酶 B_{12}:高等无机化学[M]. 北京:高等教育出版社, 2005, 371-375.

2005CHE/DEN Cheung S, Deng W Q, van Duin A C T, et al. $ReaxFF_{MgH}$ reactive force field for magnesium hydrides systems[J]. J. Phys. Chem. A, 2005, 109: 851-859.

2005CHE/GIL Check C E, Gilbert T M. Progressive systematic underestimation of reaction energies by the B3LYP model as the number of C—C bonds increases: Why organic chemists should use multiple DFT models for calculations involving polycarbon hydrocarbonds[J]. J. Org. Chem., 2005, 70: 9828-9834.

2005FU/LIN Fu Y, Liu L, Liu R, et al. Homolytic bond dissociation energies of 4-substituted bicyclo[222]octanyl compounds: inductive/field effects on the stabilities of organic radicals[J]. J. Phys. Org. Chem., 2005, 18: 529-538.

2005GRE/NOR Greeley J, Norskov J K, Kibler L A, et al. Hydrogen evolution over bimetallic systems: understanding the trends[J]. Chem. Phys. Chem., 2005, 7: 1032-1035.

2005LI/HE 李震宇，贺伟，杨金龙. 密度泛函理论及其数值方法新进展[J]. 化学进展，2005，17: 192-202.

2005LI/LIU Li M J, Liu L, Fu Y, et al. Development of an ONIOM-G3B3 method to accurately predict C—H and N—H bond dissociation enthalpies of ribonucleosides and deoxyribonucleosides[J]. J. Phys. Chem. B, 2005, 109: 13818-13826.

2005LIB/FRE Libuda J, Freund H J. Molecular beam experiments on model catalysts [J]. Surf. Sci. Reports, 2005, 57: 157-298.

2005LIU/ZHA Liu K, Zhao H, Wang C, et al. A theoretical study of bond selective photochemistry in CH_2BrI[J]. J. Chem. Phys., 2005, 122: 044310/1-044310/5.

2005LUO 罗渝然. 化学键能数据手册[M]. 北京:科学出版社，2005.

2005MAT/POL Matyjaszewski K, Poli R. Comparison of bond dissociation energies of dormant species relevant to degenerative transfer and atom transfer radical polymerization[J]. Macromolecules, 2005, 38: 8093-8100.

2005MEO Meot-Ner M. The ionic hydrogen bond[J]. Chem. Rev., 2005, 105: 213-284.

2005RUS/BOG Ruscic B, Boggs J E, Burcat A, et al. IUPAC critical evaluation of thermochemical properties of selected radical, Part 1 [J]. J. Phys. Chem. Ref. Data, 2005, 34: 573-656.

2005RUA/ZHA Ruan W J, Zhao X J, Wang S J, et al. Study on the molecular recognition of α, α, α, β - ZnT(o-BocThr)APP toward imidazole derivatives and amino acid esters Chinese[J]. J. Chem., 2005, 23:

1381 - 1386.

2005SCH/ROT Schussler T, Roth W, Gerber T, et al. The VUV photochemistry of radicals C_3H_3 and C_2H_5 [J]. Phys. Chem. Chem. Phys., 2005, 7: 819 - 825.

2005SHA/CAI Shan B, Cai Y Z, Sun M, et al. Antioxidant capacity of 26 spice extracts and characterization of their phenolic constituents [J]. J. Agric. Food Chem., 2005, 53: 7749 - 7759.

2005SHA/FRI Shanks D, Frisell H, Ottsson H, et al. Design principles for α - tocopherol analogust[J]. Org. Biuomol. Chem., 2005, 4: 846 - 852.

2005SHE/JI 申亮，纪洪芳，柴建国，等. 对九种天然产物清除自由基活性的理论评价[J]. 生物物理学报，2005，21：332 - 338.

2005SHO/BIG Shot K R, Bigelow M L, Kahl J, et al. Decline in skeletal muscle mitochondrial function with aging in humans[J]. Proc. Natl. Acad. Sci., 2005, 102: 5618 - 5623.

2005SON von Sonntag C. Free-radical-induced DNA damage and its repair [M]. Springer, 2005.

2005TAA/HAN Taatjes C A, Hansen N, Mcllroy A, et al. Enols are common intermediates in hydrocarbon oxidation [J]. Science, 2005, 308: 1887 - 1889.

2005TAL/SIV Talawar M B, Sivabalan R, Asthana S N, et al. Novel ultrahigh-energy materials[J]. Combustion, explosion, and shock waves, 2005, 41: 264 - 277.

2005TSI/ORP Tsipis A C, Orpen A G, Harvey J N. Substituent effects and the mechanism of alkene metathesis catalyzed by ruthenium dichloride catalysts[J]. Dalton Trans., 2005, 2849 - 2858.

2005VEG/JEN Vegge T, Jensen L S H, Bonde J, et al. Trends in hydride formation energies for magnesium-3d transition metal alloys [J]. J. Alloys. Compounds, 2005, 386: 1 - 7.

2005WAN/YAO 王炜堃，姚立，葛茂发，等. 对流层活性卤素化学：充满机遇和挑战的研究领域[J]. 地球科学进展，2005，20：1099 - 1209.

2005WAN/ZHO Wang Y M, Zhou C, Fu Y, et al. Homolytic bond dissociation energies of allylic compounds and related substituent effects[J]. Chinese J. Org. Chem., 2005, 25: 1398 - 1402.

2005WAN/ZHO(b) 王毅敏，周畅，傅尧，等. 烯丙位化学键均裂离解能及其取代基效应[J]. 有机化学 2005，11：1398 - 1402.

2005WAT　Watts J F. The interfacial chemistr of adhesion: novel routes to the holy grail[M]// Possart W. Adhesion. Weinheim: Wiley-VCH, 2005, 1-16.

2005WEN/SPI　Wendt H, Spinace E V, Neto A O, et al. Electrocatalysis and electrocatalysts for low temperature fuel cells: fundamentals, state of the art, research and development[J]. Directory of Open Access J., 2005, 28: 1066-1075.

2005XIA/MI　熊中强，米镇涛，张香文，等. 合成高密度烃类燃料研究进展[J]. 化学进展，2005，17：359-367.

2005XU/LIN　Xu S, Lin M C. Computational study on the kinetics and mechanism for the unimolecular decomposition of $C_6H_5NO_2$ and the related C_6H_5 + NO_2 and C_6H_5O + NO reactions[J]. J. Phys. Chem. B, 2005, 109: 8367-8373.

2005YAN/HAO　Yang J, Hao Y, Li J, et al. A combined zero electronic kinetic energy spectroscopy and ion-pair dissociation imaging study of the F_2^+ structure[J]. J. Chem. Phys., 2005, 122: 134308/1-134308/7.

2005YAN/WAN　Yang R, Wang J, Huang C Q, et al. Combustion study with synchrotron radiation single-photon ionization technique[J]. Chinese Sci. Bull., 2005, 50: 1082-1086.

2005ZHA　Zhang H Y. Structure-activity relationships and rational design strategies for radical-scavengine antioxidants[J]. Curr. Computer-Aided Drug Design, 2005, 1: 257-273.

2005ZHA/LIU　Zhao S W, Liu L, Fu Y, et al. Assement of the metabolic stability of the methyl groups in heterocyclic compounds using C — H bond dissociation energies: effects of diverse atomatic groups on the stability of methyl radicals[J]. J. Phys. Org. Chem., 18: 353-367.

2005ZHO/YAN　周理，孙艳，苏伟. 纳米碳管储能的化学原理与储存容量研究[J]. 化学进展，2005，17：660-665.

2006ALA/JOH　Alapati S V, Johnson J K, Sholl D S. Indentification of destabilized metal hydrides for hydrogen storage using first principles calculations [J]. J. Phys. Chem. B, 2006, 110: 8769-8776.

2006AND/BLI　Andersson M P, Bligaard T, Kustov A, et al. Toward computational screening in heterogeneous catalysis: pareto-optimal methanation catalysis[J]. J. Catal., 2006, 239: 501-506.

2006ARI/KUN　Ariga K, Kunitake T. Supramolecular chemistry — fundamentals and applications[J]. Springer, 2006.

2006BEC/FIC Becker K E, Fichthorn K A. Accelerated molecular dynamics simulation of the thermal desorption of *n*-alkanes from the basel plane of graphite[J]. J. Chem. Phys., 2006, 125: 184706/1-184706/9.

2006CAR/WIN Caryl S P L, Winger J A, Derbyshire E R, et al. Nitric oxide signaling: no longer simply on or off [J]. Trends in Biochemical Sciences, 2006, 31: 231-239.

2006CHA Chauvin Y. Olefin metathesis: the early days[J]. Angew. Chem. Int. Ed., 2006, 45: 3741-3747.

2006CHE/SON Chen W, Song J, Guo P, et al. Exploring a possible way to synthesize novel better antioxidants based on vitamin E: a DFT study[J]. Bioorg. Med. Chem. Lett., 2006, 16: 5874-5877.

2006CHE/SON(b) Chen W, Song J, Guo P, et al. Butein, a more effective antioxidant than α-tocopherol[J]. J. Mol. Struc. THEOCHEM., 2006, 763: 161-164.

2006CUE/PED Cuesta G, Pedersen T B, Koch H, et al. Carbon nanorings: a challenge to theoretical chemistry[J]. ChemPhysChem., 2006, 7: 2503-2507.

2006DIN/DAI Dinca M, Dailly A, Liu Y, et al. Hydrogen storage in a microporous metal-organic framework with exposed Mn^{2+} coordination sites[J]. J. Am. Chem. Soc., 2006, 128: 16876-16883.

2006DU/GE 杜林,葛茂发,徐永福,等. 氯氟烃替代物的大气化学和环境效应[J]. 化学通报 2006, 69: 1-10.

2006FEI/GLU Feil S, Gluch K, Leubner S M, et al. The stability of singly and multiply charged La@C80 and La@C82 ions determined from kinetic energy release measurements[J]. Int. J. Mass Spectrom, 2006, 249: 396-402.

2006FU/LIU Fu Y, Liu L, Wang Y M, et al. Quantum-chemical predictions of redox potentials of organic anions in dimethyl sulfoxide and reevaluation of bond dissociation enthalpies measured by the electrochemical methods[J]. J. Phys. Chem. A, 2006, 110: 5874-5886.

2006GAB/HAY Gabasch H, Hayek K, Klotzer B, et al. Carbon incorporation in Pd (111) by adsorption and dehydrogenation of ethane[J]. J. Phys. Chem. B, 2006, 110: 4947-4952.

2006GOE/WEN Goebbert D J, Wenthold P W. Gas-phase hydride affinities of neutral molecules[J]. Int. J. Mass Spectrom, 2006, 257: 1-11.

2006GRE/JAR Greeley J, Jaramillo T F, Bonde J, et al. Computational high-throughput screening of electrocatalytic materials for hydrogen evolution[J]. Nature Materials, 2006, 5: 909 - 913.

2006GRU Grubbs R H. Olefin-metathesis catalysts for the preparation of molecules and materials[J]. Angew. Chem. Int. Ed., 2006, 45: 3760 - 3765.

2006HEN/ARN Henkelman G, Arnadsson A, Jonsson H. Theoretical calculations of CH_4 and H_2 associative desorption from Ni(111): could subsurface hydrogen play in important role? [J]. J. Chem. Phys., 2006, 124: 044706/1 - 044706/9.

2006JAC Jacobsen H. P-heterocyclic carbens as potential ligands in the design of new metathesis catalysis A computational study[J]. Dalton Trans., 2006, 2214 - 2224.

2006JIA/GE 贾龙，葛茂发，徐永福，等. 大气臭氧化学研究进展[J]. 化学进展，2006, 18: 1565 - 1574.

2006JIA/GE(b) 贾龙，葛茂发，庄国顺，等. 对流层夜间化学研究[J]. 化学进展，2006, 18: 1034 - 1040.

2006KLE Klemperer W. Interstellar chemistry[J]. Proc. Natl. Acad. Sci., 2006, 103: 12232 - 12234.

2006KLE/VAI Klemperer W, Vaida V. Molecular complexes in close and far away [J]. Proc. Natl. Acad. Sci., 2006, 103: 10584 - 10588.

2006KOP/OZO Kope B M, Ozolins V, Wolverton C. Theoretical prediction of low-energy crystal structures and hydrogen storage energetics in Li_2NH[J]. Phys. Rev. B, 2006, 73: 220101.

2006LEE/DOU Lee J, Dougherty D B, Yates J T. Phenyl species formation and preferential hydrogen abstraction in the decomposition of chemisorbed benzoate on Cu(110)[J]. J. Phys. Chem. B, 2006, 110: 9939 - 9946.

2006LEW/ITO Lewis D F V, Ito Y, Goldfarb P S. Cytochrome P450 structures and their substrate interactions[J]. Drug Develop Res., 2006, 66: 19 - 24.

2006LI/DU 李春迎，杜咏梅，何飞，等. 高密度烃化合物的合成[J]. 化学通报，2006, 69: w020.

2006LI/LIU Li M J, Liu L, Wei K, et al. Significant effects of phosphorylation on relative stabilities of DNA and RNA sugar radicals: remarkably high susceptibility of H-2' abstraction in RNA[J]. J. Phys. Chem. B, 2006, 110: 13582 - 13589.

2006LI/XUE Li K, Xue D. Estimation of electronegativity values of elments in diffrent values states[J]. J. Phys. Chem. A, 2006, 110: 11332 - 11337.

2006LIA/PEN 梁宇帆，彭志为，王一鹏，等. 分子识别的原理及应用 http://wwwchempkucn/bianj/paper/06/3pdf.

2006LIU/SHA 柳忠全，尚筱洁，罗海清，等. 一氧化氮化学性质的研究进展[J]. 有机化学，2006，26：1317 - 1321.

2006MAN/KEM Manard M J, Kemper P R, Bowers M T. An experimental and theoretical investigation into the binding interactions of silver cluster cations with ethane and propene[J]. Int. J. Mass Spectrom, 2006, 249: 252 - 262.

2006MEL/ZOU Meloni G, Zou P, Klippenstein S J, et al. Energy-resolved photoionization of alkylperoxy radicals and the stability of their cations [J]. J. Am. Chem. Soc., 2006, 128: 13559 - 13567.

2006OU/WAN 欧育湘，王艳飞，刘进全，等. 近20年问世的5个新高能量密度化合物[J]. 化学通报，2006，69：w069.

2006PAN/SIN Panun R, Singh I. Pharmacological strategies for the regulation of inducible nitric oxide systhase: neurodegenerative versus neuroprotective mechanisms [J]. Neurochem. Int., 2006, 49: 170 - 182.

2006PIN/ASP Pino E, Aspee A, Alarcon C L, et al. Reactivity of hydroxynaphthalenes towards peroxyl radicals [J]. J. Phys. Org. Chem., 2006, 19: 867 - 873.

2006QI/YAN Qi F, Yang R, Yang B, et al. Isomeric identification of polycyclic aromatic hydrocarbons formed in combustion with tunable vacuum ultraviolet photoionization [J] Review Sci. Indtrum., 2006, 77: 084101/1 - 084101/5.

2006REV/PON Revesz A, Pongor C I, Bodi A, et al. Manganese-chacocarbonyl bond strengths from threshold photoelectron photoion coincidence spectroscopy[J]. Organometallics, 2006, 25: 6061 - 6067.

2006SAM/FUR Samata A, Furuta T, Li J. Theoretical assessment of the elastic constants and hydrogen storage capacity of some metal-organic framework materials[J]. J. Chem. Phys., 2006, 125: 084714.

2006SCH Schrock, R R. Multiple metal-carbon bonds for catalytic methathesis reactions Angew Chem Int Ed 2006, 45, 3748 - 3759.

2006SCH/SMI Schwarzl S M, Smith J C, Fischer S. Insight into the chemomechanical coupling of the myosin motor from simulation of its ATP hydrolysis mechanism[J]. Biochem, 2006, 45: 5830-5847.

2006SHA/FRI Shanks D, Frisell H, Ottosson H, et al. Design principles foe-tocopherol analogues[J]. Org. Biomol. Chem., 2006, 4: 846-852.

2006SON/CHE Song X S, Cheng X L, Yang X D, et al. Relationship between the bond dissociation energies and impact sensitivities of some nitro-explosives[J]. Prop. Explos. Pyrotech., 2006, 31: 306-310.

2006TAI/DOH Tait S L, Dohnalek Z, Campbell C T, et al. *n*-alkanes on Pt(111) and C(0001)/Pt(111): chain length dependence of kinetic desorption parameters[J]. J. Chem. Phys., 2006, 125: 234308/1-234308/15.

2006TAS/TAG Tasis D, Tagmatarchis N, Bianco A, et al. Chemistry of carbon nanotubes[J]. Chem Rev 2006, 106: 1105-1136.

2006TSI/GUT Tsikas D, Gutzki F M, Stichtenoth D O. Circulating and excretory nitrite and nitrate as indicators of nitric oxide systhesis in humans: methods of analysis[J]. Eur. J. Clin. Pharmacol., 2006, 62: 51-59.

2006WOD/COR Wodrich M D, Corminboeuf C, Schleyer P V R. Systematic errors in computed alkane energies using B3LYP and other popular DFT functions[J]. Org. Lett., 2006, 8: 3631-3634.

2006XU/TAO 许炜,陶占良,陈军. 储氢研究进展[J]. 化学进展, 2006, 18: 200-210.

2006ZHA/JI Zhang H Y, Ji H F. How vitamin E scavenges DPPH radicals in polar protic media[J]. New J. Chem., 2006, 30: 503-504.

2006ZHO/YAN 周震, 言天英, 高学平. 储能材料的模拟与设计[J]. 物理化学学报, 2006, 22: 1168-1174.

2006ZIP Zipse H. Radical stability — a theoretical perspective[J]. Top Curr. Chem., 2006, 163-189.

2007CHO/FU Chong S S, Fu Y, Liu L, et al. O—H bond dissociation enthalpies of oximes: a theoretical assessment and experimental implications[J]. J. Phys. Chem. A, 2007, 111, in press.

2007GEE Geetha V G R. Hydrogen adsorption in defected carbon nanotubes[J]. Adsorption, 2007, 13: 53-59.

2007GOM/SIL Gomes J R B, da Silva M D M C R, Freitas V L S, da Silva M A V R. Molecular energetics of cytosine revisited: a joint computational and experimental study[J]. J. Phys. Chem. A, 2007, 111: 7237-7242.

2007GUL/PER Guliashvili T, Percec V. A comparative computational study of the homolytic and hetrolytic bond dissociation energies involved in the activation step of ATRP and SET-LRP of vinyl monomers[J]. J.

Polymer Sci. A, 2007, 45: 1607 - 1618.

2007JIA/WU 姜标,伍登熙,左亚军,等. 氧化酶及烷烃氧化[J]. 有机化学, 2007, 27: 209 - 217.

2007KIM/MEE Kim S, Meehan T, Schaefer H F. Hydrogen-atom abstraction from the adenine-uracil pair[J]. J. Phys. Chem. A, 2007, 111: 6806 - 6812.

2007KIN/ANT King S W, Antonelli G A. Simple bond energy approach for non-destructive measurements of the fracture toughness of brittle materials [J]. Thin Solid Films, 2007, 515: 7232 - 7241.

2007LI 李敏杰. 核酸自由基性质和损伤机理的量子化学研究[D]. 中国科学技术大学博士论文,2007.

2007LI/FU 李敏杰, 傅尧, 王华静,等. 精确计算化学键解离能的 ONIOM-G3B3 方法及其在抗氧化剂研究[J]. 化学学报, 2007, 65: 1243 - 1252.

2007LI/HAO Li J, Hao Y, Yang J, et al. Vibrational structure, spin-orbit splitting and bond dissociation energy of studied by zero kinetic energy photoelectron spectroscopy and ion-pair formation imaging method[J]. J. Chem. Phys., 2007, 127, in press.

2007LI/LIU Li M J, Liu L, Fu Y, et al. Accurate bond dissociation enthalpies of popular antioxidants predicted by the ONIOM-G3B3 method[J]. J. Mol. Struc. Theochem., 2007, 815: 1 - 9.

2007LI/YAN Li J, Yang J, Mo Y, Lau K C, et al. Combined vacuum ultraviolet laser and synchrotron pulsed field ionization asudy of CH_2BrCl[J]. J. Chem. Phys., 2007, 126: 184304/1 - 184304/10.

2007LIN/RIC Lind M C, Richardson N A, Wheeler S E, et al. Hydrogen-abstracted adenine-thymine radicals with intersting transferable properties[J]. J. Phys. Chem. B, 2007, 111: 5525 - 5530.

2007LIT/ING Litwinienko G, Ingold K U. Solvent effects on the rates and mechanisms of reaction of phenols with free radicals[J]. Acc. Chem. Res., 2007, 222 - 230.

2007LUO Luo Y R. Comprehensive handbook of chemical bond energiesboca raton[M]. CRC Press, 2007.

2007MAN/BHU Mandal D, Bhuyan M, Laskar M, et al. Co—C bond homolysis: reactivity difference between alkyl- and benzylcobaloximes [J]. Organometallics, 2007, 26: 2795 - 2798.

2007MAT/ARA Matta C F, Arabi A A A, Keith T A. Atomic partitioning of the dissociation energy of the P—O(H) bond in hydrogen phosphate anion

(HPO_4^{2-}): disentangling the effect of Mg^{2+}[J]. J. Phys. Chem. A, 2007, 111: 8864-8872.

2007MEN/WOO Menon A S, Wood G P F, Moran D, et al. Bond dissociation energies and radical stabilization energies: an assessment of contemporary theoretical procedures[J]. J. Phys. Chem. A, 2007, 111, in press.

2007PAP/LUK Papina T S, Luk'yanova V A, Troyanov S I, et al. The standard enthalpy of formation of fulleren chloride C60Cl30[J]. Russ. J. Phys. Chem. A, 2007, 81: 159-163.

2007PAZ/AND Pazos M, Andersen M L, Medina I, et al. Efficiency of natural pheolic compounds regenerating α-tocopherol from α-tocopheroxyl radical[J]. J. Agric. Food Chem., 2007, 55: 3661-3666.

2007PED/AND Pedersen F A, Andersson M P. CO adsorption energies on metals with correction for high coordination adsorption sites — A density functional study[J]. Surf. Sci., 2007, 601: 1747-1753.

2007POA/MON Poater A, Monfort X S, Clot E, et al. Understanding do-olefin metathesis catalysis: which metal, which ligands[J]. J. Am. Chem. Soc., 2007, 129: 8207-8216.

2007RIL/HOL Riley K E, Holt B T O, Merz K M. Critical assessment of the perfomance of density functional methods for several atomic and molecular properties [J]. J. Chem. Theory Comput., 2007, 3: 407-433.

2007ROD/ARM Rodgers M T, Armentrout P B. A critical evaluation of the experimental and theoretical determination of lithium cation affinities [J]. Int. J. Mass. Spectrom, 2007, 267: 167-182.

2007ROJ/MAR Rojas A, Marrtinez M, Amador P, et al. Increasing stability of the fullerences with the number of carbon atoms: the experimental evidence[J]. J. Phys. Chem. B, 2007, 111: 9031-9035.

2007SAN/CAB dos Santos R M B, Cabral B J C, Simoes J A M. Bond-dissociation enthalpy in the gas phase and in organic solvents: making ends meet [J]. Pure Appl. Chem., 2007, 79: 1369-1382.

2007SHA/LIU Shao M, Liu P, Zhang J, et al. Origin of enhanced activity in palladium alloy electrocatalysts for oxygen reduction reaction[J]. J. Phys. Chem. B, 2007, 111: 6772-6775.

2007STR Straub B F. Ligand influence on metathesis activity of ruthenium carbene catalysts: a DFT study[J]. Adv. Synth. Catal., 2007, 349:

204 - 214.

2007SUN/SUR Sundaresan N, Suresh C H. A base-sugar-phosphate three-layer ONIOM model for cation binding: relative binding affinities of alkali metal ions for phosphate anion in DNA[J]. J. Chem. Theory Comput., 2007, 1172 - 1182.

2007TAK/OKU Takeuchi Y, Okuno K, Yoshioka H, et al. Characteristics of the OH radicals scavenging activity of tea catechins[J]. J. Radioanal Nuclear Chem., 2007, 272: 455 - 459.

2007TAN/MAT Tang W, Matyiaszewski K. Effects of initiator structure on activation rate constants in ATRP[J]. Macromolecules, 2007, 41: 1858 - 1863.

2007TEJ/GAR Tejero I, Garcia N G, Lafont A G, et al. Tunneling in green tea: underatanding the antioxidant activity of catechol-containing compounds a variational transition-state theory study[J]. J. Am. Chem. Soc., 2007, 129: 5846 - 5854.

2007WOD/COR Wodrich M D, Corminboeuf C, Schreiner P R, et al. How accurate are DFT treatments of organic eneries? [J]. Org. Lett., 2007, 9: 1851 - 1854.

2007WOJ/MON Wojciechowski G, de Montellano P R O. Radical energies and the regiochemistry of addition to heme groups Methyperoxy and nitrite radical additions to the heme of horseradish peroxidase[J]. J. Am. Chem. Soc., 2007, 129: 1663 - 1672.

2007WU/ZHO Wu H, Zhou W, Yildirim T. Hydrogen storage in a prototypical zeolitic imidazolate framework - 8[J]. J. Am. Chem. Soc., 2007, 129: 5314 - 5315.

2007YAK/OKU Takeuchi Y, Okuno K, Yoshioka H, et al. Characteristics of the OH radical scavenging activity of tea catechines[J]. J. Radioana. nuclear Chem., 2007, 272: 455 - 459.

2007YAN/CHE Yang M W, Chen L T, Yang Y C, et al. Determining the relative bond dissociation energies of the sodium salts of amino acids by mass spectrometry and the kinetic method[J]. J. Mass Spectrom, 2007, 42: 542 - 544.

2007YAN/HAO Yang J, Hao Y, Li J, et al. combined zero electronic kinetic energy spectroscopy and ion-pair dissociation imaging study of the F_2^+ structure[J]. J. Chem. Phys., 2007,122: 134308/1 - 134308/7.

2007YIN/DAN Yin G, Danby A M, Kitko D, et al. Understanding the selectivity of a moderate oxidation catalyst: hydrogen abstraction by a fully characterized, activated catalyst, the robust dihydroxo manganese(IV) complex of a bridged cyclam[J]. J. Am. Chem. Soc., 2007, 129: 1512-1513.

2007YU/FU Yu Y Y, Fu Y, Liu L, et al. Theoretical study of remote substituent effects on X—H (X = CH_2, NH, O) bond dissociation energies of azulene[J]. Chinese J. Chem., 2007, 25: 1014-1022.

2007ZEN/CHE Zeng X L, Chen W H, Liu J C. A theoretical study of explosive sensitizers[J]. Struct. Chem., 2007, 18: 81-86.

2007ZEN/CHE(b) Zeng X L, Chen W H, Liu J C, Kan J L. (曾秀琳,陈网桦,刘家骢,阚金玲) 两种太根(tri-EGDN)和(tetra-EGDN)的几何结构和键裂解的理论[J]. 原子与分子物理学报, 2007, 24: 135-140.

2008CAS http://www.casorg/cgi-bin/regreportpl.

2008LUO Luo Y R. Bond dissociation energies, in CRC handbook of chemistry and physics[M]. 89th ed. Boca Raton: CRC Press, 2008.

2008LUO(b) Luo Y R. A simple rule of the sequential bond enthalpies in clusters and the possibility of liquid-phase carbon[J]. Journal of molecular liquids, 2008, 142: 155-157.

附录 1　常见分子和正离子中的化学键能

附录 1 引自 Yu-Ran Luo, Bond Dissociation Energies, in *CRC Handbook of Chemistry and Physics*, 89th ed., 2008, updated every year.

1. 双原子分子中的键能

下面化学键的次序是按照英文字母顺序排列。

A—B	D°_{298} (kJ mol^{-1})	Ref.
Ac—O	794	1
Ag—Ag	162.9±2.9	1
Ag—Al	183.7±9.2	1
Ag—Au	202.5±9.6	1
Ag—Bi	192±42	1
Ag—Br	280.3±1.3	1
Ag—Cl	279.1±8.4	1
Ag—Cu	171.5±9.6	1
Ag—D	226.8	1
Ag—Dy	130±19	1
Ag—Eu	127±13	1
Ag—F	356.9±5.8	1
Ag—Ga	159±17	1
Ag—Ge	174.5±21	1
Ag—H	202.4±9.1	1
Ag—Ho	124±19	1
Ag—I	234±29	1
Ag—In	166.5±4.9	1
Ag—Li	186.1	1
Ag—Mn	99.2±21	1
Ag—Na	133.1±12.6	1
Ag—Nd	<213	1
Ag—O	221±21	1
Ag—S	216.7±14.6	1
Ag—Se	210.0±14.6	1
Ag—Si	185.1±9.6	1
Ag—Sn	136±21	1
Ag—Te	195.8±14.6	1
Al—Al	264.3±0.5	1
Al—Ar	5.69	1
Al—As	202.7±7.1	1
Al—Au	325.9±6.3	1
Al—Br	429.2±5.8	1
Al—C	267.7	1
Al—Ca	52.7	1
Al—Cl	502	1
Al—Co	181.6±0.2	1
Al—Cr	222.9±0.9	1
Al—Cu	227.1±1.2	1
Al—D	290.4	1

(续表)

A—B	D^{o}_{298}(kJ mol^{-1})	Ref.	A—B	D^{o}_{298}(kJ mol^{-1})	Ref.
Al—F	675	1	Ar—Mg	~3.7	1
Al—H	288±13	1	Ar—Na	~4.2	1
Al—I	369.9±2.1	1	Ar—Ne	4.27	1
Al—Kr	6.05	1	Ar—Si	5.86	1
Al—Li	76.1	1	Ar—Sn	<5.1	1
Al—N	≤368±15	1	Ar—Tl	4.09	1
Al—Ne	3.9	1	Ar—Xe	5.28	1
Al—Ni	224.7±4.8	1	Ar—Zn	5.0	1
Al—O	501.9±10.6	1	As—As	385.8±10.5	1
Al—P	216.7±12.6	1	As—Cl	448	1
Al—Pd	254.4±12.1	1	As—D	270.3	1
Al—S	332±10	1	As—F	410	1
Al—Sb	216.3±6	1	As—Ga	202.5±4.8	1
Al—Se	318±13	1	As—H	274.0±2.9	1
Al—Si	246.9±12.6	1	As—I	296.6±24	1
Al—Te	268±13	1	As—In	201±10	1
Al—Ti	263.4	1	As—N	489±2.1	1
Al—U	326±29	1	As—O	484±8	1
Al—V	147.4±1.0	1	As—P	433.5±12.6	1
Al—Xe	7.39	1	As—S	379.5±6.3	1
Am—O	553±36	1	As—Sb	330.5±5.4	1
Ar—Ar	4.91	1	As—Se	96	1
Ar—B	4.62	1	As—Tl	198.3±14.6	1
Ar—Br	~5.0	1	Au—Au	226.2±0.5	1
Ar—C	5.158	1	Au—B	367.8±10.5	1
Ar—Ca	4.44±0.60	1	Au—Ba	254.8±10.0	1
Ar—Cd	5.57±0.05	1	Au—Be	237.7±4.0	1
Ar—Ga	3.96	1	Au—Bi	293±8.4	1
Ar—Ge	<5.4	1	Au—Br	213±21	1
Ar—He	3.96	1	Au—Ca	250.4±4.0	1
Ar—Hg	5.32	1	Au—Ce	322±18	1
Ar—I	~5.3	1	Au—Cl	280±13	1
Ar—In	4.18	1	Au—Co	218.0±16.4	1
Ar—Kr	5.11	1	Au—Cr	223.7±28.9	1
Ar—Li	~7.82	1	Au—Cs	253±3.5	1

（续表）

A—B	D°_{298}（kJ mol^{-1}）	Ref.	A—B	D°_{298}（kJ mol^{-1}）	Ref.
Au—Cu	227.1±1.2	1	Au—V	246.0±8.7	1
Au—D	322.2	1	Au—Y	310±12	1
Au—Dy	259±24	1	B—B	290	1
Au—Eu	245±12	1	B—Br	390.9±0.5	1
Au—F	294.1	1	B—C	448±29	1
Au—Fe	187.0±19.3	1	B—Cd	301.0	1
Au—Ga	290±15	1	B—Ce	305±21	1
Au—Ge	273.2±14.6	1	B—Cl	427	1
Au—H	300.5±2.6	4	B—D	341.0±6.3	1
Au—Ho	267±35	1	B—F	732	1
Au—I	276	1	B—H	345.2±2.5	1
Au—In	286.0±5.7	1	B—I	361	1
Au—La	457±28	1	B—Ir	512.2±17	1
Au—Li	284.5±6.7	1	B—La	335±63	1
Au—Lu	332±19	1	B—N	377.9±8.7	1
Au—Mg	179.1±2.7	1	B—Ne	3.97	1
Au—Mn	197.7±21	1	B—O	809	1
Au—Na	215.1±12.6	1	B—P	347±16.7	1
Au—Nd	294±29	1	B—Pd	351.5±16.7	1
Au—Ni	247±16.4	1	B—Pt	477.8±16.7	1
Au—O	223±21	1	B—Rh	475.8±21	1
Au—Pb	133±42	1	B—Ru	446.9±21	1
Au—Pd	142.7±21	1	B—S	577±9.2	1
Au—Pr	311±25	1	B—Sc	272±63	1
Au—Rb	243±3.5	1	B—Se	462±14.6	1
Au—Rh	232.6±29	1	B—Si	317±12	1
Au—S	253.6±14.6	1	B—Te	354±20	1
Au—Sc	280±40	1	B—Th	297±33	1
Au—Se	251.0±14.6	1	B—Ti	272±63	1
Au—Si	304.6±6.0	1	B—U	322±33	1
Au—Sn	256.5±7.2	1	B—Y	289±63	1
Au—Sr	264±42	1	Ba—Br	402	1
Au—Tb	285±33	1	Ba—Cl	443	1
Au—Te	237.2±14.6	1	Ba—D	⩽193.7	1
Au—U	318±29	1	Ba—F	580.6	1

(续表)

A—B	D°_{298}(kJ mol^{-1})	Ref.	A—B	D°_{298}(kJ mol^{-1})	Ref.
Ba—H	192.0	1	Bk—O	598	1
Ba—I	322.6±6.3	1	Br—Br	193.859±0.120	1
Ba—O	562±13.4	1	Br—C	318.0±8.4	1
Ba—Pd	221.8±5.0	1	Br—Ca	339	1
Ba—Rh	259.4±25	1	Br—Cd	159±96	1
Ba—S	418±21	1	Br—Ce	373.2	1
Be—Be	59	1	Br—Cl	219.32±0.05	1
Be—Br	316	1	Br—Co	326±42	1
Be—Cl	434	1	Br—Cr	328.0±24.3	1
Be—D	203.1	1	Br—Cs	389.1±4.2	1
Be—F	573	1	Br—Cu	331±25	1
Be—H	221	1	Br—D	370.74	1
Be—I	261	1	Br—Dy	339.3±10.5	1
Be—O	437	1	Br—Er	361.3	1
Be—S	372±59	1	Br—Eu	548	1
Be—T	204.4	1	Br—F	280±12	1
Bi—Bi	204.4	1	Br—Fe	243±84	1
Bi—Br	240.2	1	Br—Ga	402±13	1
Bi—Cl	300.4±4.2	1	Br—Gd	372.0	1
Bi—D	283.7	1	Br—Ge	347±8	1
Bi—F	366.5±12.5	1	Br—H	366.16±0.20	1
Bi—Ga	158.6±16.7	1	Br—Hg	74.9	1
Bi—H	≤283.3	1	Br—Ho	321.8	1
Bi—I	186.1±5.8	1	Br—I	179.1±0.4	1
Bi—In	153.6±1.7	1	Br—In	409±10	1
Bi—Li	149.4	1	Br—K	379.1±4.2	1
Bi—O	337.2±12.6	1	Br—La	446.2	1
Bi—P	281.7±13	1	Br—Li	418.8±4.2	1
Bi—Pb	142.4±3.0	1	Br—Lu	301.5	1
Bi—S	315.5±4.6	1	Br—Mg	317.96	1
Bi—Sb	252.7±3.9	1	Br—Mn	314.2±9.6	1
Bi—Se	280.3±5.9	1	Br—Mo	313.4	1
Bi—Sn	193±13	1	Br—N	280.8±21	1
Bi—Te	232.2±11.3	1	Br—Na	363.1±4.2	1
Bi—Tl	120.9±12.6	1	Br—Nd	339.7	1

（续表）

A—B	D^{o}_{298} (kJ mol^{-1})	Ref.	A—B	D^{o}_{298} (kJ mol^{-1})	Ref.
Br—Ni	360±13	1	C—H	338.4±1.2	1
Br—O	237.6±0.4	1	C—Hf	540±25	1
Br—P	⩽329	1	C—I	253.1±35.6	1
Br—Pb	248.5±14.6	1	C—Ir	631±5	1
Br—Pr	344.5	1	C—La	463±20	1
Br—Rb	380.7±4.2	1	C—Mo	482±16	1
Br—S	218±17	1	C—N	750.0±2.9	1
Br—Sb	314±59	1	C—Nb	523.8±14.5	1
Br—Sc	444±63	1	C—Ni	337.0	1
Br—Se	297±84	1	C—O	1 076.38±0.67	1
Br—Si	358.2±8.4	1	C—Os	608±25	1
Br—Sm	331.4	1	C—P	507.5±8.8	1
Br—Sn	337±13	1	C—Pd	436±20	1
Br—Sr	365	1	C—Pt	610±5	1
Br—T	372.77	1	C—Rh	580±4	1
Br—Tb	382.8	1	C—Ru	648±13	1
Br—Th	364	1	C—S	713.3±1.2	1
Br—Ti	373	1	C—Sc	444±21	1
Br—Tl	331±21	1	C—Se	590.4±5.9	1
Br—Tm	299.1	1	C—Si	447	1
Br—U	377±15	1	C—Tc	564±29	1
Br—V	439±42	1	C—Th	453±17	1
Br—W	329.3	1	C—Ti	423±30	1
Br—Xe	5.94±0.02	1	C—U	455±15	1
Br—Y	481±84	1	C—V	423±24	1
Br—Yb	295.4	1	C—Y	418±14	1
Br—Zn	138±29	1	C—Zr	495.8±38.6	1
Br—Zr	420	1	Ca—Ca	16.52±0.11	1
C—C	618.3±15.4	1	Ca—Cl	409±8.7	1
C—Ce	443±30	1	Ca—D	⩽169.9	1
C—Cl	394.9±13.4	1	Ca—F	529	1
C—D	341.4	1	Ca—H	223.8	1
C—F	513.8±10.0	1	Ca—I	284.7±8.4	1
C—Fe	376.3±28.9	1	Ca—Kr	5.15±0.72	1
C—Ge	455.7±11	1	Ca—Li	84.9±8.4	1

(续表)

A—B	D°_{298}(kJ mol^{-1})	Ref.	A—B	D°_{298}(kJ mol^{-1})	Ref.
Ca—O	383.3±5.0	1	Cl—Cl	242.417±1.930	1
Ca—Pd	347－360	1	Cl—Co	337.6±6.7	1
Ca—S	335±21	1	Cl—Cr	377.8±6.7	1
Ca—Xe	7.31±0.96	1	Cl—Cs	445.7±7.7	1
Cd—Cd	7.36	1	Cl—Cu	377.8±7.5	1
Cd—Cl	208.4	1	Cl—D	436.303±0.011	1
Cd—F	305±21	1	Cl—Dy	392.4	1
Cd—H	69.0±0.4	1	Cl—Er	448.6	1
Cd—I	97.2±2.1	1	Cl—Eu	405.5	1
Cd—In	134	1	Cl—F	260.83	1
Cd—K	7.3	1	Cl—Fe	329.7±6.7	1
Cd—Kr	5.17	1	Cl—Ga	463±13	1
Cd—Na	10.2	1	Cl—Gd	451.0	1
Cd—Ne	3.97	1	Cl—Ge	390.8±9.6	1
Cd—O	236±84	1	Cl—H	431.361±0.013	1
Cd—S	208.5±20.9	1	Cl—Hg	92.0±9.2	1
Cd—Se	127.6±25.1	1	Cl—Ho	409.1	1
Cd—Te	100.0±15.1	1	Cl—I	211.3±0.4	1
Cd—Xe	6.54	1	Cl—In	436±8	1
Ce—Ce	251.7	1	Cl—K	433.0±8.4	1
Ce—Cl	457.0	1	Cl—La	521.6	1
Ce—F	582±42	1	Cl—Li	469±13	1
Ce—I	333.8	1	Cl—Lu	325.7±2	1
Ce—Ir	575±9	1	Cl—Mg	312	1
Ce—N	519±21	1	Cl—Mn	338.5±6.7	1
Ce—O	790	1	Cl—N	333.9±9.6	1
Ce—Os	524±20	1	Cl—Na	412.1±8.4	1
Ce—Pd	319±21	1	Cl—Nd	418.7	1
Ce—Pt	550±5	1	Cl—Ni	377.0±6.7	1
Ce—Rh	545±7	1	Cl—O	267.47±0.08	1
Ce—Ru	494±12	1	Cl—P	≤376	1
Ce—S	569	1	Cl—Pb	301±50	1
Ce—Se	494.5±14.6	1	Cl—Pr	423.5	1
Ce—Te	189.4±12.6	1	Cl—Ra	343±75	1
Cf—O	498	1	Cl—Rb	427.6±8.4	1

（续表）

A—B	D^o_{298}(kJ mol^{-1})	Ref.	A—B	D^o_{298}(kJ mol^{-1})	Ref.
Cl—S	241.8	1	Co—Sc	240.1	7
Cl—Sb	360±50	1	Co—Si	274.4±17	1
Cl—Sc	331	1	Co—Ti	235.37±0.10	1
Cl—Se	322	1	Co—Y	253.71±0.10	1
Cl—Si	416.7±6.3	1	Co—Zr	306.39±0.10	1
Cl—Sm	418.7	1	Cr—Cr	152.0±6	1
Cl—Sn	350±8	1	Cr—Cu	154.4±14.5	1
Cl—Sr	409	1	Cr—F	523±19	1
Cl—T	438.64	1	Cr—Fe	~75	1
Cl—Ta	544	1	Cr—Ge	154±7	1
Cl—Tb	470.1	1	Cr—H	189.9±6.7	1
Cl—Th	489	1	Cr—I	287.0±24.3	1
Cl—Ti	405.4±10.5	1	Cr—N	377.8±18.8	1
Cl—Tl	372.8±2.1	1	Cr—Nb	295.72±0.06	1
Cl—Tm	378.0	1	Cr—O	461±8.7	1
Cl—U	439	1	Cr—Pb	105±2	1
Cl—V	477±63	1	Cr—S	331	1
Cl—W	419	1	Cr—Sn	141±3	1
Cl—Xe	7.08	1	Cs—Cs	43.919±0.010	1
Cl—Y	523±84	1	Cs—F	517.1±7.7	1
Cl—Yb	374.5	1	Cs—H	175.364	1
Cl—Zn	229±8	1	Cs—Hg	8	1
Cl—Zr	530	1	Cs—I	338.5±2.1	1
Cm—O	732	1	Cs—Li	72.9±1.2	5
Co—Co	<127	1	Cs—Na	63.2±1.3	1
Co—Cu	161.1±16.4	1	Cs—O	293±25	1
Co—D	270.2±5.8	1	Cs—Rb	49.57±0.01	1
Co—F	431±63	1	Cu—Cu	201	1
Co—Ge	230±21	1	Cu—D	270.3	1
Co—H	244.9±4.8	1	Cu—Dy	144±18	1
Co—I	280±21	1	Cu—F	414	1
Co—Mn	50±8	1	Cu—Ga	215.9±15	1
Co—Nb	267.02±0.10	1	Cu—Ge	208.8±21	1
Co—O	397.4±8.7	1	Cu—H	254.8±6	1
Co—S	331	1	Cu—Ho	144±19	1

(续表)

A—B	D°_{298} (kJ mol^{-1})	Ref.	A—B	D°_{298} (kJ mol^{-1})	Ref.
Cu—I	289±63	1	D—Zn	88.7	1
Cu—In	187.4±7.9	1	Dy—Dy	70.3	1
Cu—Li	191.9	1	Dy—F	531	1
Cu—Na	176.1±16.7	1	Dy—I	269.0±8.4	1
Cu—Ni	201.7±9.6	1	Dy—O	615	1
Cu—O	287.4±11.6	1	Dy—S	414±42	1
Cu—S	274.5±14.6	1	Dy—Se	322±20	1
Cu—Se	255.2±14.6	1	Dy—Te	234±20	1
Cu—Si	221.3±6.3	1	Er—Er	75±29	1
Cu—Sn	170±10	1	Er—F	565±17	1
Cu—Tb	191±18	1	Er—I	315.8	1
Cu—Te	230.5±14.6	1	Er—O	606	1
D—D	443.319 7±0.000 3	1	Er—S	418±21	1
D—F	576.236±0.011	1	Er—Se	326±20	1
D—Ga	<276.5	1	Er—Te	238±20	1
D—Ge	≤322	1	Es—O	460	1
D—H	439.222 3±0.000 2	1	Eu—Eu	45.2	1
D—Hg	42.05	1	Eu—F	544	1
D—I	302.33	1	Eu—I	288.3	1
D—In	246	1	Eu—Li	268.1±12.6	1
D—K	182.4	1	Eu—O	473	1
D—Li	240.24	1	Eu—Rh	238±34	1
D—Lu	302	1	Eu—S	365.7±13.4	1
D—Mg	161.33±0.32	1	Eu—Se	302.9±14.6	1
D—Mn	312±6	1	Eu—Te	251.0±14.6	1
D—N	341.6	1	F—F	158.670±0.096	1
D—Ni	≤302.9	1	F—Fe	447	1
D—O	429.64	1	F—Ga	584±13	1
D—P	299.0	1	F—Gd	590±17	1
D—Pt	≤350.2	1	F—Ge	523±13	1
D—S	350.62±1.20	1	F—H	569.680±0.011	1
D—Si	302.5	1	F—Hf	650±15	1
D—Sr	167.7	1	F—Hg	~180	1
D—T	444.91	1	F—Ho	540	1
D—Tl	193.0	1	F—I	≤271.5	1

(续表)

A—B	D°_{298}(kJ mol^{-1})	Ref.	A—B	D°_{298}(kJ mol^{-1})	Ref.
F—In	516±13	1	F—Tm	510	1
F—K	489.2	1	F—U	648	1
F—Kr	6.6	1	F—V	590±63	1
F—La	659.0±17.2	1	F—W	≤544	1
F—Li	577±21	1	F—Xe	14.18	1
F—Lu	405±19	1	F—Y	685.3±13.4	1
F—Mg	463	1	F—Yb	≥517.6±9.6	1
F—Mn	445.2±7.5	1	F—Zn	364±63	1
F—Mo	464	1	F—Zr	627.2±10.5	1
F—N	≤349	1	Fe—Fe	118	1
F—Na	477.3	1	Fe—Ge	210.9±29	1
F—Nd	545.2±12.6	1	Fe—H	148±3	1
F—Ni	439.7±5.9	2	Fe—I	123	1
F—Np	430±50	1	Fe—O	407.0±1.0	1
F—O	220	1	Fe—S	328.9±14.6	1
F—P	≤405	1	Fe—Si	297±25	1
F—Pb	355±13	1	Fm—O	443	1
F—Pr	582±46	1	Ga—Ga	<106.4	1
F—Pu	538±29	1	Ga—H	265.9±5.9	4
F—Rb	494±21	1	Ga—I	334±13	1
F—Ru	402	1	Ga—In	94.0±3	1
F—S	343.5±6.7	1	Ga—Kr	4.08	1
F—Sb	439±96	1	Ga—Li	133.1±14.6	1
F—Sc	599.1±13.4	1	Ga—O	374±21	1
F—Se	339±42	1	Ga—P	229.7±12.6	1
F—Si	576.4±17	1	Ga—Sb	192.0±12.6	1
F—Sm	565	1	Ga—Te	265±21	1
F—Sn	476±8	1	Ga—Xe	5.27	1
F—Sr	538	1	Gd—Gd	206.3±67.5	1
F—T	579.009±0.108	1	Gd—I	333.8	1
F—Ta	573±13	1	Gd—O	715	1
F—Tb	561±42	1	Gd—S	526.8±10.5	1
F—Th	652	1	Gd—Se	430±15	1
F—Ti	569±33	1	Gd—Te	341±15	1
F—Tl	439±21	1	Ge—Ge	264.4±6.8	1

(续表)

A—B	D°_{298} (kJ mol^{-1})	Ref.	A—B	D°_{298} (kJ mol^{-1})	Ref.
Ge—H	263.2±4.8	1	H—Sb	239.7±4.2	1
Ge—I	268±25	1	H—Sc	205±17	1
Ge—Ni	290.3±10.9	1	H—Se	312.5	1
Ge—O	657.5±4.6	4	H—Si	293.3±1.9	1
Ge—Pb	145.3±6.9	6	H—Sn	264±17	1
Ge—Pd	254.7±10.5	1	H—Sr	164±8	1
Ge—S	534±3	1	H—T	440.49	1
Ge—Sc	270±11	1	H—Te	270.7±1.7	1
Ge—Se	484.7±1.7	1	H—Ti	204.6±8.8	1
Ge—Si	297	1	H—Tl	195.4±4	1
Ge—Sn	230.1±13	1	H—V	209.3±6.8	1
Ge—Te	396.7±3.3	1	H—Yb	183.1±2.0	1
Ge—Y	279±11	1	H—Zn	85.8±2	1
H—H	435.779 9±0.000 1	1	He—He	3.809	1
H—Hg	39.844	1	He—Hg	3.8	1
H—I	298.26±0.10	1	He—Xe	3.8	1
H—In	243.1	1	Hf—Hf	328±58	1
H—K	174.576	1	Hf—N	535±30	1
H—Li	238.039±0.006	1	Hf—O	801±13	1
H—Mg	126.4±2.9	1	Hg—Hg	8.10±0.18	1
H—Mn	251±5	1	Hg—I	34.69±0.96	1
H—Mo	211±19	1	Hg—K	8.8	1
H—N	≤338.9	1	Hg—Kr	5.75	1
H—Na	185.69±0.29	1	Hg—Li	13.16±0.38	1
H—Nb	>221.9±9.6	1	Hg—Na	10.8	1
H—Ni	240±8	1	Hg—Ne	4.14	1
H—O	429.91±0.29	1	Hg—O	269	1
H—P	297.0±2.1	1	Hg—Rb	8.4	1
H—Pb	≤157	1	Hg—S	217.3±22.2	1
H—Pd	234±25	1	Hg—Se	144.3±30.1	1
H—Pt	330	1	Hg—T	43.14	1
H—Rb	172.6	1	Hg—Te	<142	1
H—Rh	241.0±5.9	1	Hg—Tl	2.9	1
H—Ru	223±15	1	Hg—Xe	6.65	1
H—S	353.57±0.30	1	Hg—Zn	7.3	1

(续表)

A—B	D°_{298}(kJ mol^{-1})	Ref.	A—B	D°_{298}(kJ mol^{-1})	Ref.
Ho—Ho	70.3	1	I—Xe	～6.9	1
Ho—I	275.1	1	I—Y	422.6±12.5	1
Ho—O	606	1	I—Yb	257.3	1
Ho—S	428.4±14.6	1	I—Zn	153.1±6.3	1
Ho—Se	333±15	1	I—Zr	127	1
Ho—Te	≤259±15	1	In—In	82.0±5.7	1
I—I	152.25±0.57	1	In—Kr	4.85	1
I—In	306.9±1.1	1	In—Li	92.5±14.6	1
I—K	322.5±2.1	1	In—O	346±30	1
I—Kr	5.67	1	In—P	197.9±8.4	1
I—La	411.7	1	In—S	287.9±14.6	1
I—Li	345.2±4.2	1	In—Sb	151.9±10.5	1
I—Lu	263.2	1	In—Se	245.2±14.6	1
I—Mg	229	1	In—Te	215.5±14.6	1
I—Mn	282.8±9.6	1	In—Xe	6.48	1
I—Mo	266.9	1	In—Zn	32.2	1
I—N	159±17	1	Ir—Ir	361±68	1
I—Na	304.2±2.1	1	Ir—La	577±12	1
I—Nd	301.5	1	Ir—Nb	465±25	1
I—Ni	293±21	1	Ir—O	414±42	1
I—O	240±5	1	Ir—Si	462.8±21	1
I—Pb	194±38	1	Ir—Th	574±42	1
I—Pr	306.2	1	Ir—Ti	422±13	1
I—Rb	318.8±2.1	1	Ir—Y	457±15	1
I—Si	243.1±8.4	1	K—K	56.96	1
I—Sm	293.1	1	K—Kr	4.6	1
I—Sn	235±3	1	K—Li	82.0±4.2	1
I—Sr	301	1	K—Na	65.994±0.008	1
I—Tb	336.2	1	K—Zn	6.5	1
I—Te	192±42	1	K—O	271.5±12.6	1
I—Th	361±25	1	K—Rb	53.723±0.005	1
I—Ti	306	1	K—Xe	5.0	1
I—Tl	285±21	1	Kr—Kr	5.39	1
I—Tm	260.8	1	Kr—Li	～12.1	1
I—U	299±27	1	Kr—Mg	6.71±0.96	1

(续表)

A—B	D°_{298} (kJ mol^{-1})	Ref.	A—B	D°_{298} (kJ mol^{-1})	Ref.
Kr—Na	~4.53	1	Mg—Mg	11.3	1
Kr—Ne	4.31	1	Mg—Ne	~4.1	1
Kr—O	<8	1	Mg—O	358.2±7.2	1
Kr—Tl	4.14	1	Mg—S	234	1
Kr—Xe	5.66	1	Mg—Xe	9.70±1.79	1
Kr—Zn	5.0	1	Mn—Mn	61.6±9.6	1
La—La	244.9	1	Mn—O	362±25	1
La—N	519±42	1	Mn—S	301±17	1
La—O	798	1	Mn—Se	239.3±9.2	1
La—Pt	505±12	1	Mo—Mo	435.5±1.0	1
La—Rh	550±12	1	Mo—Nb	452±25	1
La—S	573.4±1.7	1	Mo—O	502	1
La—Se	485.7±14.6	1	N—N	944.84±0.10	1
La—Te	385.6±15	1	N—O	631.62±0.18	1
La—Y	197±21	1	N—P	617.1±20.9	1
Li—Li	105.0	1	N—Pt	374.2±9.6	1
Li—Mg	67.4±6.3	1	N—Pu	469±63	1
Li—Na	87.181±0.001	1	N—S	467±24	1
Li—O	340.5±6.3	1	N—Sb	460±84	1
Li—Pb	78.7±8	1	N—Sc	464±84	1
Li—S	312.5±7.5	1	N—Si	437.1±9.9	1
Li—Sb	169.0±10.0	1	N—Ta	607±84	1
Li—Si	149	1	N—Th	577±33	1
Li—Sm	193.3±18.8	1	N—Ti	476±33	1
Li—Tm	276.1±14.6	1	N—U	531±21	1
Li—Xe	~12.1	1	N—V	523±38	1
Li—Yb	143.5±12.6	1	N—Xe	26.9	1
Lr—O	665	1	N—Y	477±63	1
Lu—Lu	142±33	1	N—Zr	565±25	1
Lu—O	669	1	Na—Na	74.805±0.586	1
Lu—Pt	402±34	1	Na—Ne	~3.8	1
Lu—S	508.4±14.4	1	Na—O	270±4	1
Lu—Se	418±15	1	Na—Rb	63.887±0.024	1
Lu—Te	325±15	1	Na—Xe	~5.12	1
Md—O	418	1	Nb—Nb	513	1

（续表）

A—B	D°_{298}（kJ mol^{-1}）	Ref.	A—B	D°_{298}（kJ mol^{-1}）	Ref.
Nb—Ni	271.9±0.1	1	O—Ru	528±42	1
Nb—O	726.5±10.6	1	O—S	517.90±0.05	1
Nb—Ti	302.0±0.1	1	O—Sb	434±42	1
Nb—V	369.3±0.1	1	O—Sc	671.4±1.0	1
Nd—Nd	82.8	1	O—Se	429.7±6.3	1
Nd—O	703	1	O—Si	799.6±13.4	1
Nd—S	471.5±14.6	1	O—Sm	573	1
Nd—Se	393.9	1	O—Sn	528	1
Nd—Te	305±15	1	O—Sr	426.3±6.3	1
Ne—Ne	4.070	1	O—Ta	839	1
Ne—Xe	4.31	1	O—Tb	694	1
Ne—Zn	3.92	1	O—Tc	548	1
Ni—Ni	204	1	O—Te	377±21	1
Ni—O	366±30	1	O—Th	877	1
Ni—Pd	140.9	1	O—Ti	666.5±5.6	1
Ni—Pt	273.7±0.3	1	O—Tl	213±84	1
Ni—S	356±21	1	O—Tm	514	1
Ni—Si	318±17	1	O—U	755	1
Ni—V	206.3±0.2	1	O—V	637	1
Ni—Y	283.92±0.10	1	O—W	720±71	1
Ni—Zr	279.8±0.1	1	O—Xe	36.4	1
No—O	268	1	O—Y	714.1±10.2	1
Np—O	731	1	O—Yb	387.7±10	1
O—O	498.36±0.17	1	O—Zn	⩽250	1
O—Os	575	1	O—Zr	766.1±10.6	1
O—P	589	1	Os—Os	415±77	1
O—Pa	792	1	P—P	489.1	1
O—Pb	382.4±3.3	4	P—Pt	⩽416.7±16.7	1
O—Pd	238.1±12.6	1	P—Rh	353.1±16.7	1
O—Pr	740	1	P—S	442±10	1
O—Pt	391±42	1	P—Sb	356.9±4.2	1
O—Pu	656.1	1	P—Se	363.7±10.0	1
O—Rb	276±12.6	1	P—Si	363.6	1
O—Re	627±84	1	P—Te	297.9±10.0	1
O—Rh	405±42	1	P—Th	372±29	1

(续表)

A—B	D°_{298}(kJ mol^{-1})	Ref.	A—B	D°_{298}(kJ mol^{-1})	Ref.
P—Tl	209±13	1	Ru—Th	592±42	1
P—U	293±21	1	Ru—V	414±29	1
P—W	305±4	1	S—S	425.30	1
Pb—Pb	86.6±0.8	1	S—Sb	378.7	1
Pb—S	398	1	S—Sc	478.2±12.6	1
Pb—Sb	161.5±10.5	1	S—Se	371.1±6.7	1
Pb—Se	302.9±4.2	1	S—Si	617±5	1
Pb—Si	168.8±7.3	6	S—Sm	389	1
Pb—Te	249.8±10.5	1	S—Sn	467	1
Pd—Pd	>136	1	S—Sr	338.5±16.7	1
Pd—Pt	191.0	1	S—Ta	669.5±13.5	1
Pd—Si	261±12	1	S—Tb	515±42	1
Pd—Y	241±15	1	S—Te	335±42	1
Po—Po	187	1	S—Ti	418±3	1
Pr—Pr	129.1	1	S—Tm	368±21	1
Pr—S	492.5±4.6	1	S—U	528.4±10.5	1
Pr—Se	446.4±23.0	1	S—V	449.4±14.6	1
Pr—Te	326±20	1	S—Y	528.4±10.5	1
Pt—Pt	306.7±1.9	1	S—Yb	167	1
Pt—Si	501±18	1	S—Zn	224.8±12.6	1
Pt—Th	551±42	1	S—Zr	572.0±11.6	1
Pt—Ti	397.5±10.6	1	Sb—Sb	301.7±6.3	1
Pt—Y	474±12	1	Sb—Te	277.4±3.8	1
Rb—Rb	48.898±0.005	1	Sb—Tl	126.7±10.5	1
Re—Re	432±30	1	Sc—Sc	163±21	1
Rh—Rh	235.85±0.05	1	Sc—Se	385±17	1
Rh—Sc	444±11	1	Sc—Si	227.2±14	1
Rh—Si	395.0±18.0	1	Sc—Te	289±17	1
Rh—Th	513±21	1	Se—Se	330.5	1
Rh—Ti	390.8±14.6	1	Se—Si	538±13	1
Rh—U	519±17	1	Se—Sm	331.0±14.6	1
Rh—V	364±29	1	Se—Sn	401.2±5.9	1
Rh—Y	446±11	1	Se—Sr	251.0±12.6	1
Ru—Ru	193.0±19.3	1	Se—Tb	423±20	1
Ru—Si	397.1±21	1	Se—Te	293.3	1

（续表）

A—B	D^{o}_{298} (kJ mol^{-1})	Ref.	A—B	D^{o}_{298} (kJ mol^{-1})	Ref.
Se—Ti	381±42	1	Te—Tm	182±40	1
Se—Tm	274±40	1	Te—Y	339±13	1
Se—V	347±21	1	Te—Zn	117.6±18.0	1
Se—Y	435±13	1	Th—Th	≤289±33	1
Se—Zn	170.7±25.9	1	Ti—Ti	117.6	1
Si—Si	310	1	Ti—V	203.2±0.1	1
Si—Te	429.2	3	Ti—Zr	214.3±0.1	1
Si—Y	258±17	1	Tl—Tl	59.4	1
Sm—Sm	54±21	1	Tl—Xe	4.18	1
Sm—Te	272.4±14.6	1	Tm—Tm	54±17	1
Sn—Sn	187.1±0.3	1	U—U	222±21	1
Sn—Te	338.1±6.3	1	V—V	269.3±0.1	1
Sr—Sr	16.64±1.12	1	V—Zr	260.6±0.3	1
T—T	446.67	1	W—W	666	1
Ta—Ta	390±96	1	Xe—Xe	6.023	1
Tb—Tb	138.8	1	Y—Y	~270±39	1
Tb—Te	339±42	1	Yb—Yb	16.3	1
Tc—Tc	330	1	Zn—Zn	22.2±6.3	1
Te—Te	257.6±4.1	1	Zr—Zr	298.2±0.1	1
Te—Ti	289±17	1			

References

1. Luo Y R. Comprehensive Handbook of Chemical Bond Energies. CRC Press，2007.
2. Hildenbrand D L and Lau K H. J. Phys. Chem. A，110，11886-11889，2006.
3. Chattopadhyaya S，et al. J. Phys. Chem. A，110，12303-12311，2006.
4. Brutti S，et al. Rapid Commun. Mass Spectrom. 21，89-98，2007.
5. Staanum P，et al. Phys. Rev. A，75，042513，2007.
6. Ciccioli A，et al. J. Chem. Phys. 127，054303/1-054303/16，2007.
7. Nagarajan R and Morse M D. J. Chem. Phys. 127，074304/1-074304/8，2007.

2. 多原子分子中的键能

下面将介绍多原子分子中的 **H**—C，**C**—C，**C**—**halogen**，**O**—，**N**—，**S**—，**Si**—，**Ge**—，**Sn**—，**Pb**—，**P**—，**As**—，**Sb**—，**Bi**—，**Se**—，**Te**—和 **metal**—X 键能。黑体代表离解后的碎片。其中，**metal**—X 键能的次序是按周期表从 Groups 1 到 18 排列。

Bond	D°_{298} (kJ mol^{-1})	Ref.
(1) C—H BDEs		
CH_3—**H**	439.3±0.4	1
CH_3CH_2—**H**	420.5±1.3	1
$CH_3CH_2CH_2$—**H**	422.2±2.1	1
CH_3**CH_2**CH_3	410.5±2.9	1
$CH_3CH_2CH_2CH_2$—**H**	421.3	1
CH_3**CH_2**CH_2CH_3	411.1±2.2	1
$(CH_3)_2CHCH_2$—**H**	419.2±4.2	1
$(CH_3)_3C$—**H**	400.4±2.9	1
$(CH_3)_3CCH_2$—**H**	419.7±4.2	1
(CH_3CH_2)**CH**$(CH_3)_2$	400.8	1
CH_3**CH_2**$(CH_2)_2CH_3$	415.1	1
(C_3H_7)**CH**$(CH_3)_2$	396.2±8.4	1
$CH_3CH(CH_3)$**CH**$(CH_3)_2$	399.2±13.0	1
CH_3**CH_2**$(CH_2)_3CH_3$	410	1
CH_3**CH_2**$(CH_2)_4CH_3$	410	1
HCC—**H**	557.81±0.30	1
HCCCC—**H**	539±12	1
$CHCCH_2$—**H**	384.1±4.2	1
CH_3CCCH_2—**H**	379.5	1
HCC**CH_2**CH_3	373.0	1
CH_2=$CHCCCH_2$—**H**	363.3	1
CH_3CC**CH_2**CH_3	365.3±9.6	1
HCC**CH_2**CH_2CH_3	349.8±8.4	1
HCC**CH**$(CH_3)_2$	345.2±8.4	1
CH_3CC**CH**$(CH_3)_2$	344.3±11.3	1
HCCCCCC—**H**	~543±13	1
H_2C=CH—**H**	464.2±2.5	1
CH_2=C=CH—**H**	371.1±12.6	1
CH_3CH=CH—**H**	464.8	1
CH_2=$CHCH_2$—**H**	369±3	1
CH_2=CH—CH_2CH_2—**H**	410.5	1
CH_2=CH**CH_2**CH_3	350.6	1
CH_2=C$(CH_3)CH_2$—**H**	372.8	1
CH_2=CHCH=$CHCH_2$—**H**	347.3±12.6	1
$(CH_2$=$CH)_2CH$—**H**	320.5±4.2	1
CH_2=CH**CH_2**CH_2CH_3	348.8	1
CH_2=CH**CH**$(CH_3)_2$	332.6±7.1	1
CH_2=C$(CH_3CH_2)CH_2$—**H**	356.1±8.4	1
$(CH_2$=$CH)_2C(CH_3)$—**H**	322.2	1
H—*cyclo*-C_3H_5	444.8±1.0	1
H—CH_2—*cyclo*-C_3H_5	407.5±6.7	1
H—*cyclo*-C_4H_7	409.2±1.3	1
H—*cyclo*-C_5H_9	400.0±4.2	1
H—*cyclo*-C_6H_{11}	416.3	1
H—C_6H_5	472.2±2.2	1
H—$CH_2C_6H_5$	375.5±5.0	1
H—$CH(CH_3)C_6H_5$	357.3±6.3	1
H—$CH(C_6H_5)_2$	353.5±2.1	1
H—$CH(C_6H_4$—*p*-$OH)_2$	375.8±4.7	1
H—$C(CH_3)_2C_6H_5$	348.1±4.2	1
H—$C(C_6H_5)_3$	338.9±8.4	1
1-**H**—C_8H_7	469.4±5.4	1
2-**H**—C_8H_7	468.2±5.9	1
H—CF_3	445.2±2.9	1
H—CHF_2	431.8±4.2	1
H—CH_2F	423.8±4.2	1
H—$CClF_2$	421.3±8.4	1
H—CCl_2F	410.9±8.4	1
H—$CBrF_2$	415.5±12.6	1
H—CHClF	421.7±10.0	1
H—CCl_3	392.5±2.5	1
H—$CHCl_2$	400.6±2.0	1
H—CH_2Cl	419.0±2.3	1

(续表)

Bond	D^{o}_{298} (kJ mol^{-1})	Ref.
H—CFClBr	413±21	1
H—CHClBr	406.0±2.4	1
H—CCl_2Br	387±21	1
H—$CClBr_2$	371±21	1
H—CBr_3	399.2±8.4	1
H—$CHBr_2$	417.1±7.5	1
H—CH_2Br	427.2±2.4	1
H—CI_3	423±29	1
H—CHI_2	431.0±8.4	1
H—CH_2I	431.6±2.8	1
CF_3CF_2—H	429.7±2.1	1
CHF_2CF_2—H	431.0±18.8	1
CH_2FCF_2—H	433.0±14.6	1
CHF_2CFH—H	426.8±14.6	1
CF_3CH_2—H	446.4±4.5	1
CH_3CF_2—H	416.3±4.2	1
CH_2FCHF—H	413.4±12.6	1
CHF_2CH_2—H	433.0±14.6	1
CH_2FCH_2—H	433.5±8.4	1
CH_3CHF—H	410.9±8.4	1
CF_3CHCl—H	425.9±6.3	1
CF_3CClBr—H	404.2±6.3	1
$CClF_2CHF$—H	412.1±2.1	1
CCl_3CCl_2—H	397.5±8.4	1
$CHCl_2CCl_2$—H	393.3±8.4	1
CH_3CCl_2—H	397.9±5.0	1
CH_3CHCl—H	406.6±1.5	1
CH_2ClCH_2—H	423.1±2.4	1
CH_3CBr_2—H	397.1±5.0	1
CH_2BrCH_2—H	415.1±8.4	1
CH_3CHBr—H	406.7±4.2	1
CF_2═CF—H	464.4±8.4	1
$CF_3CF_2CF_2$—H	432.2	1
CH_3CH_2CHCl—H	407.0±3.5	1
CH_2═CH—CHF—H	370.7±4.6	1
CH_2═CHCHCl—H	370.7±4.6	1
CH_2═CHCHBr—H	374.0±4.6	1
H—C_6F_5	487.4	1
H—CH_2OH	401.92±0.63	1
CH_2CHOH	467±11	1
CH_3CH_2OH	401.2±4.2	1
CH_3CH_2OH	421.7±8	1
$CH_3CH_2CH_2OH$	392	1
$CH_3CH_2CH_2OH$	394.6±8.4	1
$CH_3CH_2CH_2OH$	406.3±8.4	1
$(CH_3)_2CHOH$	383.7±8.4	1
$(CH_3)_2CHOH$	394.6±8.4	1
CH_2═$CHCH_2OH$	341.4±7.5	1
$(CH_3)_3COH$	418.4±8.4	1
$(CH_2$═$CH)_2CHOH$	288.7	1
Ph_2CHOH	326	1
$CH_3CH(OH)_2$	~385	1
$(CH_2OH)_2$	385.3	1
$HOCH_2(CH_2)_2(OH)CH$—H	399.2	1
CH_3OCH_3	402.1	1
CHF_2OCF_3	443.5±4.2	1
CHF_2OCHF_2	435.1±4.2	1
CH_3OCF_3	426.8±4.2	1
$CH_3OCH_2CH_3$	389.1	1
$(CH_3)_3COC(CH_3)_3$	402.1	1
$CH_3CH_2OCH_2CH_3$	389.1	1
CH_3CH_2Ot—$C(CH_3)_3$	405.4	1
CH_3OPh	385.0	1
H—2-oxiran-2-yl	420.5±6.5	1
H—tetrahydrofuran-2-yl	385.3±6.7	1
HC(O)—H	368.40±0.67	1
FC(O)—H	423.0	1
$CH_3C(O)$—H	374.0±1.3	1
$CF_3C(O)$—H	390.4	1
$C_2H_5C(O)$—H	374.5	1
CH_2═CHC(O)—H	372.8	1
$C_3H_7C(O)$—H	371.2	1
iso-$C_3H_7C(O)$—H	364.5	1
$C_4H_9C(O)$—H	372.0	1
$(CH_3)_2CHCH_2C(O)$—H	362.5	1
$C_2H_5CH(CH_3)C(O)$—H	360.8	1
tert-BuC(O)—H	375.1	1
$Et_2CHC(O)$—H	367.2	1
$CH_3(CH_2)_8C(O)$—H	373.3	1
$C_6H_5C(O)$—H	371.1±10.9	1
$PhCH_2C(O)$—H	362.0	1
$PhC(CH_3)_2C(O)$—H	362.9	1
H—CH═C═O	448.1	1
$CH_3C(O)H$	394.5±9.2	1

(续表)

Bond	D_{298}^{o} (kJ mol^{-1})	Ref.	Bond	D_{298}^{o} (kJ mol^{-1})	Ref.
$CH_3C(O)Cl$	≤423.4	1	$(HOCH_2CH_2)_3N$	379.9±8.4	1
$CH_3CH_2C(O)H$	383.7	1	$((HOCH_2)CH(CH_3))_3N$	379.9±8.4	1
CH_3COCH_3	401.2±2.9	1	$PhCH_2NH_2$	368.2	1
$CF_3C(O)CH_3$	465.6	1	$PhN(CH_2CH_3)_2$	383.3±4.2	1
$CH_3COCH_2CH_3$	403.8	1	Ph_2NCH_3	379.5±1.7	1
$MeCOCH_2Me$	386.2±7.1	1	$PhN(CH_2Ph)_2$	357.3±8.8	1
$EtCOCH_2Me$	396.5±2.8	1	$N(CH_2Ph)_3$	372.8±2.5	1
$CH_3CH_2COC_6H_5$	402.8±3.6	1	$PhN(CH_2CH=CH_2)_2$	339.3±2.9	1
$MeCH_2COPh$	388.7	1	$N(CH_2CH=CH_2)_3$	345.6±3.3	1
H—C(O)OH	404.2	1	$H_2NNH(CH_3)$	410	1
$CH_3C(O)OH$	398.7±12.1	1	$HNN(CH_3)_2$	410	1
$ClCH_2C(O)OH$	398.9	1	$(CH_3)_2NC_6H_5$	383.7±5.4	1
$H—C(O)OCH_3$	399.2±8.4	1	H—CN	528.5±0.8	1
$CH_3C(O)OCH_3$	406.3±10.5	1	CH_3CN	405.8±4.2	1
$CH_3C(O)OCH_3$	404.6	1	CH_3CH_2CN	393.3±12.6	1
$CH_3C(O)OCH_2CH_3$	401.7	1	$PhCH_2CN$	344.3	1
$CH_3C(O)OPh$	419.2±5.4	1	$C_6F_5CH_2CN$	350.6	1
$CH_3CH_2C(O)OEt$	400	1	$CH_2(CN)_2$	366.5	1
$PhCH_2C(O)OEt$	370.7	1	$CH_2(CN)(NH_2)$	355.2	1
$Me_2CHC(O)OEt$	387.4	1	$(CH_3)_2CHCN$	384.5	1
PhCHMe(C(O)OEt)	358.2	1	CH_3NC	389.1±12.6	1
H—furaylmethyl	361.9±8.4	1	H—HCNN	405.8±8.4	1
CH_3NH_2	392.9±8.4	1	H—CNN	331±17	1
$CH_3N=CH_2$	407.9±14.6	1	CH_3NO_2	415.4	1
$CH_3CH_2NH_2$	377.0±8.4	1	$CH_3CH_2NO_2$	410.5	1
$C_2H_5CH_2NH_2$	380.7±8.4	1	$C_2H_5CH_2NO_2$	410.5	1
$C_3H_7CH_2NH_2$	393.3±8.4	1	Me_2CHNO_2	394.9	1
$C_4H_9CH_2NH_2$	387.7±8.4	1	$C_6H_5C(NO_2)CHCH_3$	357.3	1
$HOCH_2CH_2NH_2$	379.5±8.4	1	H—C(S)H	399.6±5.0	1
$(CH_3CH_2)_2NH$	370.7±8.4	1	CH_3SH	392.9±8.4	1
$(C_3H_7CH_2)_2NH$	379.9±8.4	1	CH_3SCH_3	392.0±5.9	1
$(C_4H_9CH_2)_2NH$	384.5±8.4	1	$PhSCH_3$	389.1	1
$(C_2H_5)_2NCH_2CH_3$	379.5±1.7	1	$PhCH_2SPh$	352.3	1
$(C_2H_5CH_2)_3N$	376.6±8.4	1	$(PhS)_2CHPh$	341.0	1
$((CH_3)_2CCH_2)_3N$	388.3±8.4	1	$PhSCHPh_2$	344.8	1
$(Bu)_2NCH_2(nPr)$	381±10.0	1	CH_3SOCH_3	393.3	1
$((CH_3)_2CH)_3N$	387.0±8.4	1	$CH_3SO_2CH_3$	414.2	1
$(CH_3)_2CHNH_2$	372.0±8.4	1	$CH_3SO_2CF_3$	431.0	1
CH_3NHCH_3	364.0±8.4	1	CH_3SO_2Ph	414.2	1
$(CH_3)_3N$	380.7±8.4	1	$PhCH_2SO_2Me$	380.7	1
tert-$BuN(CH_3)_2$	376.6±8.4	1	$PhCH_2SO_2CF_3$	372.4	1
$((HOCH_2CH_2)_2(CH_3))N$	364.4±8.4	1	$PhCH_2SO_2tBu$	376.6	1

（续表）

Bond	D^{o}_{298}（kJ mol^{-1}）	Ref.
Ph_2CHSO_2Ph	365.3	1
$CH_2(SPh)_2$	372.4	1
H—CH_2SiMe_3	418 ± 6.3	1
H—$CH_2C(CH_3)_2SiMe_3$	409 ± 5	1
H—CH_2SiMe_2Ph	410.1	1
H—$CH((CH_3)_3Si)_2$	397 ± 13	1
H—$CH_2B(RO)_2$	412.5	1
H—$CH((CH_3)_2P)_2$	385 ± 13	1
(2) C—C BDEs		
CH_3—CH_3	377.4 ± 0.8	1
CH_3—C_2H_5	370.3 ± 2.1	1
CH_3—C_3H_7	372.0 ± 2.9	1
CH_3—*iso*-C_3H_7	369.0 ± 3.8	1
CH_3—C_4H_9	371.5 ± 2.9	1
CH_3—*iso*-C_4H_9	370.3 ± 4.6	1
CH_3—*sec*-C_4H_9	368.2 ± 2.9	1
CH_3—*tert*-C_4H_9	363.6 ± 2.9	1
CH_3—C_5H_{11}	368.4 ± 6.3	1
CH_3—$CH(C_2H_5)_2$	365.7 ± 4.2	1
CH_3—$C(CH_3)_2(CH_2CH_3)$	360.9 ± 6.3	1
CH_3—C_6H_{13}	368.2 ± 6.3	1
C_2H_5—C_2H_5	363.2 ± 2.5	1
C_3H_7—C_3H_7	366.1 ± 3.3	1
iso-C_3H_7—*iso*-C_3H_7	353.5 ± 4.6	1
C_4H_9—C_4H_9	364.0 ± 3.8	1
iso-C_4H_9—*iso*-C_4H_9	362.3 ± 6.3	1
sec-C_4H_9—*sec*-C_4H_9	348.5 ± 3.3	1
tert-C_4H_9—*tert*-C_4H_9	322.6 ± 4.2	1
CH_3—*cyclo*-C_5H_9	358.2 ± 5.0	1
CH_3—*cyclo*-C_6H_{11}	377.0 ± 7.5	1
cyclo-C_6H_{11}—*cyclo*-C_6H_{11}	369.0 ± 8.4	1
CH_3—$CH_2C{\equiv}CH$	320.5 ± 5.0	1
CH_3—$CH_2C{\equiv}CCH_3$	308.4 ± 6.3	1
CH_3—$CH(CH_3)C{\equiv}CH$	305.4 ± 8.4	1
CH_3—$CH(CH_3)C{\equiv}CCH_3$	320.9 ± 6.3	1
CH_3—$C(CH_3)_2C{\equiv}CH$	295.8 ± 6.3	1
CH_3—$C(CH_3)_2C{\equiv}CCH_3$	303.3 ± 6.3	1
CH_3—$CHCH_2$	426.3 ± 6.3	1
CH_3—$CH{=}CCH_2$	359.8 ± 5.9	1
CH_3—cyclopro-en-1-yl	340.6 ± 20.9	1
CH_3—$CH_2CH{=}CH_2$	317.6 ± 3.8	1
CH_3—$CH_2C(CH_3){=}CH_2$	310.0 ± 4.2	1
CH_3—$CH(CH_3)CH{=}CH_2$	302.5 ± 6.3	1
CH_3—$C(CH_3)_2CH{=}CH_2$	282.4 ± 6.3	1
CH_3—*cyclo*-C_5H_7	299.2 ± 8.4	1
CH_3—C_6H_5	426.8 ± 4.2	1
HCC—C_6H_5	590.8 ± 5.9	1
C_2H_3—C_6H_5	482.0 ± 5.4	1
CH_3—$CH_2C_6H_5$	325.1 ± 4.2	1
CH_3—$CH(CH_3)C_6H_5$	318.8 ± 8.4	1
CH_3—$C(CH_3)_2C_6H_5$	303.3 ± 8.4	1
CH_3—$CH_2CHCHPh$	295.4	1
CH_3—$CH(C_6H_5)_2$	315.9 ± 6.3	1
CH_3—$C(CH_3)(C_6H_5)_2$	290.8 ± 8.4	1
C_6H_5—C_6H_5	478.6 ± 6.3	1
C_6H_5—$CH_2C_6H_5$	383.7 ± 8.4	1
$C_6H_5CH_2$—$CH_2C_6H_5$	272.8 ± 9.2	1
C_6H_5—$CH(C_6H_5)_2$	361.1 ± 8.4	1
C_6H_5—$C(C_6H_5)_3$	324.3 ± 12.6	1
Ph_2CH—$CHPh_2$	247.3 ± 8.4	1
$PhCH_2$—CPh_3	234.7 ± 14.6	1
R—R，π-dimer，R=phenalenyl	42	1
R—R，σ-dimer，R=phenalenyl	42.7	1
R—R，R=9-phenylfluorenyl	63.6	1
CF_3—CF_3	413.0 ± 5.0	1
CF_3—CHF_2	399.6 ± 8.4	1
CF_3—$CClF_2$	373.6 ± 12.5	1
CF_3—CH_2F	397.5 ± 8.4	1
CF_3—CCl_3	332.2 ± 5.4	1
CF_3—$CHBrCl$	377.0 ± 10.5	1
CF_3—CH_2Br	399.6 ± 8.4	1
CF_3—CH_2I	408.4 ± 10.5	1
CF_3—CH_3	429.3 ± 5.0	1
CHF_2—CHF_2	382.4 ± 15.5	1
$CClF_2$—$CClF_2$	378.7 ± 12.6	1
CF_2Cl—$CFCl_2$	358.6 ± 12.6	1
CHF_2—CH_2F	394.1 ± 16.7	1
CH_2F—CH_2F	368.2 ± 8.4	1
CHF_2—CH_3	405.0 ± 8.4	1
CH_2F—CH_3	388.3 ± 8.4	1
$CHClF$—CH_3	399.6 ± 12.6	1
CF_2Br—$CHClF$	369.4	1
CF_2Br—CH_3	396.6 ± 15.1	1

(续表)

Bond	D^o_{298} (kJ mol^{-1})	Ref.	Bond	D^o_{298} (kJ mol^{-1})	Ref.
CCl_3—CCl_3	285.8±6.3	1	CH_3—CH_2OH	364.8±4.2	1
CCl_3—$CClF_2$	282.0±12.6	1	CF_3—CH_2OH	405.4±6.3	1
CCl_3—$CHCl_2$	303.3±6.3	1	C_2H_5—CH_2OH	356.9±5.0	1
CCl_3—CH_2Cl	323.8±8.4	1	C_3H_7—CH_2OH	357.3±3.3	1
CCl_3—CH_3	362.3±6.3	1	*iso*-C_3H_7—CH_2OH	354.8±4.2	1
$CHCl_2$—$CHCl_2$	326.9±4.1	1	C_4H_9—CH_2OH	355.6±4.2	1
$CHCl_2$—CH_2Cl	352.2±5.9	1	*sec*-C_4H_9—CH_2OH	352.7±4.2	1
$CHCl_2$—CH_3	361.3±2.5	1	*iso*-C_4H_9—CH_2OH	354.0±5.4	1
$CHBrCl$—CH_3	384.5	1	C_6H_5—CH_2OH	413.4±5.4	1
$CHClBr$—$CHClBr$	317.1±12.6	1	HOH_2C—CH_2OH	358.2±6.3	1
CH_2Cl—CH_2Cl	360.7±8.4	1	NH_2CH_2—CH_2OH	335.6±10.5	1
CH_2Cl—CH_3	375.7±9.2	1	CH_3—CH_2OCH_3	363.2±5.0	1
Br_3C—CH_3	356.9±12.6	1	CH_3OCH_2—CH_2OCH_3	338.9±10.5	1
Br_3C—CBr_3	278.7±16.7	1	CH_3—$C(O)H$	354.8±1.7	1
$CHBr_2$—CH_3	372.8	1	CCl_3—$C(O)H$	309.2±5.0	1
CH_2Br—CH_2Cl	378.2	1	CH_3—$C(O)F$	417.6±6.3	1
CH_2Br—CH_2Br	379.9±8.4	1	CH_3—$C(O)Cl$	367.8±6.3	1
CH_2I—CH_2I	387.0±10.5	1	CCl_3—$C(O)Cl$	289.1±6.3	1
CH_3—CH_2Br	381.6±8.4	1	$CHCl_2$—$C(O)Cl$	312.5±8.4	1
CH_3—CH_2I	384.5±8.4	1	$CClH_2$—$C(O)Cl$	340.2±8.4	1
CF_3—CF_2CF_3	424.3±13.6	1	C_6H_5—$C(O)H$	408.4±4.2	1
CF_3—$CF{=}CF_2$	420.5	1	C_6H_5—$C(O)Cl$	417.6±6.3	1
CH_3—CH_2CH_2Cl	371.4±2.8	1	CH_3—$C(O)CH_3$	351.9±2.1	1
CH_3—$CHClCH_3$	367.5±2.0	1	C_2H_5—$C(O)CH_3$	347.3±2.9	1
CH_2Cl—$CHClCH_3$	356.5±8.4	1	C_3H_7—$C(O)CH_3$	348.5±2.9	1
CH_2Cl—CH_2CClH_2	369.0±8.4	1	*iso*-C_3H_7—$C(O)CH_3$	340.2±3.8	1
CH_3—CCl_2CH_3	362.8±8.4	1	C_4H_7—$C(O)CH_3$	346.9±5.4	1
CH_2Br—$CHBrCH_3$	369.4±8.4	1	*tert*-C_4H_9—$C(O)CH_3$	329.3±4.2	1
CH_2ClCH_2—$CHClCH_3$	364.4±8.4	1	C_6H_5—$C(O)CH_3$	406.7±4.6	1
CH_2ClCH_2—CH_2CClH_2	369.0±8.4	1	$C_6H_5CH_2$—$C(O)CH_3$	299.7±8.4	1
CH_3CHBr—$CHBrCH_3$	355.6±8.4	1	$HC(O)$—$C(O)H$	295.8±6.3	1
CF_3—C_6H_5	463.2±12.6	1	$ClC(O)$—$C(O)Cl$	292.5±8.4	1
CCl_3—C_6H_5	388.7±8.4	1	$CH_3C(O)$—$C(O)H$	302.5±8.4	1
CH_3—C_6F_5	439.3	1	$CH_3C(O)$—$C(O)CH_3$	307.1±4.2	1
CF_3—C_6F_5	435.1	1	$C_6H_5C(O)$—$C(O)C_6H_5$	288.3±16.7	1
CF_3—$CH_2C_6H_5$	365.7±12.6	1	CH_3—$C(O)OH$	384.9±8.4	1
C_6F_5—C_6F_5	488.3	1	CF_3—$C(O)OH$	370.7±8.4	1
CF_3—$CHPh_2$	352.3±16.7	1	CCl_3—$C(O)OH$	310.5±12.6	1
CF_3—CPh_3	290.8±16.7	1	$CClH_2$—$C(O)OH$	357.7±8.4	1
CF_2CF—$CFCF_2$	558.1±12.6	1	CH_2Br—$C(O)OH$	358.2±8.4	1
CH_2FCH_2—CPh_3	274.9±16.7	1	NH_2CH_2—$C(O)OH$	349.4±8.4	1
CHF_2CH_2—CPh_3	264.0±16.7	1	CH_3NHCH_2—$C(O)OH$	300.4±8.4	1

(续表)

Bond	D^{o}_{298} (kJ mol^{-1})	Ref.
C_6H_5—C(O)OH	429.7±8.4	1
C_6F_5—C(O)OH	470.0±10.5	1
$HOCH_2$—C(O)OH	371.5±5.4	1
HOC(O)—C(O)OH	334.7±6.3	1
CH_3NHCH_2—C(O)OH	301.2±16.7	1
$CH_3CH(NH_2)$—C(O)OH	331.4±16.7	1
NH_2CH_2—$CH_2C(O)OH$	325.5±16.7	1
CN—**CN**	571.9±6.7	1
HC(O)—**CN**	455.2±8.4	1
HC(S)—**CN**	530.1±8.4	1
CF_3—**CN**	469.0±4.2	1
CH_3—**CN**	521.7±9.2	1
NCC—**CN**	462.3	1
C_2H_5—**CN**	506.7±7.5	1
CH_3—CH_2CN	348.1±12.6	1
C_6H_5—CH_2CN	386.6±8.4	1
CH_3—$CH(CH_3)CN$	332.6±8.4	1
CH_3—$C(CH_3)_2CN$	340.6±16.7	1
CH_3—$C(CH_3)(CN)C_6H_5$	250.6	1
$(Ph)_2(CN)C$—$C(CN)(Ph)_2$	109.6	1
$(NO_2)_3C$—$C(NO_2)_3$	308.8	1
C_{58}—C_2	955.2±14.5	1
(3) C—halogen BDEs		
F—CN	482.8	1
F—CF_3	546.8±2.1	1
F—CHF_2	533.9±5.9	1
F—CH_2F	496.2±8.8	1
F—CF_2Cl	511.7	1
F—$CFCl_2$	482.0±10.5	1
F—CHFCl	462.3±10.0	1
F—CCl_3	439.3±4	1
F—CH_2Cl	465.3±9.6	1
F—CH_3	460.2±8.4	1
F—C≡CH	521.3	1
F—C≡CF	519±21	1
F—CF=CF_2	546.4±12.6	1
F—CF_2CF_3	532.2±6.3	1
F—CH_2CF_3	457.7	1
F—CF_2CH_3	522.2±8.4	1
F—C_2H_3	517.6±12.6	1
F—C_2H_5	467.4±8.4	1
F—C_3H_7	474.9±8.4	1
F—*iso*-C_3H_7	483.8±8.4	1
F—*tert*-C_4H_9	495.8±8.4	1
F—C_6H_5	525.5±8.4	1
F—C_6F_5	485±25	1
F—$CH_2C_6H_5$	412.8±4.2	1
F—COH	497.9±10.5	1
F—COF	510.3	1
F—COCl	484.5	1
F—$C(O)CH_3$	511.7±12.6	1
Cl—CN	422.6±8.4	1
Cl—CF_3	365.3±3.8	1
Cl—CHF_2	364±8	1
Cl—CH_2F	354.4±11.7	1
Cl—CF_2Cl	333.9±10.5	1
Cl—$CFCl_2$	320.9±8.4	1
Cl—CHFCl	346.0±13.4	1
Cl—CCl_3	296.6	1
Cl—$CHCl_2$	311.1±2.0	1
Cl—CH_2Cl	338.0±	1
Cl—$CBrCl_2$	287±10.5	1
Cl—CH_2Br	332.8±4.6	1
Cl—CH_2I	328.2±6.9	1
Cl—CH_3	350.2±1.7	1
Cl—C≡CCl	443±50	1
Cl—C≡CH	435.6±8.4	1
Cl—CH_2CN	267.4	1
Cl—CCl=CCl_2	383.7	1
Cl—CH=CH_2	396.5±4.8	1
Cl—CF=CF_2	434.7±8.4	1
Cl—CF_2CF_3	346.0±7.1	1
Cl—CF_2CF_2Cl	331.4±20.9	1
Cl—CCl_2CF_3	307.9	1
Cl—CCl_2CCl_3	303.8	1
Cl—$CHClCCl_3$	330.5±4.2	1
Cl—CCl_2CHCl_2	311.7	1
Cl—$CHClCH_3$	327.9±1.8	1
Cl—CH_2CH_2Cl	345.1±5.0	1
Cl—$CHBrCH_3$	331.8±8.4	1
Cl—CH_2CH_3	352.3±3.3	1
Cl—CH_2CH=CH_2	298.3±5.0	1
Cl—C_3H_7	352.7±4.2	1

(续表)

Bond	D^o_{298} (kJ mol^{-1})	Ref.
Cl—$CH_2CH_2CH_2Cl$	348.9	1
Cl—*iso*-C_3H_7	354.0±6.3	1
Cl—$CH_2CHCH{=}CH_2$	342.7	1
Cl—C_4H_9	350.6±6.3	1
Cl—*sec*-C_4H_9	350.2±6.3	1
Cl—*tert*-C_4H_9	351.9±6.3	1
CH_2CHCH**Cl**(CH_3)	300.0±6.3	1
Cl—C_5H_{11}	350.6±6.3	1
Cl—$C(CH_3)_2(C_2H_5)$	352.7±6.3	1
Cl—*cyclo*-C_6H_{11}	360.2±6.5	1
Cl—C_6H_5	399.6±6.3	1
Cl—C_6F_5	383.3±8.4	1
Cl—$CH_2C_6H_5$	299.9±4.3	1
Cl—C(O)Cl	318.8±8.4	1
Cl—COF	376.6	1
Cl—$C(O)CH_3$	354.0±8.4	1
Cl—$C(O)CH_2CH_3$	353.3±6.3	1
Cl—$C(O)C_6H_5$	341.0±8.4	1
Cl—$CH_2C(O)C_6H_5$	309	1
Cl—$CH_2C(O)OH$	310.9±2.2	1
Cl—$C(O)OC_6H_5$	364	1
Cl—$C(NO_2)_3$	302.1	1
Br—CN	364.8±4.2	1
Br—CF_3	296.2±1.3	1
Br—CHF_2	288.7±8.4	1
Br—CF_2Cl	269.9±6.3	1
Br—CCl_3	231.4±4.2	1
Br—CH_2Cl	277.3±3.6	1
Br—CBr_3	242.3±8.4	1
Br—$CHBr_2$	274.9±13.0	1
Br—CH_2Br	276.1±5.3	1
Br—CH_2I	274.5±7.5	1
Br—CH_3	294.1±2.1	1
Br—$C{\equiv}CH$	410.5	1
Br—$CH{=}CH_2$	338.3±3.1	1
Br—CF_2CF_3	283.3±6.3	1
Br—$CClBrCF_3$	251.0±6.3	1
Br—CF_2CF_2Br	282.8±6.7	1
Br—$CHClCF_3$	274.9±6.3	1
Br—CF_2CH_3	287.0±5.4	1
Br—CH_2CH_2Cl	292.5±8.4	1
Br—$CHClCH_3$	272.0±8.4	1
Br—C_2H_5	292.9±4.2	1
Br—$CH_2CH{=}CH_2$	237.2±5.0	1
Br—C_3H_7	298.3±4.2	1
Br—*iso*-C_3H_7	299.2±6.3	1
Br—$CH_2CH_2CH_2Br$	324.7	1
Br—$CF_2CF_2CF_3$	278.2±10.5	1
CF_3CF**Br**CF_3	274.2±4.6	1
Br—C_4H_9	296.6±4.2	1
Br—*sec*-C_4H_9	300.0±4.2	1
Br—*tert*-C_4H_9	292.9±6.3	1
Br—C_6H_5	336.4±6.3	1
Br—C_6F_5	~328	1
Br—$CH_2C_6H_5$	239.3±6.3	1
Br—$CH_2C_6F_5$	225.1±6.3	1
Br—1-$C_{10}H_7$	339.7	1
Br—2-$C_{10}H_7$	341.8	1
Br—anthracenyl	322.6	1
Br—$C(O)CH_3$	292.0±8.4	1
Br—$C(O)C_6H_5$	276.6±8.4	1
Br—$CH_2C(O)CH_3$	257.9±10.5	1
Br—$CH_2C(O)C_6H_5$	271	1
Br—$CH_2C(O)OH$	257.4±3.7	1
Br—$C(NO_2)_3$	218.4	1
I—CN	320.1	1
I—CF_3	227.2±1.3	1
I—CCl_3	168±42	1
I—CH_2Cl	221.8±4.2	1
I—CH_2Br	219.2±5.4	1
I—CH_2I	216.9±7.9	1
I—CH_3	238.9±2.1	1
I—CH_2CN	187.0±6.3	1
I—CF_2CF_3	219.2±2.1	1
I—CF_2CF_2I	217.6±6.7	1
I—CH_2CF_3	235.6±4.2	1
I—$CHFCClF_2$	202±2	1
I—CF_2CH_3	217.6±4.2	1
I—$CFICH_3$	218.0±4.2	1
CF_3CF**I**CF_3	215.1	1
I—$CH{=}CH_2$	259.0±4.2	1
I—C_2H_5	233.5±6.3	1
I—$CH_2CH{=}CH_2$	185.8±6.3	1
I—C_3H_7	236.8±4.2	1

（续表）

Bond	D^{o}_{298} (kJ mol^{-1})	Ref.
I—*iso*-C_3H_7	234.7±6.3	1
I—C_4F_9	205.8	1
I—*tert*-C_4H_9	227.2±6.3	1
I—C_6H_5	272.0±4.2	1
I—C_6F_5	<301.7	1
I—$CH_2C_6H_5$	187.8±4.8	1
I—1-naphthyl	274.5±10.5	1
I—2-naphthyl	272.0±10.5	1
I—CH_2CN	187.0±8.4	1
I—CH_2OCH_3	229.4±8.4	1
I—CH_2SCH_3	216.8±6.3	1
I—C(O)CH_3	223.0±8.4	1
I—C(O)C_6H_5	212.1±8.4	1
I—CH_2C(O)OH	197.5±2.7	1
I—C$(NO_2)_3$	144.8	1
(4) O—X BDEs		
HO—H	497.10±0.29	1
FO—H	425.1	1
ClO—H	393.7	1
BrO—H	405	1
IO—H	403.3	1
CH_3O—H	440.2±3	1
CF_3O—H	497.1	1
HC≡CO—H	443.1	1
C_2H_5O—H	441.0±5.9	1
CH_2═CHO—H	355.6	1
CF_3CH_2O—H	447.7±10.5	1
C_3H_7O—H	≤433±2	1
iso-C_3H_7O—H	442.3±2.8	1
C_4H_9O—H	432.3	1
sec-C_4H_9O—H	441.4±4.2	1
tert-C_4H_9O—H	444.9±2.8	1
tert-BuCH_2O—H	436.1	1
$C_6H_5CH_2$O—H	442.7±8.8	1
CH_3C(OH)O—H	446.9±6.3	1
$(CH_3)_2$C(OH)O—H	450.6±6.3	1
HC(O)O—H	468.6±12.6	1
CH_3C(O)O—H	468.6±12.6	1
C_2H_5C(O)O—H	472.8	1
iso-C_3H_7C(O)O—H	472.8	1
C_6H_5C(O)O—H	464.4±16.7	1
HOO—H	366.06±0.29	1
CH_3OO—H	370.3±2.1	1
CF_3OO—H	383	1
CH_2FOO—H	379	1
CCl_3OO—H	386	1
$CHCl_2$OO—H	383	1
CH_2ClOO—H	379	1
CBr_3OO—H	383	1
CH_2BrOO—H	379	1
C_2H_5OO—H	354.8±9.2	1
CH_3CHClOO—H	377	1
CH_3CCl_2OO—H	383	1
CF_3CHClOO—H	384	1
C_2Cl_5OO—H	383	1
iso-C_3H_7OO—H	356	1
CH_2═CHCH_2OO—H	372.4	1
tert-C_4H_9OO—H	352.3±8.8	1
C_6H_5OO—H	384	1
$C_6H_5CH_2$OO—H	363	1
$(C_6H_5)_2$CHOO—H	370	1
CH_3C(O)OO—H	386	1
CCl_2(CN)OO—H	384	1
OHCH_2OO—H	368	1
H—ONO	330.7	1
H—OONO	299.2	1
H—ONH_2	318	1
H—ONO_2	426.8	1
H—ONNOH	189	1
H—OPO_2	465.7±12.6	1
H—OSO_2OH	441.4±14.6	1
H—$OSiMe_3$	495	1
(CH_3)CHNO—H	354.4	1
$(CH_3)_2$CNO—H	354.0	1
(C_6H_5)CHNO—H	368.6	1
PhO—H	362.8±2.9	1
α-tocopherol RO—H	323.4	1
β-tocopherol RO—H	335.6	1
γ-tocopherol RO—H	335.1	1
δ-tocopherol RO—H	342.8	1
p-$C_6H_5CH_2$—C_6H_4O—H	356.2	1
O—O_2	106.6	1
HO—OH	210.66±0.42	1

（续表）

Bond	D^{o}_{298} (kJ mol^{-1})	Ref.	Bond	D^{o}_{298} (kJ mol^{-1})	Ref.
HO—OF	199.7±8.4	1	$C_3H_7C(O)O$—$OC(O)C_3H_7$	150.6	1
HO—OCl	～146	1	$FS(O)_2O$—$OS(O)_2F$	92～100	1
HO—OBr	138.5±8.4	1	HO—CF_3	≤482.0±1.3	1
FO—OF	199.6	1	FO—CF_3	408±17	1
ClO—OCl	72.4±2.8	1	HO—CH_3	384.93±0.71	1
IO—OI	74.9±17	1	HO—C_2H_5	391.2±2.9	1
trans-perp-HO—ONO	≤67.8±0.4	1	HO—CH_2CF_3	408.4±8.4	1
cis-cis-HO—ONO	83.3±2.1	1	HO—$CH_2CH{=}CH_2$	332.6±4.2	1
HO—ONO_2	163.2±8.4	1	HO—C_3H_7	392.0±2.9	1
HO—OCH_3	189.1±4.2	1	HO—*iso*—C_3H_7	397.9±4.2	1
HO—OCF_3	201.3±20.9	1	HO—C_4H_9	389.9±4.2	1
HO—OC_2H_5	178.7±6.3	1	HO—*sec*-C_4H_9	396.1±4.2	1
HO—O—*iso*-C_3H_7	185.8±6.3	1	HO—*iso*-C_4H_9	394.1±4.2	1
HO—O—*tert*-C_4H_9	186.2±4.2	1	HO—*tert*-C_4H_9	398.3±4.2	1
HO—$OC(O)CH_3$	169.9±2.1	1	HO—$CH(CH_3)(nC_3H_7)$	398.3±4.2	1
HO—$OC(O)C_2H_5$	169.9±2.1	1	HO—$CH(C_2H_5)_2$	399.2±4.2	1
CH_3O—OCH_3	167.4±6.3	1	HO—$C(CH_3)_2(C_2H_5)$	395.8±6.3	1
CF_3O—OCF_3	198.7±2.1	1	HO—C_6H_5	463.6±4.2	1
C_2H_5O—OC_2H_5	166.1	1	HO—C_6F_5	446.9±9.2	1
C_3H_7O—OC_3H_7	155.2±4.2	1	HO—$CH_2C_6H_5$	334.1±2.6	1
iso-C_3H_7O—O—*iso*-C_3H_7	157.7	1	HO—$C(CH_3)_2C_6H_5$	339.3±6.3	1
sec-C_4H_9O—O—*sec*-C_4H_9	152.3±4.2	1	*cyclo*-C_5H_9—OH	385.8±6.3	1
tert-BuO—O—*tert*-Bu	162.8±2.1	1	1-$C_{10}H_7$—OH	468.6±6.3	1
tert-BuCH_2O—OCH_2—*tert*-Bu	152.3	1	2-$C_{10}H_7$—OH	467.8±6.3	1
$EtC(Me)_2O$—$OC(Me)_2Et$	164.4±4.2	1	$(CH_3)_2(NH_2)C$—OH	310.4±6.3	1
$(CF_3)_3CO$—$OC(CF_3)_3$	148.5±4.6	1	$CH_3C(O)$—OH	459.4±4.2	1
Ph_3CO—$OCPh_3$	131.4	1	$HOCH_2$—OH	411.3	1
SF_5O—OSF_5	155.6	1	CH_3—OCH_3	351.9±4.2	1
SF_5O—$OOSF_5$	126.8	1	ICH_2—OCH_3	373.2±12.6	1
$(CH_3)_3CO$—$OSi(CH_3)_3$	196.6	1	CH_3O—C_2H_5	355.2±5.4	1
tert-BuO—$OGeEt_3$	192.5	1	CH_3O—$CHClCH_3$	370.3±8.4	1
tert-BuO—$OSnEt_3$	192.5	1	CH_3O—C_3H_7	358.6±6.3	1
CF_3OO—OCF_3	126.8±8.4	1	CH_3O—*iso*-C_3H_7	360.7±4.2	1
HC(O)O—OH	199.2±8.4	1	CH_3O—C_4H_9	346.0±6.3	1
FC(O)O—OC(O)F	96.2	1	CH_3O—*tert*-C_4H_9	353.1±6.3	1
$CH_3C(O)O$—ONO_2	131.4±8.4	1	C_6H_5—OCH_3	418.8±5.9	1
$CH_3C(O)O$—$OC(O)CH_3$	140.2±21	1	$C_6H_5CH(CH_3)$—OCH_3	313.4±9.6	1
$CF_3C(O)O$—$OC(O)CF_3$	125.5	1	C_6H_5—OC_6H_5	326.8±4.2	1
$CF_3OC(O)O$—OC(O)F	121.3±4.2	1	CH_3—OC(O)H	383.7±12.6	1
$CF_3OC(O)O$—OCF_3	142.3±2.9	1	HC(O)—OH	457.7±2.1	1
$CF_3OC(O)O$—$OC(O)OCF_3$	119.2	1	$CH_3C(O)$—OH	459.4±4.2	1
$C_2H_5C(O)O$—$OC(O)C_2H_5$	150.6	1	$C_6H_5C(O)$—OH	447.7±10.5	1

(续表)

Bond	D^{o}_{298} (kJ mol^{-1})	Ref.	Bond	D^{o}_{298} (kJ mol^{-1})	Ref.
HO—$CH_2C(O)OH$	368.2±10.5	1	O_2N—**ONO_2**	95.4±1.5	1
CH_3—$OC(O)CH_3$	380.3±12.6	1	*cis*-HO—**NO**	207.0	1
HC(O)—OCH_3	423.8±4.2	1	*trans*-HO—**NO**	200.64±0.19	1
$CH_3C(O)$—OCH_3	424.3±6.3	1	FO—**NO**	132.5±17	1
$C_6H_5C(O)$—OCH_3	421.3±12.6	1	*cis*-ClO—**NO**	127.6±8.4	1
$C_6H_5C(O)$—OC_6H_5	307.5±8.4	1	*trans*-ClO—**NO**	116.6±8.4	1
CH_3OCH_2—OCH_3	367.5±8.4	1	*cis*-BrO—**NO**	138.1±8.4	1
$CH_3C(O)$—$OC(O)CH_3$	382.4±12.6	1	*trans*-BrO—**NO**	121.6±8.4	1
$C_6H_5C(O)$—$OC(O)C_6H_5$	384.9±16.7	1	*trans-perp*-HOO—**NO**	114.2±4	1
CH_3—OOH	300.4±12.6	1	CH_3O—**NO**	176.6±3.3	1
C_2H_5—OOH	332.2±20.9	1	C_2H_5O—**NO**	185.4±4.2	1
C_3H_7—OOH	364.4	1	C_3H_7O—**NO**	179.1±6.3	1
***iso*-C_3H_7**—OOH	298.3	1	*iso*-C_3H_7O—**NO**	175.3±4.2	1
***tert*-C_4H_9**—OOH	309.2±4.2	1	C_4H_9O—**NO**	177.8±6.5	1
CH_3—$OOCH_3$	292.5±8.4	1	*iso*-C_4H_9O—**NO**	175.7±6.5	1
CF_3—$OOCF_3$	361.5±8.4	1	*sec*-C_4H_9O—**NO**	173.6±3.3	1
CH_3—**OO**	137.0±3.8	1	*tert*-C_4H_9O—**NO**	176.1±5.9	1
CF_3—**OO**	169.0	1	*tert*-AmO—**NO**	171.1±0.4	1
$CClF_2$—**OO**	127.6	1	C_6H_5O—**NO**	87.0	1
CCl_2F—**OO**	124.7	1	HO—**NO_2**	205.4	1
CH_2Cl—**OO**	122.4±10.5	1	FO—**NO_2**	131.8±12.6	1
$CHCl_2$—**OO**	108.2±8.2	1	ClO—**NO_2**	111.8±2.1	1
CCl_3—**OO**	92.0±6.4	1	BrO—**NO_2**	118.0±6.3	1
HC(O)—**OOH**	290.0	1	IO—**NO_2**	~100	1
$CH_3C(O)$—$OOC(O)CH_3$	315.1	1	CH_3O—**NO_2**	176.1±4.2	1
ClO—CF_3	≤369.9±1.3	1	C_2H_5O—**NO_2**	174.5±4.2	1
CH_3—**ONO**	245.2	1	C_3H_7O—**NO_2**	177.0±4.2	1
C_2H_5—**ONO**	260.2	1	*iso*-C_3H_7O—**NO_2**	175.7±4.2	1
C_3H_7—**ONO**	249.4±6.3	1	HOO—**NO_2**	99.2±4.6	1
iso-C_3H_7—**ONO**	254.4±6.3	1	CH_3OO—**NO_2**	86.6±8.4	1
C_4H_9—**ONO**	256.5±6.3	1	CF_3OO—**NO_2**	105	1
iso-C_4H_9—**ONO**	254.0±6.3	1	CF_2ClOO—**NO_2**	106.7	1
sec-C_4H_9—**ONO**	253.6±6.3	1	$CFCl_2OO$—**NO_2**	106.7	1
tert-C_4H_9—**ONO**	252.7±6.3	1	CCl_3OO—**NO_2**	95.8	1
$(C_2H_5)(CH_3)_2C$—**ONO**	254.0±8.4	1	$CH_3N(O)$—**O**	305.3±4.4	1
CH_3—**ONO_2**	340.2	1	$C_6H_5N(O)$—**O**	392±8	1
C_2H_5—**ONO_2**	344.8	1	C_5H_5N—**O**	264.9±2.0	1
CH_3O—CH_2CN	393.3	1	$C_6H_5N{=}N(O)(C_6H_5)$—**O**	309.4±3.5	1
O—**N_2**	167.4±0.4	1	$C_6H_5(O)N{=}N(O)(C_6H_5)$—**O**	309.4±3.6	1
O—**NO**	306.21±0.13	1	**O**—SO	551.1	1
O—**NO_2**	206.3	1	**O**—SOF_2	513.3	1
NO—**NO**	40.6±2.1	1	**O**—$SOCl_2$	398.5	1

(续表)

Bond	D^{o}_{298} (kJ mol^{-1})	Ref.
O—S(OH)$_2$	493.7 ± 25	1
HO—SH	293.3 ± 16.7	1
HO—SOH	313.4 ± 12.6	1
HO—S(OH)O$_2$	384.9 ± 8.4	1
HO—SCH$_3$	303.8 ± 12.6	1
HO—SO$_2$CH$_3$	360.2 ± 12.6	1
F—OH	215.1	1
F—OF	164.1	1
F—OCF$_3$	200.8 ± 4.2	1
F—OCH$_3$	>196.6	1
F—ONO$_2$	143.1	1
Cl—OH	233.5	1
Cl—OCl	142	1
Cl—OCF$_3$	⩽220.9 ± 8.4	1
Cl—OCH$_3$	200.8	1
Cl—O—*tert*-C$_4$H$_9$	198.3	1
Cl—OOCl	91.2	1
Cl—ONO$_2$	172.0	1
Br—OH	209.6 ± 4.2	1
Br—OBr	125	1
Br—O—*tert*-C$_4$H$_9$	183.3	1
Br—ONO$_2$	143.1 ± 6.3	1
I—OH	213.4	1
I—OI	130.1	1
I—ONO$_2$	>140.6	1
(5) N—X BDEs		
H—NH$_2$	450.08 ± 0.24	1
H—NF$_2$	316.7 ± 10.5	1
H—NNH	254.4	1
H—N$_3$	⩽389	1
H—N═CH$_2$	364 ± 25	1
H—NO	199.5	1
H—NHOH	341	1
H—NCO	460.7 ± 2.1	1
H—NCS	⩽396.6 ± 4.6	1
H—NCS	347.3 ± 8.4	1
CH$_3$NH$_2$	425.1 ± 8.4	1
tert-BuNH$_2$	397.5 ± 8.4	1
C$_6$H$_5$CH$_2$NH$_2$	418.4	1
(CH$_3$)$_2$NH	395.8 ± 8.4	1
H—NHNH(CH$_3$)	276 ± 21	1
H—NHN(CH$_3$)$_2$	356 ± 21	1
NH$_2$CN	414.2	1
(NH$_2$)$_2$C═O	464.4	1
(NH$_2$)$_2$C═S	389.1	1
CH$_3$CSNH$_2$	380.7	1
PhCSNH$_2$	380.7	1
(PhNH)$_2$C═S	364.0	1
(NH$_2$)$_2$C═NH	435.1	1
Ph$_2$C═NH	489.5	1
H—N(SiMe$_3$)$_2$	464	1
H—NHPh	375.3	1
C$_6$H$_5$NHOH	292	1
C$_6$H$_5$NH(CONMe$_2$)	387.9	1
H—Ph$_2$	364.8	1
HN—N$_2$	63	1
ON—N	480.7 ± 0.4	1
ON—NO	8.49 ± 0.12	1
ON—NO$_2$	42.5	1
O$_2$N—NO$_2$	57.3 ± 1	1
H$_2$N—NH$_2$	277.0 ± 1.3	1
F$_2$N—NF$_2$	92.9 ± 12.6	1
H$_2$N—NHCH$_3$	275.8 ± 8.4	1
H$_2$N—N(CH$_3$)$_2$	259.8 ± 8.4	1
H$_2$N—NHC$_6$H$_5$	227.6 ± 8.4	1
H$_2$N—NO$_2$	230	1
H$_2$NN(CH$_3$)—NO	179.6	1
(C$_6$H$_5$)$_2$N—NO	94.6	1
N$_3$—CH$_3$	335.1 ± 20.5	1
N$_3$—C$_6$H$_5$	375.7 ± 20.9	1
N$_3$—CH$_2$C$_6$H$_5$	211.3 ± 14.2	1
CH$_3$—NC	413.0 ± 3.3	1
C$_2$H$_5$—NC	413.4 ± 8.4	1
iso-C$_3$H$_7$—NC	423.0 ± 8.4	1
tert-C$_4$H$_9$—NC	399.6 ± 5.4	1
NC—NO	204.4	1
CH$_3$—NO	172	1
CF$_3$—NO	167	1
CCl$_3$—NO	125	1
C$_2$H$_5$—NO	171.5	1
CH$_2$CHCH$_2$—NO	110	1
iso-C$_3$H$_7$—NO	152.7 ± 12.6	1
tert-C$_4$H$_9$—NO	167	1

(续表)

Bond	D^{o}_{298} (kJ mol^{-1})	Ref.
C_6H_5—**NO**	226.8±2.1	1
C_6F_5—**NO**	211.3±4.2	1
$C_6H_5CH_2$—**NO**	123	1
CH_3—**NO_2**	260.7±2.1	1
C_2H_5—**NO_2**	254.4	1
C_3H_7—**NO_2**	256.5	1
iso-C_3H_7—**NO_2**	259.8	1
C_4H_9—**NO_2**	254.8	1
sec-C_4H_9—**NO_2**	263.2	1
tert-C_4H_9—**NO_2**	258.6	1
C_6H_5—**NO_2**	295.8±4.2	1
$C_6H_5CH_2$—**NO_2**	210.3±6.3	1
$(NO_2)CH_2$—**NO_2**	207.1	1
$(NO_2)_3C$—**NO_2**	176.1	1
CF_3—**NF_2**	280.7	1
$C_6H_5CH_2$—**NF_2**	237.2±14.6	1
CH_3—**NH_2**	356.1±2.1	1
C_2H_5—**NH_2**	352.3±6.3	1
C_3H_7—**NH_2**	356.1±2.9	1
iso-C_3H_7—**NH_2**	357.7±3.8	1
C_4H_9—**NH_2**	356.1±2.9	1
sec-C_4H_9—**NH_2**	359.0±2.9	1
iso-C_4H_9—**NH_2**	254.8±5.0	1
tert-C_4H_9—**NH_2**	355.6±6.3	1
pyridin-2-yl—**NH_2**	431	1
C_6H_5—**NH_2**	429.3±4.2	1
$C_6H_5CH_2$—**NH_2**	306.7±6.3	1
$C_6H_5CH(CH)_3$—**NH_2**	307.5±9.6	1
HC(O)—**NH_2**	421.7±8.4	1
$CH_3C(O)$—**NH_2**	414.6±8.4	1
HS—**NO**	138.9	1
CH_3S—**NO**	104.6±4.2	1
tert-BuS—**NO**	115.1	1
$PhCH_2S$—**NO**	120.5	1
C_6H_5S—**NO**	81.2±5.4	1
SCN—SCN	255.6	1
FSO_2—NF_2	163	1
F—NO	235.26	1
F—NO_2	221.3	1
F—NF_2	254.0	1
F—NH_2	286.6	1
Cl—NO	158.8±0.8	1
Cl—NO_2	141.8±1.3	1
Cl—NF_2	~134	1
Cl—NH_2	253.1	1
Br—NO	120.1±0.8	1
Br—NO_2	82.0±7.1	1
Br—NF_2	<227.2	1
I—NO	75.6±4	1
I—NO_2	79.6±4	1
(6) S—X BDEs		
H—SH	381.18±0.05	1
H—SCH_3	365.7±2.1	1
H—$SCHCH_2$	351.5±8.4	1
H—SC_2H_5	365.3	1
H—SC_3H_7	365.7	1
H—S—*iso*-C_3H_7	369.9±8.4	1
H—S—*tert*-C_4H_9	362.3±9.2	1
H—SOH	330.5±14.6	1
H—$SCOCH_3$	370.7	1
H—SCOPh	364	1
H—SO_2CH_3	≤397	1
H—$SSCH_3$	330.5±14.6	1
H—SPh	349.4±4.5	1
H—SSH	318.0±14.6	1
H—SSSH	292.9±6.5	1
HS—SH	270.7±8.4	1
FS—SF	362.3	1
ClS—SCl	329.7	1
HS—SCH_3	272.0	1
HS—SPh	255.2±6.3	1
CH_3S—SCH_3	272.8±3.8	1
C_2H_5S—SC_2H_5	276.6	1
MeS—SPh	272.0±6.3	1
C_6H_5S—SC_6H_5	214.2±12.6	1
F_5S—SF_5	305±21	1
HS—CH_3	312.5±4.2	1
HS—C_2H_5	307.9±2.1	1
HS—C_3H_7	310.5±2.9	1
HS—*iso*-C_3H_7	307.1±3.8	1
HS—C_4H_9	309.2±2.9	1
HS—*sec*-C_4H_9	307.5±2.9	1
HS—*iso*-C_4H_9	310.0±4.6	1

(续表)

Bond	D°_{298} (kJ mol^{-1})	Ref.
HS—*tert*-C_4H_9	301.2±3.8	1
HS—C_6H_5	360.7±6.3	1
HS—$CH_2C_6H_5$	258.2±6.3	1
HS—C(O)H	309.6±8.4	1
HS—C(O)CH_3	307.9±6.3	1
CH_3S—**CH_3**	307.9±3.3	1
HOS—**CH_3**	284.9±12.6	1
CH_3SO—**CH_3**	221.8±8.4	1
$HOSO_2$—**CH_3**	324.3±12.6	1
CH_3SO_2—**CH_3**	279.5	1
F_5S—CF_3	392±43	1
F—SF_5	391.6	1
F—SO_2(F)	379	1
Cl—SF_5	<272	1
Cl—SO_2CH_3	293	1
Cl—SO_2Ph	297	1
Br—SBr	259±17	1
Br—SF_5	<230	1
I—SH	206.7±8.4	1
I—SCH_3	206.3±7.1	1
(7) Si—, Ge—, Sn—and Pb—X BDEs		
SiH_3—**H**	383.7±2.1	1
Me_3Si—**H**	396±7	1
H_5Si_2—**H**	373±8	1
$(C_2H_5)_3Si$—**H**	396±4	1
$C_6H_5SiH_2$—**H**	382±5	1
$(CH_3S)_3Si$—**H**	364.0	1
$(iPrS)_3Si$—**H**	376.6	1
$PhMe_2Si$—**H**	377±7	1
Ph_2SiH—**H**	379±7	1
Ph_2MeSi—**H**	361±10	1
SiF_3—**H**	432±5	1
$SiCl_3$—**H**	395±5	1
$SiBr_3$—**H**	334±8	1
SiH_3—**SiH_3**	321±4	1
SiH_3—Si_2H_5	313±8	1
Ph_3Si—$SiPh_3$	368.2	1
F_3Si—SiF_3	453.1±25	1
SiH_3—**CH_3**	375±5	1
SiF_3—**CH_3**	355.6	1
H_3Si—**NO**	158.2±5.7	1
H_3Si—**PH_2**	331.4	1
SiH_3—**F**	638±5	1
SiH_3—**Cl**	458±7	1
SiH_3—**Br**	376±9	1
SiH_3—**I**	299±8	1
GeH_3—**H**	348.9±8.4	1
Me_3Ge—**H**	364.0	1
Ph_3Ge—**H**	359.8	1
$(CH_3)_3Ge$—$Ge(CH_3)_3$	280.3	1
$(CH_3)_3Ge$—CH_3	288.7	1
Me_3Sn—**H**	326.4	1
Ph_3Sn—**H**	294.6	1
$(CH_3)_3Sn$—$Sn(CH_3)_3$	257.7	1
$(CH_3)_3Sn$—Cl	425±17	1
$(CH_3)_3Pb$—$Pb(CH_3)_3$	228.4	1
Cl_3Pb—Cl	271±84	1
$(CH_3)_3Pb$—CH_3	238±21	1
(8) P—, As—, Sb—, Bi—X BDEs		
H_2P—**H**	351.0±2.1	1
CH_3PH—**H**	322.2±12.6	1
H_2P—PH_2	256.1	1
$(C_2H_5)_2P$—$P(C_2H_5)_2$	359.8	1
F_2P—F	549	1
Cl_2P—Cl	356±8	1
Br_2P—Br	<259	1
I_2P—I	217	1
H_2P—SiH_3	331.4	1
H_2As—H	319.2±0.8	1
H_2Sb—H	288.3±2.1	1
F_2Bi—F	435±19	1
Br_2Bi—Br	>297.1	1
(9) Se—and Te—X BDEs		
H—SeH	334.93±0.75	1
H—SeC_6H_5	326.4±16.7	1
PhSe—SePh	280±19	1
H—TeH	277.0±5.0	1
H—TeC_6H_5	≤264	1
PhTe—TePh	138.1±12.6	1
(10) Metal-Centered BDEs		
Arranged by the Periodic Table		

（续表）

Bond	D^{o}_{298} (kJ mol^{-1})	Ref.
(10.1) Group 1		
Li—OH	431.0	1
Li—C_2H_5	214.6 ± 8.4	1
Li—nC_4H_9	197.9 ± 16.3	1
Na—OH	342.3	1
Na—O_2	<200	1
K—OH	359	1
Rb—OH	356.2 ± 4.2	1
Cs—OH	373	1
(10.2) Group 2		
BeO—H	469	1
Be(OH)—OH	476	1
MgO—H	441	1
Mg(OH)—OH	349	1
BrMg—CH_3	253	1
BrMg—CH_2CH_3	205	1
BrMg—i-C_3H_7	184	1
BrMg—t-C_4H_9	174	1
BrMg—C_6H_5	289	1
BrMg—$CH_2C_6H_5$	201	1
BrMg—$C(C_6H_5)_3$	180	1
Ca(OH)—OH	409	1
Sr(OH)—OH	407	1
Ba(OH)—OH	443	1
(10.3) Group 3		
Sc—CH_3	110 ± 20	1
Sc—C_6H_6	60.8	1
La(η^5-C_5Me_5)$_2$—CH($SiMe_3$)$_2$	278.7 ± 10.5	1
Nd(η^5-C_5Me_5)$_2$—CH($SiMe_3$)$_2$	236.8 ± 10.5	1
(η^5-C_5Me_5)$_2$Sm—H	226.8 ± 12.6	1
(η^5-C_5Me_5)$_2$Sm—OCH_3	343.1	1
(η^5-C_5Me_5)$_2$Sm—(η^3-C_3H_5)	188.3 ± 6.3	1
(η^5-C_5Me_5)$_2$Sm—S—nC_3H_7	295.4 ± 10.0	1
(η^5-C_5Me_5)$_2$Sm—N(CH_3)$_2$	201.7 ± 7.5	1
(η^5-C_5Me_5)$_2$Sm—SiH($SiMe_3$)$_2$	179.9 ± 21	1
(η^5-C_5Me_5)$_2$Sm—P(Et)$_2$	136.4 ± 8.4	1
(η^5-C_5Me_5)$_2$Eu—I	238.9 ± 8.4	1
(η^5-C_5Me_5)$_2$Yb—I	256.1 ± 6.3	1
Lu(η^5-C_5Me_5)$_2$—CH($SiMe_3$)$_2$	279.1 ± 10.5	1
(η^5-$C_5H_4SiMe_3$)$_3$Th—H	277 ± 6	1

Bond	D^{o}_{298} (kJ mol^{-1})	Ref.
(η^5-$C_5H_4SiMe_3$)$_3$Th—O	371 ± 24	1
(η^5-C_5H_5)$_3$Th—CH_3	375 ± 9	1
(η^5-C_5H_5)$_3$Th—$CH_2Si(CH_3)_3$	369 ± 12	1
(C_9H_7)$_3$Th—$CH_2C_6H_5$	342 ± 9	1
(η^5-C_5H_4tBu)$_3$U—H	249.7 ± 5.7	1
(η^5-$C_5H_4SiMe_3$)$_3$U—H	253.7 ± 5.1	1
[HB(3,5—Me_2Pz)$_3$]U(Cl)$_2$—Cl	422.6	1
(η^5-$C_5H_4SiMe_3$)$_3$U—I	265.6 ± 4.3	1
(η^5-C_5H_4tBu)$_3$U—O	307 ± 9	1
(η^5-$C_5H_4SiMe_3$)$_3$U—CO	43.1 ± 0.8	1
(C_9H_7)$_3$U—CH_3	196.3 ± 6.6	1
(η^5-C_5Me_5)$_2$U(Cl)—C_6H_5	358 ± 11	1
(η^5-$C_5H_4SiMe_3$)$_3$U—THF	41.0 ± 0.8	1
(10.4) Group 4		
Ti(η^5-C_5H_5)$_2$—Cl	471	1
Ti(Cl)(η^5-C_5H_5)$_2$—Cl	390	1
Ti(η^5-C_5Me_5)$_2$—I	219	1
Ti(η^5-C_5H_5)$_2$—CO	174	1
Ti(CO)(η^5-C_5H_5)$_2$—CO	170	1
Ti—CH_3	174 ± 29	1
Ti(Cl)(η^5-C_5H_5)$_2$—CH_3	276	1
Ti(Cl)(η^5-C_5H_5)$_2$—C_6H_5	292	1
Ti(C_6H_6)—C_6H_5	308.7	1
Zr(η^5-C_5Me_5)$_2$—H	351.0 ± 7.5	1
Zr(H)(η^5-C_5Me_5)$_2$—H	326.4 ± 4	1
Zr(η^5-C_5Me_5)$_2$—Cl	481.2	1
Zr(η^5-C_5Me_5)$_2$—Br	410.0	1
Zr(I)(η^5-C_5Me_5)$_2$—I	336.4 ± 2.1	1
Zr(η^5-C_5Me_5)$_2$(Ph)—OH	482.4 ± 6.3	1
Zr(η^5-C_5Me_5)$_2$(Ph)(OH)—OH	482.8 ± 10.5	1
Zr(η^5-C_5Me_5)$_2$(NH_2)H—NH_2	421.3 ± 15.1	1
Zr(η^5-C_5Me_5)$_3$—CH_3	276 ± 10	1
Zr(η^5-C_5H_5)$_2$(C_6H_5)—C_6H_5	300 ± 10	1
Zr(η^5-C_5H_5)$_2$(Si($SiMe_3$)$_3$)—$SiMe_3$	188 ± 30	1
Hf(H)(η^5-C_5Me_5)$_2$—H	346.0 ± 7.9	1
Hf(η^5-C_5Me_5)(C_4H_9)—C_4H_9	274 ± 10	1
(10.5) Group 5		
(η^5-C_5H_5)(CO)$_3$V—η^2 H_2	90 ± 20	1
(η^5-C_5H_5)(CO)$_3$V—CO	146 ± 21	1
V—CH_3	169 ± 18	1

(续表)

Bond	D^{o}_{298} (kJ mol^{-1})	Ref.
$V—C_6H_6$	76.2	1
$V(C_6H_6)—C_6H_6$	307.8	1
$Nb(\eta^5\text{-}C_5H_5)_2H_3$—TFE	18.8±1.3	1
$Ta(CH_3)_5—CH_3$	261±5	1
$(Me_3SiCH_2)_4Ta—(CH_2SiMe_3)$	184.1±8.4	1
(10.6) Group 6		
$[Cr(CO)_3(\eta^5\text{-}C_5Me_5)]_2—Hg$	61.5	1
$[Cr(CO)_3(\eta^5\text{-}C_5Me_5)]—Hg$	111.3	1
$Cr(CO)_5—Xe$	37.7±3.8	1
$(CO)_2(PPh_3)(\eta^5\text{-}C_5H_5)Cr—H$	250.2±4.2	1
$(\eta^5\text{-}C_5H_5)Cr(CO)_3—H$	257	1
$Cr(CO)_5—H_2$	78±4	1
$(P(C_6H_{11})_3)_2(CO)_3Cr—H_2$	30.5±0.4	1
$(\eta^6\text{-}C_6H_6)(CO)_3Cr—H_2$	251±17	1
$Cr(CO)_5—N_2$	81±4	1
$(P(C_6H_{11})_3)_2(CO)_3Cr—N_2$	38.9±0.8	1
$(\eta^5\text{-}C_5Me_5)(CO)_3Cr—SH$	193	1
$Cr(CO)_5—CO$	154.0±8.4	1
$Cr(CO)_5—CH_4$	~33.5±8	1
$Cr—C_6H_6$	9.6±5.8	1
$Cr(C_6H_6)—C_6H_6$	268.2±15.4	1
$Cr(CO)_5—C_6H_6$	57.3±3.3	1
$(P(C_6H_{11})_3)_2(CO)_3Cr—P(OMe_3)_3$	68.6±2.5	1
$(\eta^5\text{-}C_5H_5))Mo(CO)_3—H$	290	1
$Mo(\eta^5\text{-}C_5H_5)_2—H$	246	1
$Mo(H)(\eta^5\text{-}C_5H_5)_2—H$	256.9±8.4	1
$Mo(CO)_3(\eta^5\text{-}C_5H_5)—I$	216.7±4.2	1
$(\eta^5\text{-}C_5Me_5)_2Mo—O$	272	1
$(P(C_6H_{11})_3)_2(CO)_3Mo—H_2$	27.2±0.8	1
$(P(C_6H_{11})_3)_2(CO)_3Mo—N_2$	37.7±2.5	1
$Mo(CO)_5—CO$	169.5±8.4	1
$Mo(CO)_3(\eta^5\text{-}C_5H_5)—CH_3$	203±8	1
$W(CO)_5—Xe$	35.1±0.8	1
$W(CO)_3(\eta^5\text{-}C_5H_5)—H$	303	1
$W(H)(\eta^5\text{-}C_5H_5)_2—H$	310.9±4.2	1
$W(I)(\eta^5\text{-}C_5H_5)_2—H$	273±14	1
$(CO)_5W—H_2$	≥67	1
$(P(C_6H_{11})_3)(CO)_3W—(\eta^2—H_2)$	28.5±2.1	1
$W(CO)_5—CO$	192.5±8.48.4	1
$W(CH_3)(\eta^5\text{-}C_5H_5)_2—CH_3$	220.9±4	1
(10.7) Group 7		
$F_3Mn—MnF_3$	210.9±2.5	1
$(CO)_5Mn—Mn(CO)_5$	185±8	1
$(CO)_5Mn—H$	284.5	1
$(PPh_3)Mn(CO)_4—H$	286.2	1
$MnBr(CO)_4—CO$	184	1
$(\eta^5\text{-}C_5H_5)(CO)_2Mn—CO$	195.8±9.2	1
$Mn—CH_3$	>35±12	1
$Mn(CO)_5—CH_3$	187.0±3.8	1
$Mn(CO)_5—C_6H_5$	207±11	1
$(CO)_5Mn—Re(CO)_5$	149±11	1
$(\eta^5\text{-}C_5H_5)Mn(CO)_2$—PhMe	59.4±3.3	1
$(CO)_5Tc—Tc(CO)_5$	177.5±1.9	1
$(CO)_5Re—Re(CO)_5$	187±4.8	1
$(CO)_5Re—H$	313	1
$(CO)_5Re—CH_3$	220±8	1
(10.8) Group 8		
$(CO)_4Fe—Fe(CO)_5$	171.5	1
$(CO)_4Fe(H)_x—H$	259.4±8.4	1
$(\eta^5\text{-}C_5H_5)(CO)_2Fe—H$	239	1
$Fe(CO)_3(N_2)—N_2$	37.7±19.2	1
$Fe(C_2H_2)(CO)_4—CO$	88±2.3	1
$Fe(CO)_2(PMe_3)—CO$	>125	1
$Fe(CO)_3(PPh_3)—CO$	<177.8±5	1
$Fe—NH_3$	31.4±4.2	1
$Fe—CH_2$	364±29	1
$Fe—CH_3$	135±29	1
$Fe(C_2H_4)(CO)_3—C_2H_4$	89.1±8	1
$Fe—C_3H_5$	218	1
$Fe—C_3H_6$	79	1
$Fe(CO)_5—Ni(CO)_4$	37.7	1
$Fe(CO)_5—(\eta^3\text{-}C_3H_5)$	176	1
$Fe(C_3H_6)(CO)_3—C_3H_6$	~79.5	1
$(CO_2)(\eta^5\text{-}C_5H_5)Ru—H$	272	1
$(PMe_3)_2(\eta^5\text{-}C_5Me_5)Ru—H$	167.4	1
$(CO)_2(\eta^5\text{-}C_5Me_5)Ru—Cl$	337.6	1
$(\eta^5\text{-}C_5Me_5)(PMe_3)_2Ru—Cl$	<138	1
$(\eta^5\text{-}C_5Me_5)(PMe_3)_2Ru—OH$	204.6	1
$(CO)_4Ru—CO$	115±1.7	1
$(\eta^5\text{-}C_5Me_5)(PMe_3)_2Ru—CH_3$	142.3	1
$Os(H)(CO)_4—H$	326.4	1

(续表)

Bond	D^{o}_{298} (kJ mol^{-1})	Ref.
$(CO)_4Os—CO$	133 ± 2.6	1
$Os(C_2H_2)(CO)_4—CO$	99.5 ± 0.8	1
(10.9) Group 9		
$(CO)_4Co—Co(CO)_4$	83 ± 29	1
$(CO)_4Co—Mn(CO)_5$	96 ± 12	1
$(CO)_4Co—Re(CO)_5$	113 ± 15	1
$Co(CO)_4—H$	278	1
$Co(CO)_3)(PPh_3)—H$	272	1
$(CO)_3HCo—CO$	~54	1
$(\eta^5\text{-}C_5H_5)Co(CO)—CO$	184.3 ± 4.8	1
$Co—CH_2$	331 ± 38	1
$Co—CH_3$	178 ± 8	1
cobalamin—CH_3	150.6	1
cobinamide—iC_4H_9	104	1
Co—C bonds in B_{12}	123.8 ± 6.3	1
$Cl(CO)_2Rh—Rh(CO)_2Cl$	94.6	1
HRh(m-xylyl)Rh—H	255.6 ± 1.7	1
$(PiPr_3)_2(Cl)Rh—H_2$	136.0	1
$(PiPr_3)_2(Cl)Rh—N_2$	69.0	1
$(PiPr_3)_2(Cl)Rh—CO$	201.7	1
HRh(m-xylyl)Rh—CH_2OH	195.4 ± 7.5	1
$Ir(Cl)(CO)(PMe_3)_2—H$	251	1
$Ir(H)(\eta^5\text{-}C_5Me_5)(PMe_3)—H$	310.5 ± 21	1
$Ir(Cl)(H)(CO)(PEt_3)_2—H$	243.1	1
$Ir(Cl)(H)(CO)(PPh_3)_2—H$	246.9	1
$(Cl)(CO)(PPh_3)_2Ir—H_2$	62.8	1
$(Cl)(CO)(PPh_3)_2Ir—CO$	15.3	1
$Ir(H)(\eta^5\text{-}C_5Me_5)(PMe_3)—C_6H_5$	321	1
(10.10) Group 10		
$Ni—H_2O$	~29	1
$Ni(CO)_3—N_2$	~42	1
$Ni(CO)_3—CO$	104.6 ± 8.4	1
$Ni—CH_3$	208 ± 8	1
$Ni—C_2H_2$	193 ± 25	1
$Ni—C_2H_4$	147.3 ± 17.6	1
Ni—propyne	155 ± 21	1
Ni—2-butyne	121 ± 21	1
Pd—OH	213	1
trans-$Pt(PPh_3)_2(Cl)—H$	307 ± 37	1
$[Ph_2PCH_2]_2MePt—H$	104.6	1
$[Ph_2PCH_2]_2MePt—OH$	167.4	1
$[Ph_2PCH_2]_2MePt—SH$	90.0	1
$Pt(\eta^5\text{-}C_5H_5)(CH_3)_2—H_3$	163 ± 21	1
cis-$Pt(PEt_3)_2(CH_3)—CH_3$	269 ± 13	1
(10.11) Group 11		
Cu—OH	>406	1
Cu—CO	25 ± 5	1
$Cu—CH_3$	223 ± 5	1
$Cu—NH_3$	47 ± 15	1
$Cu(NH_3)—NH_3$	83.7 ± 4.2	1
$Cu—C_6H_6$	16.4 ± 12.5	1
$Cu(C_6H_6)—C_6H_6$	27.0 ± 19.3	1
$Ag—CH_3$	134.1 ± 6.8	1
$Ag—NH_3$	8 ± 13	1
$Ag(NH_3)—NH_3$	62.8 ± 4.2	1
Au—OH	>262	1
$Au—NH_3$	76 ± 6	1
$Au—CH_3$	≥191.6	1
$Au—C_6H_6$	8.4	1
(10.12) Group 12		
$Zn—CH_3$	70 ± 10	1
$Zn(CH_3)—CH_3$	266.5 ± 6.3	1
$Zn—C_2H_5$	92.0 ± 17.6	1
$Zn(C_2H_5)—C_2H_5$	219.2 ± 8.4	1
$Cd—CH_3$	63.6 ± 10.0	1
$Cd(CH_3)—CH_3$	231.3 ± 6.3	1
$Hg—CH_3$	22.6 ± 12.6	1
$Hg(CH_3)—CH_3$	239.3 ± 6.3	1
$ClHg—CH_3$	280.0 ± 12.6	1
$BrHg—CH_3$	270 ± 38	1
$IHg—CH_3$	258.6 ± 12.6	1
(10.13) Group 13		
$H_3B—BH_3$	172	1
$H_3B—NH_3$	130.1 ± 4.2	1
$(CH_3)_3B—NH_3$	57.7 ± 1.3	1
$F_3B—N(CH_3)_3$	130 ± 4.6	1
$Cl_3B—N(CH_3)_3$	127.6	1
$F_2B—CH_3$	397 - 418	1
Al—OH	547 ± 13	1

(续表)

Bond	D^{o}_{298} (kJ mol^{-1})	Ref.	Bond	D^{o}_{298} (kJ mol^{-1})	Ref.
Al—C_2H_2	>54	1	**In**—CH_3	216.3	1
$\mathbf{Cl_3Al}$—$\mathbf{N(CH_3)_3}$	198.7 ± 8.4	1	$\mathbf{In(CH_3)_1}$—$\mathbf{CH_3}$	318.8	1
$\mathbf{(CH_3)_3Al}$—$N(CH_3)_3$	130	1	$\mathbf{In(CH_3)_2}$—CH_3	587.4	1
$\mathbf{(CH_3)_3Al}$—$O(CH_3)_2$	92	1	$\mathbf{(CH_3)_3In}$—$N(CH_3)_3$	83.3 ± 2.1	1
$\mathbf{(CH_3)_3Ga}$—$O(C_2H_5)_2$	50.6 ± 0.8	1	**Tl**—OH	330 ± 30	1
$\mathbf{Cl_3Ga}$—$S(C_2H_5)_2$	235.1	1			

References

1. Luo Y R. Comprehensive Handbook of Chemical Bond Energies. CRC Press, 2007.

3. 双原子正离子中的键能

下面化学键的次序是按照英文字母顺序排列。

A^+—B	D^{o}_{298} (kJ mol^{-1})	Ref.	A^+—B	D^{o}_{298} (kJ mol^{-1})	Ref.
$\mathbf{Ag^+}$—Ag	167.9 ± 8.7	1	$\mathbf{As^+}$—H	290.8 ± 3.0	1
$\mathbf{Ag^+}$—Cl	32 ± 30	1	$\mathbf{As^+}$—O	495	1
$\mathbf{Ag^+}$—F	24 ± 27	1	$\mathbf{As^+}$—P	367 ± 59	1
$\mathbf{Ag^+}$—H	43.5 ± 5.9	1	$\mathbf{As^+}$—S	433.2 ± 12.5	1
$\mathbf{Ag^+}$—O	123 ± 5	1	$\mathbf{Au^+}$—Al	170 ± 30	1
$\mathbf{Ag^+}$—S	123 ± 13	1	$\mathbf{Au^+}$—Au	234.5	1
$\mathbf{Al^+}$—Al	121	1	$\mathbf{Au^+}$—B	329 ± 50	1
$\mathbf{Al^+}$—Ar	15.47	1	$\mathbf{Au^+}$—Be	401 ± 29	1
$\mathbf{Al^+}$—Ca	148.5	1	$\mathbf{Au^+}$—C	311.5 ± 7.7	4
$\mathbf{Al^+}$—Cl	173 ± 42	1	$\mathbf{Au^+}$—F	79	1
$\mathbf{Al^+}$—F	314 ± 21	1	$\mathbf{Au^+}$—Ge	292 ± 24	1
$\mathbf{Al^+}$—Kr	5.54	1	$\mathbf{Au^+}$—H	213.1 ± 7.7	4
$\mathbf{Al^+}$—O	166.7 ± 12.0	1	$\mathbf{Au^+}$—I	230～280	1
$\mathbf{Al^+}$—Se	114 ± 49	1	$\mathbf{Au^+}$—Xe	130 ± 13	1
$\mathbf{Ar^+}$—Ar	130.323 ± 0.087	1	$\mathbf{B^+}$—Ar	32.7	1
$\mathbf{Ar^+}$—He	2.9 ± 0.8	1	$\mathbf{B^+}$—B	187	1
$\mathbf{Ar^+}$—Ne	7.5 ± 0.8	1	$\mathbf{B^+}$—Br	164 ± 21	1
$\mathbf{As^+}$—As	364 ± 22	1	$\mathbf{B^+}$—C	284 ± 58	1

(续表)

A^+—B	D^o_{298}(kJ mol^{-1})	Ref.	A^+—B	D^o_{298}(kJ mol^{-1})	Ref.
B$^+$—Cl	308±21	1	**C$^+$**—Br	398±8.6	1
B$^+$—F	460±10	1	**C$^+$**—C	601.9±19.3	1
B$^+$—H	198±5	1	**C$^+$**—Cl	614	1
B$^+$—O	326±48	1	**C$^+$**—F	721±40	1
B$^+$—Pt	314±98	1	**C$^+$**—H	397.848±0.013	1
B$^+$—Se	298±98	1	**C$^+$**—N	524.5±4.2	1
B$^+$—Si	365±15	1	**C$^+$**—O	810.7±0.8	1
Ba$^+$—Ar	11.85	1	**C$^+$**—P	587±50	1
Ba$^+$—Br	418±10	1	**C$^+$**—S	706.6±2.1	1
Ba$^+$—Cl	468.2±10	1	**C$^+$**—Se	587±50	1
Ba$^+$—D	245.2±9.6	1	**Ca$^+$**—Al	144.7	1
Ba$^+$—F	640±29	1	**Ca$^+$**—Ar	12.99±0.60	1
Ba$^+$—I	335±10	1	**Ca$^+$**—Au	306±29	1
Ba$^+$—O	441.4±15	1	**Ca$^+$**—Br	417.6±10	1
Be$^+$—Ar	49.0±2.4	1	**Ca$^+$**—Ca	104.1	1
Be$^+$—Au	410±29	1	**Ca$^+$**—Cl	433.4±12	1
Be$^+$—Be	187.0	1	**Ca$^+$**—F	556.5±8.4	1
Be$^+$—Cl	417±50	1	**Ca$^+$**—H	284.2±10	1
Be$^+$—F	575±98	1	**Ca$^+$**—I	293.7±10.8	1
Be$^+$—H	307.3±5.0	1	**Ca$^+$**—Kr	18.60±0.72	1
Be$^+$—O	362.0±6.2	1	**Ca$^+$**—Ne	4.95±0.06	1
Bi$^+$—Bi	199±10	1	**Ca$^+$**—O	348±5	1
Bi$^+$—O	174	1	**Ca$^+$**—Xe	25.38±0.96	1
Bi$^+$—S	179±50	1	**Cd$^+$**—Cd	122.5±10	1
Bi$^+$—Se	184±29	1	**Cd$^+$**—H	179.5	1
Bi$^+$—Te	125±50	1	**Ce$^+$**—Au	278±34	1
Bi$^+$—Tl	100±42	1	**Ce$^+$**—Br	341.0	1
Bk$^+$—O	610	1	**Ce$^+$**—C	254±96	1
Br$^+$—Br	318.858±0.024	1	**Ce$^+$**—Ce	207±42	1
Br$^+$—C	451.5±8.6	1	**Ce$^+$**—Cl	429.5	1
Br$^+$—Cl	303.000±0.048	1	**Ce$^+$**—F	586±63	1
Br$^+$—F	251.5±12.6	1	**Ce$^+$**—I	295.5	1
Br$^+$—H	379.26±2.89	1	**Ce$^+$**—Ir	530±96	1
Br$^+$—O	365.7±3.1	1	**Ce$^+$**—N	494±63	1
C$^+$—Ar	72.3	1	**Ce$^+$**—O	852±15	1

(续表)

A^+—B	D°_{298} (kJ mol^{-1})	Ref.	A^+—B	D°_{298} (kJ mol^{-1})	Ref.
Ce^+—Pd	255±53	1	Cr^+—O	359	1
Ce^+—Pt	467±96	1	Cr^+—S	258.6±16.4	1
Ce^+—Rh	423±96	1	Cr^+—Si	203±15	1
Ce^+—S	524±59	1	Cr^+—Xe	71.9±10.0	1
Cl^+—Ar	169	1	Cs^+—Ar	8.2	1
Cl^+—Cl	386.02±0.30	1	Cs^+—Br	60.5±10	1
Cl^+—D	457.284±0.017	1	Cs^+—Cl	107.4±10	1
Cl^+—F	291±10	1	Cs^+—Cs	62.6±9.6	1
Cl^+—H	452.714±0.018	1	Cs^+—F	43.7±10	1
Cl^+—N	650±10	1	Cs^+—He	5.1	1
Cl^+—O	468.0±2.1	1	Cs^+—I	29.3±10	1
Co^+—Ar	52.89±0.06	1	Cs^+—Kr	15.1	1
Co^+—Br	>289	1	Cs^+—Na	48.1±4.2	1
Co^+—C	351±29	1	Cs^+—Ne	6.11	1
Co^+—Cl	285±12	1	Cs^+—O	59	1
Co^+—Co	269	1	Cs^+—Rb	68.3±10	1
Co^+—D	199.6±5.8	1	Cs^+—Xe	14.7	1
Co^+—H	195±6	1	Cu^+—Ar	51.9±6.8	1
Co^+—He	16.4±0.4	1	Cu^+—Cl	91±10	1
Co^+—I	211.7±8.4	1	Cu^+—Cu	155.2±7.7	1
Co^+—Kr	68.37±0.18	1	Cu^+—F	117±21	1
Co^+—Ne	12.8±0.4	1	Cu^+—Ge	231±23	1
Co^+—O	317.3±4.8	1	Cu^+—H	93±13	1
Co^+—S	288.3±8.7	1	Cu^+—Kr	24.3±0.8	1
Co^+—Si	317.1±6.7	1	Cu^+—O	133.9±11.6	1
Co^+—Xe	85.7±6.8	1	Cu^+—S	203.3±14.5	1
Cr^+—Ar	31.7±3.9	1	Cu^+—Si	260±8	1
Cr^+—C	277±24	1	Cu^+—Xe	102.1±5.8	1
Cr^+—Cl	>211	1	D^+—D	263.440 5±0.000 3	1
Cr^+—Cr	129	1	Dy^+—Br	324.2	1
Cr^+—D	135±9	1	Dy^+—Cl	407.9	1
Cr^+—F	279±42	1	Dy^+—Cu	196±42	1
Cr^+—H	136±9	1	Dy^+—F	535±24	1
Cr^+—He	7.8±0.4	1	Dy^+—I	279.9	1
Cr^+—Ne	9.5±0.4	1	Dy^+—O	597±15	1

(续表)

A^+—B	D°_{298} (kJ mol^{-1})	Ref.	A^+—B	D°_{298} (kJ mol^{-1})	Ref.
Er^+—Br	315.8	1	Fe^+—O	343.3±1.9	1
Er^+—Cl	406.7	1	Fe^+—S	295.2±5.8	1
Er^+—F	546±34	1	Fe^+—Sc	200±21	1
Er^+—I	271.6	1	Fe^+—Si	277±9	1
Er^+—O	583±15	1	Fe^+—Ta	301±21	1
Es^+—O	470±60	1	Fe^+—Ti	251±25	1
Eu^+—Ag	85±50	1	Fe^+—V	314±21	1
Eu^+—Au	252±97	1	Fe^+—Xe	46.0±5.8	1
Eu^+—Br	333.8	1	Ga^+—Bi	62±98	1
Eu^+—Cl	430.7	1	Ga^+—Br	56.5±16	1
Eu^+—F	543±29	1	Ga^+—Cl	86±21	1
Eu^+—I	290.7	1	Ga^+—F	136±15	1
Eu^+—O	393±15	1	Ga^+—Ga	126.3	1
Eu^+—S	257±32	1	Ga^+—I	41.6±15	1
F^+—Ar	161.1	1	Ga^+—O	46±50	1
F^+—F	325.393±0.096	1	Ga^+—Sb	38±96	1
F^+—He	181.62±0.08	1	Ga^+—Te	19±29	1
F^+—Kr	152.4	1	Gd^+—Cd	122.5±10	1
F^+—Xe	188	1	Gd^+—H	179.5	1
Fe^+—Ar	14.2±7.7	1	Ge^+—Br	398±42	1
Fe^+—Br	>293	1	Ge^+—C	223±31	1
Fe^+—C	356.1±17.2	1	Ge^+—Cl	473±50	1
Fe^+—Cl	>343	1	Ge^+—F	565±21	1
Fe^+—Co	259±21	1	Ge^+—Ge	274±10	1
Fe^+—Cr	209±29	1	Ge^+—H	377±84	1
Fe^+—Cu	222±29	1	Ge^+—O	344±21	1
Fe^+—D	227	1	Ge^+—S	283±21	1
Fe^+—F	360～423	1	Ge^+—Se	234±10	1
Fe^+—Fe	272	1	Ge^+—Si	268±21	1
Fe^+—H	211.2±9.6	1	Ge^+—Te	233±19	1
Fe^+—I	>239	1	H^+—D	261.102 1±0.000 2	1
Fe^+—Kr	33.5±6.7	1	H^+—H	259.465 9±0.000 2	1
Fe^+—N	485	1	He^+—H	123.9	1
Fe^+—Nb	285±21	1	He^+—He	229.687±0.019	1
Fe^+—Ni	268±21	1	Hf^+—H	193.8±10.6	2

(续表)

A^+—B	D°_{298}(kJ mol^{-1})	Ref.	A^+—B	D°_{298}(kJ mol^{-1})	Ref.
Hf^+—O	724±21	1	**K^+**—Br	35.7±10.5	1
Hg^+—Ar	22.2±1.2	1	**K^+**—Cl	51±19	1
Hg^+—H	207	1	**K^+**—He	6.00	1
Hg^+—Hg	134	1	**K^+**—I	18±45	1
Hg^+—Kr	37.9±1.3	1	**K^+**—K	83.86±0.15	1
Hg^+—Xe	72.2±1.3	1	**K^+**—Kr	15.8	1
Ho^+—Ag	155±61	1	**K^+**—Li	59.9±5.9	1
Ho^+—Au	250±60	1	**K^+**—Na	58.69±0.08	1
Ho^+—Br	320.6	1	**K^+**—Ne	7.79	1
Ho^+—Cl	410.3	1	**K^+**—O	13	1
Ho^+—Cu	214±35	1	**K^+**—Xe	19.5	1
Ho^+—F	542±50	1	**Kr^+**—Ar	55.31±0.14	1
Ho^+—Ho	88±96	1	**Kr^+**—H	464	1
Ho^+—I	270.4	1	**Kr^+**—He	2.1±0.8	1
Ho^+—O	551±25	1	**Kr^+**—Kr	110.967±0.033	1
I^+—Br	184.90±0.02	1	**Kr^+**—N	136.9±13	1
I^+—Cl	247.5±0.4	1	**Kr^+**—Ne	3.8±0.8	1
I^+—F	262.9±2.1	1	**La^+**—Au	436±97	1
I^+—H	304.70±0.10	1	**La^+**—Br	425.9	1
I^+—I	262.90±0.04	1	**La^+**—C	427±33	1
I^+—O	316.3±10.5	1	**La^+**—Cl	503.6	1
In^+—Br	65.2±12.6	1	**La^+**—F	589±34	1
In^+—Cl	193±21	1	**La^+**—H	243±9	1
In^+—F	148±50	1	**La^+**—I	392.4	1
In^+—I	51.5±21	1	**La^+**—Ir	356±97	1
In^+—In	81±30	1	**La^+**—O	875±25	1
In^+—S	171±50	1	**La^+**—Pt	522±78	1
In^+—Sb	73±50	1	**La^+**—Rh	345±97	1
In^+—Se	118±50	1	**La^+**—S	629±96	1
In^+—Te	41±50	1	**La^+**—Si	277.0±9.6	1
Ir^+—C	635.8±4.8	3	**Li^+**—Ar	33±14	1
Ir^+—D	302.8±5.8	1	**Li^+**—Bi	91±50	1
Ir^+—H	305.7±5.8	1	**Li^+**—Br	41.8±10.6	1
Ir^+—O	247	1	**Li^+**—Cl	66±15	1
K^+—Ar	14±7	1	**Li^+**—F	7±21	1

(续表)

A^+—B	D°_{298}(kJ mol^{-1})	Ref.	A^+—B	D°_{298}(kJ mol^{-1})	Ref.
Li^+—He	10.66	1	Mo^+—F	376 ± 29	1
Li^+—I	51.1 ± 6.3	1	Mo^+—H	170 ± 6	1
Li^+—Kr	48.1	1	Mo^+—Mo	449.4 ± 1.0	1
Li^+—Li	137.3 ± 6.3	1	Mo^+—O	488.2 ± 1.9	1
Li^+—Ne	15.32	1	Mo^+—S	355.1 ± 5.8	1
Li^+—O	38.9 ± 9.6	1	Mo^+—Xe	>53.1 ± 6.8	1
Li^+—Sb	129.6 ± 13.9	1	N^+—Ar	208.4 ± 9.6	1
Li^+—Xe	56.4	1	N^+—F	584 ± 42	1
Lu^+—Br	86.1	1	N^+—H	⩾435.67 ± 0.77	1
Lu^+—Cl	180.6	1	N^+—N	843.85 ± 0.10	1
Lu^+—F	376.8	1	N^+—O	115	1
Lu^+—H	204 ± 15	1	Na^+—Ar	19 ± 8	1
Lu^+—I	40.7	1	Na^+—Br	58.2 ± 10.6	1
Lu^+—O	524 ± 15	1	Na^+—Cl	20.3 ± 10	1
Lu^+—Si	107 ± 13	1	Na^+—He	7.55	1
Mg^+—Ar	19.20	1	Na^+—I	64.9 ± 3.0	1
Mg^+—Au	267 ± 29	1	Na^+—Kr	~24.9	1
Mg^+—Cl	327 ± 6.5	1	Na^+—Li	95.8 ± 3.9	1
Mg^+—D	203.6 ± 0.8	1	Na^+—Na	98.64 ± 0.29	1
Mg^+—F	477 ± 50	1	Na^+—Na	6.4	1
Mg^+—H	190.8 ± 5.8	1	Na^+—Ne	~9.04	1
Mg^+—Kr	25.39	1	Na^+—O	37 ± 19	1
Mg^+—Mg	125	1	Na^+—Xe	~28.6	1
Mg^+—Ne	4.9 ± 0.6	1	Nb^+—Ar	40.87 ± 0.13	1
Mg^+—O	245.2 ± 10	1	Nb^+—C	509 ± 15	1
Mg^+—Xe	53.74	1	Nb^+—Fe	>251	1
Mn^+—Cl	>211	1	Nb^+—H	220 ± 7	1
Mn^+—F	321 ± 24	1	Nb^+—Nb	576.8 ± 9.6	1
Mn^+—H	202.5 ± 5.9	1	Nb^+—O	688 ± 11	1
Mn^+—I	>211	1	Nb^+—S	501.7 ± 20.3	1
Mn^+—Mn	129	1	Nb^+—V	404.7 ± 0.2	1
Mn^+—O	285 ± 13	1	Nb^+—Xe	73.28 ± 0.12	1
Mn^+—S	247 ± 23	1	Nd^+—Au	267 ± 84	1
Mn^+—Se	165 ± 50	1	Nd^+—Br	352.9	1
Mo^+—C	442.7 ± 13.5	1	Nd^+—Cl	441.4	1

(续表)

A^+—B	D°_{298}(kJ mol^{-1})	Ref.	A^+—B	D°_{298}(kJ mol^{-1})	Ref.
Nd⁺—F	309.6	1	**P⁺**—P	481±50	1
Nd⁺—I	596±32	1	**P⁺**—S	606±34	1
Nd⁺—O	753±15	1	**Pa⁺**—O	~800	1
Ne⁺—H	1 239	1	**Pb⁺**—Br	260±63	1
Ne⁺—He	13.0±0.8	1	**Pb⁺**—Cl	285±63	1
Ne⁺—Ne	125.29±1.93	1	**Pb⁺**—F	347±32	1
Ni⁺—Ar	53.9	1	**Pb⁺**—O	247±8.4	1
Ni⁺—Br	>289	1	**Pb⁺**—Pb	214±29	1
Ni⁺—C	418	1	**Pb⁺**—S	293±50	1
Ni⁺—Cl	192±4	1	**Pb⁺**—Se	169.4±6.3	1
Ni⁺—D	166.0±7.7	1	**Pb⁺**—Te	163±63	1
Ni⁺—F	≥456	1	**Pd⁺**—C	528±5	1
Ni⁺—H	158.1±7.7	1	**Pd⁺**—H	208.4±8.7	1
Ni⁺—He	12.4±0.4	1	**Pd⁺**—O	145±11	1
Ni⁺—I	>297	1	**Pd⁺**—Pd	197±29	1
Ni⁺—Ne	9.9±0.4	1	**Pd⁺**—S	197±6	1
Ni⁺—Ni	208	1	**Pd⁺**—Si	289±50	1
Ni⁺—O	275.9±7.7	1	**Pr⁺**—Au	317±81	1
Ni⁺—S	241.0±3.9	1	**Pr⁺**—Br	357.7	1
Ni⁺—Si	326±6.7	1	**Pr⁺**—Cl	445.0	1
Np⁺—F	730±100	1	**Pr⁺**—F	557±63	1
Np⁺—O	≥752	1	**Pr⁺**—I	317.0	1
O⁺—Ar	33.8	1	**Pr⁺**—O	796±15	1
O⁺—F	301.8±8.4	1	**Pt⁺**—Ar	36.4±8.7	1
O⁺—H	487.9±0.34	1	**Pt⁺**—B	398±105	1
O⁺—N	1 050.64±0.13	1	**Pt⁺**—C	530.5±4.8	1
O⁺—O	647.75±0.17	1	**Pt⁺**—Cl	249.8±14.5	1
Os⁺—H	238.9	1	**Pt⁺**—H	275±5	1
Os⁺—O	418±50	1	**Pt⁺**—N	326.9±9.6	1
P⁺—C	512±42	1	**Pt⁺**—O	318.4±6.7	1
P⁺—Cl	289	1	**Pt⁺**—Pt	318±23	1
P⁺—F	490.6±8.4	1	**Pt⁺**—Si	515±50	1
P⁺—H	329.6±2.1	1	**Pt⁺**—Xe	86.6±28.9	1
P⁺—N	483±21	1	**Pu⁺**—F	562±50	1
P⁺—O	791.3±8.4	1	**Pu⁺**—O	655	1

(续表)

A^+—B	D^o_{298} (kJ mol^{-1})	Ref.	A^+—B	D^o_{298} (kJ mol^{-1})	Ref.
Rb^+—Ar	12.0	1	**Sc^+**—Se	475.8 ± 8.4	1
Rb^+—Br	17.6 ± 5.1	1	**Sc^+**—Si	242.3 ± 10.5	1
Rb^+—Cl	10.5 ± 10.5	1	**Se^+**—F	364 ± 42	1
Rb^+—I	27 ± 42	1	**Se^+**—H	304	1
Rb^+—Kr	14.9	1	**Se^+**—P	514 ± 25	1
Rb^+—Na	50.1 ± 3.9	1	**Se^+**—S	392 ± 19	1
Rb^+—Ne	6.95	1	**Se^+**—Se	413 ± 19	1
Rb^+—O	29	1	**Si^+**—Au	175 ± 50	1
Rb^+—Rb	75.6 ± 9.6	1	**Si^+**—B	351 ± 15	1
Rb^+—Xe	21.5	1	**Si^+**—Br	276 ± 96	1
Re^+—C	497.7 ± 3.9	1	**Si^+**—C	365 ± 50	1
Re^+—H	224.7 ± 6.7	1	**Si^+**—Cl	591.0 ± 0.6	1
Re^+—O	435 ± 59	1	**Si^+**—F	684.1 ± 5.4	1
Rh^+—C	414 ± 17	1	**Si^+**—H	316.6 ± 2.1	1
Rh^+—H	164.8 ± 3.8	1	**Si^+**—O	478 ± 13.4	1
Rh^+—O	295.0 ± 5.8	1	**Si^+**—P	272 ± 50	1
Rh^+—S	226 ± 13	1	**Si^+**—Pd	237 ± 50	1
Ru^+—C	453.5 ± 10.6	1	**Si^+**—Pt	525 ± 50	1
Ru^+—H	160.2 ± 5.0	1	**Si^+**—S	387.5 ± 6.0	1
Ru^+—O	372 ± 5	1	**Si^+**—Si	334 ± 19	1
Ru^+—S	288 ± 6	1	**Si^+**—Te	347 ± 50	1
S^+—C	620.8 ± 1.3	1	**Sm^+**—Br	343.3	1
S^+—F	343.5 ± 4.8	1	**Sm^+**—Cl	435.4	1
S^+—H	348.2 ± 1.7	1	**Sm^+**—F	620.9	1
S^+—N	516 ± 34	1	**Sm^+**—I	299.1	1
S^+—O	524.3 ± 0.4	1	**Sm^+**—O	569 ± 15	1
S^+—P	573 ± 21	1	**Sn^+**—Br	335 ± 50	1
S^+—S	522.4 ± 0.5	1	**Sn^+**—Cu	184 ± 96	1
Sc^+—C	326 ± 6	1	**Sn^+**—F	364 ± 29	1
Sc^+—Cl	410 ± 42	1	**Sn^+**—O	281 ± 10	1
Sc^+—F	605 ± 32	1	**Sn^+**—S	240 ± 19	1
Sc^+—Fe	201 ± 21	1	**Sn^+**—Se	174 ± 6.3	1
Sc^+—H	235 ± 8	1	**Sn^+**—Sn	193	1
Sc^+—O	689 ± 5	1	**Sn^+**—Te	168.7 ± 8.4	1
Sc^+—S	529.7 ± 17.4	1	**Sr^+**—Ar	13.32 ± 2.92	1

(续表)

A^+—B	D^o_{298} (kJ mol^{-1})	Ref.	A^+—B	D^o_{298} (kJ mol^{-1})	Ref.
Sr^+—Br	378.1±8.4	1	Ti^+—Si	249±16	1
Sr^+—Cl	427±8.4	1	Ti^+—Ti	229	1
Sr^+—F	615±50	1	Tl^+—Br	52±50	1
Sr^+—H	209±5	1	Tl^+—Cl	26±4	1
Sr^+—I	308.2	1	Tl^+—F	13±21	1
Sr^+—Kr	18.13±6.94	1	Tl^+—I	133±21	1
Sr^+—Ne	4.52±9.6	1	Tl^+—Tl	22±50	1
Sr^+—O	298.7	1	Tm^+—Br	312.2	1
Sr^+—Sr	108.5±1.6	1	Tm^+—Cl	407.9	1
Ta^+—H	230±6	1	Tm^+—F	537±16	1
Ta^+—O	787±63	1	Tm^+—I	266.8	1
Ta^+—Ta	666	1	Tm^+—O	482±15	1
Tb^+—Cu	245±34	1	U^+—Br	345±29	1
Tb^+—O	722±15	1	U^+—C	300±96	1
Tc^+—H	197.5	1	U^+—Cl	431±34	1
Tc^+—O	>167	1	U^+—D	283.4±9.6	1
Te^+—H	305±12	1	U^+—F	668±29	1
Te^+—O	339±50	1	U^+—H	284±8	1
Te^+—P	415±97	1	U^+—N	~485	1
Te^+—Se	342±19	1	U^+—O	757±42	1
Te^+—Si	339.6	5	U^+—P	186	1
Te^+—Te	278±29	1	U^+—S	518±29	1
Th^+—Cl	499±29	1	V^+—Ar	39.39±0.12	1
Th^+—F	682±29	1	V^+—C	373±13.5	1
Th^+—O	875±16	1	V^+—D	202±6	1
Th^+—Pt	388±193	1	V^+—Fe	314±21	1
Th^+—Rh	504±67	1	V^+—H	202±6	1
Ti^+—C	395±23	1	V^+—Kr	49.46±0.18	1
Ti^+—Cl	426.8	1	V^+—N	448.6±5.8	1
Ti^+—F	≥456	1	V^+—Nb	403.5±0.2	1
Ti^+—H	226.6±10.6	1	V^+—O	581.6±9.6	1
Ti^+—N	501±13	1	V^+—S	358.9±8.7	1
Ti^+—O	667±7	1	V^+—Si	229±15	1
Ti^+—Pt	82±96	1	V^+—V	302	1
Ti^+—S	461.1±6.8	1	V^+—Xe	66.4±0.6	1

（续表）

A^+—B	D_{298}^{o} (kJ mol^{-1})	Ref.	A^+—B	D_{298}^{o} (kJ mol^{-1})	Ref.
W$^+$—C	483±21	1	**Yb$^+$**—Br	307.4	1
W$^+$—F	444±96	1	**Yb$^+$**—Cl	399.6	1
W$^+$—H	222.5±5	1	**Yb$^+$**—F	557.5±14.4	1
W$^+$—O	695±42	1	**Yb$^+$**—I	262.0	1
Xe$^+$—Ar	13.4	1	**Yb$^+$**—O	376±15	1
Xe$^+$—H	355	1	**Yb$^+$**—Yb	238±96	1
Xe$^+$—Kr	41.65±0.08	1	**Zn$^+$**—Ar	28.7±1.2	1
Xe$^+$—N	66.4±9.6	1	**Zn$^+$**—H	216±15	1
Xe$^+$—Ne	2.1±0.8	1	**Zn$^+$**—O	161.1±4.8	1
Xe$^+$—Xe	99.6	1	**Zn$^+$**—S	198±12	1
Y$^+$—C	281±12	1	**Zn$^+$**—Si	274.1±9.6	1
Y$^+$—F	677±21	1	**Zn$^+$**—Zn	60±19	1
Y$^+$—H	260.5±5.8	1	**Zr$^+$**—Ar	36.09±0.24	1
Y$^+$—O	718±25	1	**Zr$^+$**—C	445.8±15.4	1
Y$^+$—Pt	466±192	1	**Zr$^+$**—H	218.8±9.6	1
Y$^+$—S	533.9±8	1	**Zr$^+$**—N	443±46	1
Y$^+$—Si	243±13	1	**Zr$^+$**—O	753±11	1
Y$^+$—Te	360±96	1	**Zr$^+$**—S	549.0±9.6	1
Y$^+$—Y	281±21	1	**Zr$^+$**—Zr	407.0±9.6	1

References

1. Luo Y R. Comprehensive Handbook of Chemical Bond Energies. CRC Press，2007.
2. Parke L G，et al. Int. J. Mass Spectrom. 254，168－182，2006.
3. Li F X，et al. Int. J. Mass Spectrom. 255/256，279－300，2006.
4. Li F X，et al. J. Chem. Phys. 125，133114/1－133114/13，2006.
5. Chattopadhyaya S，et al. J. Phys. Chem. A，110，12303－12311，2006.

4. 多原子正离子中的键能

这里的化学键是按照周期表从 Groups 1 到 18 排列。黑体代表离解后的碎片。

Bond	D^{o}_{298} (kJ mol^{-1})	Ref.
(1) Group 1		
Li^+—H_2	27.2	1
Li^+—CO	57 ± 13	1
Li^+—H_2O	139 ± 8	1
Li^+—NH_3	156 ± 8	1
Li^+—CH_4	130	1
Li^+—CH_3OH	156 ± 8	1
Li^+—CH_3OCH_3	167 ± 10	1
Li^+—pyridine	183.0 ± 14.5	1
Li^+—Gly (glycine)	220 ± 9	1
Na^+—H_2	10.4 ± 0.8	1
Na^+—N_2	33.5	1
Na^+—CO	31 ± 8	1
Na^+—CO_2	66.5	1
Na^+—SO_2	79.1	1
Na^+—O_3	52.3	1
Na^+—H_2O	91.2 ± 6.3	1
$Na^+(H_2O)$—H_2O	82.0 ± 5.8	1
$Na^+(H_2O)_2$—H_2O	66.1	1
$Na^+(H_2O)_3$—H_2O	52.7 ± 0.8	1
Na^+(glycine)—H_2O	75.1 ± 5.3	1
Na^+(glutamine)—H_2O	52 ± 1	1
Na^+—NH_3	106.2 ± 5.4	1
Na^+—HNO_3	86.2	1
Na^+—CH_4	30.1	1
Na^+—CH_3OH	98.8 ± 5.7	1
Na^+—CH_3CN	125.5 ± 9.6	1
Na^+—C_2H_4	44.6 ± 4.4	1
Na^+—CH_3OCH_3	101.4 ± 5.7	1
Na^+—$CH_3C(O)H$	114.4 ± 3.4	1
Na^+—MeCOMe	131.3 ± 4.1	1
Na^+—C_6H_6	97.0 ± 5.9	1
Na^+—pyrrole	103.7 ± 4.8	1
Na^+—Gly (glycine)	166.7 ± 5.1	1
Na^+—Ala (alanine)	167 ± 4	1
Na^+—GlyGly (glycylglycine)	203 ± 8	1
K^+—H_2	6.1 ± 0.8	1
K^+—CO_2	35.6	1
K^+—H_2O	74.9	1
$K^+(H_2O)_2$—H_2O	67.4	1
$K^+(H_2O)_3$—H_2O	55.2	1
$K^+(H_2O)_4$—H_2O	11.8	1
$K^+(H_2O)_5$—H_2O	44.8	1
$K^+(H_2O)_6$—H_2O	41.8	1
K^+—NH_3	79 ± 7	1
K^+—C_6H_6	80.3	1
K^+—adenine	95.1 ± 3.2	1
K^+—indole	104.6 ± 12.6	1
K^+—Phe (phenylalanine)	150.5 ± 5.8	1
K^+—Tyr (tyrosine)	165.0 ± 5.8	1
Rb^+—H_2O	66.9 ± 12.6	1
Rb^+—NH_3	78.2	1
Rb^+—CH_3CN	86.6 ± 1.3	1
Rb^+—C_6H_5OH	70.2 ± 3.7	1
Cs^+—H_2O	57.3	1
Cs^+—$C_6H_5NH_2$	70.8 ± 4.5	1
(2) Group 2		
CH_3Be^+—CH_3	192.9 ± 13.4	1
tert-$C(CH_3)_3Be^+$—*tert*-$C(CH_3)_3$	121.8 ± 13.4	1
Mg^+—OH	314 ± 33	1
Mg^+—CO	43.1 ± 5.8	1
Mg^+—CO_2	58.4 ± 5.8	1
Mg^+—H_2O	122.5 ± 12.5	1
Mg^+—NH_3	158.9 ± 11.6	1
Mg^+—CH_4	29.8 ± 6.8	1
Mg^+—MeOH	147.6 ± 6.8	1
Mg^+—C_6H_6	155.2	1
Mg^+—pyridine	200.0 ± 6.4	1
Mg^+—imidazole	243.9 ± 10.4	1
$Mg^{2+}(H_2O)_5$—H_2O	101.3	1
$Mg^{2+}(Me_2CO)_5$—Me_2CO	93.3	1
Ca^+—OH	435.1 ± 14.5	1
Ca^+—H_2O	117.2	1
Ca^+—C_6H_6	134	1
Ca^+—imidazole	186.3 ± 3.9	1
$Ca^{2+}(H_2O)_4$—H_2O	110.0 ± 5.9	1
$Ca^{2+}(Me_2CO)_5$—Me_2CO	101.3	1
Sr^+—CO	20.3	1
Sr^+—CO_2	41.9	1
Sr^+—H_2O	144.3	1
Sr^+—C_6H_6	117	1
$Sr^{2+}(H_2O)_5$—H_2O	87.4	1
Ba^+—OH	530.7 ± 19.3	1
$Ba^{2+}(H_2O)_4$—H_2O	90.8	1
(3) Group 3		
Sc^+—H_2	23.0 ± 1.3	1
Sc^+—CH_2	412 ± 22	1
Sc^+—CH_3	233 ± 10	1
Sc^+—C_2H_2	240 ± 20	1
Sc^+—C_2H_4	≥131	1

（续表）

Bond	D^o_{298} (kJ mol^{-1})	Ref.
$Sc^+—C_6H_6$	222±21	1
$Sc^+—H_2O$	131	1
$Sc^+—NH$	483±10	1
$Sc^+—NH_2$	347±5	1
Sc^+—pyridine	231.5±10.3	1
$Y^+—CH_2$	398±13	1
$Y^+—CH_3$	249±5.0	1
$Y^+—C_2H_2$	218±13	1
$Y^+—C_2H_4$	>138	1
$Y^+—CO$	29.9±10.6	1
$Y^+—CS$	137.0±7.7	1
$Y^+(O)—CO_2$	86±5	1
$La^+—CH$	523±33	1
$La^+—CH_2$	401±7	1
$La^+—CH_3$	217±15	1
$La^+—C_2H_2$	262±30	1
$La^+—C_2H_4$	192.5	1
$Lu^+—CH_2$	>230±6	1
$Lu^+—CH_3$	176±20	1
$U^+(F)—F$	552±44	1
$U^+(F)_2—F$	523±38	1
$U^+(F)_3—F$	381±19	1
$U^+(F)_4—F$	243±17	1
$U^+(F)_5—F$	26±11	1
(4) Group 4		
$Ti^+—CH$	478±5	1
$Ti^+—CH_2$	301±15	1
$Ti^+—CH_3$	213.8±3	1
$Ti^+—CH_4$	70.3±2.5	1
$Ti^+—C_2H_2$	213±13	1
$Ti^+—C_2H_4$	146±11	1
$Ti^+—C_6H_6$	259±9	1
$Ti^+—CO$	117.7±5.8	1
$Ti^+—H_2O$	157.7±5.9	1
$Ti^+—NH$	466±12	1
$Ti^+—NH_2$	356±13	1
$Ti^+—NH_3$	197±7	1
Ti^+—pyridine	217.2±9.3	1
Ti^+—imidazole	≤232.4±8.2	1
$Zr^+—CH$	568±13	1
$Zr^+—CH_2$	444.8±5	1
$Zr^+—CH_3$	227.7±9.6	1
$Zr^+—C_2H_2$	273±14	1
$Zr^+—CO$	77±10	1
$Zr^+—CS$	257.6±10.6	1
$Hf^+—CH$	492.1±14.5	2
$Hf^+—CH_2$	421.6±6.8	2
$Hf^+—CH_2$	204.5±25.1	2
$Hf^+—C_2H_2$	150.6	1
(5) Group 5		
$(CO)_6V^+—H$	220±14	1
$V^+—H_2$	42.7±2.1	1
$V^+—CH$	470±5	1
$V^+—CH_2$	326±6	1
$V^+—CH_3$	193±7	1
$V^+—C_2H_2$	172±8	1
$V^+—C_2H_4$	124±8	1
$V^+—(\eta^5\text{-}C_5H_5)$	530.7	1
$V^+—C_6H_6$	234±10	1
$V^+—CO$	114.8±2.9	1
$V^+—CO_2$	72.4±3.8	1
$V^+—H_2O$	149.8±5.0	1
$V^+—NH$	423±29	1
$V^+—NH_2$	293±6	1
$V^+—NH_3$	192±11	1
V^+—pyridine	218.7±13.5	1
V^+—imidazole	≤243.4±8.0	1
$Nb^+—H_2$	61.9	1
$Nb^+—CH$	581±19	1
$Nb^+—CH_2$	428.4±8.7	1
$Nb^+—CH_3$	198.8±10.6	1
$Nb^+—CH_3NH_2$	134	1
$Nb^+—C_3H_6$	117.7	1
$(NbFe)^+—C_3H_4$	>163	1
$Nb^+—CO$	95.5±4.8	1
$Nb^+—CS$	242.2±10.6	1
$Nb_7{}^+—N_2$	<215	1
$Ta^+—CH$	561.5±15.4	6
$Ta^+—CH_2$	464.1±2.9	6
$Ta^+—CH_3$	259.5±13.5	6
$Ta^+—C_6H_6$	251～301	1

(续表)

Bond	D^{o}_{298} (kJ mol^{-1})	Ref.	Bond	D^{o}_{298} (kJ mol^{-1})	Ref.
(6) Group 6			$Mn^+—H_2O$	121.8 ± 5.9	1
$(CO)_6Cr^+—H$	230 ± 10	1	$Mn^+—CH_3OH$	134 ± 29	1
$(\eta^5\text{-}C_5H_5)(NO)(CO)_2Cr^+—H$	207.1 ± 14	1	$Mn^+—OC(CH_3)_2$	159 ± 14	1
$Cr^+—H_2$	31.8 ± 2.1	1	$Mn^+—CS$	80.0 ± 21	1
$Cr^+—CH$	294 ± 29	1	$Mn^+—NH_2$	254 ± 20	1
$Cr^+—CH_2$	216 ± 4	1	$Mn^+—NH_3$	147 ± 8	1
$Cr^+—CH_3$	110 ± 4	1	$Tc^+—CH_2$	<464	1
$Cr^+—C_6H_6$	170 ± 10	1	$Tc^+—C_2H_2$	<320	1
Cr^+—indole	196.6 ± 16.7	1	$Re^+(CH_3)(CO)_5—H$	294 ± 13	1
$Cr^+—CO$	89.7 ± 5.8	1	$(PMe_3)(CO)_2Re^+—H$	300.4	1
$Cr^+—OH$	298 ± 14	1			
$Cr^+—H_2O$	132.6 ± 8.8	1	(8) Group 8		
$Cr^+—N_2$	59 ± 4	1	$Fe^+(O)—H$	444 ± 17	1
$Cr^+—NH_3$	183 ± 10	1	$Fe^+(CO)—H$	120 ± 23	1
$(CO)_6Mo^+—H$	260 ± 9	1	$Fe^+(H_2O)—H$	215 ± 14	1
$Mo^+—CH$	513.3 ± 13.5	1	$Fe^+(\eta^5\text{-}C_5H_5)—H$	193 ± 21	1
$Mo^+—CH_2$	344.4 ± 10	1	$(CO_2)_5Fe^+—H$	299 ± 15	1
$Mo^+—CH_3$	151.5 ± 8.7	1	$Fe^+—H_2$	45.2 ± 2.5	1
$Mo^+—CO$	193.9 ± 9.6	1	$Fe^+—CH$	423 ± 29	1
$Mo^+—CO_2$	49.2 ± 7	1	$Fe^+—CH_2$	$\leqslant 342 \pm 2$	1
$Mo^+—CS$	162 ± 18	1	$Fe^+—CH_3$	229 ± 5	1
$Mo^+—CS_2$	67.5 ± 12.5	1	$Fe^+—CH_4$	73.2	1
$Mo^+—NH$	<385	1	$Fe^+—C_2H_2$	159.0 ± 2.1	1
Mo^+—pyrrole	>289	1	$Fe^+—C_2H_3$	238 ± 10	1
$(CO)_6W^+—H$	257 ± 9	1	$Fe^+—C_2H_4$	145 ± 11	1
$W^+—CH$	580 ± 27	1	$Fe^+—C_2H_5$	233 ± 9	1
$W^+—CH_2$	456.4 ± 5.8	1	$Fe^+—C_2H_6$	64 ± 6	1
$W^+—CH_3$	$\sim 222.9 \pm 9.6$	1	$Fe^+—OH$	366 ± 12	1
$(PMe_3)_3(CO)_3W^+—H$	259.4	1	$Fe^+—CO$	129.3 ± 3.9	1
W^+—pyrrole	>209	1	$Fe^+D—CO$	53 ± 13	1
			$Fe^+—CO_2$	74.3 ± 7.7	1
(7) Group 7			$Fe^+—H_2O$	128.9 ± 0.8	1
$(CO)_5Mn^+—H$	172 ± 10	1	$Fe^+—N_2$	53 ± 4	1
$Mn^+—H_2$	7.9 ± 1.7	1	$Fe^+—NH_3$	184 ± 12	1
$Mn^+—CH_2$	295 ± 13	1	$Fe^+—CS_2$	166.1 ± 4.6	1
$Mn^+—CH_3$	215 ± 10	1	Fe^+—imidazole	246.1 ± 13.8	1
$Mn^+(CO)_5—CH_3$	132 ± 15	1	$Fe^+—SiH$	254 ± 13	1
$Mn^+(CO)_5—CH_4$	>30	1	$Fe^+—SiH_2$	181 ± 9	1
$Mn^+—(\eta^5\text{-}C_5H_5)$	326.1 ± 9.6	1	$Fe^+—SiH_3$	183 ± 9	1
$Mn^+—C_6H_6$	145 ± 10	1	$Ru^+(\eta^5\text{-}C_5H_5)_2—H$	292 ± 16	1
$Mn^+—OH$	332 ± 24	1	$(\eta^5\text{-}C_5Me_5)_2Ru^+—H$	284.5	1
$Mn^+—CO$	25 ± 10	1	$Ru^+—CH$	501.7 ± 11.6	1

（续表）

Bond	D^o_{298} (kJ mol^{-1})	Ref.	Bond	D^o_{298} (kJ mol^{-1})	Ref.
$Ru^+—CH_2$	344.4 ± 4.8	1	$Ni^+—H_2$	72.4 ± 1.3	1
$Ru^+—CH_3$	160.2 ± 5.8	1	$Ni^+—CH$	301.0 ± 11.6	1
$Ru^+—CS$	253 ± 20	1	$Ni^+—CH_2$	306 ± 4	1
$OsO_4{}^+—H$	552 ± 13	1	$Ni^+—CH_3$	169.8 ± 6.8	1
			$Ni^+—CH_4$	96.5 ± 4	1
(9) Group 9			$Ni^+—OH$	235 ± 19	1
$(\eta^5\text{-}C_5H_5)(CO)_2Co^+—H$	245 ± 12	1	$Ni^+—CO$	175 ± 11	1
$(CH_3OD)Co^+—H$	147.6 ± 7.7	1	$Ni^+—CO_2$	104 ± 1	1
$Co^+—H_2$	76.1 ± 4.2	1	$Ni^+—H_2O$	183.7 ± 3.3	1
$(\eta^5\text{-}C_5H_5)Co^+—H_2$	67.8	1	$Ni^+—CS$	234.5 ± 9.6	1
$Co^+—CH$	420 ± 37	1	$Ni^+—N_2$	110.9 ± 10.5	1
$Co^+—CH_2$	317 ± 5	1	$Ni^+—NO$	227.6 ± 7.5	1
$Co^+—CH_3$	203 ± 4	1	$Ni^+—NH_2$	232.5 ± 7.7	1
$Co^+—CH_4$	96.7	1	$Ni^+—NH_3$	238 ± 19	1
$Co^+—C_{60}$	243 ± 67	1	$Pd^+—CH$	536 ± 10	1
$Co^+—CO$	173.7 ± 6.7	1	$Pd^+—CH_2$	463 ± 3	1
$Co^+—H_2O$	164.4 ± 5.9	1	$Pd^+—CH_3$	258 ± 8	1
$Co^+—CS$	259 ± 33	1	$Pd^+—CH_4$	170.8 ± 7.7	1
$Co^+—N_2$	96.2 ± 7.1	1	$Pd^+—CS$	200 ± 14	1
$Co^+—NH_2$	247 ± 7	1	$Pd^+—C_2H_2$	>28.9 ± 4.8	1
$Co^+—NH_3$	219 ± 16	1	$Pt^+—H_2$	146.7 ± 11.6	1
$Co^+—CH_3CN$	>255 ± 17	1	$Pt^+—CH$	536.4 ± 9.6	1
$Co^+—P(CH_3)_3$	278 ± 11	1	$Pt^+—CH_2$	471	1
$Co^+—P(C_2H_5)_3$	339 ± 16	1	$Pt^+—CH_3$	257.6 ± 7.7	1
$(CH)Rh^+—H$	372 ± 21	1	$Pt^+—CH_4$	170.8 ± 7.7	1
$(\eta^5\text{-}C_5H_5)(CO)_2Rh^+—H$	287 ± 12	1	$Pt^+—O_2$	64.6 ± 4.8	1
$Rh^+—CH$	444 ± 12	1	$Pt^+—CO$	218.1 ± 8.7	1
$Rh^+—CH_2$	356 ± 8	1	$Pt^+—CO_2$	50.8 ± 1.8	1
$Rh^+—CH_3$	142 ± 6	1	$Pt^+—NH_3$	274 ± 12	1
$Rh^+—NO$	167 ± 21	1	$Pt^+—C_2H_4$	229.7	1
$Rh^+—CS$	234 ± 19	1			
$(CO)(\eta^5\text{-}C_5H_5)(PPh_3)Ir^+—H$	313.4	1	(11) Group 11		
$(CO)_2(\eta^5\text{-}C_5Me_5)Ir^+—H$	298.3	1	$Cu^+—H_2$	51.9 ± 0.4	1
$Ir^+—CH$	666.7 ± 22.2	3	$Cu^+—CH_2$	267.3 ± 6.8	1
$Ir^+—CH_2$	474.7 ± 2.9	3	$Cu^+—CH_3$	111 ± 7	1
$Ir^+—CH_3$	313.6 ± 17.4	3	$Cu^+—C_2H_2$	>21.2 ± 9.6	1
$Ir^+—C_2H_4$	234.3	3	$Cu^+—C_2H_4$	176 ± 14	1
			$Cu^+—C_6H_6$	218.0 ± 9.6	1
(10) Group 10			$Cu^+—CO$	149 ± 7	1
$(CO)_4Ni^+—H$	248 ± 9	1	$Cu^+—N_2$	89 ± 30	1
$(\eta^5\text{-}C_5H_5)(NO)Ni^+—H$	315 ± 14	1	$Cu^+—NO$	109.0 ± 4.8	1
$(\eta^5\text{-}C_5H_5)(\eta^5\text{-}C_5H_5)Ni^+—H$	215 ± 13	1	$Cu^+—H_2O$	160.7 ± 7.5	1

(续表)

Bond	D^o_{298} (kJ mol^{-1})	Ref.
Cu^+—NH_2	192 ± 13	1
Cu^+—NH_3	237 ± 15	1
Cu^+—CS	238.3 ± 11.6	1
Cu^+—SiH	246 ± 27	1
Cu^+—SiH_2	⩾231 ± 7	1
Cu^+—SiH_3	97 ± 25	1
Ag^+—CH_2	⩾107 ± 4	1
Ag^+—CH_3	66.6 ± 4.8	1
Ag^+—C_2H_5	65.7 ± 7.5	1
Ag^+—C_6H_6	167 ± 19	1
Ag^+—O_2	29.7 ± 0.8	1
Ag^+—CO	89 ± 5	1
Ag^+—H_2O	134 ± 8	1
Ag^+—CS	152 ± 20	1
Ag^+—NH_3	170 ± 13	1
Au^+—CH_2	357.0 ± 6.8	5
Au^+—CH_3	209.4 ± 23.2	5
Au^+—C_2H_4	344.5	1
Au^+—C_6H_6	289 ± 29	1
Au^+—CO	201 ± 8	1
Au^+—H_2O	164.0 ± 9.6	1
Au^+—H_2S	230 ± 25	1
Au^+—NH_3	297 ± 29	1
Au^+—PH_3	402 ± 33	1
(12) Group 12		
Zn^+—H_2	15.7 ± 1.7	1
Zn^+—CH_3	280 ± 7	1
Zn^+—OH	127.2	1
Zn^+—H_2O	163	1
Zn^+—NO	76.2 ± 9.6	1
Zn^+—pyrimidine	209.6 ± 7.7	1
Zn^+—CS	149 ± 23	1
Cd^+—CH_3	228 ± 3	1
$Cd^+(CH_3)$—CH_3	109 ± 3	1
Cd^+—C_6H_6	136 ± 19	1
Hg^+—CH_3	285 ± 3	1
$Hg^+(CH_3)$—CH_3	96 ± 3	1
(13) Group 13		
B^+—H_2	15.9 ± 0.8	1
HB^+—H_2	61.5 ± 2.1	1
$(CH_3)_2B^+$—CH_3	32.6 ± 4.2	1
Al^+—H_2	5.6 ± 0.6	1
Al^+—N_2	5.6	1
Al^+—CO_2	⩾29.3	1
Al^+—H_2O	104 ± 15	1
Al^+—MeOH	139.7	1
Al^+—EtC(O)Et	191.2	1
Al^+—C_6H_6	147.3 ± 8.4	1
Al^+—pyridine	190.3 ± 10.3	1
Al^+—phenol	154.8 ± 16.7	1
Al^+—imidazole	232.4 ± 8.2	1
Ga^+—NH_3	122.5	1
In^+—NH_3	111.0	1
(14) Group 14		
C_{58}^+—C_2	**955 ± 15**	**1**
C_{60}^+—C_2	**822.0 ± 12.5**	**1**
C_{62}^+—C_2	**846.2 ± 10.6**	**1**
C_{78}^+—C_2	**938.8 ± 10.6**	**1**
HC_2^+—H	574.749	1
$C_6H_5^+$—H	376.3 ± 4.8	1
$C_2H_3^+$—Cl	247 ± 4.8	1
$C_2H_5^+$—Br	126.4	1
$C_6H_5^+$—Br	266.3	1
CH_3^+—H_2	186	1
CH_5^+—H_2	7.9 ± 0.4	1
$C_2H_5^+$—H_2	17	1
CH_3^+—O_2	80 ± 7	4
CO^+—N_2	67.5 ± 19.3	1
H_2CH^+—N_2	31.8	1
CO^+—CO	173.7 ± 14.6	1
$CO^+(CO)$—CO	52.3	1
$CO^+(CO)_2$—CO	30.2	1
$CO^+(CO)_3$—CO	18.4	1
$(CO_2)^+$—CO_2	70.3	1
$(CO_2)^+(CO_2)$—CO_2	34.7	1
$(CO_2)^+(CO_2)_2$—CO_2	21.3	1
$(CO_2)^+(CO_2)_3$—CO_2	20.1 ± 1.3	1
CH_3^+—N_2O	221.3	1
CH_3^+—SO_2	253.6	1
CH_3^+—OCS	239.3	1
CH_3^+—CS_2	251.9	1

（续表）

Bond	D^{o}_{298} (kJ mol^{-1})	Ref.	Bond	D^{o}_{298} (kJ mol^{-1})	Ref.
$CH_3{}^+$—H_2O	279	1	$Si^+(CH_3)_3$—CH_3	66.6 ± 5.8	1
$CH_3{}^+(H_2O)$—H_2O	106.3	1	$(CH_3)_3Si^+$—CH_3OH	164.0	1
$CH_3{}^+(H_2O)_2$—H_2O	87.9	1	$(CH_3)_3Si^+$—$(C_2H_5)_2O$	184.9	1
$CH_3{}^+(H_2O)_3$—H_2O	61.9	1	$(CH_3)_3Si^+$—C_6H_6	100.0	1
$CH_3{}^+(H_2O)_4$—H_2O	48.5	1	$(CH_3)_3Si^+$—CH_3NH_2	231.8	1
$CH_3{}^+$—H_2S	344.8	1	$(CH_3)_3Ge^+$—H_2O	119.7 ± 2.1	1
$CH_2{}^+$—CH_2O	303.0 ± 2.9	1	$(C_2H_5)_3Ge^+$—H_2O	104.2 ± 2.1	1
$CH_3{}^+$—NH_3	431.4	1	$(CH_3)_3Sn^+$—NH_3	154	1
$(CH_3)^+$—CH_3	209.2 ± 4.2	1	$(CH_3)_3Sn^+$—H_2O	108	1
$CH_3{}^+$—CH_4	166.5	1	$(CH_3)_3Sn^+$—$(CH_3)_2CO$	157	1
$CF_3{}^+$—CH_4	19.0	1	$(CH_3)_3Sn^+$—C_3H_7SH	143	1
$(CH_5)^+$—CH_4	28.7 ± 1.3	1	Pb^+—H_2O	93.7	1
$C_6H_6{}^+$—CH_4	12.0	1	Pb^+—NH_3	118.4 ± 0.8	1
$CH_3{}^+$—CH_3F	230	1	Pb^+—CH_3OH	97.5 ± 0.8	1
$CH_3{}^+$—CF_3Cl	221	1	Pb^+—CH_3NH_2	148.1 ± 1.3	1
$CH_3{}^+$—CH_3Cl	259	1	Pb^+—C_6H_6	110 ± 2	1
tert-$C_4H_9{}^+$—CH_3OH	63	1			
tert-$C_4H_9{}^+$—CH_3CN	85	1	(15) Group 15		
tert-$C_4H_9{}^+$—SO_2F_2	43.5	1	H_2N^+—H	544.43 ± 0.10	1
$CH_3{}^+$—C_2H_3O	338.7 ± 2.9	1	H_3N^+—H	515.1	1
$CH_3{}^+$—CF_3ClOCl	252	1	Me_3N^+—H	376	1
tert-$C_4H_9{}^+$—$(CH_3)_2S$	185	1	Et_3N^+—H	362	1
tert-$C_4H_9{}^+$—C_2H_5OH	85	1	(imidazole)$^+$—Zn	216.1 ± 3.9	1
tert-$C_4H_9{}^+$—C_3H_8	27.6	1	N_2H^+—H_2	24.7 ± 0.8	1
tert-$C_4H_9{}^+$—*t*-C_4H_9Cl	339	1	ON^+—O_2	14.2	1
tert-$C_4H_9{}^+$—$(CH_3)_3CH$	30.1	1	N^+—N_2	303.8	1
tert-$C_4H_9{}^+$—C_6H_6	92	1	ON^+—N_2	21.3	1
$(C_6H_6)^+$—C_6H_6	73.0	1	$N_2{}^+$—N_2	103.3 ± 14.6	1
$(C_6H_6)^+$—indole	54.8	1	$HN_2{}^+$—N_2	60.7	1
$C_6F_6{}^+$—C_6F_6	30.1 ± 4	1	$N_3{}^+$—N_2	18.8 ± 1.3	1
$C_{60}{}^+$—C_{60}	35.89 ± 7.72	1	O_2N^+—N_2	19.2 ± 1.3	1
$PhSiH_2{}^+$—H	159	1	H_4N^+—N_2	54 ± 21	1
$Si^+(CH_3)_3$—Cl	178.5 ± 1.9	1	ON^+—NO	59.4 ± 0.8	1
$SiH_3{}^+$—CO	± 151	1	ON^+—CO	27.2 ± 1.3	1
$SiF_3{}^+$—CO	174.1 ± 1.3	1	ON^+—O_3	<58	1
$(CH_3)_3Si^+$—H_2O	125.9 ± 7.9	1	ON^+—CO_2	32.2	1
$(CH_3)_3Si^+$—NH_3	194.6	1	N_2O^+—ON_2	72.8 ± 6.3	1
$Si^+(CH_3)(Cl)_2$—CH_3	60.8 ± 2.9	1	NO^+—ON_2	36.4 ± 0.8	1
$Si^+(CH_3)_2(Cl)$—CH_3	41.5 ± 1.9	1	$(HON_2)^+$—ON_2	69.9 ± 4	1
Si^+—CH_3	413.9 ± 5.8	1	ON^+—H_2O	95	1
$Si^+(CH_3)$—CH_3	123 ± 48	1	$ON^+(H_2O)$—H_2O	67.4	1
$Si^+(CH_3)_2$—CH_3	513 ± 27	1	$ON^+(H_2O)_2$—H_2O	56.5	1

(续表)

Bond	D^{o}_{298} (kJ mol^{-1})	Ref.
H_4N^+—H_2O	86.2±4.2	1
$H_4N^+(H_2O)$—H_2O	72.8±4.2	1
$H_4N^+(H_2O)_2$—H_2O	57.3±4.2	1
$H_4N^+(H_2O)_3$—H_2O	51.0	1
$H_4N^+(H_2O)_4$—H_2O	44.4	1
(glycine)H^+—H_2O	77.2±11.0	1
(tryptophan)H^+—H_2O	31.2±2.5	1
(tryptophanylglicine)H^+—H_2O	56.0±5.3	1
H_4N^+—H_2S	47.7	1
$H^+(NH_3)$—NH_3	108.8	1
$H^+(NH_3)_2$—NH_3	69.5	1
$H^+(NH_3)_3$—NH_3	57.3	1
$H^+(NH_3)_4$—NH_3	49.0	1
$H^+(NH_3)_5$—NH_3	29.3	1
$H^+(NH_3)_6$—NH_3	27.2	1
NH_4^+—CH_4	15.0	1
ON^+—CH_3OH	97.6	1
O_2N^+—CH_3OH	80.3±9.6	1
$(CH_3CNH)^+$—CH_3CN	130.1±9.6	1
(pyridineH)$^+$—pyridine	105.4±4	1
(valine H)$^+$—valine	86.6±8.4	1
(betainH)$^+$—betaine	139.9±4.8	1
H_4P^+—H_2O	54.4	1
$(H_4P)^+$—PH_3	48.1	1
AsH_2^+—H	257	1
I_2As^+—acetone	106±17	1
I_2As^+—benzene	77±17	1
Bi^+—H_2O	95.4	1
Bi^+—NH_3	149	1
Bi^+—C_6H_6	≤149	1
(16) Group 16		
$(H_3O)^+$—H_2	14.6±2.1	1
O^+—O_2	179.5	1
$O^+(O_2)_1$—O_2	28.9	1
$O^+(O_2)_2$—O_2	3.9	1
O_2^+—O_2	38.3±2.1	1
$O_2^+(O_2)$—O_2	24.6±1.3	1
$O_2^+(O_2)_2$—O_2	10.4±0.8	1
$O_2^+(O_2)_3$—O_2	9.0±0.8	1
$O_2^+(O_2)_4$—O_2	8.0±0.8	1
$O_2^+(O_2)_5$—O_2	7.9±1.3	1
O^+—N_2	231.4	1
O_2^+—N_2	22.6	1
$(H_3O)^+$—N_2	22.2±2.1	1
O_4^+—N_2	12.3	1
O_2^+—CO	31.8	1
O_2^+—CO_2	41.0±2.1	1
CO_2^+—CO_2	65.3±4	1
$(H_3O)^+$—CO_2	64.0	1
$(H_3O)^+(CO_2)$—CO_2	51.9	1
$(H_3O)^+(CO_2)_2$—CO_2	43.9	1
$(H_3O)^+(CO_2)_3$—CO_2	18.0	1
O_2^+—ON_2	56.1±4	1
$(H_3O)^+$—ON_2	70.7±6.5	1
$(H_3O)^+(H_2O)$—ON_2	50.6±2.1	1
$(H_3O)^+(H_2O)_2$—ON_2	42.7±2.1	1
O_3^+—O_3	67.5±39	1
$OClO^+$—OClO	246±48	1
O_2^+—H_2O	>67	1
$(OH)^+(H_2O)_2$—H_2O	87.4	1
$(OH)^+(H_2SO_4)(H_2O)_4$—H_2O	56.9	1
$(OH)^+(H_2SO_4)(H_2O)_5$—H_2O	49.8	1
$(OH)^+(H_2SO_4)(H_2O)_6$—H_2O	44.8	1
$(H_2O)^+$—H_2O	164.0	1
$(H_3O)^+$—H_2O	140.2	1
$(H_3O)^+(H_2O)$—H_2O	93.3	1
$(H_3O)^+(H_2O)_2$—H_2O	71.1	1
$(H_3O)^+(H_2O)_3$—H_2O	64.0	1
$(H_3O)^+(H_2O)_4$—H_2O	54.4	1
$(H_3O)^+(H_2O)_5$—H_2O	49.0	1
$(H_3O)^+(H_2O)_6$—H_2O	43.1	1
(HCOOH)H^+—H_2O	100.8	1
$CH_3OH_2^+$—H_2O	115.6	1
CH_3CHOH^+—H_2O	104.6	1
$(CH_3)_2OH^+$—H_2O	100.4	1
(tetrahydrofuran H)$^+$—H_2O	82.8	1
(furan H)$^+$—H_2O	43.5	1
furane$^+$—H_2O	41.0	1
(phenol)$^+$—H_2O	78.0	1
(1-naphthol)$^+$—H_2O	66.4	1
H_3O^+—HC(O)H	137.7	1
H_3O^+—NH_3	229.3	1
$H_3O^+(NH_3)$—NH_3	77.0	1

（续表）

Bond	D^{o}_{298} (kJ mol^{-1})	Ref.
$H_3O^+(NH_3)_2$—NH_3	71.5	1
$H_3O^+(NH_3)_3$—NH_3	62.8	1
H_3O^+—PH_3	144	1
H_3O^+—SO_3	74	1
$(HCOOH)^+$—HCOOH	96.5 ± 9.6	1
H_3O^+—CH_4	33.5	1
$(CH_3OH)^+$—CH_3OH	115.8 ± 19.3	1
$CH_3OH_2^+$—CH_3OH	136.4	1
H_3O^+—CH_3CN	195.4	1
furan$^+$—furan	94.1	1
BH^+—B, B=tetrahydofuran	125.1	1
S^+—CS_2	166	1
CS^+—CS_2	150.6	1
CS_2^+—CS_2	104.2	1
HCS_2^+—CS_2	46.4	1
OS^+—SO_2	57.7	1
O_2S^+—SO_2	63.6	1
OCS^+—OCS	100.0	1
OCS^+—CO_2	72.0	1
SO_2^+—CO_2	42.7	1
H_3S^+—H_2O	91.6	1
thiopheneH$^+$—H_2O	42.7	1
H_3S^+—H_2S	53.6 ± 6.3	1
H_3S^+—CH_4	16.3	1
$(CH_3)_2Se^{\bullet+}$—$Se(CH_3)_2$	~95 ± 3	1
$(CH_3)_2Te^{\bullet+}$—$Te(CH_3)_2$	97 ± 2	1
(17) Group 17		
HF^+—HF	≥138	1
$(H_2Cl)^+$—Cl	39.6	1
HCl^+—HCl	83.9	1
Cl^+—CCl_3	446.7 ± 9.6	1
Cl^+—C_2H_3	685.0 ± 4.8	1
HBr^+—HBr	96	1
I^+—CH_3	330.0	1
$I^+(CH_3I)$—CH_3	51.1	1
$I^+(CH_3I)_2$—CH_3	112.9	1
(18) Group 18		
$He^+(He)_1$—He	17.6	1
$He^+(He)_2$—He	2.7 ± 0.6	1
$Ne^+(Ne)$—Ne	10.3 ± 0.6	1
$Ne^+(Ne)_2$—Ne	3.3 ± 0.6	1
$Ar^+(Ar)$—Ar	20.4 ± 0.6	1
$Ar^+(Ar)_2$—Ar	7.0 ± 0.6	1
$Ar^+(N_2)$—Ar	25.1	1
$Ar^+(N_2)(Ar)$—Ar	7.1	1
$Ar^+(N_2)(Ar)_2$—Ar	7.1	1
$Kr^+(Kr)$—Kr	23.3 ± 0.6	1
$Kr^+(Kr)_2$—Kr	9.0 ± 0.6	1
$Xe^+(Xe)$—Xe	25.2 ± 0.6	1
$Xe^+(Xe)_2$—Xe	11.0 ± 0.6	1
Ar^+—H_2	93.7	1
Ar^+—N_2	127.6	1
$Ar^+(N_2)$—N_2	31.0	1
$Ar^+(N_2)_2$—N_2	10.9	1
Ar^+—CO	75 ± 17	1
$Ar^+(CO)$—CO	13	1
Kr^+—CO	103.3 ± 7.5	1
Kr^+—CO_2	79.1 ± 2.9	1

References

1. Luo Y R. Comprehensive Handbook of Chemical bond Energies. CRC Press, 2007.
2. Parke L G, et al. Int. J. Mass Spectrom. 254, 168 - 182, 2006.
3. Li F X, et al. Int. J. Mass Spectrom. 255/256, 279 - 300, 2006.
4. Meloni G, et al. J. Am. Chem. Soc. 128, 13559 - 13567, 2006.
5. Li F X, et al. J. Chem. Phys. 125, 133114/1 - 133114/13, 2005.
6. Parke L G, et al. J. Phys. Chem. C, 111, 17773 - 17787, 2007.

附录 2 能量转换因子

	cm^{-1} (wave number)	eV (electron volt)	au (atomic unit)	K (Kelvin)	kcal mol^{-1}	kJ mol^{-1}
1 cm^{-1} = (for spectroscopy)	1	1.239 842 (−4)	4.556 335 (−6)	1.438 769	2.859 14 (−3)	1.196 266 (−2)
1 eV = (for mass spectrometry)	8.065 54 (+3)	1	3.674 931 (−2)	1.160 45 (+4)	2.306 05 (+1)	9.648 53 (+1)
1 hartree (au) = (for theoretical calculations)	2.194 746 (+5)	2.721 14 (+1)	1	3.157 73 (+5)	6.275 10 (+2)	2.625 50 (+3)
1 K = (for theoretical physics)	6.950 39 (−1)	8.617 38 (−5)	3.166 83 (−6)	1	1.987 22 (−3)	8.314 51 (−3)
1 kcal mol^{-1} = (for calorimetry)	3.497 55 (+2)	4.336 41 (−2)	1.593 60 (−3)	5.032 17 (+2)	1	4.184
1 kJ mol^{-1} = (SI unit)	8.359 35 (+1)	1.036 427 (−2)	3.808 798 (−4)	1.202 72 (+2)	2.390 06 (−1)	1

Numbers in parentheses denote powers of 10 by which the entry is to be multiplied, see 2005LUO or 2007LUO.

光子的波长(nm)与 kJ mol^{-1}、kcal mol^{-1}之间的转换关系为

$$E = h\nu = h\frac{c}{\lambda}N_A = \frac{28\ 591.4}{\lambda(\mathrm{nm})}\ \mathrm{kcal\ mol^{-1}} = \frac{119\ 626.4}{\lambda(\mathrm{nm})}\ \mathrm{kJ\ mol^{-1}}$$

这里,h 和N_A分别是 Planck 和 Avogadro 常数,ν、c 和λ 分别是频率、光速和波长。